职业技术教育“双高”建设与紧缺型技能人才培养系列
校企融合产教融合特色教材

高职数学

主　编　高士杰　谢兴和
副主编　张思民　沈国兰

西南交通大学出版社
·成　都·

图书在版编目（CIP）数据

高职数学 / 高士杰，谢兴和主编. -- 成都：西南交通大学出版社，2023.12
ISBN 978-7-5643-9731-9

Ⅰ. ①高… Ⅱ. ①高… ②谢… Ⅲ. ①高等数学－高等职业教育－教材 Ⅳ. ①O13

中国国家版本馆 CIP 数据核字（2024）第 000041 号

Gaozhi Shuxue
高职数学

主编　高士杰　谢兴和

责任编辑　孟秀芝
封面设计　吴　兵

出版发行　西南交通大学出版社
（四川省成都市金牛区二环路北一段 111 号
西南交通大学创新大厦 21 楼）
邮政编码　610031
营销部电话　028-87600564　028-87600533
网址　http://www.xnjdcbs.com
印刷　四川森林印务有限责任公司

成品尺寸　185 mm × 260 mm
印张　20.75
字数　517 千
版次　2023 年 12 月第 1 版
印次　2023 年 12 月第 1 次
书号　ISBN 978-7-5643-9731-9
定价　55.00 元

课件咨询电话：028-81435775
图书如有印装质量问题　本社负责退换

前　言

Preface

当前地方行业性高等职业院校学生知识结构多样、数学基础相对薄弱，本书依据面向岗位实际关于数学知识的切实需求，依据国家相关人才培养规范，遵循因材施教、循序渐进、基础为专业服务的原则，体现工科学生的专业学习需求，精心选材组织内容，旨在切实引领学生一步步积累够用的数学知识，提升数学素养，为进一步提升专业技能奠定基础.

本书具有以下特点：

（一）以生源多样化条件下高职学生实际学业水平为依据，注重学生学习基础以及初等数学与高等数学的衔接，尽量让学生够得着、跟得上.

（二）依据工科类各专业实际需求编写，有较强的适用性. 本书选取了初等数学中常用的知识内容和高等数学中的基础内容，体现专业适用需求，为学生进一步深入学习高等数学的内容打下坚实的基础.

（三）本书选取了方程与不等式、函数、三角函数、立体几何、解析几何、极坐标与参数方程、极限、导数与微分、不定积分和定积分的基础内容，适合模块化教学.

（四）本书可作为五年一贯制高职学生数学学习用书，也可作为工科类高职数学分层教学前期学习选择用书.

本书由四川核工业技师学院（广元中核职业技术学院）高士杰、谢兴和担任主编，张思民、沈国兰担任副主编，李冬梅、母娅梅、严欢、周月雨参与了编写工作.

本书在编写过程中参考了多家出版社的相关教材，在此表示致谢！由于编者水平有限，书中难免有不妥之处，敬请读者不吝赐教，以便再版时进行修订，使之趋于完善.

编　者

2023 年 8 月

目 录

Contents

上篇 初等数学

第 1 章 方程与不等式 ……002
1.1 一元二次方程 ……002
习题 1.1 ……009
1.2 分式方程与无理方程……010
习题 1.2 ……015
1.3 二元二次方程组……016
习题 1.3 ……020
1.4 不等式 ……020
习题 1.4 ……025
复习题 1……026

第 2 章 函 数 ……030
2.1 函数的概念和性质……030
2.2 幂函数 ……033
习题 2.2 ……039
2.3 指数函数 ……040
习题 2.3 ……041
2.4 对数函数 ……042
习题 2.4 ……048
2.5 初等函数 ……049
习题 2.5 ……051
复习题 2……051

第 3 章 三角函数 ……054
3.1 三角函数的概念……054
3.2 同角三角函数的基本关系式 ……058
3.3 三角函数的简化公式……061
习题 3.3 ……064

3.4　两角和差化积与积化和差公式…………065
习题 3.4…………070
3.5　正弦定理与余弦定理…………071
习题 3.5…………074
3.6　三角函数、反三角函数的图像与性质…………075
习题 3.6…………086
复习题 3…………087

第 4 章　立体几何…………091
4.1　平　面…………091
习题 4.1…………093
4.2　空间直线的位置关系…………093
习题 4.2…………096
4.3　直线和平面的位置关系…………097
习题 4.3…………102
4.4　平面与平面的位置关系…………103
习题 4.4…………107
4.5　多面体…………108
习题 4.5…………116
4.6　旋转体…………117
习题 4.6…………124
复习题 4…………125

第 5 章　解析几何…………128
5.1　两点间距离公式和中点公式…………128
5.2　直线与方程…………129
习题 5.2…………134
5.3　平面内两条直线的位置关系…………134
习题 5.3…………139
5.4　线性规划初步…………139
习题 5.4…………141
5.5　曲线与曲线方程…………141
习题 5.5…………143
5.6　二次曲线…………143
习题 5.6…………157
5.7　坐标轴的平移…………159
习题 5.7…………161
复习题 5…………162

第 6 章　极坐标与参数方程 ……164
6.1　极坐标和极坐标方程……164
习题 6.1 ……171
6.2　参数方程 ……172
习题 6.2 ……176
复习题 6……177

下篇　高等数学

第 7 章　极限与连续 ……180
7.1　函数的极限 ……180
习题 7.1 ……186
7.2　极限的运算 ……187
习题 7.2 ……194
7.3　函数的连续性 ……195
习题 7.3 ……201
复习题 7……201
第 8 章　导数与微分 ……204
8.1　导数的概念 ……204
习题 8.1 ……212
8.2　函数的求导法则……213
习题 8.2 ……217
8.3　隐函数及参数方程确定的函数的导数 ……218
习题 8.3 ……222
8.4　高阶导数 ……222
习题 8.4 ……226
8.5　函数的微分及应用……226
习题 8.5 ……232
复习题 8……233
第 9 章　导数的应用 ……235
9.1　微分中值定理 ……235
习题 9.1 ……238
9.2　洛必达法则 ……238
习题 9.2 ……243
9.3　函数的单调性、极值与最值……243
习题 9.3 ……250
9.4　函数图像的描绘……251
习题 9.4 ……256

*9.5 导数在工程技术中的应用 ······ 256
习题 9.5 ······ 261
复习题 9 ······ 261
第 10 章 不定积分 ······ 264
10.1 不定积分的概念与性质 ······ 264
习题 10.1 ······ 268
10.2 换元积分法 ······ 269
习题 10.2 ······ 275
10.3 分部积分法 ······ 276
习题 10.3 ······ 279
复习题 10 ······ 280
第 11 章 定积分及其应用 ······ 282
11.1 定积分的概念与性质 ······ 282
习题 11.1 ······ 289
11.2 微积分基本公式 ······ 289
习题 11.2 ······ 293
11.3 定积分的计算 ······ 294
习题 11.3 ······ 298
11.4 反常积分 ······ 298
习题 11.4 ······ 302
11.5 定积分的应用 ······ 303
习题 11.5 ······ 311
复习题 11 ······ 312
附 录 ······ 314
附录 1 初等数学部分 ······ 314
附录 2 高等数学部分 ······ 318

上篇　初等数学

第1章　方程与不等式

学习目标

1. 掌握一元二次方程的几种解法.
2. 理解一元二次方程根与系数间的关系.
3. 熟悉分式方程与无理方程的解法.
4. 掌握一元二次不等式的解法.
5. 掌握绝对值不等式的解法.

本章首先介绍一元二次方程、分式方程、无理方程的相关概念，探索方程的解法，在学习中让学生体会方程的思想；其次介绍有关不等式的重要性质，学习一元一次不等式、一元二次不等式和绝对值不等式的解法.

1.1　一元二次方程

1.1.1　一元二次方程的概念

定义 1.1　方程的两边都是整式的方程叫作**整式方程**.

定义 1.2　含有一个未知数，并且未知数的最高次数是 2 的整式方程叫作**一元二次方程**.

一元二次方程的一般形式是

$$ax^2+bx+c=0(a\neq 0)$$

其中，ax^2 称二次项，a 称二次项系数；bx 称一次项，b 称一次项系数；c 称常数项. 任何一个一元二次方程都可以通过变形化成这种一般形式.

1.1.2　一元二次方程的解法

解一元二次方程的基本思路是降次. 降次的方法有多种，这里主要介绍配方法、公式法，以及因式分解法，这些方法都可以解一元二次方程.

1. 配方法

如：解方程

$$(x-1)^2=6$$

根据平方根的意义，得

$$x-1=\pm\sqrt{6}$$

即 $$x-1=\sqrt{6}\text{，或 }x-1=-\sqrt{6}$$

从而得到方程的根 $x_1=1+\sqrt{6}$， $x_2=1-\sqrt{6}$.

上述解方程的过程中，对方程 $(x-1)^2=6$ 两边开平方，将二次方程转化为两个一次方程 $x-1=\sqrt{6}$，或 $x-1=-\sqrt{6}$，这种解一元二次方程的方法叫作直接开平方法.

其实，对于形如 $x^2=a(a\geqslant 0)$ 或 $(x+a)^2=b(b\geqslant 0)$ 的方程，都可以用直接开平方法求解. 这类方程的特点是：左边是关于未知数一次式的平方（完全平方式），右边是一个非负数. 凡是符合这种特征的方程都可以用直接开平方法求解.

定义 1.3 通过配方，把方程左边化成一个完全平方式，右边是一个非负常数，再利用直接开平方法解方程，这种解一元二次方程的方法叫作**配方法**.

配方法的基本步骤是：

（1）把二次项的系数化为 1（方程两边同时除以二次项系数）；

（2）移项（常数项移到等式的右边）；

（3）配方（两边加上一次项系数一半的平方）；

（4）方程两边开平方，得到两个一元一次方程；

（5）解一元一次方程，得到原方程的解.

例 1 解方程 $x^2+4x-7=0$.

解 移项，得

$$x^2+4x=7$$

配方，得

$$x^2+4x+4=7+4$$

即 $$(x+2)^2=11$$

由平方根的意义得

$$x+2=\sqrt{11}\text{，或 }x+2=-\sqrt{11}$$

解得 $x_1=-2+\sqrt{11}$， $x_2=-2-\sqrt{11}$.

例 2 解方程 $2x^2+7x-4=0$.

解 移项，二次项系数化为 1，得

$$x^2+\frac{7}{2}x=2$$

配方，得

$$x^2+\frac{7}{2}x+\left(\frac{7}{4}\right)^2=2+\left(\frac{7}{4}\right)^2$$

即
$$\left(x+\frac{7}{4}\right)^2=\frac{81}{16}$$

开平方，得

$$x+\frac{7}{4}=\pm\frac{9}{4}$$

解得 $x_1=-4$，$x_2=\frac{1}{2}$.

2. 公式法

直接开平方法解一元二次方程固然比较简单，但有一定的局限性. 配方法对于每个一元二次方程都适用，但配方比较麻烦. 因此，我们再来寻求别的解法.

用配方法解一元二次方程

$$ax^2+bx+c=0(a\neq 0)$$

解 因为 $a\neq 0$，二次项系数化为 1，得

$$x^2+\frac{b}{a}x+\frac{c}{a}=0$$

移项，得

$$x^2+\frac{b}{a}x=-\frac{c}{a}$$

配方，得

$$x^2+\frac{b}{a}x+\left(\frac{b}{2a}\right)^2=-\frac{c}{a}+\left(\frac{b}{2a}\right)^2$$

即
$$\left(x+\frac{b}{2a}\right)^2=\frac{b^2-4ac}{4a^2}$$

因为 $a\neq 0$，则 $4a^2>0$.

（1）当 $b^2-4ac\geqslant 0$ 时，开平方，得

$$x+\frac{b}{2a}=\pm\sqrt{\frac{b^2-4ac}{4a^2}}$$

即
$$x=-\frac{b}{2a}\pm\frac{\sqrt{b^2-4ac}}{2a}$$

解得

$$x_1=\frac{-b+\sqrt{b^2-4ac}}{2a}, \quad x_2=\frac{-b-\sqrt{b^2-4ac}}{2a}$$

（2）当 $b^2-4ac<0$ 时，方程右边为负，因此原方程无实数根.

定义 1.4 一元二次方程 $ax^2+bx+c=0(a\neq 0)$ 的根是由方程的系数 a, b, c 确定的. 因此，在解一元二次方程时，先把方程化为一般形式，然后在 $b^2-4ac\geqslant 0$ 的前提下，把各项系数 a，b，c 的值代入公式

$$x=\frac{-b\pm\sqrt{b^2-4ac}}{2a} \ (b^2-4ac\geqslant 0)$$

中，就可以得到方程的根. 这个式子称为一元二次方程的**求根公式**，用求根公式解一元二次方程的方法称为**求根公式法**.

例 3 解方程 $x^2-12=x$.

解 将方程化为一般形式，得

$$x^2-x-12=0$$

显然 $a=1$，$b=-1$，$c=-12$，且

$$b^2-4ac=(-1)^2-4\times1\times(-12)=49>0$$

于是

$$x=\frac{-b\pm\sqrt{b^2-4ac}}{2a}=\frac{-(-1)\pm\sqrt{49}}{2\times1}=\frac{1\pm7}{2}$$

解得 $x_1=-3$，$x_2=4$.

例 4 解方程 $4x^2=2x-5$.

解 将方程化为一般形式，得

$$4x^2-2x+5=0$$

因为

$$\Delta=b^2-4ac=(-2)^2-4\times4\times5=-76<0$$

所以，原方程无实数根.

3. 因式分解法

定义 1.5 当一元二次方程的一边变为 0，另一边可以分解为两个一次因式的积时，可以将方程化为两个一元一次方程，从而求出原方程的根. 这种解一元二次方程的方法叫作**因式分解法**.

例 5 解下列方程：

（1）$x^2-9=0$；（2）$3x^2+4x=0$；

（3）$x^2+5x-14=0$；（4）$-3x^2+16x=5$.

解 （1）将方程化为

$$(x+3)(x-3)=0$$

于是

$$x+3=0，或\ x-3=0$$

解得 $x_1=-3$， $x_2=3$.

（2）方程左边分解因式，得

$$x(3x+4)=0$$

于是

$$x=0，或\ 3x+4=0$$

解得 $x_1=0$， $x_2=-\dfrac{4}{3}$.

（3）方程左边分解因式，得

$$(x+7)(x-2)=0$$

于是

$$x+7=0，或\ x-2=0$$

解得 $x_1=-7$， $x_2=2$.

（4）将方程整理，得

$$3x^2-16x+5=0$$

方程化为

$$(3x-1)(x-5)=0$$

于是

$$3x-1=0，或\ x-5=0$$

解得 $x_1=\dfrac{1}{3}$， $x_2=5$.

1.1.3 一元二次方程根的判别式

定义 1.6 根据前面一元二次方程 $ax^2+bx+c=0\ (a\neq 0)$ 求根公式的推导，不难看出，一元二次方程 $ax^2+bx+c=0\ (a\neq 0)$ 的根的情况与 b^2-4ac 的值的范围有关系，把 b^2-4ac 称为一元二次方程**根的判别式**，用“Δ”表示，即

$$\Delta=b^2-4ac$$

并且有

（1）当 $b^2-4ac>0$ 时，方程有两个不相等的实数根，即

$$x=\frac{-b\pm\sqrt{b^2-4ac}}{2a}\ (b^2-4ac>0);$$

（2）$b^2-4ac=0$时，方程有两个相等的实数根，即

$$x_1=x_2=-\frac{b}{2a};$$

（3）$b^2-4ac<0$时，方程没有实数根.

例 6　不解方程，判断下列方程根的情况：

（1）$2x^2+3x-1=0$；　　　　（2）$4y^2+1=4y$；

（3）$5(x-1)^2+3x=0$.

解　（1）因为

$$\Delta=b^2-4ac=3^2-4\times2\times(-1)=17>0,$$

所以原方程有两个不相等的实数根.

（2）原方程化为一般形式，即

$$4y^2-4y+1=0$$

因为

$$\Delta=(-4)^2-4\times4\times1=0$$

所以原方程有两个相等的实数根.

（3）将原方程整理成一般形式为

$$5x^2-7x+5=0$$

由于

$$\Delta=(-7)^2-4\times5\times5=-51<0$$

所以原方程没有实数根.

例 7　当m取什么值，关于x的方程$(m^2-4)x^2+2(m+1)x+1=0$有实数根？

解　分两种情况：

（1）当$m^2-4=0$时，$m=2$或$m=-2$，总有$2(m+1)\neq0$，该方程为一元一次方程，方程的根是$x=-\frac{1}{2(m+1)}$；

（2）当$m^2-4\neq0$时，$m\neq\pm2$，该方程为一元二次方程，那么方程有实数根的条件是

$$\Delta=[2(m+1)]^2-4(m^2-4)=8m+20\geqslant0$$

解得$m\geqslant-\frac{5}{2}$.

所以当 $m \geqslant -\frac{5}{2}$ 且 $m \neq \pm 2$ 时，方程有实数根.

综上所述，当 $m \geqslant -\frac{5}{2}$ 时，原方程有实数根.

1.1.4　根与系数间的关系

定义 1.7　设一元二次方程 $ax^2+bx+c=0\ (a\neq 0)$ 的两根分别为 x_1, x_2，则 $x_1+x_2=-\frac{b}{a}$，$x_2x_2=\frac{c}{a}$. 这个一元二次方程的根与系数的关系称为**韦达定理**.

例 8　已知方程 $x^2-6x+2=0$，不解方程，求下列各式的值：

（1）$\frac{1}{x_1}+\frac{1}{x_2}$；　　（2）$x_1-x_2$.

解　由韦达定理，得

$$x_1+x_2=6,\quad x_1x_2=2$$

（1）$\frac{1}{x_1}+\frac{1}{x_2}=\frac{x_1+x_2}{x_1x_2}=\frac{6}{2}=3$；

（2）因为

$$(x_1-x_2)^2=(x_1+x_2)^2-4x_1x_2=6^2-4\times 2=28$$

所以 $x_1-x_2=\pm 2\sqrt{7}$.

例 9　如果方程 $mx^2-2(m+2)x+m+5=0$ 有两个正的实数根，求 m 的取值范围.

分析　如果一元二次方程有两个正的实数根，必须同时满足以下条件：① 二次项系数不等于 0；② $\Delta\geqslant 0$；③ 两根之和为正；④ 两根之积为正. 列不等式组，求出 m 的取值范围.

解　原方程有两个正的实数根，需满足以下条件：

$$\begin{cases} m\neq 0 \\ [-2(m+2)]^2-4m(m+5)\geqslant 0 \\ \dfrac{2(m+2)}{m}>0 \\ \dfrac{m+5}{m}>0 \end{cases}$$

解得 $0<m\leqslant 4$ 或 $m<-5$.

故 m 的取值范围是 $(-\infty,-5)\cup(0,4]$.

例 10　若方程 $2x^2-(k+1)x+k+3=0$ 的两根之差为 1，求 k 的值.

解　设方程的两根分别是 x_1, x_2，则由韦达定理得

$$x_1+x_2=\frac{k+1}{2},\quad x_2x_2=\frac{k+3}{2}$$

所以

$$(x_1-x_2)^2=(x_1+x_2)^2-4x_1x_2=\left(\frac{k+1}{2}\right)^2-4\times\frac{k+3}{2}$$

由已知 $|x_1-x_2|=1$，则 $(x_1-x_2)^2=1$，所以

$$\left(\frac{k+1}{2}\right)^2-4\times\frac{k+3}{2}=1$$

整理得

$$k^2-6k-27=0$$

解得 $k_1=-3,k_2=9$.

经验证，$k=-3$ 或 $k=9$ 都满足 $\Delta>0$.

故 $k=-3$ 或 $k=9$.

例 11 某种商品原价 50 元，因销售不畅，3 月份降价 10%，从 4 月份开始涨价，5 月份售价为 64.8 元. 那么 4、5 月份两个月的平均涨价率是多少？

分析 3 月份售价表示为 $50(1-10\%)$元，设月平均涨价率是 x，则 4 月份售价是 $50(1-10\%)(1+x)$元，5 月份售价是 $50(1-10\%)(1+x)(1+x)=50(1-10\%)(1+x)^2$元. 又已知 5 月份售价是 64.8 元，由此可以列方程，从而得到问题的答案.

解 设月平均涨价率是 x，由题意得

$$50(1-10\%)(1+x)^2=64.8$$

整理得

$$(1+x)^2=1.44$$

解得 $x_1=0.2=20\%,x_2=-2.2$（不合题意，舍去）.

故 4、5 月份两个月的平均涨价率是 20%.

习题 1.1

1. 填空题

（1）x^2+5x+________ $=(x+$________$)^2$.

（2）$x^2-\frac{5}{2}x+$________ $=(x-$________$)^2$.

（3）方程 $2x^2+3x-1=0$ 的判别式$\Delta=$________，此方程________实数根.

（4）设方程 $4x^2-x-2=0$ 的两根分别为 x_1,x_2，则 $x_1+x_2=$________，$x_1-x_2=$________.

2. 解下列方程

（1）$x^2+4x-12=0$；　　（2）$3x^2=4x+1$；

（3）$3(8x-2)-2x(5x+1)=6(2x+1)$.

3. 已知方程 $x^2+2x-2=0$，设方程的两根分别是 x_1,x_2，不解方程，求下列各式的值：

（1）$x_1^2+x_2^2$；　　（2）$\frac{3}{x_1}+\frac{3}{x_2}$.

4. m 是什么实数时，方程 $mx^2-(1-m)x+m=0\ (m\in\mathbf{R})$ 有实数根？

1.2　分式方程与无理方程

1.2.1　分式方程

定义 1.8　只含有分式或整式，且分母里含有未知数的方程叫作**分式方程**.

解分式方程的基本思路是去分母，化分式方程为整式方程.

一般步骤是：

（1）去分母（方程两边同乘以各分母的最简公分母），化分式方程为整式方程；

（2）解整式方程；

（3）验根，把整式方程的根中不适合分式方程的根舍去.

验根的方法就是把整式方程的根代入最简公分母，使最简公分母为零的根是原方程的增根，要舍去.

例 1　解方程 $\frac{x}{x-1}-1=\frac{3}{x+2}$.

解　去分母，方程两边同乘以 $(x-1)(x+2)$，约去分母，得

$$x(x+2)-(x-1)(x+2)=3(x-1),$$

整理得

$$-2x=-5$$

解得 $x=\frac{5}{2}$.

经检验，$x=\frac{5}{2}$ 是原方程的根.

所以，原方程的解是 $x=\frac{5}{2}$.

例 2　解方程 $\frac{x+7}{x+6}+\frac{x+9}{x+8}=\frac{x+10}{x+9}+\frac{x+6}{x+5}$.

解　将原方程化为

$$1+\frac{1}{x+6}+1+\frac{1}{x+8}=1+\frac{1}{x+9}+1+\frac{1}{x+5}$$

即

$$\frac{1}{x+6}+\frac{1}{x+8}=\frac{1}{x+9}+\frac{1}{x+5}$$

方程两边分别通分，得

$$\frac{2x+14}{(x+6)(x+8)}=\frac{2x+14}{(x+9)(x+5)}$$

去分母，得

$$(2x+14)(x^2+14x+48)=(2x+14)(x^2+14x+45)$$

整理得

$$2x+14=0$$

解得 $x=-7$.

经检验，$x=-7$ 是原方程的根.

所以，原方程的解是 $x=-7$.

例 3 解方程 $\frac{x-2}{x}-\frac{15x}{x-2}=2$.

解 设 $\frac{x-2}{x}=y$，则原方程为

$$y-\frac{15}{y}=2$$

即
$$y^2-2y-15=0$$

解得 $y_1=-3, y_2=5$.

当 $y=-3$ 时，$\frac{x-2}{x}=-3$，解得 $x=\frac{1}{2}$；

当 $y=5$ 时，$\frac{x-2}{x}=5$，解得 $x=-\frac{1}{2}$.

经检验，$x=\frac{1}{2}$，$x=-\frac{1}{2}$ 都是原方程的根.

所以，原方程的根是 $x=-\frac{1}{2}$ 或 $x=\frac{1}{2}$.

以上这种解方程的方法叫作**换元法**. 换元法不只是用在解分式方程中，它是解一些特殊方程的特殊方法，基本思想是通过换元把某些式子的形式变得简单，从而把原方程的形式也变得简单化.

例 4 若分式方程 $\frac{2x+a}{x-2}=-1$ 的解是正数，求 a 的取值范围.

解 将方程去分母，得

$$2x+a=-(x-2)$$

解得 $x=\frac{2-a}{3}$.

由已知，得

$$\frac{2-a}{3}>0$$

解这个不等式，得

$$a<2$$

所以，a 的取值范围是 $(-\infty,2)$.

例 5 甲、乙两名工人各加工 15 个机器零件，甲每小时比乙多加工 1 个，结果比乙少花半小时完成任务，问：两人每小时各加工多少个机器零件？

解 设乙每小时加工 x 个零件，则甲每小时加工（$x+1$）个零件. 根据题意，得方程

$$\frac{15}{x+1}+0.5=\frac{15}{x}$$

去分母，整理得

$$x^2+x-30=0$$

解这个方程，得

$$x_1=5,x_2=-6$$

经检验，$x=5$ 和 $x=-6$ 都是所列方程的根，但 $x=-6$ 不合题意，应舍去.

所以 $x=5$，且当 $x=5$ 时，$x+1=6$.

故两名工人中，甲每小时加工 6 个机器零件，乙每小时加工 5 个机器零件.

1.2.2 无理方程

看下面这个方程

$$\sqrt{x^2-1}+x=2$$

这个方程含有根式，而且被开方数还含有未知数，这不是我们已经学过的整式方程和分式方程，而且在后续内容（比如二次曲线方程的推导）的学习中，常会遇到类似的方程. 所以，有必要了解这类方程及其解法. 这里，主要学习比较简单的含二次根式的无理方程的解法.

定义 1.9 含有根式，并且被开方数含有未知数的方程叫作**无理方程**.

思考：方程 $x^2-\sqrt{3}x-2=0$ 是无理方程吗？

解无理方程的基本思路是化无理方程为有理方程，需要在方程两边同时乘方相同的次数，从而化去被开方数含有未知数的根式，就是常用的“两边平方”法. 当然，化为有理方程以后，未知数的取值范围被扩大化了，因此，解无理方程必须验根. 验根的方法是，将有理方程的根代入原方程，使方程左右两边相等的根是原方程的根，否则就是原方程的增根.

例 6 解方程 $\sqrt{3x^2+x}+2=4x$.

解 移项，得

$$\sqrt{3x^2+x}=4x-2$$

两边平方，得

$$3x^2+x=(4x-2)^2$$

整理，得

$$13x^2-17x+4=0$$

解得 $x_1=1,x_2=\frac{4}{13}$.

检验，将 $x=1$ 代入原方程，左边＝右边，$x=1$ 是原方程的根；将 $x=\frac{4}{13}$ 代入原方程，左边≠右边，$x=\frac{4}{13}$ 是原方程的增根.

所以，原方程的根是 $x=1$.

例 7 解方程 $\sqrt{3x^2+x}-x+3=0$

解 移项，得

$$\sqrt{3x^2+x}=x-3$$

两边平方，整理得

$$2x^2-7x-9=0$$

解得 $x_1=-1,x_2=\frac{9}{2}$.

经检验，$x_1=-1,x_2=\frac{9}{2}$ 都是原方程的增根.

所以，原方程无解.

例 8 解方程 $\sqrt{x+2}-\sqrt{2x-3}=1$.

解 移项，得

$$\sqrt{x+2}-1=\sqrt{2x-3}$$

两边平方，得

$$x+2-2\sqrt{x+2}+1=2x-3$$

整理，得

$$-2\sqrt{x+2}=x-6$$

两边再平方，得

$$4(x+2)=x^2-12x+36$$

即 $$x^2-16x+28=0$$

解得 $x_1=2,x_2=14$.

经检验，$x=14$ 是原方程的增根.

所以，原方程的根是 $x=2$.

一般地，若方程含有一个根式，则把根式放在方程的一边，其余项移到另一边；若含有两个根式，则两个根式一边放一个，有时还需要两次平方，直到化去根号为止.

***例 9** 解方程 $3x^2+15x+2\sqrt{x^2+5x+1}=2$.

解 原方程，即

$$3(x^2+5x+1)+2\sqrt{x^2+5x+1}-5=0$$

设 $\sqrt{x^2+5x+1}=y$，则原方程可变为

$$3y^2+2y-5=0$$

解得 $y_1=-\frac{5}{3}, y_2=1$.

（1）当 $y=-\frac{5}{3}$ 时，$\sqrt{x^2+5x+1}=-\frac{5}{3}$，这是不可能的，所以，此方程无解.

（2）当 $y=1$ 时，$\sqrt{x^2+5x+1}=1$，两边平方，整理得

$$x^2+5x=0$$

解得 $x_1=0, x_2=-5$.

经检验，$x=0$，$x=-5$ 都是原方程的根.

所以，原方程的根是 $x_1=0, x_2=-5$.

这里用到了换元法. 换元法通常用于两边平方法无法解决或者难以解决的时候（得到的有理方程是高次方程），也常用于两边平方法虽可以解决但比较烦琐的情形. 无论用什么方法，验根是必不可少的步骤.

例 10 解方程 $\sqrt{x+81}+\sqrt{x+36}=9$.

解法一：设 $a=\sqrt{x+81}$，$b=\sqrt{x+36}$，则

$$\begin{cases}a+b=9\\a^2-b^2=45\end{cases}$$

两个方程相除，得

$$a-b=5$$

联立方程组

$$\begin{cases}a+b=9\\a-b=5\end{cases}$$

解得

$$a=7，\text{即 }\sqrt{x+81}=7$$

解得 $x=-32$.

这种方法叫作**换元法**.

解法二：根据已知，令

$$\sqrt{x+81}=4.5+t \qquad (1)$$

$$\sqrt{x+36}=4.5-t \qquad (2)$$

$(1)^2-(2)^2$，得

$$45=18t$$

解得

$$t=2.5，即 \sqrt{x+81}=7$$

解得 $x=-32$.

这种方法叫作**和差代换法**.

解法三：将原方程的左边分子有理化，得

$$\frac{\left(\sqrt{x+81}-\sqrt{x+36}\right)\left(\sqrt{x+81}+\sqrt{x+36}\right)}{\sqrt{x+81}-\sqrt{x+36}}=9$$

即

$$\frac{45}{\sqrt{x+81}-\sqrt{x+36}}=9$$

所以

$$\sqrt{x+81}-\sqrt{x+36}=5$$

于是得方程组

$$\begin{cases}\sqrt{x+81}+\sqrt{x+36}=9\\\sqrt{x+81}-\sqrt{x+36}=5\end{cases}$$

两方程相加，得

$$2\sqrt{x+81}=14$$

解得 $x=-32$.

经检验，$x=-32$ 是原方程的根.

故原方程的根是 $x=-32$.

在本题求解过程中用了“**分子有理化法**”.

习题 1.2

1. 解下列分式方程：

（1）$\frac{x+1}{x-1}-\frac{4}{x^2-1}=1$；（2）$\frac{3}{x}=\frac{4}{70-x}$；

（3）$\frac{1}{x}+\frac{3}{x-2}=\frac{2}{2x-x^2}$；（4）$\frac{3}{2}-\frac{2x}{3x-1}=\frac{7}{6x-2}$.

2. 解下列无理方程：

（1）$\sqrt{x+1}=x-5$；（2）$\sqrt{x+1}+\sqrt{x-1}=\sqrt{2x+2}$；

（3）$\sqrt{x^2+5x-2}-\sqrt{x^2+5x-6}=2$.

3. 如果关于 x 的方程 $\dfrac{k}{x-2}+2=\dfrac{x}{x-2}$ 会产生增根，求 k 的值.

4. 当 m 为何值时，关于 x 的方程 $\dfrac{x+3}{x+2}=\dfrac{1}{(x-1)(x+2)}+1$ 的解为非负数.

*5. 解分式方程：$\dfrac{x}{x-2}+\dfrac{x-9}{x-7}=\dfrac{x+1}{x-1}+\dfrac{x-8}{x-6}$.

*6. 解方程组：$\begin{cases}\sqrt{x-1}+\sqrt{y+1}=3\\(x-1)(y+1)=4\end{cases}$.

7. 某学校学生进行急行军训练，预计行军 60 千米的路程于下午 5 时到达，后来由于把速度加快 20%，结果于下午 4 时便到达. 求原计划行军的速度.

1.3 二元二次方程组

1.3.1 二元二次方程

定义 1.10 含有两个未知数，并且含未知数项的最高次数是 2 的整式方程叫作**二元二次方程**.

关于 x，y 的二元二次方程的一般形式是

$$ax^2+bxy+cy^2+dx+ey+f=0$$

其中，ax^2,bxy,cy^2 叫作方程的**二次项**，dx, ey 叫作**一次项**，f 叫作**常数项**. 其中 a, b, c 不全为 0.

二元二次方程的解可能是无穷解、唯一解或无解三种情况.

例 1 判断下列方程解的情况：

（1）$x^2+y^2-10x=0$；

（2）$x^2+y^2+2x-6y+10=0$；

（3）$4x^2+y^2-4x-2y+7=0$.

解 （1）原方程可化为

$$(x-5)^2+y^2=25$$

此方程表示以$(5, 0)$为圆心、5 为半径的圆的方程，圆上所有点(x, y)都是这个方程的解. 因此，原方程有无穷解.

（2）原方程可化为

$$(x+1)^2+(y-3)^2=0$$

此方程只表示平面内一个点$(-1, 3)$. 所以，原方程只有一个解.

（3）原方程可化为

$$(2x-1)^2+(y-1)^2=-5$$

显然，此方程无解.

1.3.2 二元二次方程组及其解法

定义 1.11 由至少一个二元二次方程组成的方程组叫作**二元二次方程组**. 解二元二次方程组的基本思路是降次、消元，常用代入消元法求解.

例 2 解方程组$\begin{cases}2x-y=1\\10x^2-y^2-x+1=0\end{cases}$.

解 由 $2x-y=1$ 得 $y=2x-1$，代入另一个方程，得

$$10x^2-(2x-1)^2-x+1=0$$

整理，得

$$6x^2+3x=0$$

解得 $x_1=0,x_2=-\dfrac{1}{2}$.

把 $x_1=0$ 代入 $y=2x-1$ 中，解得 $y_1=-1$；

把 $x_2=-\dfrac{1}{2}$ 代入 $y=2x-1$ 中，解得 $y_2=-2$.

所以，原方程组的解是

$$\begin{cases}x_1=0\\y_1=-1\end{cases},\quad\begin{cases}x_2=-\dfrac{1}{2}\\y_2=-2\end{cases}$$

例 3 解方程组$\begin{cases}x^2-y^2=16\\x+y=2\end{cases}$.

解 将 $x^2-y^2=16$ 化成$(x+y)(x-y)=16$，将 $x+y=2$ 代入此方程，得

$$x-y=8$$

于是，原方程组为

$$\begin{cases}x+y=2\\x-y=8\end{cases}$$

解这个方程组，得

$$\begin{cases}x=5\\y=-3\end{cases}$$

所以，原方程组的解是

$$\begin{cases}x=5\\y=-3\end{cases}$$

例 4 解方程组

$$\begin{cases}3x^2-y^2=8 & (1)\\x^2+xy-y^2=4 & (2)\end{cases}$$

解　(1) - (2) ×2，得

$$x^2-2xy+y^2=0\text{，即 }x=y$$

于是，原方程组化为

$$\begin{cases}3x^2-y^2=8\\x=y\end{cases}$$

解这个方程组，得原方程组的解：

$$\begin{cases}x_1=2\\y_1=2\end{cases},\quad\begin{cases}x_2=-2\\y_2=-2\end{cases}$$

例 5　解方程组

$$\begin{cases}x^2-3xy+2y^2+4x-3y=1 & (1)\\2x^2-6xy+y^2+8x+2y=7 & (2)\end{cases}$$

解　(1) ×2 - (2)，得

$$3y^2-8y+5=0$$

解这个一元二次方程，得

$$y_1=1, y_2=\frac{5}{3}$$

把 $y_1=1$ 代入方程 (1)，整理得方程 $x^2+x-2=0$，解得

$$x_1=1, x_2=-2$$

把 $y_2=\frac{5}{3}$ 代入方程 (1)，整理得方程 $9x^2-9x-4=0$，解得

$$x_3=\frac{4}{3}, x_4=-\frac{1}{3}$$

所以，原方程组的解是

$$\begin{cases}x_1=1\\y_1=1\end{cases},\quad\begin{cases}x_2=-2\\y_2=1\end{cases},\quad\begin{cases}x_3=\frac{4}{3}\\y_3=\frac{5}{3}\end{cases},\quad\begin{cases}x_4=-\frac{1}{3}\\y_4=\frac{5}{3}\end{cases}$$

例 6　解方程组

$$\begin{cases}x^2+2xy+y^2=25 & (1)\\9x^2-12xy+4y^2=9 & (2)\end{cases}$$

解　将方程 (1) 化为

$$x+y=5，或 x+y=-5$$

将方程（2）化为

$$3x-2y=3，或 3x-2y=-3$$

于是，原方程组可化为以下四个方程组：

$$\begin{cases}x+y=5\\3x-2y=3\end{cases},\quad\begin{cases}x+y=5\\3x-2y=-3\end{cases},\quad\begin{cases}x+y=-5\\3x-2y=3\end{cases},\quad\begin{cases}x+y=-5\\3x-2y=-3\end{cases}$$

解这些方程组，得原方程组的解：

$$\begin{cases}x_1=\frac{13}{5}\\y_1=\frac{12}{5}\end{cases},\quad\begin{cases}x_2=\frac{7}{5}\\y_2=\frac{18}{5}\end{cases},\quad\begin{cases}x_3=-\frac{7}{5}\\y_3=-\frac{18}{5}\end{cases},\quad\begin{cases}x_4=-\frac{13}{5}\\y_4=-\frac{12}{5}\end{cases}$$

例 7　m 取何值时，方程组 $\begin{cases}y^2=4x\\y=2x+m\end{cases}$ 仅有一组实数解，并求出这个方程组的解.

解　把第二个方程代入第一个方程，消去 y，得

$$(2x+m)^2=4x$$

整理，得

$$4x^2+(4m-4)x+m^2=0 \tag{1}$$

因为原方程组仅有一组实数解，则此方程只有一个实数根，所以 $\Delta=0$，即

$$(4m-4)^2-4\times4m^2=0$$

解得 $m=\frac{1}{2}$.

把 $m=\frac{1}{2}$ 代入方程（1），整理得

$$4x^2-2x+\frac{1}{4}=0$$

解得 $x=\frac{1}{4}$.

把 $x=\frac{1}{4}$ 代入原方程组，解得 $y=1$.

故当 $m=\frac{1}{2}$ 时，方程组 $\begin{cases}y^2=4x\\y=2x+m\end{cases}$ 仅有一组实数解，并且这个方程组的解是

$$\begin{cases}x=\frac{1}{4}\\y=1\end{cases}$$

习题 1.3

1. 填空题

（1）方程组 $\begin{cases} y=x+1 \\ y=x^2-2x-3 \end{cases}$ 的解是____________.

（2）方程组 $\begin{cases} x^2-4y^3=3 \\ x+2y=1 \end{cases}$ 的解是____________.

（3）解方程组 $\begin{cases} x^2+y^2=20 \\ (x-2y)(x-3y)=0 \end{cases}$ 时，可先将方程组化为____________和____________两个方程组.

（4）方程组 $\begin{cases} x+y=a \\ xy=b \end{cases}$ 的两组解为 $\begin{cases} x_1=a_1 \\ y_1=b_1 \end{cases}$，$\begin{cases} x_2=a_2 \\ y_2=b_2 \end{cases}$，则 $a_2a_2-b_1b_2=$____________.

（5）方程组 $\begin{cases} y=x^2 \\ y=x+m \end{cases}$ 有两组不同的实数解，则 m 的取值范围____________.

2. 解下列方程组：

（1）$\begin{cases} x+y=5 \\ x^2-y^2=15 \end{cases}$；

（2）$\begin{cases} x+y=7 \\ x^2+y^2=25 \end{cases}$；

（3）$\begin{cases} x^2-2xy+y^2=1 \\ 2x^2-5xy-3y^2=0 \end{cases}$；

（4）$\begin{cases} x+y=7 \\ xy=12 \end{cases}$；

（5）$\begin{cases} xy=6 \\ x^2+y^2=13 \end{cases}$.

3. 已知方程组 $\begin{cases} y^2-4x-2y+1=0 \\ y=kx+2 \end{cases}$ 有两个不相等的实数解，求 k 的取值范围.

4. 一块长方形场地的面积是 96 m^2，如果把它的长减少 1 m，宽增加 2 m，得到的新的长方形面积比原长方形面积增加 14 m^2，求原长方形场地的长和宽.

1.4　不等式

1.4.1　一元二次不等式

定义 1.12　含有一个未知数，并且未知数的最高次数是二次的不等式叫作**一元二次不等式**，它的一般形式是

$$ax^2+bx+c>0\text{，或 }ax^2+bx+c<0\ (a\neq 0)$$

下面利用二次函数 $y=ax^2+bx+c(a\neq 0)$ 的图像，来讨论当 $a>0$ 时一元二次不等式的解法.

例 1 设二次函数 $y = x^2 - x - 6$．求：

（1）x 取哪些值时，$y = 0$；

（2）x 取哪些值时，$y > 0$；

（3）x 取哪些值时，$y < 0$.

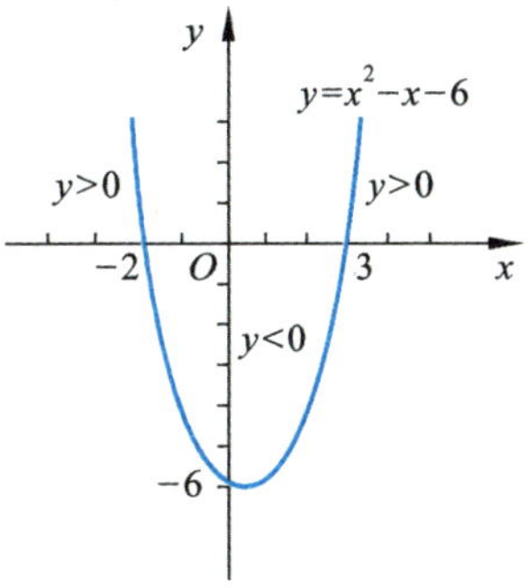

图 1.1

解 画出二次函数 $y = x^2 - x - 6$ 的图像（见图 1.1），图像与 x 轴交于两点$(-2, 0)$, $(3, 0)$，这两点把 x 轴分为三段. 观察图像，可以看出：

（1）当 $x_1 = -2, x_2 = 3$ 时，$y = 0$，也就是说，$x_1 = -2, x_2 = 3$ 是一元二次方程 $x^2 - x - 6 = 0$ 的两根；

（2）当 $x < -2$ 或 $x > 3$ 时，对应的是 x 轴上方的图像，$y > 0$，即 $x^2 - x - 6 > 0$，也就是说，$x < -2$ 或 $x > 3$ 是不等式 $x^2 - x - 6 > 0$ 的解；

（3）当 $-2 < x < 3$ 时，对应的是 x 轴下方的图像，$y < 0$，即 $x^2 - x - 6 < 0$，也就是说，$-2 < x < 3$ 是不等式 $x^2 - x - 6 < 0$ 的解集.

一般地，一元二次不等式 $ax^2 + bx + c > 0$，或 $ax^2 + bx + c < 0$ $(a > 0)$的解集情况与判别式 $\Delta = b^2 - 4ac$ 的范围有关（这里只讨论 $a > 0$ 的情况）：

（1）当 $\Delta > 0$ 时［见图 1.2（a）］，方程 $ax^2 + bx + c = 0$ 有两个不相等的实数根 $x_1, x_2 (x_1 < x_2)$，二次函数 $y = ax^2 + bx + c$ 与 x 轴有两个交点 $(x_1, 0)$，$(x_2, 0)$，那么 $ax^2 + bx + c > 0$ 的解集是 $\{x \mid x < x_1$，或 $x > x_2\}$，$ax^2 + bx + c < 0$ 的解集是 $\{x \mid x_1 < x < x_2\}$.

（2）当 $\Delta = 0$ 时［见图 1.2（b）］，方程 $ax^2 + bx + c = 0$ 有两个相等的实数根 $x_1 = x_2 = -\dfrac{b}{2a}$，二次函数 $y = ax^2 + bx + c$ 与 x 轴只有一个交点 $\left(-\dfrac{b}{2a}, 0\right)$，那么 $ax^2 + bx + c > 0$ 的解集是 $\left\{x \mid x \neq -\dfrac{b}{2a}\right\}$，$ax^2 + bx + c < 0$ 的解集是空集 $\varnothing$.

（3）当 $\Delta < 0$ 时［见图 1.2（c）］，方程 $ax^2 + bx + c = 0$ 没有实数根，二次函数 $y = ax^2 + bx + c$ 与 x 轴没有交点，那么 $ax^2 + bx + c > 0$ 的解集是全体实数 $\mathbf{R}$，$ax^2 + bx + c < 0$ 的解集是空集 $\varnothing$.

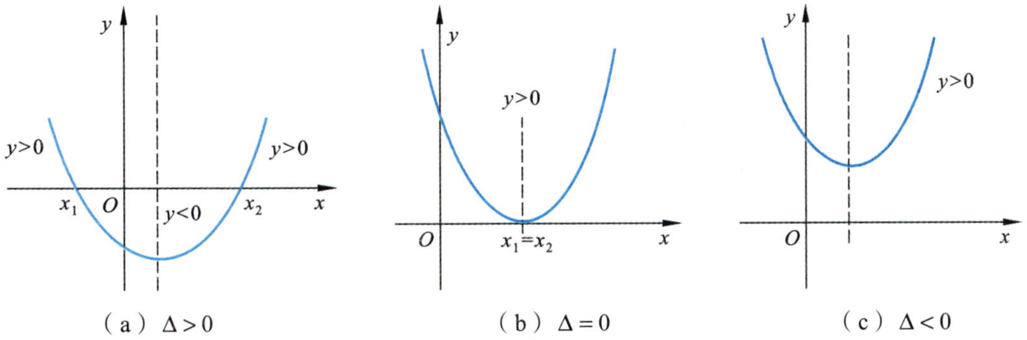

图 1.2

以上结论可列表 1.1$(a > 0)$.

表 1.1　解集情况

判别式 $\Delta=b^2-4ac$	$\Delta>0$	$\Delta=0$	$\Delta<0$
一元二次方程 $ax^2+bx+c=0$ 根的情况	有两个相异实根 $(x_1<x_2)$	有两个相等实根 $x_1=x_2=-\dfrac{b}{2a}$	没有实数根
二次函数 $y=ax^2+bx+c$ 与 x 轴交点情况	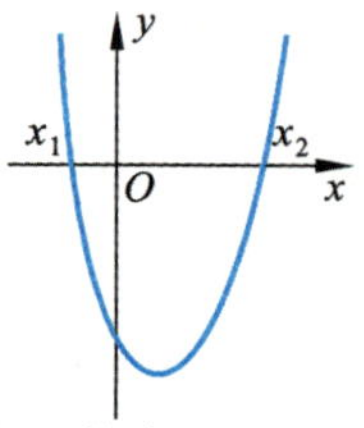 与 x 轴有 2 个交点 $(x_1,0),(x_2,0)$	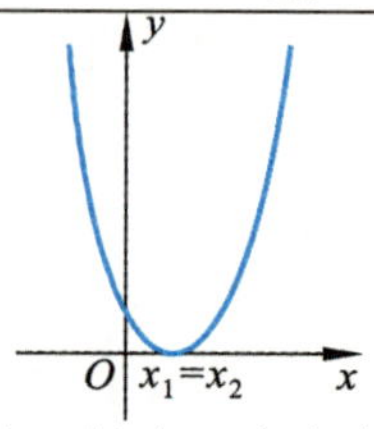 与 x 轴有 1 个交点 $\left(-\dfrac{b}{2a},0\right)$	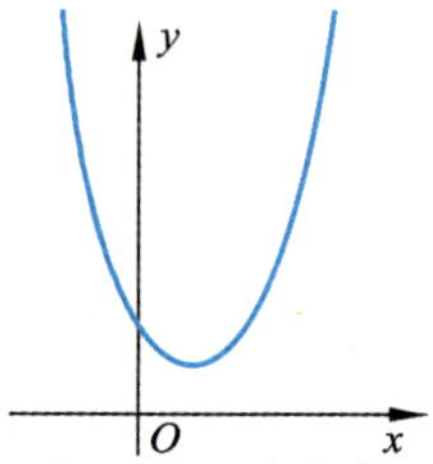 与 x 轴没有交点
$ax^2+bx+c>0$ 的解集	$\{x\mid x<x_1$，或 $x>x_2\}$	$\left\{x\mid x\neq-\dfrac{b}{2a}\right\}$	**R**
$ax^2+bx+c\geqslant0$ 的解集	$\{x\mid x\leqslant x_1$，或 $x\geqslant x_2\}$	**R**	**R**
$ax^2+bx+c<0$ 的解集	$\{x\mid x_1<x<x_2\}$	$\varnothing$	$\varnothing$
$ax^2+bx+c\leqslant0$ 的解集	$\{x\mid x_1\leqslant x\leqslant x_2\}$	$\left\{x\mid x=-\dfrac{b}{2a}\right\}$	$\varnothing$

例 2　解不等式 $3x^2-7x+2>0$.

解　方程 $3x^2-7x+2=0$ 的解是

$$x_1=\frac{1}{3},\ x_2=2$$

所以，原不等式的解集是 $\left(-\infty,\dfrac{1}{3}\right)\cup(2,+\infty)$.

例 3　解不等式 $-x^2+4x+12\geqslant0$.

解　原不等式化为

$$x^2-4x-12\leqslant0$$

因为方程 $x^2-4x-12=0$ 的解是

$$x_1=-2,\ x_2=6$$

所以，原不等式的解集是 $[-2,6]$.

例 4　解不等式 $x^2+x+\dfrac{1}{4}>0$.

解　方程 $x^2+x+\dfrac{1}{4}=0$ 的解是

$$x_1=x_2=-\frac{1}{2}$$

所以，原不等式的解集是$\left\{x \middle| x\neq -\dfrac{1}{2}\right\}$.

例 5　解不等式 $-x^2+3x-4>0$.

解　原不等式化为

$$x^2-3x+4<0$$

由于 $\Delta=(-3)^2-4\times1\times4=-7<0$，所以方程 $x^2-3x+4=0$ 无实根，即不等式 $x^2-3x+4<0$ 的解集是 $\varnothing$.

故 $-x^2+3x-4>0$ 的解集是 $\varnothing$.

例 6　解不等式 $\dfrac{x+3}{x-1}<0$.

解法一：原不等式与 $(x+3)(x-1)<0$ 同解，由一元二次不等式的解法，得原不等式的解集是 $(-3, 1)$.

解法二：将原不等式转化为两个不等式组，即

$$\begin{cases}x+3>0\\x-1<0\end{cases}，\text{或}\begin{cases}x+3<0\\x-1>0\end{cases}$$

解这两个不等式组，得

$$-3<x<1$$

所以，原不等式的解集是 $(-3, 1)$.

例 7　解不等式 $\dfrac{4}{x-1}<x-1$.

解　移项，得

$$\frac{4}{x-1}-(x-1)<0$$

通分并整理，得

$$\frac{-x^2+2x+3}{x-1}<0$$

分解因式，得

$$\frac{(x-3)(x+1)}{x-1}>0$$

此不等式与 $(x+1)(x-3)(x-1)>0$ 同解.

设 $f(x)=(x+1)(x-3)(x-1)$. 令 $f(x)=0$，则 $x=-1, 1, 3$，这三个根将数轴分为四个区间：$(-\infty, -1), (-1,1), (1,3), (3,+\infty)$. 在每个区间内任取一个值计算 $f(x)$ 的值，例如 $f(-3)=-3<0$，$f(0)=3>0$，$f(2)=-6<0$，$f(5)=3>0$. 于是，可在数轴上标根、画曲线（见图 1.3），观察图像，原不等式的解集 $\{x \mid -1<x<1$，或 $x>3\}$，或者表示为 $(-1,1)\cup(3,+\infty)$.

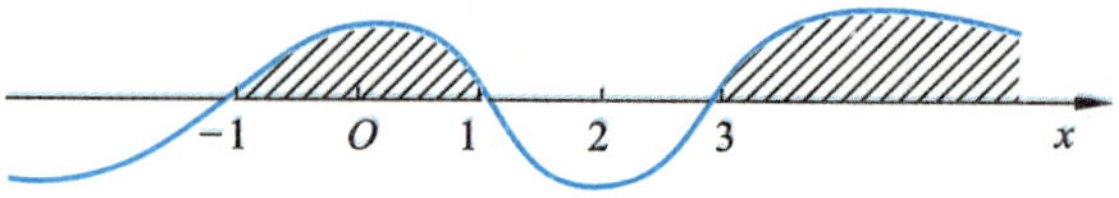

图 1.3

以上这种解不等式的方法叫作**标根法**.

还可以采用另一种方法——**列表法**，解这种分式不等式.

把分子分母各因式的根按照从小到大的顺序排列，可得到各因式与原不等式左边分式 $\frac{(x-3)(x+1)}{x-1}$ 的符号，如表 1.2 所示.

表 1.2　各因式与原不等式左边分式的符号

因式	区间			
	$(-\infty,-1)$	$(-1,1)$	$(1,3)$	$(3,+\infty)$
$x+1$	−	+	+	+
$x-1$	−	−	+	+
$x-3$	−	−	−	+
$\frac{(x+1)(x-3)}{(x-1)}$	−	+	−	+

由表 1.2 可知，原不等式的解集是 $(-1,1)\cup(3,+\infty)$.

1.4.2　绝对值不等式

绝对值不等式最简单的形式是形如 $|x|>a$ 或 $|x|<a$ 的形式. 根据绝对值的意义容易得到这类不等式的解集.

一般地，常见不等式的解集如表 1.3 所示($a>0$).

表 1.3　常见不等式的解集

绝对值不等式	$\|x\|<a$	$\|x\|\leqslant a$	$\|x\|>a$	$\|x\|\geqslant a$
解集	$(-a,a)$	$[-a,a]$	$(-\infty,a)\cup(a,+\infty)$	$(-\infty,\ a]\cup[a,+\infty)$

例 8　解下列不等式：

（1）$|x|>5$；　　　　（2）$|x|\leqslant\frac{1}{3}$.

解　（1）不等式 $|x|>5$ 的解集是 $(-\infty,-5)\cup(5,+\infty)$；

（2）不等式 $|x|\leqslant\frac{1}{3}$ 的解集是 $\left[-\frac{1}{3},\frac{1}{3}\right]$.

例 9　解不等式 $|2x-3|<1$.

解　将原不等式化为

$$-1<2x-3<1$$

解得 $1<x<2$.

所以，原不等式的解集是(1, 2).

例 10 解不等式 $|1-3x|-6\geqslant 0$.

解 原不等式即 $|3x-1|\geqslant 6$，将此不等式化为

$$3x-1\leqslant -6\text{，或 }3x-1\geqslant 6$$

解得 $x\leqslant -\dfrac{5}{3}$，或 $x\geqslant \dfrac{7}{3}$.

所以，原不等式的解集是 $\left(-\infty,-\dfrac{5}{3}\right]\cup\left[\dfrac{7}{3},+\infty\right)$.

习题 1.4

1. 选择题

（1）不等式 $x^2-9\leqslant 0$ 的解集是（　　）.

A. $(-\infty,-3)$　　B. $(-\infty,-3]\cup[3,+\infty)$

C. $(-3,3)$　　D. $[-3,3]$

（2）不等式 $x^2-2x+1>0$ 的解集是（　　）.

A. $\{1\}$　　B. $(-\infty,1)\cup(1,+\infty)$

C. $\mathbf{R}$　　D. $\varnothing$

（3）不等式 $2x^2+x+6\geqslant 0$ 的解集是（　　）.

A. $[1,+\infty)$　　B. $[3,+\infty)$

C. $\varnothing$　　D. $\mathbf{R}$

（4）不等式 $2x-x^2>0$ 的解集是（　　）.

A. $(-\infty,0)\cup(2,+\infty)$　　B. $(0,2)$

C. $[0,2]$　　D. $\mathbf{R}$

（5）不等式 $|x|<6$ 的解集是（　　）.

A. $(6,+\infty)$　　B. $(-\infty,-6)\cup(6,+\infty)$

C. $(-\infty,-6)$　　D. $(-6,6)$

（6）不等式 $|x|+3\leqslant 0$ 的解集是（　　）.

A. $\mathbf{R}$　　B. $\varnothing$

C. $(-3,3)$　　D. $(-\infty,-3)$

（7）不等式 $|x|>x$ 的解集是（　　）.

A. $(0,+\infty)$　　B. $(-\infty,0)$

C. $(-\infty,-2)$　　D. $(-\infty,-2]$

（8）不等式$1<|x-2|<2$的解集是（　　）.

A. $(0,1)\cup(3,4)$　　B. $(0, 1)$

C. $(0, 4)$　　D. $(3, 4)$

2. 填空题

（1）不等式$(3x+2)(3-2x)\geqslant 0$的解集是__________.

（2）不等式$(x^4+2)(x^2-x-2)<0$的解集是__________.

（3）不等式$x^2-x+1<0$的解集是__________.

（4）不等式$|2x+5|<3$的解集是__________.

（5）不等式$|x|+x^2\geqslant 0$的解集是__________.

3. 解下列不等式，并用数轴和区间形式表示其解集：

（1）$\left|\frac{2}{3}x\right|\geqslant 6$；　　（2）$|5x|<\frac{5}{2}$；　　（3）$|8-x|\geqslant 3$；

（4）$|2x+5|-7<0$；　　（5）$\left|\frac{2-x}{3}\right|\geqslant 2$.

4. 解下列不等式：

（1）$\frac{x+2}{x-1}>0$；　　（2）$\frac{x+1}{x-5}\leqslant 2$.

5. 解下列不等式：

（1）$x^2+x-2<0$；　　（2）$(x+1)^2-4\geqslant 0$；

（3）$x^2+5x+7\leqslant 0$；　　（4）$x^2-\frac{1}{2}x>0$.

6. x取何值时，$\sqrt{x^2-5x-6}$有意义？

7. k取何值时，方程$x^2+2x-11=k(3-x)$无实根？

复习题 1

1. 判断题

（1）一元二次方程$2x^2-3x+4=0$有两个不相等的实数根.　（　　）

（2）方程$x(x-2)=x-2$的根是$x-1$.　（　　）

（3）$x^2+4x+4>0$的解集是$\{x\,|\,x\neq -2\}$.　（　　）

（4）$3x^2+x+1<0$的解集是$\varnothing$.　（　　）

（5）方程组$\begin{cases}x+y=9\\xy=14\end{cases}$的解，是一元二次方程$m^2-9m+14=0$的两根.　（　　）

（6）不等式$|x-1|\leqslant 0$的解集是$(-1, 1)$.　（　　）

（7）方程$\sqrt{2x-1}+\sqrt{1-2x}=0$的解是$x=\frac{1}{2}$.　（　　）

2. 填空题

（1）不等式$|x-3|>5$的解集是__________.

（2）不等式$-x^2+3x-2<0$的解集是________.

（3）设方程$4x^2+x-6=0$的两根分别是x_1，x_2，则$x_2+x_2=$________，$x_1x_2=$________.

（4）已知不等式$mx^2+2\sqrt{3}x+m-2>0$的解集是**R**，在实数m的取值范围是_______.

（5）不等式组$\begin{cases}2(x+8)\leqslant 10-4(x-3)\\ \dfrac{x+1}{3}-\dfrac{x-1}{2}\geqslant 0\end{cases}$的解集是_________.

（6）不等式$|x|+x^2\geqslant 0$的解集是______.

3. 选择题

（1）方程$x^2=6x$的解集是（　　）.

A. $x_1=0$，$x_2=-6$　　B. $x_1=0$，$x_2=6$

C. $x=0$　　D. $x=6$

（2）下列方程中无实数根的是（　　）.

A. $-x^2=2x-1$　　B. $4x^2+4x+\dfrac{5}{4}=0$

C. $\sqrt{2}x^2-x-\sqrt{3}=0$　　D. $(x+2)(x-3)=-5$

（3）若$\sqrt{x+y}(\sqrt{x+y}-1)=2$，则$x+y=$（　　）.

A. 2　　B. 4　　C. 1　　D. 4或1

（4）如果$x>0$，$y>0$，$3x-2y=\sqrt{xy}$，则$\dfrac{y}{x}$的值可能是（　　）.

A. $-\dfrac{9}{4}$　　B. 1　　C. $\dfrac{9}{4}$　　D. 以上都无可能

（5）某超市1月份的营业额是200万元，已知该超市第一季度的总营业额1000万元，如果平均每月增长率是x，根据题意列方程为（　　）.

A. $200(1+x)^2=1000$　　B. $200+200\times 2x=1000$

C. $200+200\times 3x=1000$　　D. $200[1+(1+x)+(1+x)^2]=1000$

（6）不等式$3x^2+2\leqslant 0$的解集是（　　）.

A. **R**　　B. $\left[-\dfrac{3}{2},\dfrac{3}{2}\right]$

C. $\varnothing$　　D. $\left(-\infty,-\dfrac{3}{2}\right]\cup\left[\dfrac{3}{2},+\infty\right)$

（7）若根式$\sqrt{3x^2-5x+2}$没有意义，则x的取值范围是（　　）.

A. $\left[\dfrac{2}{3},1\right]$　　B. $(-\infty,0)$

C. $\left(\dfrac{2}{3},1\right)$　　D. $\left(-\infty,\dfrac{2}{3}\right)\cup(1,+\infty)$

（8）不等式$1\leqslant|3-x|<5$的解集是（　　）.

A. $\varnothing$　　B. $(-2,2]\cup[4,8)$

C. **R**　　D. $[-2,2)\cup(4,8]$

4. 解下列一元二次方程：

（1）$5x(x-3)=6-2x$；（2）$3y^2+1=2\sqrt{3}y$；

（3）$\frac{(x-1)^2}{2}+3x=\frac{5}{2}$.

5. 解下列分式方程：

（1）$\frac{x-2}{2x-1}+1=\frac{6}{1-2x}$；（2）$\frac{1}{x+1}+\frac{2}{x-1}=\frac{4}{x^2-1}$；

（3）$\frac{x^2+3}{x}-\frac{4x}{x^2+3}=3$.

6. 解下列不等式（组）：

（1）$6x-x^2\leqslant-7$；（2）$3|x+1|-4<0$；

（3）$\frac{2x-1}{1-x}>1$；（4）$\begin{cases}x^2-3x-18>0\\2|3x-5|-14<0\end{cases}$.

7. 已知关于 x 的一元二次方程 $x^2-2kx+\frac{1}{2}k^2-2=0$.

（1）求证：不论 k 为何值，方程总有两个不相等实数根.

（2）设 x_1，x_2 是方程的根，且 $x_1^2-2kx_1+2x_1x_2=5$，求 k 的值.

8. 若不等式 $|x-a|<b$ 的解集是 $(-2,8)$，求 a，b 的值.

9. 已知 a 是非零整数，且 $\begin{cases}4(a+1)>2a+1\\5-2a>1+a\end{cases}$，试解关于 x 的方程 $\sqrt{3x-2}+\sqrt{x+3}=3a$.

10. 比较 $2x^2+2x+9$ 与 x^2-x+5 的大小.

11. 解不等式 $|x-4|-|2x+3|<1$.

12. 某商品用 7200 元购进甲、乙两种商品，然后卖出. 若每种商品均用去一半的钱，则一共可购进 750 件；若用 $\frac{2}{3}$ 的钱买甲种商品，其余的钱买乙种商品，则要少购进 50 件，卖出时，甲种商品可盈利 20%.

（1）求甲、乙两种商品的购进价和卖出价；

（2）因市场需求总量有限，每种商品最多只能卖出 600 件，那么该商品应采取怎样的方式才能获得最大利润？最大利润是多少？

本章小结

本章主要复习方程的基本概念、解法和应用，不等式的基本概念和计算.

具体知识点如下：

1. 一元二次方程

定义：含有一个未知数，并且未知数的最高次数是 2，像这样的整式方程称为一元二次方程.

一元二次方程的解法：

（1）配方法：通过配方，把方程左边化成一个完全平方式，右边是一个非负的常数，再利用直接开平方法求解. 这种解一元二次方程的方法称为配方法（或称为间接平方法）.

（2）公式法：$x=\frac{-b\pm\sqrt{b^2-4ac}}{2a}(b^2-4ac\geqslant 0)$ 称为一元二次方程的求根公式，用求根公式解一元二次方程的方法称为求根公式法.

（3）分解因式法：当一元二次方程的一边为 0，而另一边易于分解成两个一次因式的乘积时，可以将方程通过因式分解的方法求解. 这种解一元二次方程的方法称为分解因式法.

根与系数的关系：

如果一元二次方程 $ax^2+bx+c=0(a\neq 0)$ 的两个根分别为 x_1，x_2，那么

$$x_1+x_2=-\frac{b}{a},\ x_1x_2=\frac{c}{a}.$$

2. 分式方程与无理方程

（1）分式方程的定义：只含有分式或整式，且分母里含有未知数的方程称为分式方程.

解分式方程的一般方法是去分母，化分式方程为整式方程. 解分式方程有 3 步：① 去分母，化分式方程为整式方程；② 解整式方程；③ 验根，把整式方程的根中不适合分式方程的舍去.

（2）无理方程的定义：根号下含有未知数的方程称为无理方程.

常见的无理方程的解法：① 同次乘方法；② 取值范围法；③ 作除法；④ 换元法.

3. 二元二次方程组

定义：含有两个未知数，并且含有未知数的项的最高次数是 2 的整式方程称为二元二次方程.

（1）第一型二元二次方程组，一般指由一个二元一次方程和一个二元二次方程组成的方程组，第一型二元二次方程组可以用代入法来求解.

（2）第二型二元二次方程组，一般指由两个二元二次方程组成的方程组，第二型二元二次方程组可以用降次的方法来解.

4. 一元二次不等式

解一元二次不等式的步骤：

（1）将二次项系数化为正数：$A=ax^2+bx+c>0$（或<0）（$a>0$）；

（2）计算判别式 Δ，分析不等式的解的情况；

（3）写出解集.

5. 绝对值不等式

依据绝对值的几何意义去掉绝对值符号，再用解一般不等式的方法求解.

$$|ax+b|\geqslant c\Rightarrow ax+b\geqslant c \text{ 或 } ax+b\leqslant -c$$

$$|ax+b|\leqslant c\Rightarrow -c\leqslant ax+b\leqslant c$$

第2章 函 数

学习目标

1. 理解函数的概念.
2. 了解函数的基本性质.
3. 掌握有理指数幂的运算法则.
4. 理解对数的概念与性质.
5. 掌握对数运算法则和性质.
6. 熟悉幂函数、指数函数和对数函数的图像和性质.
7. 理解反函数、复合函数的概念.
8. 了解初等函数的概念.

2.1 函数的概念和性质

2.1.1 函数的概念

在实际问题中，常常有几个变量同时变化，它们的变化并非彼此无关，而是互相联系着，这是物质世界的一个普遍规律. 如一个圆盘的面积 S 由其半径 r 唯一确定，水的沸点温度 T 则取决于海拔高度 h. 这种变量之间的确定的依赖关系就是函数关系. 所以，函数就是描述变量之间相互依赖关系的一种数学模型.

定义 2.1 如果有两个变量 x 和 y，当变量 x 在某个非空数集 D 内任取一个实数值时，变量 y 按照一定的对应法则 f，总有唯一确定的值与之对应，那么称 y 是 x 的**函数**，记作 $y=f(x)$. 其中 x 称为自变量，y 称为因变量，数集 D 称为函数的**定义域**.

任取 x_0，与之对应的 $f(x_0)$ 称为函数 $y=f(x)$ 在点 x_0 处的函数值，记作 $y_0=y|_{x=x_0}=f(x_0)$. 当 x 取遍定义域 D 内所有值，对应的函数值的集合 $M=\{y\mid y=f(x),x\in D\}$ 称为函数 $y=f(x)$ 的**值域**.

函数 $y=f(x)$ 中的符号"f"表示 x 与 y 之间的对应法则，它也可以用其他字母表示，如 $y=g(x)$，$y=h(x)$，$y=\phi(x)$ 等.

定义域与对应法则是构成函数的两个基本要素，值域则由定义域与对应法则完全确定，只有定义域与对应法则完全相同的两个函数才是相同的函数.

例 1 下列各对函数中（　　）不是同一个函数.

A. $y=\dfrac{x^2}{x^3}$ 与 $y=\dfrac{1}{x}$　　B. $y=2^{2x}$ 与 $y=4^x$

C. $y=\lg x^2$ 与 $y=2\lg|x|$　　D. $y=\sqrt{1-\cos^2 x}$ 与 $y=\sin x$

解 答案为（D）.

例 2 求函数的定义域：

（1）$y=\sqrt{\ln(x-1)}$；　　（2）$y=\dfrac{1}{\sqrt{3-x^2}}+\arcsin\left(\dfrac{x}{2}-1\right)$.

解 （1）要使函数 y 有意义，当且仅当 $\begin{cases}\ln(x-1)\geqslant 0\\ x-1>0\end{cases}$，要使 $\begin{cases}\ln(x-1)\geqslant 0\\ x-1>0\end{cases}$ 当且仅当 $\begin{cases}|x-1|\geqslant 1\\ x>1\end{cases}$，所以函数的定义域为 $[2,+\infty)$.

（2）要使函数 y 有意义，当且仅当 $\begin{cases}3-x^2>0\\ \left|\dfrac{x}{2}-1\right|\leqslant 1\end{cases}$，要使 $\begin{cases}3-x^2>0\\ \left|\dfrac{x}{2}-1\right|\leqslant 1\end{cases}$ 当且仅当 $\begin{cases}-\sqrt{3}<x<\sqrt{3}\\ 0\leqslant x\leqslant 4\end{cases}$，所以函数的定义域为 $[0,\sqrt{3})$.

***例 3** 已知函数 $y=f(x)$ 的定义域是[2, 5]，求 $f(2x+1)$ 的定义域.

解 要使函数 $f(2x+1)$ 有意义，当且仅当 $2\leqslant 2x+1\leqslant 5$，即 $\dfrac{1}{2}\leqslant x\leqslant 2$，所以函数 $f(2x+1)$ 的定义域为 $\left[\dfrac{1}{2},2\right]$.

函数的定义域就是使函数有意义的自变量的取值范围，求函数的定义域应遵循以下原则：

（1）分式分母不能为零；

（2）偶次根式被开方数非负；

（3）对数中真数大于零；

（4）多个函数代数和的定义域，应是各函数定义域的公共部分；

（5）对于表示实际问题的解析式，还应该保证符合实际意义.

2.1.2 函数的表示法

常用的函数表示法有公式（解析）法、表格法和图像法.

（1）用数学式子表示函数的方法叫函数的公式（解析）法. 其优点是便于理论推导和计算. 数学中的函数大多采用此法，如 $y=\sin x$ 等.

有时一个函数在自变量不同的取值范围内会用不同的数学式子表示其对应法则，这种函数称为分段函数.

例如，$f(x)=\begin{cases}\sqrt{x}, & x\geqslant 0\\ -x, & x<0\end{cases}$ 是定义在 $(-\infty,+\infty)$ 内的一个函数. 其图像如图 2.1 所示.

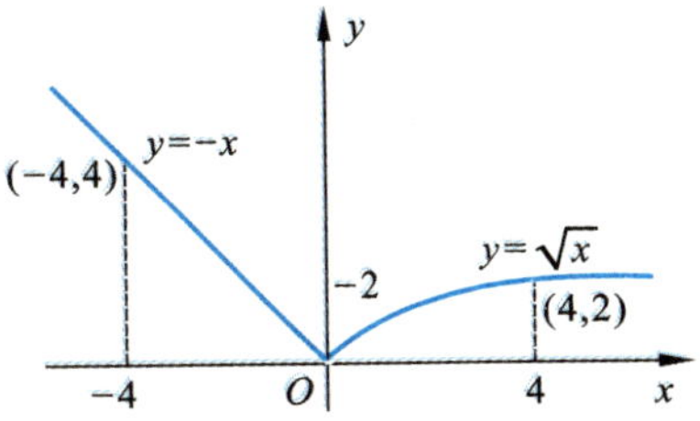

图 2.1

求分段函数的函数值时，应把自变量的值代入相应取值范围的表达式进行计算.

在上例中，$f(4)=\sqrt{4}=2$；$f(-4)=-(-4)=4$.

注：分段函数是一个函数而不是几个函数，其定义域是各段自变量取值集合的并集.

（2）用表格形式表示函数的方法称为函数的表格法. 其优点是所求的函数值容易查找. 如所学过的三角函数表、对数表等.

实际问题中，有些函数关系只能用表格形式表达，如每天各时刻的温度、湿度等，它们是以时刻为自变量的函数，但函数关系很难用公式法表达.

（3）用图形表示函数的方法称为函数的图像法. 其优点是直观形象且可清晰地看到函数的变化趋势. 此法在工程技术、经济领域应用普遍.

2.1.3　反函数

定义 2.2　设函数 $y=f(x)$，其定义域为 D，值域为 M. 如果对于 M 中的每一个 y 值都有可以从关系式 $y=f(x)$ 确定唯一的 x 值 $(x\in D)$ 与之对应，那么就得到一个以 y 为自变量、x 为因变量的新函数. 称此新函数为函数 $y=f(x)$ 的反函数，记为 $x=f^{-1}(y)$.

习惯上函数的自变量都以 x 表示，所以函数 $y=f(x)$ 的反函数常记为 $y=f^{-1}(x)$.

在同一直角坐标系中，函数 $y=f(x)$ 与其反函数 $y=f^{-1}(x)$ 的图像关于直线 $y=x$ 对称.

求反函数的步骤如下：

（1）从 $y=f(x)$ 中解出 $x=f^{-1}(y)$；

（2）在 $x=f^{-1}(y)$ 中交换字母 x 和 y，得到 $y=f(x)$ 的反函数 $y=f^{-1}(x)$.

例 4　求函数 $y=1+\lg(3x+5)$ 的反函数.

解　由 $y=1+\lg(3x+5)$ 解得

$$3x+5=10^{y-1},\quad x=\frac{10^{y-1}-5}{3}$$

交换字母 x 和 y 的位置，得函数 $y=1+\lg(3x+5)$ 的反函数为

$$y=\frac{10^{x-1}-5}{3}.$$

2.1.4　函数的一些重要性质

（1）函数的奇偶性.

定义 2.3　设函数 $f(x)$ 的定义域 D 关于原点对称.

如果对任意的 $x\in D$，恒有 $f(-x)=f(x)$ 成立，则称 $f(x)$ 为偶函数；如果对任意的 $x\in D$，恒有 $f(-x)=-f(x)$ 成立，则称 $f(x)$ 为奇函数. 既不是奇函数也不是偶函数的函数，称为非奇非偶的函数.

奇函数的图像关于原点对称，偶函数的图像关于 y 轴对称.

例如 $y=x^2, y=\cos x$ 是偶函数，$y=x^3, y=\sin x$ 是奇函数，$y=e^x$ 是非奇非偶函数，而 $y=0$ 既是奇函数，又是偶函数.

（2）函数的单调性.

定义 2.4　设函数 $f(x)$ 在区间 D 上有定义，如果对于任意的 x_1,x_2，并且 $x_1<x_2$，则

① 若 $f(x_1)<f(x_2)$，称函数 $f(x)$ 为区间 D 上的单调增加函数；

② 若 $f(x_1)>f(x_2)$，称函数 $f(x)$ 为区间 D 上的单调减少函数.

在某一区间内的单调增加函数和单调减少函数统称为这个区间内的单调函数，这个区间也称为这个函数的单调区间.

单调增加函数的图像［见图 2.2（a）］从左至右逐渐上升，单调减少函数的图像［见图 2.2（b）］从左至右逐渐下降.

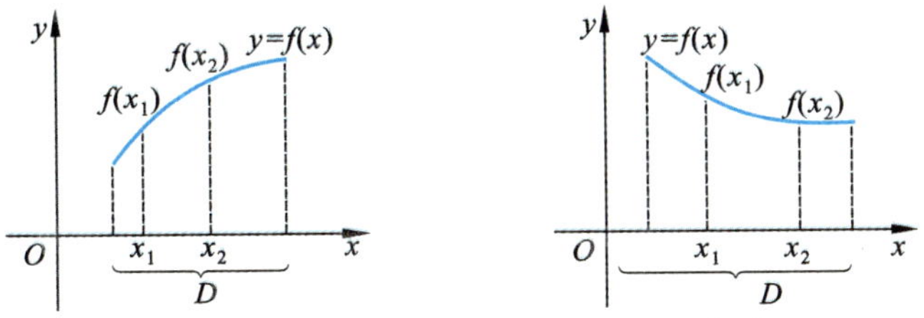

图 2.2

（3）函数的有界性.

定义 2.5 设函数 $f(x)$ 在区间 D 上有定义，如果存在一个正数 M，对于任意的 $x\in D$，都有 $|f(x)|\leqslant M$，则称 $f(x)$ 在区间 D 上有界，或者称 $f(x)$ 为区间 D 上的有界函数. 如果不存在这样的正数 M，则称 $f(x)$ 在区间 D 上无界.

（4）函数的周期性.

定义 2.6 设函数 $f(x)$ 的定义域为 D，如果存在一个常数，使得对于任意 $x\in D$，都有 $x+T\in D$ 且 $f(x+T)=f(x)$ 恒成立，则称函数 $f(x)$ 是以 T 为周期的周期函数.

当函数 $f(x)$ 以 T 为周期时，对于任意的整数 m，mT 都是函数的一个周期，而我们所说的周期是指函数的最小正周期.

周期函数的图像的特点是，在定义域内每相隔长度为 T 的相邻区间上有相同的形状（见图 2.3）.

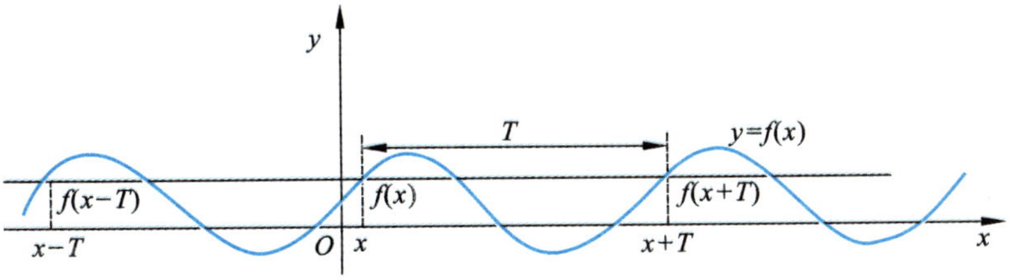

图 2.3

注：函数的单调性与有界性是函数在某一区间上的性质，而函数的奇偶性与周期性是函数在整个定义域上的性质.

2.2 幂函数

前面研究了函数的定义和函数的基本性质，下面将分别研究几种常见的具体函数——幂函数、指数函数、对数函数和三角函数等. 本节先学习幂函数.

2.2.1　有理指数幂

1. 整数指数幂

整数指数幂，包括正整数指数幂、负整数指数幂和零指数幂.

$$\text{整数指数幂}\begin{cases}\text{正整数指数幂：}a^n=a\cdot a\cdot a\cdots a(n\in\mathbf{N}^*)\\ \text{零指数幂：}a^0=1(a\neq 0)\\ \text{负整数指数幂：}a^{-n}=\dfrac{1}{a^n}(a\neq 0,n\in\mathbf{N}^*)\end{cases}$$

整数指数幂有下列运算性质：

（1）同底数幂相乘：$a^m\cdot a^n=a^{m+n}$（$m,n\in\mathbf{Z}$）;

（2）同底数幂相除：$\dfrac{a^m}{a^n}=a^{m-n}$（$m,n\in\mathbf{Z}$，$a\neq 0$）;

（3）幂的乘方：$(a^m)^n=a^{mn}$（$m,n\in\mathbf{Z}$）;

（4）积的乘方：$(ab)^n=a^n\cdot b^n$（$n\in\mathbf{Z}$）;

（5）分式的乘方：$\left(\dfrac{a}{b}\right)^n=\dfrac{a^n}{b^n}$（$n\in\mathbf{Z}$，$b\neq 0$）.

其中，同底数幂相除、分式的乘方分别可以变成同底数幂相乘、积的乘方，所以，只有（1）（3）（4）这三个运算性质就够了.

为了把整数指数幂扩大到有理数指数幂，下面学习分数指数幂.

2. 分数指数幂

我们规定，正数的正分数指数幂的意义是

$$a^{\frac{m}{n}}=\sqrt[n]{a^m}\quad(a>0,m,n\in\mathbf{N}^*\text{，且 }n>1);$$

负分数指数幂的意义是

$$a^{-\frac{m}{n}}=\frac{1}{a^{\frac{m}{n}}}=\frac{1}{\sqrt[n]{a^m}}\quad(a\neq 0\text{，且 }n>1).$$

特别地，0 的正分数指数幂是 0；0 的负分数指数幂没有意义.

规定了分数指数幂的意义后，指数的概念就从整数范围推广到有理数范围，对于有理数指数幂，正整数指数幂的运算性质同样适用，而且可以归并成下面三个运算法则：

$$a^r\cdot a^s=a^{r+s}\text{，}(a^r)^s=a^{rs}\text{，}(ab)^r=a^rb^r$$

其中，$a>0,b>0,r,s$ 都是有理数. 有了分数指数幂，就可以沟通根式与分数指数的关系，把指数幂扩展到有理指数幂，当然还可以进一步扩展到实数范围.

例 1　用根式表示下列各式：

（1）$a^{\frac{3}{5}}$；　（2）$a^{\frac{1}{3}}$；　（3）$a^{-\frac{3}{4}}$；　（4）$a^{-\frac{2}{3}}$.

解 （1）$a^{\frac{3}{5}}=\sqrt[5]{a^3}$；　　（2）$a^{\frac{1}{3}}=\sqrt[3]{a}$；

（3）$a^{-\frac{3}{4}}=\dfrac{1}{a^{\frac{3}{4}}}=\dfrac{1}{\sqrt[4]{a^3}}$；　　（4）$a^{-\frac{2}{3}}=\dfrac{1}{a^{\frac{2}{3}}}=\dfrac{1}{\sqrt[3]{a^2}}$.

例 2 用分数指数幂表示下列各式：

（1）$\sqrt[3]{x^2}$；　　（2）$\sqrt[5]{(m+n)^4}\ (m+n>0)$；

（3）$\sqrt[7]{x^3y^2}$.

解 （1）$\sqrt[3]{x^2}=x^{\frac{2}{3}}$；

（2）$\sqrt[5]{(m+n)^4}=(m+n)^{\frac{4}{5}}$；

（3）$\sqrt[7]{x^3y^2}=(x^3y^2)^{\frac{1}{7}}=(x^3)^{\frac{1}{7}}(y^2)^{\frac{1}{7}}=x^{\frac{3}{7}}y^{\frac{2}{7}}$.

例 3 求下列各式的值：

（1）$100^{-\frac{1}{2}}$；　　（2）$0.125^{\frac{2}{3}}$；　　（3）$\left(\dfrac{81}{16}\right)^{-\frac{3}{4}}$.

解 （1）$100^{-\frac{1}{2}}=(10^2)^{-\frac{1}{2}}=(10)^{-1}=\dfrac{1}{10}$；

（2）$0.125^{\frac{2}{3}}=(0.5^3)^{\frac{2}{3}}=0.5^2=0.25$；

（3）$\left(\dfrac{81}{16}\right)^{-\frac{3}{4}}=\left[\left(\dfrac{3}{2}\right)^4\right]^{-\frac{3}{4}}=\left(\dfrac{3}{2}\right)^{-3}=\dfrac{1}{\left(\dfrac{3}{2}\right)^3}=\dfrac{8}{27}$.

例 4 计算下列各式（式中的字母都是正数）：

（1）$\left(6a^{\frac{1}{2}}b^{\frac{1}{2}}\right)\cdot\left(-2a^{\frac{2}{3}}b^{\frac{1}{3}}\right)\div\left(-3a^{\frac{1}{6}}b^{\frac{5}{6}}\right)$；

（2）$\left(x^{-\frac{3}{4}}y^{\frac{1}{8}}\right)^8$.

解 （1）$\left(6a^{\frac{1}{2}}b^{\frac{1}{2}}\right)\cdot\left(-2a^{\frac{2}{3}}b^{\frac{1}{3}}\right)\div\left(-3a^{\frac{1}{6}}b^{\frac{5}{6}}\right)$

$=[6\times(-2)\div(-3)]a^{\frac{1}{2}+\frac{2}{3}-\frac{1}{6}}b^{\frac{1}{2}+\frac{1}{3}-\frac{5}{6}}$

$=4a$

（2）$\left(x^{-\frac{3}{4}}y^{\frac{1}{8}}\right)^8=\left(x^{-\frac{3}{4}}\right)^8\left(y^{\frac{1}{8}}\right)^8=x^{-6}y=\dfrac{y}{x^6}$.

在指数幂的运算中，计算结果一般要求写成最简根式. 另外，若原题中含有负整数指数，而原题又没有要求把结果化成不含负整数指数，那么最后的结果仍可保留负整数指数.

电子计算器（简称计算器）具有计算速度快、精确度高、容易操作、便于携带等优点. 一般情况下，能使用计算器的，尽可能使用计算器.

例 5 将下列根式表示成分数指数幂的形式，用计算器求出其近似值（精确到 0.000 1）：

（1）$\sqrt[3]{5^2}$；（2）$\dfrac{1}{\sqrt[7]{9}}$；（3）$\sqrt[121]{637^3}$.

解 （1）$\sqrt[3]{5^2}=5^{\frac{2}{3}}$；（2）$\dfrac{1}{\sqrt[7]{9}}=9^{-\frac{1}{7}}$；（3）$\sqrt[121]{637^3}=637^{\frac{3}{121}}$.

使用计算器的操作过程和显示结果如表 2.1 所示.

表 2.1 操作过程和显示结果

算式	操作过程	显示及结果
$5^{\frac{2}{3}}$	$5y^x(2\div3)=$	$2.924\ 017\ 738\approx2.924\ 0$
$9^{-\frac{1}{7}}$	$9y^x(1\div7)=$	$0.730\ 599\ 955\approx0.730\ 6$
$637^{\frac{3}{121}}$	$637y^x(3\div121)=$	$1.173\ 610\ 856\approx1.173\ 6$

2.2.2 幂函数的定义与性质

1. 幂函数的定义

函数 $y=x$，$y=x^2$，$y=x^{-1}$ $\left(即\ y=\dfrac{1}{x}\right)$ 的一个共同特点是：底是变量，指数是常量，这类函数称为幂函数. 现在给出如下定义：

函数

$$y=x^{\mu}$$

称为幂函数.

其中，μ 是常量，且 $\mu\in\mathbf{R}$.

又如，$y=x^{\sqrt{5}}$，$y=x^{-\sqrt{2}}$ 也是幂函数.

幂函数 $y=x^{\mu}$ 的定义域和值域由 μ 确定.

2. 幂函数的图像和性质

不仅幂函数 $y=x^{\mu}$ 的定义域和值域与 μ 有关，而且其图像和性质也与 μ 有着十分密切的联系. 因此，下面分 $\mu>0$ 和 $\mu<0$ 两种情形讨论幂函数的图像和性质.

（1）$\mu>0$ 的情形.

先用描点法作出 $y=x$，$y=x^2$，$y=x^{\frac{1}{2}}$ 的图像（见图 2.4）.

由图 2.4 可知，这三个幂函数具有如下特点：

① 图像都过点 $(1,1)$ 和原点 $(0,0)$；

② 在 $(0,+\infty)$ 内是单调增函数；

③ 当 $0<x<1$ 时，$y<1$，当 $x>1$ 时，$y>1$；

④ 在第一象限内，随着 x 值的无限增大，图像向右向上无限伸展，简记为：当 $x\to+\infty$ 时，$y\to+\infty$.

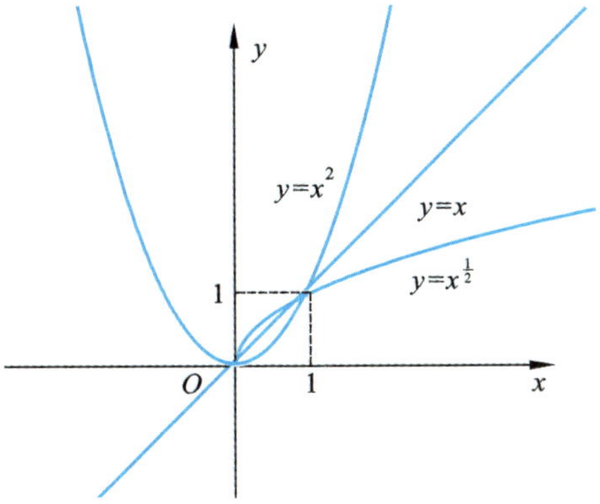

图 2.4

一般地，当 $\mu>0$ 时，幂函数 $y=x^{\mu}$ 具有如下性质：

① 图像经过原点 $(0,0)$ 和点 $(1,1)$；

② 在 $(0,+\infty)$ 内是单调增函数；

③ 当 $0<x<1$ 时，$y<1$，当 $x>1$ 时，$y>1$；

④ 在第一象限内，当 $x\to+\infty$ 时，$y\to+\infty$.

例 6 比较下列各组数中两个数的大小：

（1）$1.4^{\frac{3}{2}}$ 和 $1.56^{\frac{3}{2}}$；

（2）$0.8^{\frac{2}{3}}$ 和 $0.43^{\frac{2}{3}}$.

解 （1）因为 $1.4^{\frac{3}{2}}$ 和 $1.56^{\frac{3}{2}}$ 可视为函数 $y=x^{\frac{3}{2}}$ 当 x 取 1.4 和 1.56 时对应的两个函数值，又因函数 $y=x^{\frac{3}{2}}$ 在 $(0,+\infty)$ 内是单调增函数，且 1.56>1.4，所以 $1.56^{\frac{3}{2}}>1.4^{\frac{3}{2}}$；

（2）同理，因为函数 $y=x^{\frac{2}{3}}$ 在 $(0,+\infty)$ 内是单调增函数，且 0.8>0.43，所以 $0.8^{\frac{2}{3}}>0.43^{\frac{2}{3}}$.

（2）$\mu<0$ 的情形.

先用描点法作出 $y=x^{-1}$，$y=x^{-2}$，$y=x^{-\frac{1}{2}}$ 的图像（见图 2.5）.

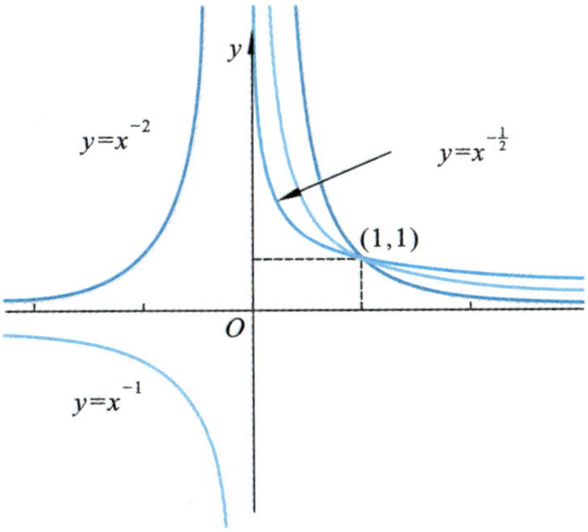

图 2.5

由图 2.5 可知，这三个幂函数具有下列特点：

① 图像都过点 $(1,1)$；

② 在 $(0,+\infty)$ 内是单调减函数；

③ 当 $0<x<1$ 时，$y>1$，当 $x>1$ 时，$0<y<1$；

④ 在第一象限内，图像向左向上与 y 轴无限接近（简记为当 $x\to 0^+$ 时），向右向下与 x 轴无限接近（简记为当 $x\to+\infty$ 时）.

一般地，当 $\mu<0$ 时，幂函数 $y=x^\mu$ 具有如下性质：

① 图像经过点 $(1,1)$；

② 在 $(0,+\infty)$ 内是单调减函数；

③ 当 $0<x<1$ 时，$y>1$，当 $x>1$ 时，$0<y<1$；

④ 在第一象限内，$x\to 0^+, y\to+\infty; x\to+\infty, y\to 0^+$.

例 7 比较下列各组数中两个数的大小：

（1）$3.15^{-\frac{2}{3}}$ 和 $3.19^{-\frac{2}{3}}$；

（2）$0.18^{-1.7}$ 和 $0.29^{-1.7}$.

解 （1）因为 $3.15^{-\frac{2}{3}}$ 和 $3.19^{-\frac{2}{3}}$ 可视为函数 $y=x^{-\frac{2}{3}}$ 当 x 取 3.15 和 3.19 时对应的两个函数值，又因为函数 $y=x^{-\frac{2}{3}}$ 在 $(0,+\infty)$ 内是单调减函数，且 3.15<3.19，所以 $3.15^{-\frac{2}{3}}>3.19^{-\frac{2}{3}}$；

（2）同理，因为函数 $y=x^{-1.7}$ 在 $(0,+\infty)$ 内是单调减函数，又因为 0.18<0.29，所以 $0.18^{-1.7}>0.29^{-1.7}$.

幂函数的性质，除了能处理类似以上比较两个数的大小外，还可以用它来处理如下有关问题.

例 8 求函数 $y=(2x+1)^{\frac{1}{2}}+(1-2x)^{-1}$ 的定义域.

解 要使函数有意义，必须

$$\begin{cases}2x+1\geqslant 0\\1-2x\neq 0\end{cases},\text{即}\begin{cases}x\geqslant -\dfrac{1}{2}\\x\neq\dfrac{1}{2}\end{cases}$$

因此，函数的定义域为 $\left[-\dfrac{1}{2},\dfrac{1}{2}\right)\cup\left(\dfrac{1}{2},+\infty\right)$.

例 9 用某种型号的钢板焊接成一个正方体形的水箱，已知单位造价为 a 元，试求水箱造价（元）和水箱容量 $x(\mathrm{m}^3)$ 的关系，并求 $a=200$ 元 $/\mathrm{m}^2$, $x=40\,\mathrm{m}^3$ 时 y 的值（精确到元）.

解 设水箱的边长为 l，则制造它需用钢板 $6l^2$，于是水箱造价为 $y=6al^2$.

又水箱的容量为 x，即 $l=x^{\frac{1}{3}}$.

代入上式，故所求的函数关系为

$$y=6ax^{\frac{2}{3}}$$

当 $a=200, x=40$ 时，则 $y=1200\times(40)^{\frac{2}{3}}$.

使用计算器，显示答案是 14 035 元.

因此，水箱的函数关系为 $y=6ax^{\frac{2}{3}}$，当 $a=200$ 元 / m^2，$x=40\ \mathrm{m}^3$ 时，其造价约为 14 035 元.

经济领域中把水箱的容积称为“生产能力”，制造这个水箱的造价就是产生这个“生产能力”所需的“投入”，这类函数关系称为生产函数. 许多生产函数形如 $y=ax^b$，其中系数 a 为常数，而 b 称为经济尺度指数.

习题 2.2

1. 把下列根式写成分数指数幂的形式：

（1）$\sqrt[3]{64}$；（2）$\sqrt{\dfrac{81}{25}}$；（3）$\dfrac{1}{\sqrt[8]{a^7}}$；（4）$\dfrac{4}{\sqrt[7]{a^9}}$.

2. 把下列分数指数幂写成根式的形式：

（1）$(-3)^{\frac{3}{7}}$；（2）$10^{-\frac{2}{5}}$；（4）$(-125)^{-\frac{2}{5}}$；（4）$2a^{\frac{4}{3}}$.

3. 计算下列各题：

（1）$\left(2^{\frac{2}{3}}4^{\frac{1}{2}}\right)\left(2^{\frac{1}{4}}4^{\frac{5}{8}}\right)$；（2）$[(-\sqrt{3})^2]^{-\frac{1}{2}}\cdot 3^{\frac{1}{2}}$；（3）$[5-6\times 2\ 015^0]^{-3}\cdot 27^{\frac{2}{3}}$.

4. 化简下列各式：

（1）$\left(-2a^3b^{\frac{1}{2}}\right)^3\cdot\left(-\dfrac{3}{4}a^{\frac{3}{2}}b\right)^{-\frac{2}{3}}$；（2）$\left(a^{\frac{1}{2}}-b^{-\frac{1}{2}}\right)^2$；（3）$\dfrac{\sqrt{a}\cdot\sqrt[4]{a^3}}{\sqrt[3]{a}\cdot\sqrt[6]{a^5}\cdot\sqrt[12]{a}}$.

5. 求下列函数的定义域，作出其图像并说明它们的性质.

（1）$y=x^{\frac{1}{5}}$；（2）$y=x^{-2}$.

6. 比较下列组数中的大小：

（1）$2.19^{\frac{2}{3}}$ 和 $2.32^{\frac{2}{3}}$；（2）$0.3^{\frac{3}{2}}$ 和 $0.01^{\frac{3}{2}}$；

（3）$3.12^{-\frac{1}{2}}$ 和 $4.12^{-\frac{1}{2}}$；（4）$0.01^{-\frac{1}{5}}$ 和 $3^{-\frac{1}{5}}$.

7. 求下列函数的定义域：

（1）$y=x^{\frac{1}{2}}+x^{-2}$；（2）$y=(x^2-5x+6)^{-\frac{1}{2}}$；

（3）$y=(4x-1)^{-\frac{1}{3}}+(1-2x)^{\frac{1}{2}}$；（4）$y=\dfrac{\sqrt{\sqrt{x}-1}}{|x|-3}$.

8. 解不等式：$\sqrt{x-1}\geqslant\sqrt{5-4x-x^2}$.

9. 一辆价值 8 万元的汽车，按每年 20%的折旧率折旧，问 10 年后这辆汽车还值多少万元？

2.3 指数函数

2.3.1 指数函数的定义

首先研究下面一个问题：

某工厂生产某种产品，去年年产量为 1 万吨. 计划从今年开始，年产量平均每年增加 12%. 以今年为第一年，试求第 x 年的年产量（万吨）.

第一年的年产量为 $1+12\%=1.12$，

第二年的年产量为 $1+12\%+(1+12\%)\times12\%=(1+12\%)^2=1.12^2$，

……

第 x 年的年产量为 1.12^x，即 $y=1.12^x$.

这个问题具有一定的代表性. 许多实际问题，如研究经济预测、人口预测、放射性元素的衰变规律等，都要用到类似的数学模型. 对这种底为常量、指数为变量的函数，给出如下定义：

定义 2.7 函数 $y=a^x\,(a>0$ 且 $a\neq1)$ 称为指数函数.

例如，$y=2^x, y=\left(\dfrac{1}{2}\right)^x, y=10^x$ 等都是指数函数.

指数函数 $y=a^x$ 的定义域为 **R**，值域为 $(0,+\infty)$. 对于实际问题，要由具体要求来确定定义域和值域.

2.3.2 指数函数的图像和性质

用描点法在同一坐标系内作出函数 $y=2^x, y=\left(\dfrac{1}{2}\right)^x$，$y=10^x$ 的图像（见图 2.6）.

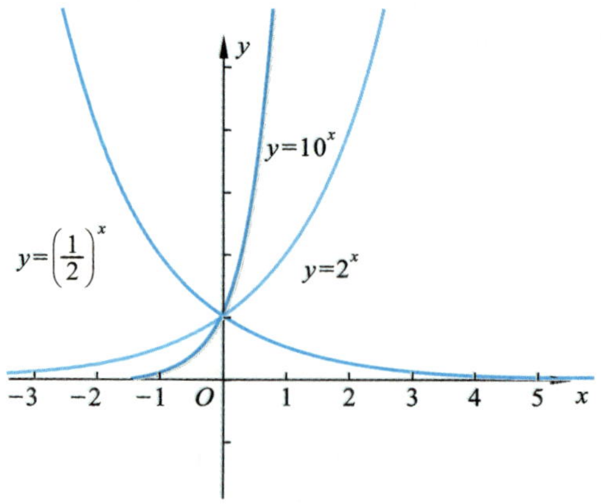

图 2.6

由图 2.6 可知，这三个函数具有如下性质：

（1）图像在 x 轴的上方，即 $y>0$.

（2）图像过点 $(0,1)$.

（3）当 $a>1$ 时，函数是单调增函数，当 $x\to+\infty$ 时，图像向右向上无限伸展；当 $x\to-\infty$ 时，图像向左向下与 x 轴无限靠近.

即当 $x\to+\infty$ 时，$y\to+\infty$；当 $x\to-\infty$ 时，$y\to0^+$.

（4）当 $0<a<1$ 时，函数是单调减函数，当 $x\to-\infty$ 时，图像向左向上无限增大；当 $x\to+\infty$ 时，图像向右向下与 x 轴无限接近.

即当 $x\to-\infty$ 时，$y\to+\infty$；当 $x\to+\infty$ 时，$y\to0^+$.

例 1 下面两个数中哪个大于 1？哪个小于 1？

（1）$10^{\frac{1}{5}}$；（2）$(0.7)^{0.7}$.

解 （1）因为 $10^{\frac{1}{5}}$ 可看成是函数 $y=10^x$ 当 x 取 $\frac{1}{5}$ 时对应的函数值，又因为 $a=10>1$，所以由性质③得 $10^{\frac{1}{5}}>1$.

（2）同理，因为 $(0.7)^{0.7}$ 可看成是函数 $y=0.7^x$ 当 x 取 0.7 时对应的函数值，又因为 $a=0.7<1$，所以由性质③得 $(0.7)^{0.7}<1$.

例 2 判定下列各式中 x 的正负：

（1）$3^x=1.2$；（2）$3^x=0.2$；（3）$3^x=1$.

解 由 $y=a^x(a>1)$ 的性质③，可知

（1）$x>0$；（2）$x<0$；（3）$x=0$.

习题 2.3

1. 作出下列函数的图像，并根据图像说明它们的性质.

（1）$y=4^x$；　　（2）$y=\left(\frac{1}{4}\right)^x$.

2. 比较下列各组数中数的大小：

（1）$3.5^{0.9}$ 和 $3.5^{1.9}$；　　（2）$0.01^{-0.01}$ 和 1 和 0.01^2；

（3）$\left(\frac{5}{4}\right)^{\frac{2}{3}}$ 和 1 和 $\left(\frac{5}{4}\right)^{-1}$；　　（4）$\left(\frac{1}{3}\right)^{1.2}$ 和 $\left(\frac{1}{3}\right)^{0.2}$.

3. 解下列不等式：

（1）$3^{x+3}>3^{4x}$；　　（2）$\left(\frac{1}{2}\right)^{2x^2-3x+1}>\left(\frac{1}{2}\right)^{x^2+2x-5}$；

（3）$0.09^{x^2-\frac{5}{2}x+\frac{5}{2}}>\frac{27}{1\,000}$；　　（4）$a^{2x^2+1}>a^{x^2+2}(a>0$ 且 $a\neq1)$.

4. 求下列函数的定义域：

（1）$y=\dfrac{1}{5^{x}-5^{-x}}$；　　　　（2）$y=\dfrac{\sqrt{2^{2x-1}-\frac{1}{8}}}{x}$；

（3）$y=a^{\sqrt{1-x}}(a>0$ 且 $a\neq 1)$.

5. 某设备价值 100 万元，每年折旧率为 8%，问第 10 年年末该设备的残值是多少？

2.4 对数函数

2.4.1 对数及其性质

在底数、指数、幂三者的关系中，如果知道底数和幂，怎么求指数呢？这就涉及对数的运算. 对数运算是数学中的基本运算之一，它与指数运算互为逆运算. 本节将学习对数的定义、性质、运算法则等.

1. 对数的定义

定义 2.8 一般地，如果 $a^{b}=N\,(a>0$，且 $a\neq 1)$，那么 b 叫作以 a 为底 N 的**对数**，记作

$$\log_{a}N=b. \tag{2.1}$$

其中，a 叫**底数**（简称**底**），N 叫**真数**，式（2.1）叫**对数式**.

在实数范围内，当 $a>0$ 且 $a\neq 1$ 时，总有 $a^{b}>0$，即 $N>0$. 因此，在对数中，只有正数才有对数，即零和负数没有对数.

例 1 把下列指数式写成对数式：

（1）$2^{4}=16$；　　　　（2）$3^{-3}=\dfrac{1}{27}$.

解 （1）$\log_{2}16=4$；　　　　（2）$\log_{3}\dfrac{1}{27}=-3$.

例 2 把下列对数式写成指数式：

（1）$\log_{5}625=4$；　　　　（2）$\log_{10}0.001=-3$.

解 （1）$5^{4}=625$；　　　　（2）$10^{-3}=0.001$.

例 3 已知 $\log_{\frac{1}{3}}x=2$，求 x 的值.

解 由已知得，$x=\left(\dfrac{1}{3}\right)^{2}=\dfrac{1}{9}$.

2. 对数的性质

（1）零和负数没有对数，即真数 $N>0$.

（2）1 的对数是 0，即 $\log_{a}1=0$.

（3）底数的对数等于 1，即 $\log_{a}a=1$.

将 $b=\log_{a}N$ 代入 $a^{b}=N$ 中，可得对数恒等式：

$$a^{\log_a N}=N\ (a>0,a\neq 1,N>0)$$

特别地，当底数为 e 时，

$$e^{\ln x}=x,\ e^{-\ln x}=\frac{1}{x}$$

例 4 计算 $\dfrac{2^{1+\log_2 3}-\ln 1}{e^{\ln 2}+\ln e}$.

解 $\dfrac{2^{1+\log_2 3}-\ln 1}{e^{\ln 2}+\ln e}=\dfrac{2^1\times 2^{\log_2 3}-0}{2+1}=\dfrac{2\times 3}{3}=2$.

3. 对数的运算法则

（1）积的对数.

设 $\log_a M=p$，$\log_a N=q$，其中 $M>0$，$N>0$，$a>0$ 且 $a\neq 1$. 将对数式化成指数式，可得

$$a^p=M, a^q=N$$

将其化为对数式：

$$\log_a(M\cdot N)=p+q=\log_a M+\log_a N$$

即
$$\log_a(M\cdot N)=\log_a M+\log_a N\ (M>0,\ N>0)$$

也就是说，正因数积的对数，等于同一底数的各个因数的对数的和.

当因数多于两个时，这个结论同样成立. 即

$$\log_a M_1M_2\cdots M_n=\log_a M_1+\log_a M_2+\cdots+\log_a M_n$$

（2）商的对数.

$$\log_a\frac{M}{N}=\log_a M-\log_a N\ (M>0,N>0)$$

也就是说，两个正数商的对数，等于同一底数的被除数的对数减去除数的对数.

（3）幂的对数.

$$\log_a M^n=n\log_a M\ (M>0)$$

也就是说，一个正数幂的对数，等于幂指数乘以同底数的幂的对数.

例 5 计算下列各式的值：

（1）$\lg 4+\lg 25$；（2）$\log_6 18-\log_6 3$；

（3）$\log_2 8\sqrt{2}+\log_3\sqrt[3]{3}$；（4）$\lg 8+\lg 5\times\lg 200+(\lg 5)^2$.

解 （1）$\lg 4+\lg 25=\lg(4\times 25)=\lg 100=\lg 10^2=2\lg 10=2\times 1=2$；

（2）$\log_6 18-\log_6 3=\log_6\dfrac{18}{3}=\log_6 6=1$；

（3）$\log_2 8\sqrt{2}+\log_3\sqrt[3]{3}$

$=\log_2(2^3\times 2^{\frac{1}{2}})+\log_3 3^{\frac{1}{3}}$

$=\log_2 2^{\frac{7}{2}}+\frac{1}{3}\log_3 3$

$=\frac{7}{2}\log_2 2+\frac{1}{3}$

$=\frac{7}{2}+\frac{1}{3}$

$=\frac{23}{6}$

（4）$\lg 8+\lg 5\times\lg 200+(\lg 5)^2$

$=\lg 2^3+\lg 5\times(\lg 200+\lg 5)$

$=3\lg 2+\lg 5\times\lg 1000$

$=3\lg 2+3\lg 5$

$=3(\lg 2+\lg 5)$

$=3\lg 10$

$=3$

例 6 用 $\log_a x,\log_a y,\log_a z$ 表示下列各式：

（1）$\log_a x^3y^4z$；（2）$\log_a\frac{x^3\sqrt{y}}{\sqrt[3]{z}}$.

解 （1）$\log_a x^3y^4z=\log_a x^3+\log_a y^4+\log_a z$

$=3\log_a x+4\log_a y+\log_a z$

（2）$\log_a\frac{x^3\sqrt{y}}{\sqrt[3]{z}}=\log_a(x^3\sqrt{y})-\log_a\sqrt[3]{z}$

$=\log_a x^3+\log_a y^{\frac{1}{2}}-\log_a z^{\frac{1}{3}}$

$=3\log_a x+\frac{1}{2}\log_a y-\frac{1}{3}\log_a z$

4. 常用对数与自然对数

（1）常用对数.

定义 2.9 以 10 为底，正数 N 的对数称为**常用对数**，记为 $\lg N$，即 $\lg N=\log_{10}N$. 常用对数是一种特殊的对数，它除具有一般对数的所有性质外，还有如下一些特殊性质：

① 10 的整数次幂的对数是整数，即 $\lg 10^n=n(n\in\mathbf{Z})$.

例如，$\lg 10^3=3,\lg 0.01=\lg 10^{-2}=-2,\lg 1=\lg 10^0=0$.

② 真数较大的数的对数也较大，即若 $M>N>0$，则 $\lg M>\lg N$.

例如，$1000>10$，则 $\lg 1000>\lg 10$；$10>0.1$，则 $\lg 10>\lg 0.1$.

又如，如果 $N>1$，则 $\lg N>\lg 1$，即 $\lg N>0$；如果 $0<N<1$，则 $\lg N<\lg 1$，即 $\lg N<0$.

③ 大于 1 而小于 10 的数，其对数是一个正的纯小数，即若 $1<N<10$，则 $0<\lg N<1$.

例如，$1<5.2<10$，则 $0<\lg 5.2<1$，即 $\lg 5.2$ 为正的纯小数.

④ 任何一个正数的对数，都可以写成一个整数加上一个正的纯小数的形式，即若 $N=k\cdot 10^n(1<k<10,n\in\mathbf{Z})$，则 $\lg N=n+\lg k$.

例如，$\lg 3700=\lg(3.7\times 10^3)=3+\lg 3.7$; $\lg 0.037=\lg(3.7\times 10^{-2})=-2+\lg 3.7$. 其中，$\lg 3.7$ 是一个正的纯小数.

（2）自然对数.

定义 2.10 以数 e（$e=2.718\ 281\ 8\cdots$ 是无理数）为底，正数 N 的对数 $\log_e N$ 称为自然对数，简记为 $\ln N$，即 $\ln N=\log_e N$.

自然对数是一种特殊的对数，它具有一般对数的所有性质和运算法则，例如：

① $\ln 1=0$；　② $\ln e=1$；　③ $\ln(MN)=\ln M+\ln N$；

④ $\ln\dfrac{M}{N}=\ln M-\ln N$；　⑤ $\ln N^{\mu}=\mu\ln N$；　⑥ $e^{\ln N}=N$.

自然对数在高等数学学习和科学计算中常常用到.

一个正数的常用对数和自然对数，可通过常用对数表和自然对数表查询，也可用电子计算器计算. 但要注意：当正数 N 太大或太小时，在常用对数表和自然对数表中是查不到 $\lg N$ 和 $\ln N$ 的，即使是使用计算器，若对 N 不作适当的处理，也得不出 $\lg N$ 和 $\ln N$. 因此，在这种情况下，应结合对数的运算法则来计算 $\lg N$ 和 $\ln N$.

例如，求 $\ln 20\ 000\ 000\ 000$ 和 $\ln 0.000\ 000\ 000\ 2$，要作如下处理：

$$\ln 20\ 000\ 000\ 000=\ln(2\times 10^{10})=\ln 2+\ln 10^{10}.$$

$$\ln 0.000\ 000\ 000\ 2=\ln(2\times 10^{-10})=\ln 2+\ln 10^{-10}=\ln 2-10\ln 10.$$

5. 对数换底公式

设 $\log_a N=x$，则 $a^x=N$. 两边取以 m 为底的对数，即 $\log_m a^x=\log_m N$，所以 $x\log_m a=\log_m N$，从而

$$x=\frac{\log_m N}{\log_m a}$$

即

$$\log_a N=\frac{\log_m N}{\log_m a}(a>0,a\neq 1;m>0,m\neq 1)$$

这个公式叫作对数的**换底公式**.

例 7 求 $\log_4 5\cdot\log_2 4\cdot\log_5 8$ 的值.

解 $\log_4 5\cdot\log_2 4\cdot\log_5 8=\dfrac{\ln 5}{\ln 4}\cdot\dfrac{\ln 4}{\ln 2}\cdot\dfrac{\ln 8}{\ln 5}=\dfrac{\ln 8}{\ln 2}=\dfrac{3\ln 2}{\ln 2}=3$.

例 8 求证：$\log_a b\cdot\log_b c\cdot\log_c a=1$（$a$，$b$，$c$ 都是不等于 1 的正数）.

证明 左边 $=\log_a b\cdot\log_b c\cdot\log_c a=\dfrac{\lg b}{\lg a}\cdot\dfrac{\lg c}{\lg b}\cdot\dfrac{\lg a}{\lg c}=1=$ 右边

故原题得证.

对数的运算在诸多学科中都有运用. 例如，电气专业和安全专业中常常遇到半衰期的计算.

例 9 测得某样本每分钟发生 952 次核衰变，7 min 后，再次测量显示每分钟 148 次，背景值是每分钟 6 次，问样本的半衰期是多少？

解 $T=0$ 时刻的活度：

$$A_0=952-6=946$$

7 min 后的活度：

$$A=148-6=142$$

因此

$$\frac{A_0}{A}=\frac{946}{142}=6.66$$

代入公式，得

$$n=\frac{\ln\frac{A_0}{A}}{\ln 2}=\frac{\ln 6.66}{\ln 2}=\frac{1.896}{0.693}=2.74$$

即 7 min 的半衰期数是 2.74. 代入公式，得

$$T_{\frac{1}{2}}=\frac{7}{2.74}=2.55$$

故样本的半衰期是 2.55 min.

2.4.2 对数函数

1. 对数函数的定义

定义 2.11 函数 $y=a^x(a>0$ 且 $a\neq1)$ 的反函数 $y=\log_a x(a>0$ 且 $a\neq1)$ 称为**对数函数**.

例如，函数 $y=\log_2 x, y=\log_{0.5} x, y=\lg x$ 等都是对数函数.

对数函数 $y=\log_a x$ 的定义域为 $\mathbf{R}^+$，值域为 $\mathbf{R}$.

例 10 求函数 $y=1+\lg(3x+5)$ 的反函数.

解 由 $y=1+\lg(3x+5)$ ，解得

$$3x+5=10^{y-1}\text{，即 } x=\frac{10^{y-1}-5}{3}$$

交换字母 x 和 y 的位置，得函数 $y=1+\lg(3x+5)$ 的反函数为

$$y=\frac{10^{x-1}-5}{3}$$

2. 对数函数的图像和性质

因为对数函数 $y=\log_a x$ 与指数函数 $y=a^x$ 互为反函数，根据互为反函数的关系，由函数 $y=a^x$ 的图像和性质，可推导出反函数 $y=\log_a x$ 的图像和性质，如表 2.2 所示.

表 2.2　反函数的图像和性质

	$a>1$	$0<a<1$
图像	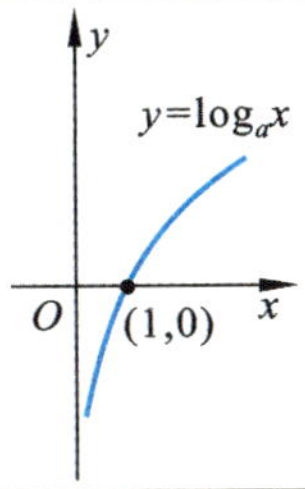	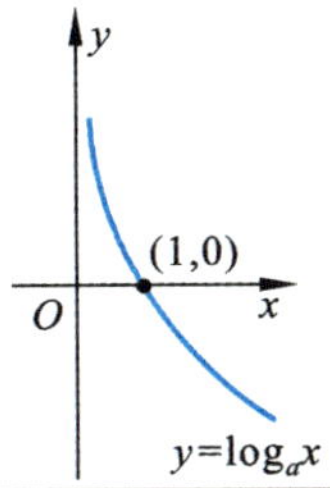
性质	（1）$x>0$	（1）$x>0$
	（2）当 $x=1$ 时，$y=0$； 当 $x>1$ 时，$y>0$； 当 $0<x<1$ 时，$y<0$	（2）当 $x=1$ 时，$y=0$； 当 $x>1$ 时，$y<0$； 当 $0<x<1$ 时，$y>0$
	（3）单调增函数 当 $x\to+\infty$ 时，$y\to+\infty$； 当 $x\to0^+$ 时，$y\to-\infty$	（3）单调减函数 当 $x\to+\infty$ 时，$y\to-\infty$； 当 $x\to0^+$ 时，$y\to+\infty$

例 11　解不等式 $1-\lg x>\lg(7-x)$.

解　若原不等式成立，首先要

$$\begin{cases}x>0\\7-x>0\end{cases}，即\begin{cases}x>0\\7-x>0\end{cases}$$

即
$$0<x<7 \tag{1}$$

整理原不等式，得

$$\lg 10>\lg x(7-x)$$

由对数函数的性质，知

$$10>x(7-x)$$

解得 $x<2$ 或 $x>5$.（2）

由（1）、（2）得，原不等式的解集为 $(0,2)\cup(5,7)$.

例 12　镭的一种同位素镭-238 的半衰期约为 6.7 年，求镭每年的平均衰减率.

解　设镭-238 每年的平均衰减率为 r，且镭-238 的初始质量为 Q_0，则第一年末剩余质量为 $Q_0(1-r)$，第二年末镭的剩余质量为 $Q_0(1-r)^2$，于是第 x 年末镭的剩余质量为

$$Q=Q_0(1-r)^x$$

将 $Q=\dfrac{Q_0}{2},x=6.7$ 代入上式，得

$$0.5=(1-r)^{6.7}$$

两边取常用对数，得

$$6.7\lg(1-r)=\lg 0.5，即 \lg(1-r)=\frac{\lg 0.5}{6.7}\approx -0.0449$$

故 $$r=1-10^{-0.0119}=0.0982=9.82\%$$

习题 2.4

1. 用 $\log_a x, \log_a y, \log_a z$ 表示下列各式：

（1）$\log_a x^2y^3z$；　（2）$\log_a \dfrac{x^4}{y^2\cdot\sqrt[5]{z}}$；　（3）$\log_a x^2\sqrt[4]{\dfrac{z^2}{y^3}}$.

2. 计算：

（1）$4\log_3 1+\lg 5+\lg 2$;

（2）$\log_2 8\sqrt{2}+\log_3\sqrt[3]{3}$;

（3）$2\log_2 3+\log_2 5-\log_2 45$;

（4）$\log_4 5\cdot\log_5 8\cdot\log_2 4$;

（5）$2^{\log_{\sqrt{2}}3}-10^{2+\lg 2}+\log_{0.6}\sqrt{0.36}$;

（6）$\lg^2 5+2\lg 2\cdot\lg 5+\lg^2 2-\log_3(27\times 81)$.

3. 解方程：$\log_{(x-1)}(2x^2-7x-13)=2$.

4. 已知 $3^a=5^b=c$，且 $\dfrac{1}{a}+\dfrac{1}{b}=2$，求 c 的值.

5. 若 $x^2+x^{-2}=2$，求 $x+x^{-1}$ 的值.

6. 解下列不等式：

（1）$\lg(3x+1)>\lg(1-x)+1$；

（2）$\log_{\frac{1}{5}}x^2>\log_{\frac{1}{5}}(3x-5)$.

7. 求下列函数的定义域：

（1）$f(x)=\log_a(a^x-1)\ (a>0, a\neq 1)$；

（2）$f(x)=\log_a x\cdot\log_a(1-x)\ (a>0, a\neq 1)$；

（3）$f(x)=\sqrt{-\lg(1-x)^1}$；

（4）$f(x)=\dfrac{1}{\sqrt{\lg(1-3x)}}$.

8. 解下列不等式：

（1）$\lg 63-\lg(x-5)>\lg(2x-15)$；

（2）$\lg\left(x-\dfrac{1}{x}\right)<0$.

9. 利用计算器计算下列各式的值：

（1）lg5；　　（2）ln3；　　（3）$\log_2 6$.

10. 某工厂生产电视机 1 万台，计划从今年开始，年产量平均每年增长 8%，请问需经过几年，该厂的年产量才可以达到 5 万台？

2.5 初等函数

实例引入：

设 $y=u^7$, $u=5+2x$. 把 $u=5+2x$ 代入 $y=u^7$，可以得到 $y=(5+2x)^7$，这个函数就是由 $y=u^7$ 与 $u=5+2x$ 复合而成的复合函数.

将一个函数代入另一个函数而得到的新函数称为由这两个函数构成的复合函数.

2.5.1 复合函数

定义 2.12 设函数 $y=f(u)$，$u=\varphi(x)$，且函数 $\varphi(x)$ 的值域与函数 $f(x)$ 的定义域的交集非空，那么 y 通过 u 的联系成为 x 的函数，记为 $y=f(\varphi(x))$，称其为由 $y=f(u)$ 和 $u=\varphi(x)$ 构成的复合函数，其中 u 称为中间变量.

对于复合函数的定义，要注意以下几点：

（1）不是任何两个函数都可以构成复合函数.

（2）复合函数不仅可以有一个中间变量，也可以有多个中间变量.

例如：$y=\lg(1-u^2)$ 与 $u=x^2+3$ 就不能复合成一个函数.

因为，$y=\lg(1-u^2)$ 的定义域是 $(-1, 1)$，而 $u=x^2+3$ 的值域是 $[3,+\infty)$，$[-1, 1]\cap[3,+\infty)=\varnothing$，所以 $y=\lg(1-u^2)$ 与 $u=x^2+3$ 不能复合成一个函数.

例 1 设 $f(x)=3^x$, $g(x)=x^2$，求 $f(g(x))$，$g(f(x))$，$f(f(x))$.

解 $f(g(x))=3^{x^2}$；

$g(f(x))=(3^x)^2=3^{2x}$；

$f(f(x))=3^{3^x}$.

例 2 将下列复合函数分解成基本初等函数或简单函数.

（1）$y=\lg^2(x^2+1)$；　　（2）$y=\ln(x^2+3)$.

解 （1）函数 $y=\lg^2(x^2+1)$ 可以分解为

$$y=u^2,\ u=\lg v,\ v=x^2+1$$

（2）函数 $y=\ln(x^2+3)$ 可以分解为

$$y=\ln u,\ u=x^2+3$$

例 3 已知 $f\left(x+\frac{1}{x}\right)=x^2+\frac{1}{x^2}$，求函数 $f(x)$ 的解析式.

解 因为

$$x^2+\frac{1}{x^2}=\left(x+\frac{1}{x}\right)^2-2$$

所以

$$f\left(x+\frac{1}{x}\right)=\left(x+\frac{1}{x}\right)^2-2$$

故函数 $f(x)$ 的解析式为

$$f(x)=x^2-2$$

2.5.2 初等函数

1. 基本初等函数

之前已经学习了常数函数、幂函数、指数函数和对数函数，在以后的学习中还会学到三角函数和反三角函数. 它们的形式如下：

常数函数：$y=c$（c 为已知常数）

幂 函 数：$y=x^{\alpha}$（$\alpha\in\mathbf{R}$, α 是常数）

指数函数：$y=a^x$（$a>0$ 且 $a\neq1$）

对数函数：$y=\log_a x$（$a>0$ 且 $a\neq1$）

三角函数：$y=\sin x$, $y=\cos x$, $y=\tan x$, $y=\cot x$,

$y=\sec x$（$\sec x=\dfrac{1}{\cos x}$ 为正割函数）

$y=\csc x$（$\csc x=\dfrac{1}{\sin x}$ 为余割函数）

反三角函数：$y=\arcsin x$, $y=\arccos x$, $y=\arctan x$, $y=\operatorname{arccot} x$

常数函数、幂函数、指数函数、对数函数、三角函数、反三角函数统称为**基本初等函数**.

2. 初等函数

定义 2.13 由基本初等函数经过有限次的四则运算和有限次的函数复合步骤所构成并能用一个解析式表示的函数，称为初等函数.

例如，$y=\sqrt{1+x^2}+\dfrac{1}{x}$ ，$y=\arcsin\sqrt{\dfrac{1+x}{1-x}}$ ，$y=\lg\cos 2^x$ 等都是初等函数.

而函数$y=\begin{cases}1, & x>0\\ 0, & x=0\\ -1, & x<0\end{cases}$ 不是初等函数. 一般来说，分段函数不是初等函数， 但也有特例，如绝对值函数 $y=|x|=\sqrt{x^2}=\begin{cases}x, & x\geqslant 0\\ -x, & x<0\end{cases}$，它可用一个数学式子表示，故它既是初等函数也是分段函数.

注意：初等函数是有限次运算的函数. 如函数 $y=1+x+x^2+x^3+\cdots+x^n$ 不是初等函数，而 $y=1+x+x^2+x^3+\cdots+x^n (n\in\mathbf{N})$ 是初等函数.

习题 2.5

1. 下列各对函数是否相同？为什么？

（1）$y=2\ln x$ 与 $y=\ln x^2$；　　（2）$y=|x|$ 与 $y=\sqrt{x^2}$.

2. 求下列函数的定义域：

（1）$y=\dfrac{1}{x^2-3x+2}$；　　（2）$y=\dfrac{\sqrt{1-x^2}}{x}$；

（3）$y=\ln(x+1)+\sqrt{x+3}$.

3. 下列函数中，哪些可以构成复合函数.

（1）$f(u)=\ln(2+u)$，$u=x^2$；　　（2）$f(u)=\ln(1-u)$，$u=2x+5$；

（3）$f(u)=\sqrt{u}$，$u=\dfrac{1}{2+x^2}$；　　（4）$f(u)=\lg u$，$u=\dfrac{2x}{1+x^2}$.

4. 将下列函数分解成简单函数：

（1）$y=3^{(2x-1)}$；　　（2）$y=(2x+3)^3$；

（3）$y=\mathrm{e}^{-x^2+1}$；　　（4）$y=\ln^2(\mathrm{e}^x+1)$.

5.（1）设 $f(x)=(x-1)^2, g(x)=\ln x$，求 $f(g(x)), g(f(x)), f(f(x))$.

（2）已知 $f(2x+1)=3x^2-2x+1$，求 $f(x)$，$f(x-1)$.

复习题 2

1. 判断题

（1）函数 $y=\mathrm{e}^{-x}$ 在定义域内是单调减函数.　　（　　）

（2）函数 $y=2^{x^2}$ 是定义域内的偶函数.　　（　　）

（3）函数 $y=\log_a x$ 是定义域内的非奇非偶函数.　　（　　）

（4）函数 $y=\log_2|x|$ 是定义域内的偶函数.　　（　　）

（5）$\log_a(\sqrt{2}-1)$ 与 $\log_4(\sqrt{2}+1)$ 互为相反数.　　（　　）

（6）函数 $y=(x-1)^{\frac{1}{2}}$ 的定值域是实数集 $\mathbf{R}$.　　（　　）

（7）函数 $y=2^{-x}$ 的值域是 $(-\infty,0)$.　　（　　）

（8）若函数 $f(x)=\ln|x|$，则 $f(-1)=0$.　　（　　）

（9）函数 $y=2-3^x$ 的反函数是 $y=\log_9(2-x)$.　　（　　）

2. 填空题

（1）函数 $f(x)=x^{\frac{1}{3}}$ 的定义域是__________，它是________函数（指奇偶性），它在 $(0,+\infty)$ 内是单调__________.

（2）函数 $f(x)=x^{-1}$ 的定义域是____________，它是________函数（指奇偶性），它在 $(0,+\infty)$ 内是单调________.

（3）函数 $y=\sqrt{\lg x-1}$ 的定义域是________.

（4）$\log_{16}x^2-\log_{10}x^3=10$，则 $x=$__________.

（5）已知 $x=\left(\frac{1}{5}\right)^{-\log_4 t}$，则 $x=$__________.

（6）$y=2^x$ 与______________的图像关于直线 $y=x$ 对称.

（7）已知 $f(x)$ 的定义域为 $(0,24)$，则 $f(x^2-1)$ 的定义域为__________.

（8）设 $f(x)$ 是一次函数，且 $f(f(x))=4x+3$，则 $f(x)=$__________.

3. 选择题

（1）图像经过点 $(1,1)$ 的函数是（　　）.

A. $y=\log_2 x$　　B. $y=x^{-1}$

C. $y=3x$　　D. $y=2^x$

（2）在定义域内是单调递减函数的是（　　）.

A. $y=\log_{0.2}x$　　B. $y=\log_{2.5}x$

C. $y=2.5^x+2.5^{-x}$　　D. $y=2.5^x$

（3）已知函数 $f(x)=a^x(0<a<1)$，则下列结论正确的是（　　）.

A. 当 $x<0$ 时，$f(x)<1$　　B. 当 $x>0$ 时，$f(x)>1$

C. 当 $x_1<x_2$ 时，$f(x_1)<f(x_2)$　　D. 当 $x_1<x_2$ 时，$f(x_1)>f(x_2)$

（4）已知函数 $f(x)=3+\log_2 x(x\geqslant 1)$，则 $y=f(x)$ 的反函数是（　　）.

A. $y=2^{x+3}$　　B. $y=2^{x+3},x\geqslant 3$

C. $y=2^{x-3},x\in\mathbf{R}$　　D. $y=2^{x-3},x\geqslant 3$

（5）函数 $y=\log_{\frac{1}{2}}((1-x)(x+3))$ 的递减区间是（　　）.

A. $(-3,-1)$　　B. $(-\infty,-1)$

C. $(-\infty,-3)$　　D. $(-1,+\infty)$

4. 求下列函数的定义域：

（1）$y=3^{\sqrt{-x}}+\ln(x+3)$；

（2）$y=\dfrac{1}{\log_a(x-1)^2}+\sqrt{x+1}$.

5. 解下列不等式：

（1）$a^{-x^2-3x}<\dfrac{1}{a}\ (a>0)$；

（2）$\sqrt{\lg x-2}<4-\lg x$；

（3）$\log_a(x^2-x-2)<\log_a(2x^2-7x+3)$ ($a>0$ 且 $a\neq 1$).

6. 某厂今年的生产总值为 548 万元.

（1）若计划每年平均增长率为 30%，问第 5 年年末（不包括今年）的产值可达多少万元（精确到万元）？

（2）如果该厂计划第 5 年年末（不包括今年）的产值将达到 2 000 万元，每年平均增长率应是多少？

（3）如果每年平均增长率为 24%，问多少年末该厂的年产值可达 3 000 万元？

7. 定义在 $\mathbf{R}$ 上的函数 $f(x)$ 满足 $f(x+y)=f(x)+f(y)+2xy$ $(x,y\in\mathbf{R})$，$f(1)=2$，求 $f(0)$ 和 $f(-2)$ 的值.

第 3 章　三角函数

学习目标

1. 了解任意角、象限角、弧度制的概念.
2. 理解三角函数的定义、符号法则和定义域.
3. 掌握三角函数的化简公式和已知三角函数值求角的方法.
4. 掌握同角三角函数间关系.
5. 了解三角函数和反三角函数的图像与性质.
6. 了解正弦型函数的应用.
7. 理解两角和差和二倍角公式.
8. 了解和差化积与积化和差的方法.
9. 掌握正弦定理和余弦定理并能用它解斜三角形.

在实际生产中，要描述呈周期性变化规律的事物特性时，常要用到三角函数. 本章研究任意角的三角函数、三角函数间的关系、三角函数的简化方法、三角函数的图像，以及反三角函数.

3.1　三角函数的概念

3.1.1　任意角、象限角、弧度制

1. 任意角和象限角的概念

定义 3.1　角可以看成平面内一条射线绕着端点从一个位置旋转到另一个位置所成的图形. 射线所在的初始位置称为**始边**，终止位置称为**终边**，射线的端点称为角的**顶点**.

规定：按逆时针方向旋转形成的角称为**正角**，按顺时针方向旋转形成的角称为**负角**. 没有作任何旋转时形成的角称为**零角**.

象限角：在坐标系中，角的顶点在原点，始边在 x 轴的正半轴上，终边落在哪个象限就称角是第几象限角. 终边落在坐标轴上的角称为**界限角**. 象限角是由角的终边所在的位置确定的.

终边相同的角：一般地，与角 α 终边相同的角有无数个，它们彼此相差 360°的整数倍.

与角 α 终边相同的角可表示为 $\alpha+k\cdot360°,k\in\mathbf{Z}$.

用集合表示不同象限的角，可表示为

第一象限角：$\{k\cdot360°<\alpha<k\cdot360°+90°,k\in\mathbf{Z}\}$；

第二象限角：$\{k\cdot360°+90°<\alpha<k\cdot360°+180°,k\in\mathbf{Z}\}$；

第三象限角：$\{k\cdot360°+180°<\alpha<k\cdot360°+270°,k\in\mathbf{Z}\}$；

第四象限角：$\{k\cdot360°+270°<\alpha<k\cdot360°+360°,k\in\mathbf{Z}\}$.

2. 弧度制的概念

在科学技术和高等数学中，常用弧度制来度量角的大小. 以弧度为单位度量角的大小的制度称为弧度制.

定义 3.2（弧度的定义） 长度等于半径长的弧所对的圆心角称为 1 弧度的角.

角 α 的弧度数的绝对值

$$|\alpha|=\frac{l}{r}$$

其中，l 为弧长，r 为圆的半径.

也就是说，圆心角的弧度数等于该角所对弧的弧长与弧所在圆的半径之比.

弧度与角度的换算如下：

一个周角，在角度制中为 360°，在弧度制中为 $\frac{2\pi r}{r}=2\pi$ 弧度，所以

$$180°=\pi\ \mathrm{rad}$$

$$1°=\frac{\pi}{180}\approx0.017\ 45,\ 1\ \mathrm{rad}=\left(\frac{180}{\pi}\right)°\approx57.3°\approx57°17'45''$$

例 1 设 $\alpha_1=-240°,\alpha_2=370°,\beta=\frac{3}{5}\pi$.

（1）将 α_1,α_2 用弧度制表示出来，并指出它们各自所在的象限；

（2）将 β 用角度制表示出来，并在 $-720°\sim0°$ 找出与它们有相同终边的所有角.

分析 运用角度与弧度的换算方法.

解 （1）$\alpha_1=-240°\times\frac{\pi}{180°}=-\frac{4}{3}\pi=-2\pi+\frac{2}{3}\pi$，

$$\alpha_2=370°\times\frac{\pi}{180°}=\frac{37}{18}\pi=2\pi+\frac{1}{18}\pi，$$

所以 α_1 在第二象限，α_2 在第一象限.

（2）$\beta=\frac{3}{5}\pi\times\left(\frac{180}{\pi}\right)°=108°$.

由 $-720°\leqslant k\cdot360°+108°\leqslant0°(k\in\mathbf{Z})$，得 $k=-2$ 或 $k=-1$.

所以，与 β 有相同终边的角是 $-612°$ 与 $-252°$.

总结：将角度化成弧度时乘以 $\frac{\pi}{180°}$，将弧度化成角度时乘以 $\left(\frac{180}{\pi}\right)^{\circ}$.

3.1.2 任意角的三角函数

1. 任意角的三角函数的定义

定义 3.3 设 α 是一个任意角，α 的终边上任意一点 P 的坐标是 (x,y)，它与原点的距离 $r=\sqrt{x^2+y^2}$，则

（1）比值 $\frac{y}{r}$ 称为 α 的正弦，记作 $\sin\alpha$，即 $\sin\alpha=\frac{y}{r}$；

（2）比值 $\frac{x}{r}$ 称为 α 的余弦，记作 $\cos\alpha$，即 $\cos\alpha=\frac{x}{r}$；

（3）比值 $\frac{y}{x}$ 称为 α 的正切，记作 $\tan\alpha$，即 $\tan\alpha=\frac{y}{x}(x\neq 0)$；

（4）比值 $\frac{x}{y}$ 称为 α 的余切，记作 $\cot\alpha$，即 $\cot\alpha=\frac{x}{y}(y\neq 0)$；

（5）比值 $\frac{r}{x}$ 称为 α 的正割，记作 $\sec\alpha$，即 $\sec\alpha=\frac{r}{x}(x\neq 0)$；

（6）比值 $\frac{r}{y}$ 称为 a 的余割，记作 $\csc\alpha$，即 $\csc\alpha=\frac{r}{y}(y\neq 0)$.

以上六种函数都是以角为自变量、以比值为函数值的函数，它们统称为三角函数.

例 2 已知角 α 的终边与函数 $y=\frac{4}{3}x$ 的图像重合，求角 α 的三角函数.

分析 已知角 α 的终边求三角函数值，只需在 α 终边上任取一点 P，再利用定义直接求解，需注意角 α 的终边有两种情形，应分别求解.

解 由题意可知，α 的终边在第一或第三象限.

若 α 终边在第一象限，则在终边上取点 $P=(3,4)$，此时 $x=3,y=4,r=5$，所以

$$\sin\alpha=\frac{y}{r}=\frac{4}{5},\cos\alpha=\frac{x}{r}=\frac{3}{5},\tan\alpha=\frac{y}{x}=\frac{4}{3}$$
$$\sec\alpha=\frac{r}{x}=\frac{5}{3},\csc\alpha=\frac{r}{y}=\frac{5}{4},\cot\alpha=\frac{x}{y}=\frac{3}{4}$$

若 α 终边在第三象限，则在终边上取点 $P=(-3,-4)$，此时 $x=-3,y=-4,r=5$，所以

$$\sin\alpha=\frac{y}{r}=-\frac{4}{5},\cos\alpha=\frac{x}{r}=-\frac{3}{5},\tan\alpha=\frac{y}{x}=\frac{4}{3}$$
$$\sec\alpha=\frac{r}{x}=-\frac{5}{3},\csc\alpha=\frac{r}{y}=-\frac{5}{4},\cot\alpha=\frac{x}{y}=\frac{3}{4}$$

总结：

（1）因为点 P 的选取与三角函数的值无关，故怎样方便计算就怎样取.

（2）解题中遇到不确定因素时，常采用分类讨论的思想方法.

2. 三角函数在单位圆中的表示

设角 α 的终边与单位圆交于点 P，过 P 作 x 轴的垂线，垂足为 M，则有向线段 MP,OM 分别称为角 α 的正弦线、余弦线. 过点 A 作单位圆的切线，与 OP 或 OP 的反向延长线交于点 T，则有向线段 AT 叫作角 α 的正切线. 如图 3.1 所示.

在单位圆中，

$$\sin\alpha = MP, \cos\alpha = OM, \tan\alpha = AT$$

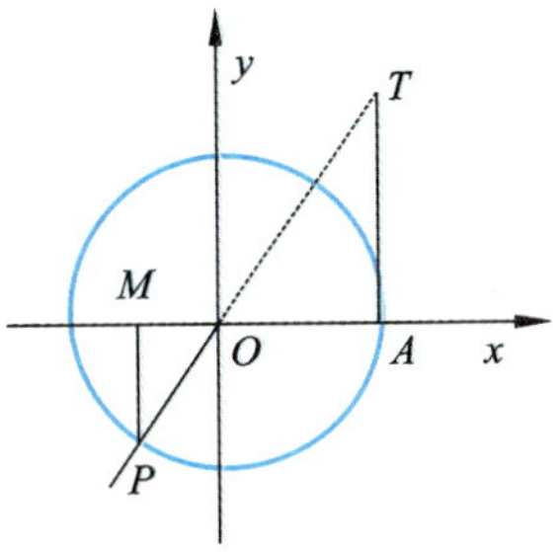

图 3.1

在有关问题中，利用三角函数线则会带来计算便利. 因为 α 与 $2k\pi+\alpha$ 终边相同，由三角函数线不难理解，终边相同的角同名且三角函数值相等，即

$$\sin(2k\pi+\alpha)=\sin\alpha \quad (k\in \mathbf{Z})$$
$$\cos(2k\pi+\alpha)=\cos\alpha \quad (k\in \mathbf{Z})$$
$$\tan(2k\pi+\alpha)=\tan\alpha \quad (k\in \mathbf{Z})$$
$$\cot(2k\pi+\alpha)=\cot\alpha \quad (k\in \mathbf{Z})$$
$$\sec(2k\pi+\alpha)=\sec\alpha \quad (k\in \mathbf{Z})$$
$$\csc(2k\pi+\alpha)=\csc\alpha \quad (k\in \mathbf{Z})$$

利用上面的公式，可以把大于 360°的角的三角函数转化为 0° ~ 360°的角的三角函数.

例 3 求下列各三角函数值：

（1）$\sin 420°$；（2）$\cos\frac{25}{4}\pi$；（3）$\tan\left(-\frac{23}{6}\pi\right)$.

解 （1）$\sin 420° = \sin(360°+60°) = \sin 60° = \frac{\sqrt{3}}{2}$；

（2）$\cos\frac{25}{4}\pi = \cos\left(3\times 2\pi+\frac{\pi}{4}\right) = \cos\frac{\pi}{4} = \frac{\sqrt{2}}{2}$；

（3）$\tan\left(-\frac{23\pi}{6}\right) = \tan\left(-2\times 2\pi+\frac{\pi}{6}\right) = \tan\frac{\pi}{6} = \frac{\sqrt{3}}{3}$.

3. 三角函数的定义域

三角函数的定义域如表 3.1 所示.

表 3.1 三角函数的定义域

三角函数	定义域
$\sin\alpha$	$\mathbf{R}$
$\cos\alpha$	$\mathbf{R}$
$\tan\alpha$	$\left\{\alpha \mid \alpha \neq \frac{\pi}{2}+k\pi, k\in \mathbf{Z}\right\}$
$\cot\alpha$	$\{\alpha \mid \alpha \neq k\pi, k\in \mathbf{Z}\}$
$\sec\alpha$	$\left\{\alpha \mid \alpha \neq \frac{\pi}{2}+k\pi, k\in \mathbf{Z}\right\}$
$\csc\alpha$	$\{\alpha \mid \alpha \neq k\pi, k\in \mathbf{Z}\}$

4. 三角函数值的符号

由于余切函数、正割函数、余割函数与正切函数、余弦函数、正弦函数互为倒数，所以通常只研究正弦、余弦、正切函数三个函数.

由三角函数的定义知，三角函数值的符号取决于终边上点和坐标 x,y 的正负，不难得到 $\sin\alpha$、$\csc\alpha$ 在第一、第二象限值为正，在第三、第四象限值为负；$\cos\alpha$、$\sec\alpha$ 在第一、第四象限值为正，在第二、第三象限值为负，$\tan\alpha$、$\cot\alpha$ 在第一、第三象限值为正，第二、第四象限值为负.

为了方便记忆，可以借助图 3.2 进行记忆.

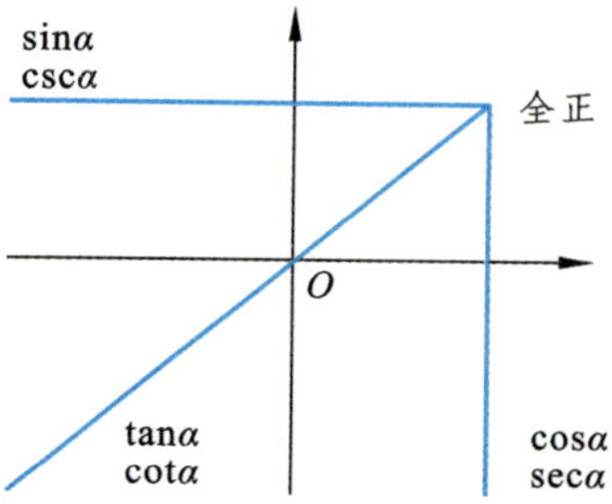

图 3.2

3.2 同角三角函数的基本关系式

根据三角函数的定义，可以探讨同角三角函数间的一些基本关系. 通过三角函数的定义，有以下同角关系.

1. 平方关系

$$\sin^2\alpha+\cos^2\alpha=1$$

$$1+\tan^2\alpha=\sec^2\alpha$$

$$1+\cot^2\alpha=\csc^2\alpha$$

在高等数学积分变换中，以上关系经常要用到.

2. 商数关系

$$\tan\alpha=\frac{\sin\alpha}{\cos\alpha}$$

$$\cot\alpha=\frac{\cos\alpha}{\sin\alpha}$$

3. 倒数关系

$$\sin\alpha\cdot\csc\alpha=1$$

$$\cos\alpha\cdot\sec\alpha=1$$

$$\tan\alpha\cdot\cot\alpha=1$$

这些关系可以借助图 3.3 进行记忆.

（1）在图 3.3 所示的正六边形中，对角线上的三角函数相乘等于中间的 1；

（2）阴影三角形中，上面两顶点的平方和等于下顶点的平方；

（3）在正六边形中，任一顶点的三角函数等于和它相邻的两三角函数的乘积.

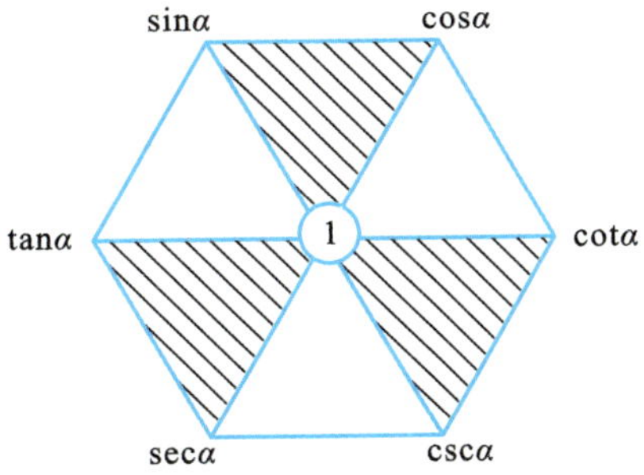

图 3.3　同角三角函数关系图

例 1　已知 $\tan\alpha=3$，求下列各式的值；

（1）$\dfrac{5\sin\alpha-\cos\alpha}{2\cos\alpha+7\sin\alpha}$；（2）$\dfrac{3\sin^2\alpha+4\cos^2\alpha}{5\sin^2\alpha+9\cos^2\alpha}$；（3）$\dfrac{1}{2}\sin^2\alpha+\dfrac{1}{3}\cos^2\alpha$.

分析　根据已知条件 $\tan\alpha=3$，求出 $\sin\alpha$ 与 $\cos\alpha$，或将所求式子用 $\tan\alpha$ 表示出来.

解　（1）因为 $\cos\alpha\neq 0$，所以

$$原式=\frac{\dfrac{5\sin\alpha-\cos\alpha}{\cos\alpha}}{\dfrac{2\cos\alpha+7\sin\alpha}{\cos\alpha}}=\frac{5\tan\alpha-1}{7\tan\alpha+2}=\frac{14}{23}.$$

（2）因为 $\cos\alpha\neq 0$，则 $\cos^2\alpha\neq 0$，所以

$$原式=\frac{\dfrac{3\sin^2\alpha+4\cos^2\alpha}{\cos^2\alpha}}{\dfrac{5\sin^2\alpha+9\cos^2\alpha}{\cos^2\alpha}}=\frac{3\tan^2\alpha+4}{5\tan^2\alpha+9}=\frac{31}{54}.$$

（3）因为 $\cos\alpha\neq 0$，则 $\cos^2\alpha\neq 0$，所以

$$原式=\frac{\dfrac{1}{2}\sin^2\alpha+\dfrac{1}{3}\cos^2\alpha}{\sin^2\alpha+\cos^2\alpha}=\frac{\dfrac{\dfrac{1}{2}\sin^2\alpha+\dfrac{1}{3}\cos^2\alpha}{\cos^2\alpha}}{\dfrac{\sin^2\alpha+\cos^2\alpha}{\cos^2\alpha}}=\frac{\dfrac{1}{2}\tan^2\alpha+\dfrac{1}{3}}{\tan^2\alpha+1}=\frac{29}{60}.$$

例 2　已知 $\sin\alpha=-\dfrac{4}{5}$，且 $\dfrac{3\pi}{2}<\alpha<2\pi$，求角 α 的其他三角函数值.

解　因为 $\dfrac{3\pi}{2}<\alpha<2\pi$，所以 $\cos\alpha>0$.

由 $\sin\alpha=-\frac{4}{5}$，得

$$\cos\alpha=\sqrt{1-\sin^2\alpha}=\sqrt{1-\left(-\frac{4}{5}\right)^2}=\frac{3}{5},$$

$$\tan\alpha=\frac{\sin\alpha}{\cos\alpha}=\left(-\frac{4}{5}\right)\times\frac{5}{3}=-\frac{4}{3},$$

$$\cot\alpha=\frac{1}{\tan\alpha}=-\frac{3}{4},$$

$$\sec\alpha=\frac{1}{\cos\alpha}=\frac{5}{3},$$

$$\csc\alpha=\frac{1}{\sin\alpha}=-\frac{5}{4}.$$

例 3 （1）已知 $\cot\alpha=m\ (m\neq 0)$，求 $\cos\alpha$ 的值；

（2）已知 $\cot\theta+\csc\theta=5$，求 $\sin\theta$.

解 （1）当 α 是第一、第四象限角时，

$$\cos\alpha=\frac{1}{\sec\alpha}=\frac{1}{\sqrt{1+\tan^2\alpha}}=\frac{1}{\sqrt{1+\frac{1}{m^2}}}=\frac{|m|}{\sqrt{1+m^2}}$$

当 α 是第二、第三象限角时，

$$\cos\alpha=-\frac{|m|}{\sqrt{1+m^2}}$$

（2）由三角函数基本恒等式 $1+\cot^2\theta=\csc^2\theta$，得

$$\csc^2\theta-\cot^2\theta=1，即 (\csc\theta+\cot\theta)(\csc\theta-\cot\theta)=1$$

已知 $\csc\theta+\cot\theta=5$，代入上式，得

$$\csc\theta-\cot\theta=\frac{1}{5}$$

联立两式

$$\begin{cases}\csc\theta+\cot\theta=5\\ \csc\theta-\cot\theta=\frac{1}{5}\end{cases}$$

解得 $\csc\theta=\frac{13}{5},\sin\theta=\frac{5}{13}$.

例 4 计算下列各式的值：

（1）$\sin^2 1°+\sin^2 2°+\cdots+\sin^2 89°$；

（2）已知 $\tan\alpha=2$，求 $\frac{1}{2\sin^2\alpha-\sqrt{3}\sin\alpha\cos\alpha}$ 的值.

解 根据互余两角的三角函数关系以及三角函数基本恒等式，得

（1）原式 $=\sin^2 1°+\sin^2 2°+\cdots+\sin^2 44°+\sin^2 45°+$
$\cos^2 44°+\cos^2 43°+\cdots+\cos^2 2°+\cos^2 1°$
$=(\sin^2 1°+\cos^2 1°)+(\sin^2 2°+\cos^2 2°)+\cdots+$
$(\sin^2 44°+\cos^2 44°)+\sin^2 45°$
$=1\times 44+\left(\frac{\sqrt{2}}{2}\right)^2=44\frac{1}{2}.$

（2）解法一：

$$原式=\frac{\frac{1}{\cos^2\alpha}}{\frac{2\sin^2\alpha-\sqrt{3}\sin\alpha\cdot\cos\alpha}{\cos^2\alpha}}=\frac{1+\tan^2\alpha}{2\tan^2\alpha-\sqrt{3}\tan\alpha}$$
$$=\frac{1+2^2}{2\times 2^2-2\sqrt{3}}=\frac{5}{26}(4+\sqrt{3}).$$

解法二：由 $\tan\alpha=2$，得 $\sin\alpha=2\cos\alpha$，于是

$$原式=\frac{1}{2(2\cos\alpha)^2-2\sqrt{3}\cos^2\alpha}=\frac{1}{8-2\sqrt{3}}\cdot\sec^2\alpha$$
$$=\frac{1}{8-2\sqrt{3}}(1+\tan^2\alpha)=\frac{5}{8-2\sqrt{3}}=\frac{5}{26}(4+\sqrt{3}).$$

例 5 已知 $\frac{\pi}{2}<\alpha<\pi$，化简：

$$\cot^2\alpha(\sec\alpha-\cos\alpha)\sqrt{\frac{2}{1+\sin\alpha}+\frac{2}{1-\sin\alpha}}.$$

解 原式 $=\frac{\cos^2\alpha}{\sin^2\alpha}\cdot\left(\frac{1}{\cos\alpha}-\cos\alpha\right)\sqrt{\frac{2(1-\sin\alpha)+2(1+\sin\alpha)}{1-\sin^2\alpha}}$
$=\frac{\cos^2\alpha}{\sin^2\alpha}\cdot\frac{1-\cos^2\alpha}{\cos\alpha}\cdot\sqrt{\frac{4}{\cos^2\alpha}}=\frac{2\cos\alpha}{|\cos\alpha|}.$

因为 $\frac{\pi}{2}<\alpha<\pi$，从而 $\cos\alpha<0, |\cos\alpha|=-\cos\alpha$，所以

$$原式=\frac{2\cos\alpha}{-\cos\alpha}=-2.$$

3.3 三角函数的简化公式

在研究三角函数时，通常是将角化为锐角进行求值计算，对于任意角的三角函数常要将角通过转换化为锐角进行求值，这就需要使用三角函数的诱导公式来完成转化.

3.3.1 简化公式

公式一：

$$\sin(-\alpha)=-\sin\alpha,\ \cos(-a)=\cos\alpha,$$

$$\tan(-\alpha)=-\tan\alpha, \cot(-\alpha)=-\cot\alpha$$

公式一可以把负角的三角函数转化为正角的三角函数再求值.

公式二：

$$\sin(2k\pi+\alpha)=\sin\alpha,\quad \cos(2k\pi+\alpha)=\cos\alpha,$$

$$\tan(2k\pi+\alpha)=\tan\alpha,\quad \cot(2k\pi+\alpha)=\cot\alpha \quad （其中 k\in \mathbf{Z}）$$

公式二可以把任意角的三角函数转化为 $0\sim2\pi$ 之间的三角函数.

公式三：

$$\sin(\pi-\alpha)=\sin\alpha,\quad \cos(\pi-\alpha)=-\cos\alpha,$$

$$\tan(\pi-\alpha)=-\tan\alpha,\quad \cot(\pi-\alpha)=-\cot\alpha$$

公式四：

$$\sin(\pi+\alpha)=-\sin\alpha,\ \cos(\pi+\alpha)=-\cos\alpha,$$

$$\tan(\pi+\alpha)=\tan\alpha,\quad \cot(\pi+\alpha)=\cot\alpha$$

公式五：

$$\sin(2\pi-\alpha)=-\sin\alpha,\quad \cos(2\pi-\alpha)=\cos\alpha,$$

$$\tan(2\pi-\alpha)=-\tan\alpha,\quad \cot(2\pi-\alpha)=-\cot\alpha$$

利用公式三至公式五，可以把任意角的三角函数化为锐角三角函数.

锐角转型：

$$\sin\left(\frac{\pi}{2}-\alpha\right)=\cos\alpha,\quad \tan\left(\frac{\pi}{2}-\alpha\right)=\cot\alpha,$$

$$\cos\left(\frac{\pi}{2}-\alpha\right)=\sin\alpha,\quad \cot\left(\frac{\pi}{2}-\alpha\right)=\tan\alpha$$

钝角化锐角：

$$\sin\left(\frac{\pi}{2}+\alpha\right)=\cos\alpha,\ \cos\left(\frac{\pi}{2}+\alpha\right)=-\sin\alpha,$$

$$\tan\left(\frac{\pi}{2}+\alpha\right)=-\cot\alpha,\ \cot\left(\frac{\pi}{2}+\alpha\right)=-\tan\alpha$$

计算三角函数值时，一般按下列步骤进行：

（1）负角的三角函数先转化为正角的三角函数；

（2）大于 π 的角的三角函数化为 $0\sim\pi$ 间的角的三角函数；

（3）$0\sim\pi$ 间的角的三角函数，选用适当的简化公式化为锐角的三角函数.

例 1　求下列各三角函数值：

（1）$\sin\left(-\frac{\pi}{3}\right)$；　　（2）$\cos\left(-\frac{7\pi}{3}\right)$；

（3）$\tan(-765°)$；　　（4）$\csc\left(-2\pi-\dfrac{\pi}{4}\right)$.

解　（1）$\sin\left(-\dfrac{\pi}{3}\right)=-\sin\dfrac{\pi}{3}=-\dfrac{\sqrt{3}}{2}$；

（2）$\cos\left(-\dfrac{7\pi}{3}\right)=\cos\dfrac{7}{3}\pi=\cos\left(2\pi+\dfrac{\pi}{3}\right)=\cos\dfrac{\pi}{3}=\dfrac{1}{2}$；

（3）$\tan(-765°)=-\tan 765°=-\tan(2\times 360°+45°)=-\tan 45°=-1$；

（4）$\csc\left(-2\pi-\dfrac{\pi}{4}\right)=\dfrac{1}{\sin\left(-2\pi-\dfrac{\pi}{4}\right)}=\dfrac{1}{-\sin\dfrac{\pi}{4}}=-\sqrt{2}$.

例 2　计算：$\dfrac{\sin(-45°)\cos(-330°)}{\tan(-225°)\tan(-120°)}$.

解　原式$=\dfrac{-\sin 45°\cos 330°}{-\tan 225°(-\tan 120°)}=-\dfrac{\sin 45°\cos(360°-30°)}{\tan(180°+45°)\tan(180°-60°)}$

$$=-\frac{\sin 45°\cos 30°}{\tan 45°(-\tan 60°)}=\frac{\dfrac{\sqrt{2}}{2}\times\dfrac{\sqrt{3}}{2}}{1\times\sqrt{3}}=\frac{\sqrt{2}}{4}.$$

例 3　计算：$\tan(-1860°)\cdot\csc(-810°)+\cos(-405°)\cdot\cot(-1050°)$.

解　原式$=-\tan(5\times 360°+60°)\cdot\dfrac{1}{-\sin(2\times 360°+90°)}+$

$\cos(360°+45°)\cdot\cot(-3\times 360°+30°)$

$$=-\tan 60°\cdot\frac{1}{-\sin 90°}+\cos 45°\cdot(-\cot(-30°))$$

$$=-\sqrt{3}\times(-1)+\frac{\sqrt{2}}{2}\times\sqrt{3}=\frac{\sqrt{6}}{2}+\sqrt{3}.$$

例 4　证明：$\dfrac{\sin(180°+\alpha)-\tan(-\alpha)-\tan(360°+\alpha)}{\tan(\alpha+180°)+\cos(-\alpha)+\cos(\alpha+180°)}=-\cos\alpha$.

证明　左边$=\dfrac{-\sin\alpha+\tan\alpha-\tan\alpha}{\tan\alpha+\cos\alpha-\cos\alpha}=\dfrac{-\sin\alpha}{\tan\alpha}=-\cos\alpha=$右边.

故原等式成立.

3.3.2　已知三角函数值求角

在测量和机械加工专业实际应用中，常会遇到已知三角函数值求角的大小的问题.

例 5　已知下列各三角函数值，利用三角函数简化公式，求 $0°\sim 360°$ 的角 A.

（1）$\sin A=\dfrac{\sqrt{3}}{2}$；（2）$\cos A=-0.2504$；（3）$\tan A=-1$.

解　（1）因为 $\sin A>0$，所以角 A 在第一或第二象限. 由 $\sin 60°=\dfrac{\sqrt{3}}{2}$，得到一个解为 $A_1=60°$.

又由 $\sin(180°-60°)=\sin 60°=\dfrac{\sqrt{3}}{2}$，于是得到另一个解为 $A_2=180°-60°=120°$.

（2）因为 $\cos A<0$，所以角 A 在第二或第三象限. 设 $\cos B=0.2504$，且 B 是 $0°\sim 90°$ 的角. 查表，得 $B=75°30'$. 由 $\cos(180°-75°30')=-\cos 75°30'=-0.2504$，得到一个解为 $A_1=180°-75°30'=104°30'$.

又由 $\cos(180°+75°30')=-\cos 75°30'=-0.2504$，得到另一个解为 $A_2=180°+75°30'=255°30'$.

（3）因为 $\tan A<0$，所以角 A 在第二或第四象限. 设 $\tan B=1$，且 B 是 $0°\sim 90°$ 的角，则 $B=45°$.

由 $\tan(180°-45°)=-\tan 45°=-1$，得到一个解为 $A_1=180°-45°=135°$.

又由 $\tan(360°-45°)=-\tan 45°=-1$，得到另一个解为 $A_2=360°-45°=315°$.

习题 3.3

1. 求下列三角函数值：

（1）$\cos 135°$；　（2）$\sin 210°$；　（3）$\cos\left(-\dfrac{5}{6}\pi\right)$；

（4）$\cos\dfrac{11}{2}\pi$；　（5）$\tan(-600°)$；　（6）$\tan\left(-\dfrac{\pi}{3}\right)$；

（7）$\cot 1215°$；　（8）$\sin\left(-\dfrac{17}{4}\pi\right)$.

2. 计算下列各式：

（1）$4\sin 150°\cot 300°$；

（2）$\sin(-420°)\cot 405°+\cos(-300°)\tan(-330°)$；

（3）$4\sin 120°\tan 150°$；

（4）$2\sin^2\dfrac{23}{4}\pi+\tan^2\dfrac{33}{4}\pi\cdot\cot\dfrac{3}{4}\pi$；

（5）$\dfrac{2\tan 225°+3\sin 630°}{3\cos 1020°+2\cos(-660°)}$；

（6）$\cos(-210°)\tan(-240°)+\sin(-30°)-\cot 225°$.

3. 化简下列各式：

（1）$\tan 72°-\cot 18°$；

（2）$\dfrac{\sin 23°\cot 135°}{\cos 113°}$；

（3）$\dfrac{\cos(\alpha-\pi)\cdot\tan(\alpha-2\pi)}{\sin(\pi-\alpha)\cdot\cot(2\pi-\alpha)}$；

（4）$\sin^2(-\alpha)-\tan(360°-\alpha)\cot(-\alpha)+\sin(180°-\alpha)\cos(360°-\alpha)$.

4. 证明下列恒等式：

（1）$\dfrac{\cot(-\alpha-\pi)\cdot\sin(\pi+\alpha)}{\cos(-\alpha)\cdot\tan(2\pi+\alpha)}=\cot\alpha$；

（2）$\dfrac{\cos(\alpha-\pi)\cot(5\pi-\alpha)}{\tan(2\pi-\alpha)\sin(-2\pi-\alpha)}=\cot^3\alpha$；

（3）$\sin(-\alpha)\sin(\pi-\alpha)-\tan(-\alpha)\cdot\cot(\alpha-\pi)-2\cos^2(-\alpha)+1=\sin^2\alpha$.

5. 已知下列三角函数值，用三角函数简化公式求 $0°\sim360°$ 的角 A：

（1）$\cos A=\dfrac{\sqrt{2}}{2}$；（2）$\sin A=-0.5$；（3）$\tan A=\sqrt{3}$.

3.4 两角和差化积与积化和差公式

如何求出 $\alpha+\beta,\alpha-\beta$ 和 2α 的三角函数值？可通过下面各种公式来解决这些问题.

3.4.1 两角和与两角差的三角函数公式

1. 两角和与两角差的公式

$$\sin(\alpha\pm\beta)=\sin\alpha\cos\beta\pm\cos\alpha\sin\beta$$
$$\cos(\alpha\pm\beta)=\cos\alpha\cos\beta\mp\sin\alpha\sin\beta$$
$$\tan(\alpha\pm\beta)=\frac{\tan\alpha\pm\tan\beta}{1\mp\tan\alpha\tan\beta}$$

注：前两个公式具有一般性，其中 α,β 可为任意角；后一个公式当 $\alpha\neq k\pi+\dfrac{\pi}{2},\beta\neq k\pi+\dfrac{\pi}{2}$, $\alpha+\beta\neq k\pi+\dfrac{\pi}{2}(k\in\mathbf{Z})$ 时成立，即 $\tan\alpha,\tan\beta,\tan(\alpha\pm\beta)$ 不存在时不能使用此公式，只能用诱导公式或其他方法.

例 1 求下列各式的值：

（1）$\sin(x+60°)\cos(45°-x)+\cos(x+60°)\sin(45°-x)$；

（2）$\cos60°\sin15°-\cos30°\sin75°$；

（3）$\dfrac{1+\tan15°}{1-\tan15°}$.

解 （1）原式 $=\sin((x+60°)+(45°-x))=\sin(60°+45°)$

$$=\sin60°\cos45°+\cos60°\sin45°=\frac{\sqrt{6}+\sqrt{2}}{4}.$$

（2）因为 $\sin15°=\cos75°,\cos30°=\sin60°$，所以

$$\text{原式}=\cos60°\cos75°-\sin60°\sin75=\cos(60°+75°)=\cos135°=-\frac{\sqrt{2}}{2}.$$

（3）因为 $\tan45°=1$，故原式可以化为

$$\frac{\tan45°+\tan15°}{1-\tan45°\tan15°}=\tan(45°+15°)=\tan60°=\sqrt{3}.$$

3.4.2 利用和差公式进行形式转化

在三角运算中，通常要把 $a\sin x+b\cos x$ 化为 $A\sin(x+\varphi)$ 的形式.

例如，

$$\begin{aligned}\sin\alpha+\sqrt{3}\cos\alpha &= 2\left(\frac{1}{2}\sin\alpha+\frac{\sqrt{3}}{2}\cos\alpha\right)\\ &= 2\left(\sin\alpha\cos\frac{\pi}{3}+\cos\alpha\sin\frac{\pi}{3}\right)\\ &= 2\sin\left(\alpha+\frac{\pi}{3}\right).\end{aligned}$$

形如

$$a\sin x+b\cos x=\sqrt{a^2+b^2}\left(\frac{a}{\sqrt{a^2+b^2}}\sin x+\frac{b}{\sqrt{a^2+b^2}}\cos x\right),$$

令

$$\cos\varphi=\frac{a}{\sqrt{a^2+b^2}},\sin\varphi=\frac{b}{\sqrt{a^2+b^2}},\tan\varphi=\frac{b}{a},A=\sqrt{a^2+b^2}$$

则

$$\begin{aligned}a\sin x+b\cos x &= \sqrt{a^2+b^2}(\sin x\cos\varphi+\cos x\sin\varphi)\\ &= \sqrt{a^2+b^2}\sin(x+\varphi)\end{aligned}$$

所以

$$a\sin x+b\cos x=\sqrt{a^2+b^2}\sin(x+\varphi)=A\sin(x+\varphi)$$

其中，应把 a 和 b 分别看作角 φ 终边上一点的横坐标和纵坐标，然后根据 (a,b) 所在象限决定函数符号，最后用 $\tan\varphi=\dfrac{b}{a}$ 来确定角 φ 的值.

例 2 将下列各式化为 $A\sin(x+\varphi)$ 的形式：

（1）$4\cos x-3\sin x$；

（2）$\sin 2\alpha-\cos 2\alpha$.

解 （1）因为 $a=-3,b=4$，所以

$$A=\sqrt{(-3)^2+4^2}=5,\tan\varphi=\frac{b}{a}=-\frac{4}{3}=-1.3333$$

由 $(-3,4)$ 在第二象限知，角 φ 在第二象限. 查表或按计算器，得 $\tan 53°8'=1.3333$. 所以

$$\varphi=180°-53°8'=126°52'$$

故

$$4\cos x-3\sin x=5\sin(x+126°52')$$

（2）把 2α 看作 x，则可由上述一般方法解得. 也可将式子变形，用正弦加法定理求解，即

$$\sin 2\alpha-\cos 2\alpha=\sqrt{2}\left(\frac{1}{\sqrt{2}}\sin 2\alpha-\frac{1}{\sqrt{2}}\cos 2\alpha\right)$$

3.4.3 倍角公式

$$\sin 2\alpha = 2\sin\alpha\cos\alpha\ ,$$

$$\cos 2\alpha = \cos^2\alpha - \sin^2\alpha = 2\cos^2\alpha - 1 = 1 - 2\sin^2\alpha\ ,$$

$$\tan 2\alpha = \frac{2\tan\alpha}{1-\tan^2\alpha}.$$

这些公式都是由两角和公式中 $\alpha=\beta$ 的情况得到的，具有一般性，即 α 取任意角；最后的正切倍角公式必须在 $\alpha \ne \frac{k\pi}{2}+\frac{\pi}{4}$, $\alpha \ne k\pi+\frac{\pi}{2}(k\in \mathbf{Z})$ 时成立.

例 3 已知 $\sin\theta=\frac{4}{5}$, θ 是第二象限的角，求 $\sin 2\theta$，$\cos 2\theta$，$\tan 2\theta$ 的值.

解 由于 θ 是第二象限的角，所以

$$\cos\theta = -\sqrt{1-\sin^2\theta} = -\sqrt{1-\left(\frac{4}{5}\right)^2} = -\frac{3}{5},$$

$$\tan\theta = \frac{\sin\theta}{\cos\theta} = \frac{\frac{4}{5}}{-\frac{3}{5}} = -\frac{4}{3}$$

分别根据二倍角公式，得

$$\sin 2\theta = 2\sin\theta\cos\theta = 2\cdot\frac{4}{5}\left(-\frac{3}{5}\right) = -\frac{24}{25},$$

$$\cos 2\theta = 1-2\sin^2\theta = 1-2\cdot\left(\frac{4}{5}\right)^2 = -\frac{7}{25},$$

$$\tan 2\theta = \frac{2\tan\theta}{1-\tan^2\theta} = \frac{2\left(-\frac{4}{3}\right)}{1-\left(-\frac{4}{3}\right)^2} = \frac{24}{7},$$

$$\tan 2\theta = \frac{\sin 2\theta}{\cos 2\theta} = \frac{-\frac{24}{25}}{-\frac{7}{25}} = \frac{24}{7}$$

例 4 已知锐角 α,β, $\sin\alpha=\frac{3}{5},\cos\beta=\frac{12}{13}$ ，求 $\cos(2\alpha-\beta)$ 的值.

分析 将 2α 看作 α ，先用和差公式，再用倍角公式.

解 先计算 $\cos\alpha,\sin\beta$. 因为 α,β 为锐角，故

$$\cos\alpha = \sqrt{1-\sin^2\alpha} = \frac{4}{5},\sin\beta = \sqrt{1-\cos^2\beta} = \frac{5}{13}$$

所以

$$
\begin{aligned}
\cos(2\alpha-\beta) &= \cos 2\alpha\cos\beta+\sin 2\alpha\sin\beta \\
&= (1-2\sin^2\alpha)\cos\beta+2\sin\alpha\cos\alpha\sin\beta \\
&= \left(1-\frac{18}{25}\right)\times\frac{12}{13}+2\times\frac{3}{5}\times\frac{4}{5}\times\frac{5}{13}=\frac{204}{325}
\end{aligned}
$$

例 5 求 $\cos\frac{\pi}{9}\cos\frac{2\pi}{9}\cos\frac{4\pi}{9}$ 的值.

解 原式 $=\dfrac{2\sin\frac{\pi}{9}\cos\frac{\pi}{9}\cos\frac{2\pi}{9}\cos\frac{4\pi}{9}}{2\sin\frac{\pi}{9}}=\dfrac{\sin\frac{2\pi}{9}\cos\frac{2\pi}{9}\cos\frac{4\pi}{9}}{2\sin\frac{\pi}{9}}$

$$
=\frac{\sin\frac{4\pi}{9}\cos\frac{4\pi}{9}}{4\sin\frac{\pi}{9}}=\frac{\sin\frac{8\pi}{9}}{8\sin\frac{\pi}{9}}=\frac{\sin\frac{\pi}{9}}{8\sin\frac{\pi}{9}}=\frac{1}{8}.
$$

二倍角公式中，左端的角是右端的角的 2 倍，据此可以推广二倍角公式. 例如，用 $\frac{\alpha}{2}$，2α 等的角函数来表示它们的二倍角 α，4α 的三角函数：

$$
\sin\alpha=2\sin\frac{\alpha}{2}\cos\frac{\alpha}{2},
$$

$$
\cos 4\alpha=\cos^2 2\alpha-\sin^2 2\alpha=2\cos^2 2\alpha-1=1-2\sin^2 2\alpha
$$

3.4.4 和差与积的互化公式

在三角函数的计算与化简中，常要把三角函数的乘积形式与和差形式进行互化. 下面是两种互化的一般公式.

1. 积化和差公式

由正弦、余弦函数的和差公式可以得到以下积化和差公式：

$$
\begin{aligned}
&\sin(\alpha+\beta)=\sin\alpha\cos\beta+\cos\alpha\sin\beta, \\
&\sin(\alpha-\beta)=\sin\alpha\cos\beta-\cos\alpha\sin\beta, \\
&\cos(\alpha+\beta)=\cos\alpha\cos\beta-\sin\alpha\sin\beta, \\
&\cos(\alpha-\beta)=\cos\alpha\cos\beta+\sin\alpha\sin\beta
\end{aligned}
$$

如果把前两式、后两式分别相加或相减，得

$$
\begin{aligned}
&\sin(\alpha+\beta)+\sin(\alpha-\beta)=2\sin\alpha\cos\beta, \\
&\sin(\alpha+\beta)-\sin(\alpha-\beta)=2\cos\alpha\sin\beta, \\
&\cos(\alpha+\beta)+\cos(\alpha-\beta)=2\cos\alpha\cos\beta, \\
&\cos(\alpha+\beta)-\cos(\alpha-\beta)=-2\sin\alpha\sin\beta
\end{aligned}
$$

于是，可得积化和差公式：

$$\sin\alpha\cos\beta=\frac{1}{2}(\sin(\alpha+\beta)+\sin(\alpha-\beta)),$$

$$\cos\alpha\sin\beta=\frac{1}{2}(\sin(\alpha+\beta)-\sin(\alpha-\beta)),$$

$$\cos\alpha\cos\beta=\frac{1}{2}(\cos(\alpha+\beta)+\cos(\alpha-\beta)),$$

$$\sin\alpha\sin\beta=-\frac{1}{2}(\cos(\alpha+\beta)-\cos(\alpha-\beta))$$

例 6 利用积化和差公式，求 $\sin 105°\cos 75°$.

解

$$\begin{aligned}\sin 105°\cos 75° &=\frac{1}{2}(\sin(105°+75°)+\sin(105°-75°))\\ &=\frac{1}{2}(\sin 180°+\sin 30°)=\frac{1}{4}.\end{aligned}$$

例 7 证明：$\tan\frac{5}{2}x-\tan\frac{x}{2}=\frac{2\sin 2x}{\cos 3x+\cos 2x}$.

解 左边 $=\dfrac{\sin\frac{5}{2}x}{\cos\frac{5}{2}x}-\dfrac{\sin\frac{x}{2}}{\cos\frac{x}{2}}=\dfrac{\sin\frac{5}{2}x\cos\frac{x}{2}-\cos\frac{5}{2}x\sin\frac{x}{2}}{\cos\frac{5}{2}x\cos\frac{x}{2}}$

$$=\frac{\sin\left(\frac{5}{2}x-\frac{x}{2}\right)}{\frac{1}{2}(\cos 3x+\cos 2x)}=\frac{2\sin 2x}{\cos 3x+\cos 2x}=\text{右边}.$$

原题得证.

2. 和差化积公式

由两角和差公式，还可以推出和差化积公式：

$$\sin\alpha+\sin\beta=2\sin\frac{\alpha+\beta}{2}\cos\frac{\alpha-\beta}{2},$$

$$\sin\alpha-\sin\beta=2\cos\frac{\alpha+\beta}{2}\sin\frac{\alpha-\beta}{2},$$

$$\cos\alpha+\cos\beta=2\cos\frac{\alpha+\beta}{2}\cos\frac{\alpha-\beta}{2},$$

$$\cos\alpha-\cos\beta=-2\sin\frac{\alpha+\beta}{2}\sin\frac{\alpha-\beta}{2}$$

例 8 求 $\cos 75°-\cos 15°$ 的值.

解

$$\begin{aligned}\cos 75°-\cos 15° &=-2\sin\frac{75°+15°}{2}\sin\frac{75°-15°}{2}\\ &=-2\sin 45°\sin 30°=-\frac{\sqrt{2}}{2}.\end{aligned}$$

万能公式：

$$\sin\alpha=\frac{2\tan\frac{\alpha}{2}}{1+\tan^2\frac{\alpha}{2}},\cos\alpha=\frac{1-\tan^2\frac{\alpha}{2}}{1+\tan^2\frac{\alpha}{2}},\tan\alpha=\frac{2\tan\frac{\alpha}{2}}{1-\tan^2\frac{\alpha}{2}}$$

习题 3.4

1. 不用计算工具，计算下列各式的值：

（1）$\sin 15°\cos 15°$；（2）$1-2\sin^2 75°$；（3）$\cos^2\frac{19\pi}{8}-\frac{1}{2}$；

（4）$\frac{\tan\frac{3\pi}{8}}{1-\tan^2\frac{3\pi}{8}}$；（5）$\sin 67°30'$；（6）$\tan\frac{\pi}{12}$；

（7）$\cos^2 15°-\sin^2 15°$；（8）$\sin^2\frac{\pi}{8}-\frac{1}{2}$.

2. 计算：

（1）已知 $\sin\alpha=\frac{3}{4}$，且 $\frac{\pi}{2}<\alpha<\pi$，求 $\sin 2\alpha$ 和 $\tan 2\alpha$ 的值；

（2）已知 $\cot\theta=\frac{1}{3}$，求 $\cos 2\theta$ 的值；

（3）已知 $\sin\varphi=\frac{4}{5}$，且 $90°<\varphi<180°$，求 $\cos\frac{\varphi}{2}$ 和 $\tan\frac{\varphi}{2}$ 的值；

（4）已知 $\tan\alpha=-\sqrt{15}$，且 $\frac{3\pi}{2}<\alpha<2\pi$，求 $\sin\frac{\alpha}{2}$ 和 $\cot\frac{\alpha}{2}$ 的值.

3. 化简：

（1）$\frac{(\sin\alpha-\cos\alpha)^2}{1-\sin 2\alpha}$；（2）$\frac{\cos\frac{\alpha}{2}}{\sin\frac{\alpha}{4}+\cos\frac{\alpha}{4}}$；

（3）$\sin 2\alpha(1-2\sin^2\alpha)$；（4）$\frac{1}{1-\tan\theta}-\frac{1}{1+\tan\theta}$；

（5）$\frac{\sin 4\alpha\sec 2\alpha}{\sin 2\alpha\cot\alpha-1}$；（6）$\frac{1+\cos 4\alpha}{2\cos 2\alpha}$.

4. 证明下列恒等式：

（1）$\cos^4\frac{x}{2}-\sin^4\frac{x}{2}=\cos x$；（2）$\frac{\sin\theta+\sin 2\theta}{1+\cos\theta+\cos 2\theta}=\tan\theta$；

（3）$\dfrac{2\cot\alpha}{\cot^2\alpha-1}=\tan 2\alpha$；　　（4）$\dfrac{\sin\dfrac{\alpha}{2}-\cos\dfrac{\alpha}{2}}{\sin\dfrac{\alpha}{2}+\cos\dfrac{\alpha}{2}}=\tan\alpha-\sec\alpha$.

5. 已知等腰三角形的一个底角的正弦等于$\dfrac{5}{13}$，求这个三角形顶角的正弦、余弦和正切.

6. 已知一等腰三角形的顶角的余弦值为$\dfrac{7}{25}$，求底角的正弦和余弦.

7. 不用计算工具，计算下列各式：

（1）$\cos\dfrac{5\pi}{12}\cos\dfrac{\pi}{12}$；　　（2）$\sin 20^\circ\cos 70^\circ+\sin 10^\circ\sin 50^\circ$；

（3）$\sin\dfrac{7\pi}{12}+\sin\dfrac{\pi}{12}$；　　（4）$\cos 75^\circ-\sin 75^\circ$.

8. 将下列三角式进行和积互化：

（1）$2\cos\dfrac{3\alpha}{2}\sin\dfrac{\alpha}{2}$；　　（2）$\cos(\alpha+\beta)\cos(\alpha-\beta)$；

（3）$\sin\left(\dfrac{\pi}{4}-x\right)\sin\left(\dfrac{\pi}{4}+x\right)$；　　（4）$\cos\left(\dfrac{\pi}{6}+\alpha\right)+\cos\left(\dfrac{\pi}{6}-\alpha\right)$；

（5）$\cos\alpha-1$；　　（6）$\sin^2\alpha-\sin^2\beta$.

3.5 正弦定理与余弦定理

在测量和生产中常会遇到解斜三角形的问题，本节将学习两个重要的定理——正弦定理和余弦定理.

3.5.1 正弦定理

定理 3.1 在一个三角形中，各边和它所对角的正弦的比相等，并且等于三角形外接圆半径的二倍. 即

$$\frac{a}{\sin A}=\frac{b}{\sin B}=\frac{c}{\sin C}=2R.$$

利用正弦定理，可以解决以下有关三角形的两类问题：

（1）已知两角和任意一边，求其他两边和一角.

（2）已知两边和其中一边的对角，求任意一边的对角（进一步求出其他的边和角）.

例 1 在$\triangle ABC$中，已知$c=20, A=15^\circ, C=30^\circ$，求$b$（保留两位有效数字）.

解 因为$\dfrac{b}{\sin B}=\dfrac{c}{\sin C}$，且$B=180^\circ-(A+C)=180^\circ-(15^\circ+30^\circ)=135^\circ$，所以

$$b=\frac{c\sin B}{\sin C}=\frac{20\times\sin 135^\circ}{\sin 30^\circ}\approx 28.24.$$

例 2 在$\triangle ABC$中，已知$a=60,b=50,A=38^\circ$，求C（精确到个位）和c（保留两个有效数字）.

解 已知$b<a$，所以$B<A$，故B也是锐角.

由$\dfrac{a}{\sin A}=\dfrac{b}{\sin B}$，得

$$\sin B=\frac{b\sin A}{a}=\frac{50\sin 38^\circ}{60}=0.5131$$

查表得$B=31^\circ$，所以

$$C=180^\circ-(A+B)=180^\circ-(38^\circ+31^\circ)=111^\circ$$

由$\dfrac{a}{\sin A}=\dfrac{c}{\sin C}$，得

$$c=\frac{a\sin C}{\sin A}=\frac{60\sin 111^\circ}{\sin 38^\circ}\approx 91$$

例 3 在$\triangle ABC$中，已知$a=10,b=14,A=40^\circ$，求B（精确到个位）和c（保留两个有效数字）.

解 由$\dfrac{a}{\sin A}=\dfrac{b}{\sin B}$，得

$$\sin B=\frac{b\sin A}{a}=\frac{14\sin 40^\circ}{10}=0.8999$$

所以$B_1=64^\circ,B_2=116^\circ$.

当 $B_1=64^\circ$时，

$$C_1=180^\circ-(A+B_1)=180^\circ-(40^\circ+64^\circ)=76^\circ$$

当$B_2=116^\circ$时，

$$C_2=180^\circ-(A+B_2)=180^\circ-(40^\circ+116^\circ)=24^\circ$$

由$\dfrac{a}{\sin A}=\dfrac{c}{\sin C}$，得

$$c_1=\frac{a\sin C_1}{\sin A}=\frac{10\sin 76^\circ}{\sin 40^\circ}\approx 15\text{，}\quad c_2=\frac{a\sin C_2}{\sin A}=\frac{10\sin 24^\circ}{\sin 40^\circ}\approx 6.5$$

例 4 在$\triangle ABC$中，$a=16,b=20,A=105^\circ$，解这个三角形.

解 已知$A>90^\circ$，则a应是最大边，但$a<b$，所以本题无解.

$\triangle ABC$中，已知a,b和A时，有以下几种情况：

（1）若$A\geqslant 90^\circ$，$a>b$时一解，$a=b$时无解，$a<b$时无解；

（2）若$A<90^\circ$，$a>b$时一解，$a=b$时一解.

当$a<b$时，有三种情况：①$a>b\sin A$时，两解；②$a=b\sin A$时，一解；③$a<b\sin A$时，无解.

3.5.2 余弦定理

定理 3.2 三角形任何一边的平方等于其他两边的平方和减去这两边与它的夹角的余弦的积的两倍. 即

$$a^2=b^2+c^2-2bc\cos A,$$
$$b^2=c^2+a^2-2ca\cos B,$$
$$c^2=a^2+b^2-2ab\cos C$$

在余弦定理中，令 $C=90^\circ$，这时 $\cos C=0$，所以 $c^2=a^2+b^2$，由此可知勾股定理是余弦定理的特例.

用余弦定理可以解决下面两类斜三角形的问题：

（1）已知三角形的两边和它们的夹角，求第三边和其余两个角；

（2）已知三角形的三边，求三个角.

例 5 $\triangle ABC$ 中，已知 $a=2,b=2\sqrt{2},C=15^\circ$，求角 A,B 和边 c.

解 由余弦定理，得

$$c^2=a^2+b^2-2ab\cos C=4+8-2\cdot 2\cdot 2\sqrt{2}\cdot\frac{\sqrt{6}+\sqrt{2}}{4}=8-4\sqrt{3}$$

所以

$$c=\sqrt{8-4\sqrt{3}}=\sqrt{6}-\sqrt{2},$$

$$\cos A=\frac{b^2+c^2-a^2}{2bc}=\frac{8+8-4\sqrt{3}-4}{2\cdot 2\sqrt{2}(\sqrt{6}-\sqrt{2})}=\frac{\sqrt{3}}{2}$$

故 $$A=30^\circ,\ B=180^\circ-(A+C)=135^\circ$$

余弦定理的变形形式可用于已知三边求角的情况.

$$\cos A=\frac{b^2+c^2-a^2}{2bc},$$
$$\cos B=\frac{c^2+a^2-b^2}{2ca},$$
$$\cos C=\frac{a^2+b^2-c^2}{2ab}$$

例 6 在$\triangle ABC$ 中，已知 $a=32,b=40,c=66$，解此三角形.

解 （1）由 $a^2=b^2+c^2-2bc\cos A$，得

$$\cos A=\frac{b^2+c^2-a^2}{2bc}=\frac{40^2+66^2-32^2}{2\times 40\times 66}=\frac{4\ 932}{5\ 280}=0.9341$$

查表得 $A\approx 20^\circ 55'$.

（2）由 $b^2=a^2+c^2-2ac\cos B$，得

$$\cos B=\frac{a^2+c^2-b^2}{2ac}=\frac{32^2+66^2-40^2}{2\times32\times66}=\frac{3\ 780}{4\ 224}\approx0.8949,$$

查表得 $B\approx26°30'$.

（3）$C=180°-(A+B)\approx180°-(20°55'+26°30')=132°35'$.

例 7 如图 3.4 所示，A，B 两点彼此不能直达，也不能相望，为了测得这两点间的距离，现选择另一点 C，测得 $CA=426$ m, $CB=322$ m，$\angle ACB=68°42'$. 求 A 与 B 之间的距离（保留三个有效数字）.

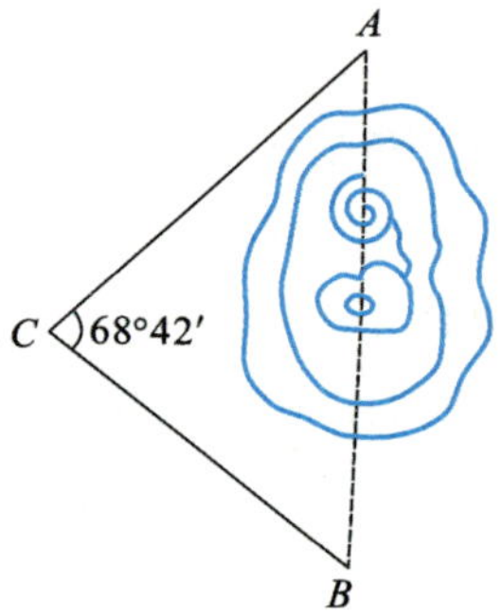

图 3.4

解 由余弦定理，得

$$\begin{aligned}AB^2&=CA^2+CB^2-2CA\cdot CB\cos\angle ACB\\&=426^2+322^2-2\times426\times322\cos68°42'\\&\approx426^2+322^2-2\times426\times322\times0.3633\\&\approx181\ 476+103\ 604-99\ 656\\&=185\ 504\,(\text{m})\end{aligned}$$

得 $AB=\sqrt{185\ 504}\approx431$，即 A 与 B 之间的距离约为 431 m .

习题 3.5

1. 根据下列条件解三角形（边长保留四个有效数字）:

（1）$A=65°,B=40°,a=50$；

（2）$a=18,b=20,A=55°24'$；

（3）$b=23.7,c=19.82,B=109°$；

（4）$a=134,b=84,B=52°$；

（5）$a=94,b=56,C=29°$；

（6）$a=2,b=\sqrt{6},c=\sqrt{3}+1$.

2. 两船相距 1 km，由各船测岸上一灯塔与他船所成的角分别为 52°与 75°10′，求灯塔与各船的距离（精确到 0.001 km）.

3. 两游艇自某地同时出发，一只以 10.44 km/h 的速度向正北行驶，另一只以 7.7 km/h 的速度向北偏东 45°的方向行驶，40 min 后两艇距离多远?

4. 为了开发隧道，要测量隧道口 D，E 间的距离，为此在山的一侧选取适当的点 C（见图 3.5），测得 $CA=482.8$ m, $CB=631.5$ m, $\angle ACB=56°18'$，又测得 A，B 两点到隧道口的距离 $AD=80.12$ m, $BE=40.24$ m（A，D，E，B 在同一直线上）. 计算隧道 DE 的长（保留四个有效数字）.

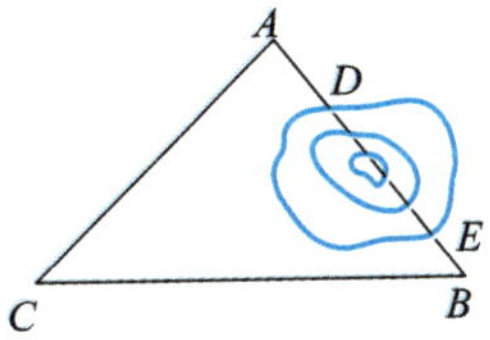

图 3.5

3.6 三角函数、反三角函数的图像与性质

以 x 为自变量，三角函数可分别表示为 $y=\sin x$，$y=\cos x$，$y=\tan x$，$y=\cot x$. 本节将用描点法作出它们的图像，并利用图像研究它们的基本性质. 为了作图方便，下面首先介绍三角函数的两个重要性质.

3.6.1 三角函数的有界性和周期性

1. 有界性

正弦函数和余弦函数的值域都是 $[-1,1]$，即 $|\sin x|\leqslant 1, |\cos x|\leqslant 1$.

根据函数有界性的定义（定义 2.5）可知，正弦函数和余弦函数在它们的定义域内都是有界的. 由正切函数和余切函数的值域知，它们在定义域内是无界的.

2. 周期性

因为 $\sin(2k\pi+x)=\sin x(k\in\mathbf{Z})$，$\cos(2k\pi+x)=\cos x$，$\tan(k\pi+x)=\tan x$，$\cot(\pi+x)=\cot x$，根据函数周期性的定义（定义 2.6）知，正弦函数、余弦函数、正切函数和余切函数都是周期函数. 周期函数的周期通常不止一个，如果在函数的所有周期中，存在一个最小的正数，这个最小正数就称为这个函数的**最小正周期**，简称**周期**.

其中，正弦函数和余弦函数的最小正周期为 2π，正切函数和余切函数的最小正周期为 π.

例 1 由周期函数的定义，判定正弦电流函数 $y=2\sin 3x$ 是否为周期函数. 如果是周期函数，则写出它的最小正周期.

解 设 $f(x)=2\sin 3x$，把 $3x$ 看成一个变量，则有最小正数 2π，使 $\sin 3x=\sin(3x+2\pi)$ 成立，即

$$2\sin 3x = 2\sin(3x+2\pi) = 2\sin 3\left(x+\frac{2\pi}{3}\right)，即 f\left(x+\frac{2\pi}{3}\right) = f(x)$$

因此，函数 $y=2\sin 3x$ 是周期函数，它的最小正周期为 $T=\dfrac{2\pi}{3}$.

例 2 判定函数 $y=A\sin(\omega x+\varphi)(A,\omega>0)$ 是否为周期函数. 如果是周期函数，则写出它的最小正周期.

解 设 $f(x)=A\sin(\omega x+\varphi)$，根据正弦函数的周期性，得

$$A\sin(\omega x+\varphi) = A\sin((\omega x+\varphi)+2\pi) = A\sin((\omega x+2\pi)+\varphi) = A\sin\left(\omega\left(x+\frac{2\pi}{\omega}\right)+\varphi\right),$$

即 $f\left(x+\dfrac{2\pi}{\omega}\right)=f(x)$.

所以，函数 $y=A\sin(\omega x+\varphi)$ 是周期函数，它的最小正周期为 $T=\left|\dfrac{2\pi}{\omega}\right|$.

3.6.2 正弦函数

1. 正弦函数的图像与性质

正弦函数 $y=\sin x$ 的定义域为 $(-\infty,+\infty)$，周期是 2π，用列表法可以作出该函数在区间 $[0,2\pi]$ 上的图像（见图 3.6）.

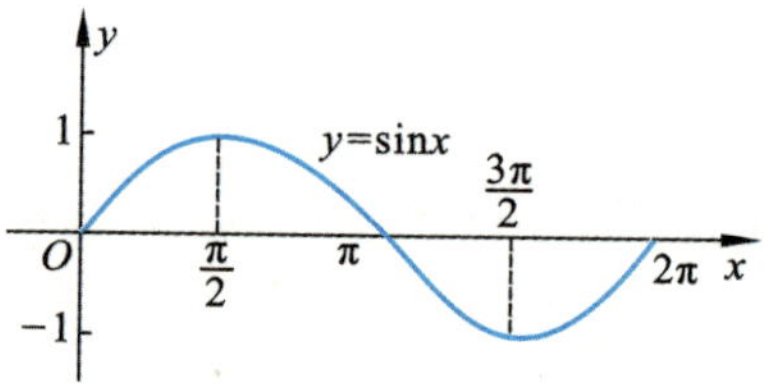

图 3.6

根据正弦函数的周期性，可以把 $y=\sin x$ 在 $[0,2\pi]$ 上的图像，沿 x 轴向左或向右每次平移 2π 个单位，从而得到它在定义域内的图像（见图 3.7），正弦函数的图像称为正弦曲线.

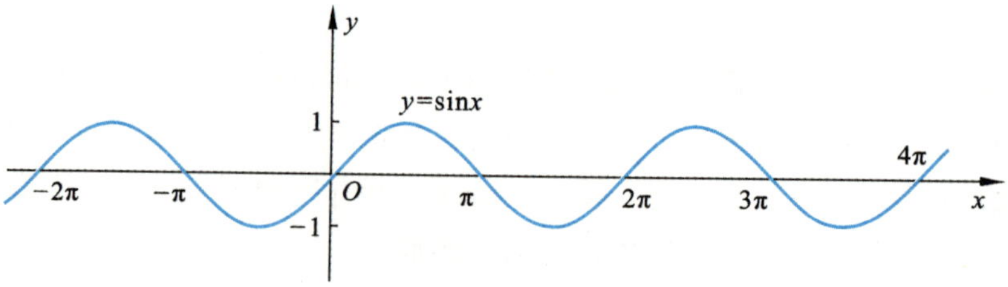

图 3.7

可以看出，$[0,2\pi]$ 上的正弦曲线有 5 个特征点：

$$(0,0),\left(\frac{\pi}{2},1\right),(\pi,0),\left(\frac{3\pi}{2},-1\right),(2\pi,0)$$

这五个点基本上确定了正弦曲线的位置和形状. 在作图要求不高时，可以通过上述五点作出正弦函数 $y=\sin x$ 在 $[0,2\pi]$ 上的图像. 这种作正弦曲线的方法称为“五点法”作图.

例 3 用“五点法”作下列各函数在区间 $[0,2\pi]$ 上的图像：

（1）$y=1-\sin x$；（2）$y=2\sin x$.

解 （1）取 x 为 0，$\frac{\pi}{2}$，π，$\frac{3\pi}{2}$，2π，计算出对应的函数值，列表如下：

x	0	$\frac{\pi}{2}$	π	$\frac{3\pi}{2}$	2π
$y=1-\sin x$	1	0	1	2	1

在平面直角坐标系内作出 5 个关键点，然后依次连成光滑的曲线，即得到 $y=1-\sin x$ 在 $[0,2\pi]$ 上的图像［见图 3.8（a）］.

（2）计算出对应的函数值，列表如下：

x	0	$\frac{\pi}{2}$	π	$\frac{3\pi}{2}$	2π
$y=2\sin x$	0	2	0	−2	0

在平面直角坐标系内描点作图，即得到 $y=2\sin x$ 在区间 $[0,2\pi]$ 上的图像［见图 3.8（b）］.

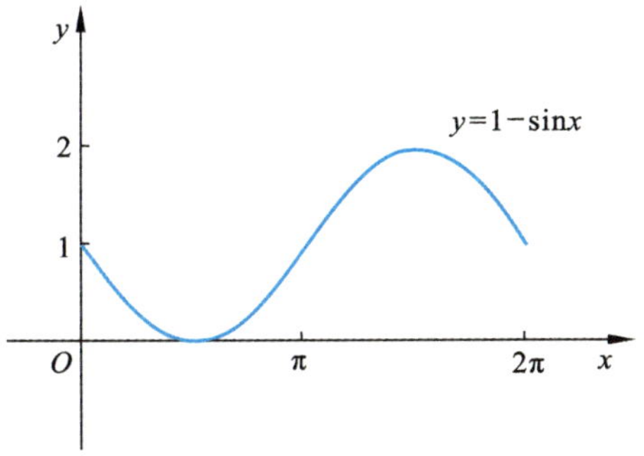

（a）

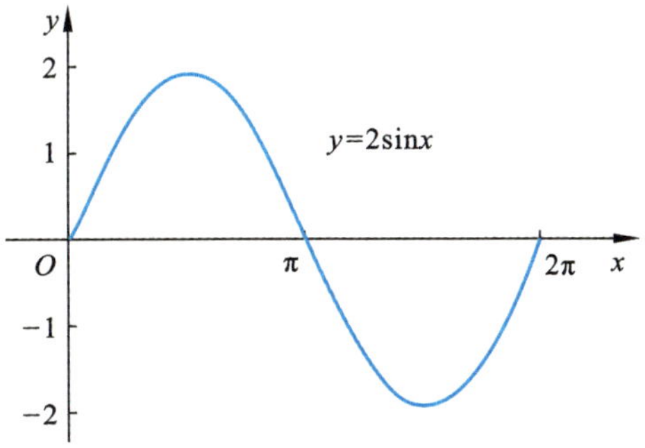

（b）

图 3.8

正弦函数除有界性和周期性外，还有下列基本性质：

（1）奇偶性：正弦函数是奇函数，它的图像关于原点成中心对称.

（2）单调性：由正弦曲线可知，正弦函数在区间 $\left(2k\pi-\frac{\pi}{2},2k\pi+\frac{\pi}{2}\right)(k\in\mathbf{Z})$ 内为单调增函数，在区间 $\left(2k\pi+\frac{\pi}{2},2k\pi+\frac{3\pi}{2}\right)(k\in\mathbf{Z})$ 内为单调减函数.

2. 正弦型函数的图像

在专业课程中正弦型函数有着广泛的应用. 下面将学习正弦型函数.

形如 $y=A\sin(\omega x+\varphi)$ 的函数，称为正弦型函数，也叫正弦型曲线. 其中 A，ω，φ 均为常数，且一般取 $A>0,\omega>0$. 下面通过 A，ω，φ 三个常数的变化来研究它们与正弦函数 $y=\sin x$ 之间的关系.

例 4 作下列各函数的图像：

（1）$y=2\sin x$； （2）$y=\sin 2x$；

（3）$y=\sin\left(x+\dfrac{\pi}{2}\right)$； （4）$y=3\sin\left(2x+\dfrac{\pi}{3}\right)$.

解 （1）函数 $y=2\sin x$ 的定义域为 $(-\infty,+\infty)$，周期是 2π，在例 3 中用五点作图法做出了函数 $y=2\sin x$ 在 $[0,2\pi]$ 的图像. 下面利用函数 $y=2\sin x$ 的周期性，将函数在区间 $[0,2\pi]$ 上的图像沿 x 轴向左或向右每次平移 2π 个单位，就得到函数 $y=2\sin x$ 在定义域内的图像. 它可以看成函数 $y=\sin x$ 的图像在横向上不变，在纵向上拉伸为原来的 2 倍而得到（见图 3.9）.

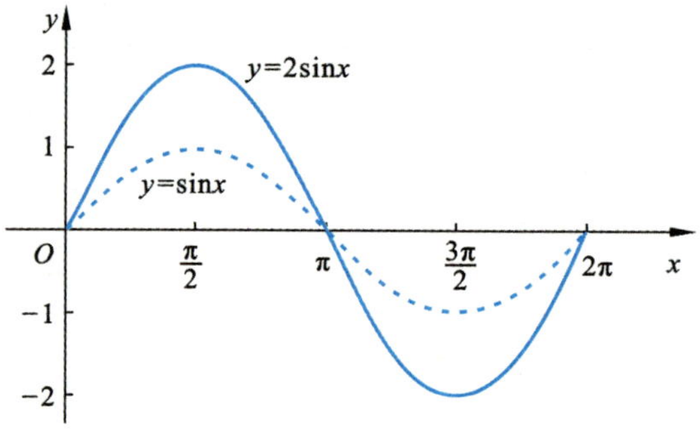

图 3.9

（2）函数 $y=\sin 2x$ 的定义域为 $(-\infty,+\infty)$，它的周期是 π，下面把 $2x$ 看成一个整体，分别取 $0,\dfrac{\pi}{2},\pi,\dfrac{3\pi}{2}$ 和 2π，计算出对应的函数值，列表如下：

$2x$	0	$\dfrac{\pi}{2}$	π	$\dfrac{3\pi}{2}$	2π
x	0	$\dfrac{\pi}{4}$	$\dfrac{\pi}{2}$	$\dfrac{3\pi}{4}$	π
$y=\sin 2x$	0	1	0	-1	0

用“五点法”先作出它在区间 $[0,\pi]$ 上的图像（见图 3.10）.

最后利用函数的周期性画出函数在定义域内的图像.

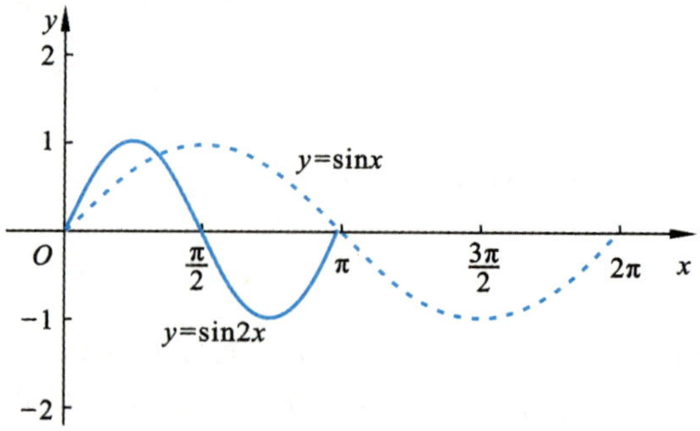

图 3.10

从图 3.10 可以看出，$y=\sin 2x$ 的图像可以看成将 $y=\sin x$ 的图像在纵向上保持不变，横向上压缩为原来的 $\frac{1}{2}$ 而得到.

（3）函数 $y=\sin\left(x+\frac{\pi}{2}\right)$ 的定义域为 $(-\infty,+\infty)$，它的周期是 2π，下面把 $x+\frac{\pi}{2}$ 看成一个整体，分别取 $0,\frac{\pi}{2},\pi,\frac{3\pi}{2}$ 和 2π，计算出对应的函数值，列表如下：

$x+\frac{\pi}{2}$	0	$\frac{\pi}{2}$	π	$\frac{3\pi}{2}$	2π
x	$-\frac{\pi}{2}$	0	$\frac{\pi}{2}$	π	$\frac{3\pi}{2}$
$y=\sin 2x$	0	1	0	-1	0

用“五点法”先作出它在区间 $[0,\pi]$ 上的图像（见图 3.11）.

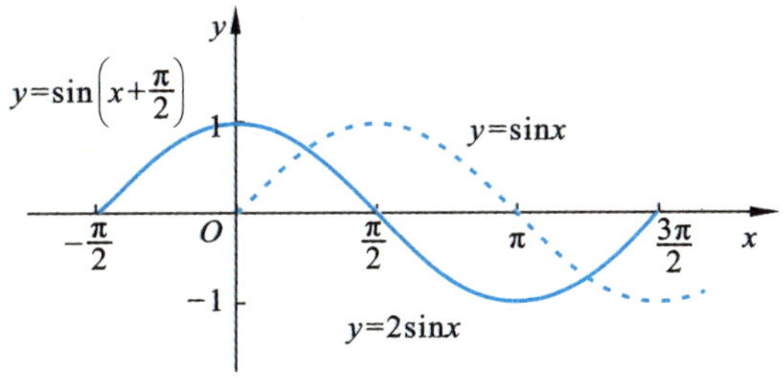

图 3.11

从图 3.11 可以看出，$y=\sin\left(x+\frac{\pi}{2}\right)$ 的图像可以看成将 $y=\sin x$ 的图像在纵向上保持不变，横向上向左平移 $\frac{\pi}{2}$ 个单位而得到.

（4）函数 $y=3\sin\left(2x+\frac{\pi}{3}\right)$ 的定义域为 $(-\infty,+\infty)$，周期是 π，仍用“五点法”先作出它在一个周期内的图像，再根据函数的周期性作出它在整个定义域内的图像.

先把 $2x+\frac{\pi}{3}$ 看作一个整体，分别取 $0,\frac{\pi}{2},\pi,\frac{3\pi}{2},2\pi$，计算出 x,y 的值，列表并作图（见图 3.12）.

$2x+\frac{\pi}{3}$	0	$\frac{\pi}{2}$	π	$\frac{3\pi}{2}$	2π
x	$-\frac{\pi}{6}$	$\frac{\pi}{12}$	$\frac{\pi}{3}$	$\frac{7\pi}{12}$	$\frac{5\pi}{6}$
$y=3\sin\left(2x+\frac{\pi}{3}\right)$	0	3	0	-3	0

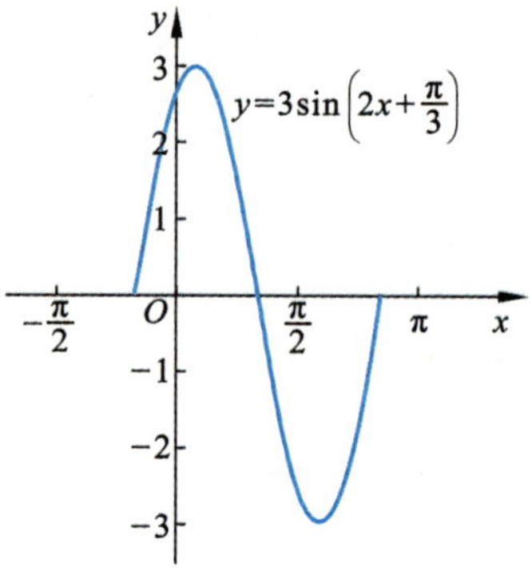

图 3.12

由函数的周期性可得函数 $y=\sin\left(2x+\frac{\pi}{3}\right)$ 在定义域内的图像（略）.

从图 3.12 可以得出，如果把正弦曲线 $y=\sin x$ 上所有点的横坐标缩小到原来的 $\frac{1}{2}$（纵坐标不变），可以得到函数 $y=\sin 2x$ 的图像；把函数 $y=\sin 2x$ 的图像沿 x 轴向左平移 $\left|-\frac{\pi}{6}\right|$ 个单位，可以得到函数 $y=\sin\left(2x+\frac{\pi}{3}\right)$ 的图像，若纵向拉伸为原来的 3 倍，可以得到 $y=3\sin\left(2x+\frac{\pi}{3}\right)$ 的图像. 把点 $\left(-\frac{\pi}{6},0\right)$ 称为函数 $y=3\sin\left(2x+\frac{\pi}{3}\right)$ 在区间 $\left[-\frac{\pi}{6},\frac{5\pi}{6}\right]$ 上的起点.

一般地，函数 $y=A\sin(\omega x+\varphi)(A>0,\omega>0,x\in\mathbf{R})$ 的图像，可以看作是这样得到的：先把正弦曲线 $y=\sin x$ 上所有点的横坐标缩短 $(\omega>1)$ 或伸长 $(0<\omega<1)$ 到原来的 $\frac{1}{\omega}$（纵坐标不变），然后把所得各点向左 $(\varphi>0)$ 或向右 $(\varphi<0)$ 平移 $\frac{|\varphi|}{\omega}$ 个单位，再把所得各点的纵坐标伸长 $(A>1)$ 或缩短 $(0<A<1)$ 到原来的 A 倍（横坐标不变）.

总之，函数 $y=A\sin(\omega x+\varphi)$ 的图像可以由正弦曲线经过相应的变换而得到. 所以，函数 $y=A\sin(\omega x+\varphi)$ 的图像称为正弦型曲线.

正弦型曲线 $y=A\sin(\omega x+\varphi)(A>0,\omega>0)$ 通常用“五点法”作出，其振幅为 A，周期是 $\frac{2\pi}{\omega}$. 当 $\omega x+\varphi=0$ 时，$x=-\frac{\varphi}{\omega}$，从而图像在区间 $\left[-\frac{\varphi}{\omega},-\frac{\varphi}{\omega}+\frac{2\pi}{\omega}\right]$ 上的起点是 $\left(-\frac{\varphi}{\omega},0\right)$.

函数 $y=A\sin(\omega x+\varphi)$ 常用来描述物体的简谐振动和正弦交流电电流电压随时间变化情况.

位移 s 和时间 t 之间的关系可表示为

$$s=A\sin(\omega t+\varphi)$$

其中，A 为振幅，ω 为角频率，φ 为振动的初相位.

正弦交流电的电压 U 或电流 i 与时间 t 之间有关系式：

$$U=U_{\mathrm{m}}\sin(\omega t+\varphi),\quad i=i_{\mathrm{m}}\sin(\omega t+\varphi)$$

其中，U_m，i_m 分别表示交流电的电压、电流的最大值.

例 5 已知正弦交流电 i(A) 在一个周期中的图像如图 3.13 所示，求 i 与时间 t(s) 的函数关系.

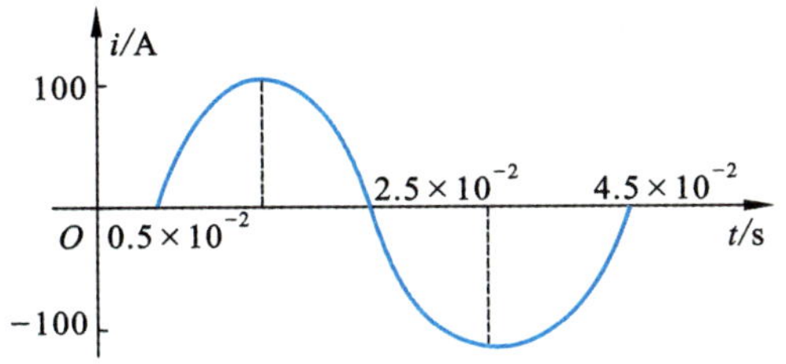

图 3.13

解 因为 i 是正弦交流电的电流，设它与时间 t 的函数关系式为

$$i = A\sin(\omega t + \varphi)$$

由图 3.13 可知，函数 i 的振幅为 $A = 100\text{A}$，周期为

$$T = (4.5\times10^{-2} - 0.5\times10^{-2})\text{s} = 4\times10^{-2}\text{s}$$

从而

$$\omega = \frac{2\pi}{T} = \frac{2\pi}{4\times10^{-2}}\text{rad/s} = 50\pi\ \text{rad/s}.$$

又由图示起点 $(0.5\times10^{-2}, 0)$ 知，当 $t = 0.5\times10^{-2}\text{s}$ 时，

$$\omega t + \varphi = 0，\text{即 } 50\pi\times0.5\times10^{-2} + \varphi = 0$$

解得 $\varphi = -\dfrac{\pi}{4}$.

所以电流 i 与时间 t 的关系为 $i = 100\sin\left(50\pi t - \dfrac{\pi}{4}\right)$.

3.6.3 余弦函数

余弦函数 $y = \cos x$ 的定义域为 $(-\infty, +\infty)$，周期为 2π，用描点法可得到余弦函数在 $[0, 2\pi]$ 上的图像（见图 3.14）.

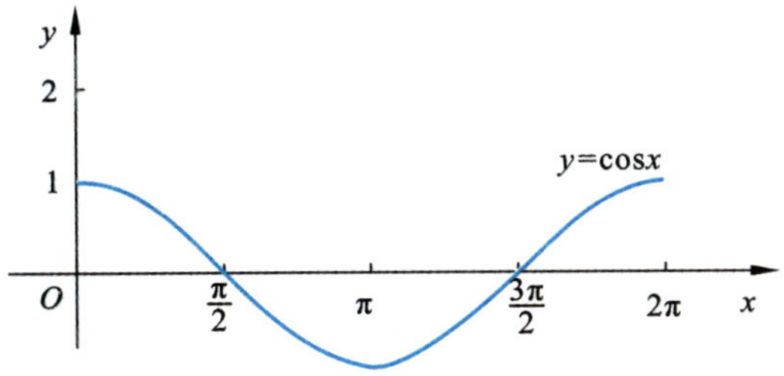

图 3.14

根据余弦函数的周期性可知，余弦函数 $y=\cos x$ 在区间 $[-2\pi,0],[2\pi,4\pi],\cdots$ 上的图像与它在区间 $[0,2\pi]$ 上的图像完全相同. 所以，将 $y=\cos x$ 在 $[0,2\pi]$ 上的图像沿 x 轴向左或向右每次平移 2π 个单位，可以得到余弦函数 $y=\cos x$ 在定义域 $(-\infty,+\infty)$ 内的图像（见图 3.15）.

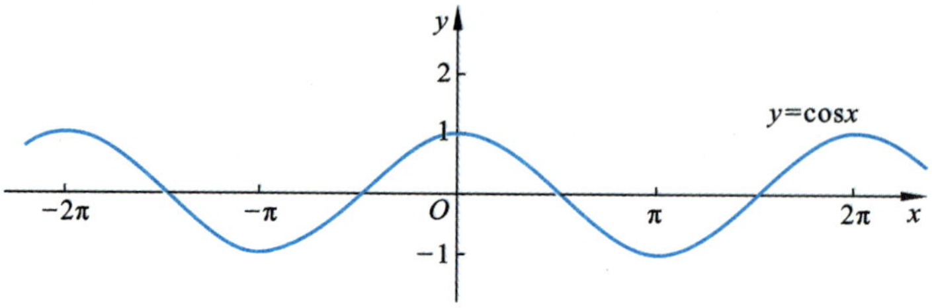

图 3.15

余弦函数 $y=\cos x$ 在 $[0,2\pi]$ 上的图像也可以用“五点法”作出. 余弦函数除有界性和周期性外，还具有下列基本性质：

1. 奇偶性

根据简化公式和图像对称性知，余弦函数 $y=\cos x$ 是偶函数，它的图像关于 y 轴成轴对称.

2. 单调性

余弦函数 $y=\cos x$ 在 $(2k\pi-\pi,2k\pi)(k\in\mathbf{Z})$ 内为单调增函数，在 $(2k\pi,2k\pi+\pi)(k\in\mathbf{Z})$ 内为单调减函数.

3.6.4 正切函数、余切函数的图像和性质

正切函数 $y=\tan x$ 的定义域为 $\left\{x\mid x\neq k\pi+\dfrac{\pi}{2},k\in\mathbf{Z}\right\}$，周期为 π.

首先，作出它在区间 $\left(-\dfrac{\pi}{2},\dfrac{\pi}{2}\right)$ 内的图像（见图 3.16）.

然后，根据正切函数的周期性，把正切函数 $y=\tan x$ 在区间 $\left(-\dfrac{\pi}{2},\dfrac{\pi}{2}\right)$ 内的图像，沿 x 轴向左或向右每次平移 π 个单位，可以得到它在定义域内的图像（见图 3.17）.

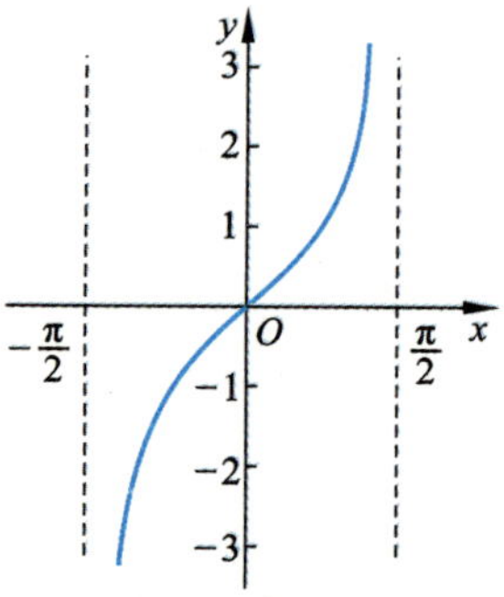

图 3.16

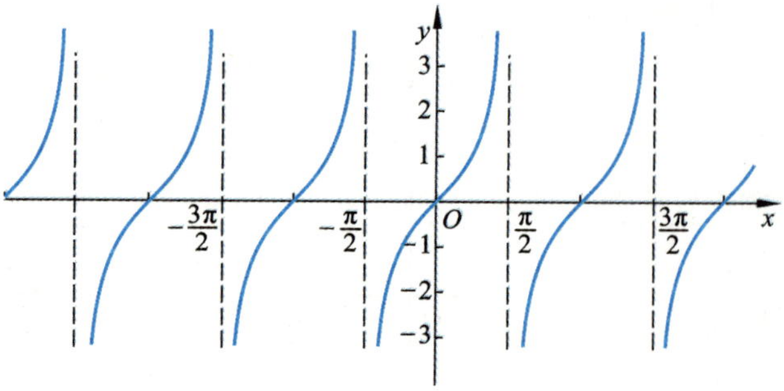

图 3.17

例 6 求函数 $y=\tan\left(x+\frac{\pi}{4}\right)$ 的定义域.

解 令 $t=x+\frac{\pi}{4}$，则函数 $y=\tan t$ 的定义域为 $\left\{t \mid t\neq k\pi+\frac{\pi}{2}, k\in\mathbf{Z}\right\}$.

由 $x+\frac{\pi}{4}=t\neq k\pi+\frac{\pi}{2}$，得 $x\neq k\pi+\frac{\pi}{4}(k\in\mathbf{Z})$.

因此，函数 $y=\tan\left(x+\frac{\pi}{4}\right)$ 的定义域为 $\left\{x \mid x\neq k\pi+\frac{\pi}{4}, k\in\mathbf{Z}\right\}$.

3.6.5 反三角函数

依据函数的定义，三角函数在定义域内的每一个 X 值，都有唯一的 Y 值与之对应，但反过来，值域内的每一个 Y 值，与之对应的 X 的值有无数个. 但如果限定一个区间，使得对于定义域内的每一个 X 值只对应一个 Y 值，即一一对应，则三角函数就有反函数了.

1. 反正弦函数

定义 3.4 $y=\sin x\left(x\in\left[-\frac{\pi}{2},\frac{\pi}{2}\right]\right)$ 的反函数称为反正弦函数，记作 $x=\arcsin y$. 反正弦函数 $y=\arcsin x$ 表示属于 $\left[-\frac{\pi}{2},\frac{\pi}{2}\right]$ 且正弦值等于 x 的角. 反正弦函数的图像如图 3.18 所示.

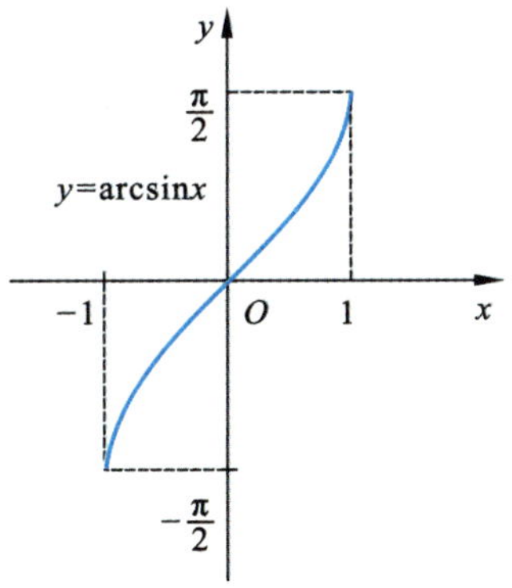

图 3.18

反正弦函数的性质如下：

定义域：$[-1,1]$；

值域：$\left[-\frac{\pi}{2},\frac{\pi}{2}\right]$；

单调性：在 $[-1,1]$ 上是增函数；

奇偶性：由 $\arcsin(-x)=-\arcsin x$ 知其为奇函数；

周期性：非周期函数；

恒等式：$\sin(\arcsin x)=x(x\in[-1,1])$，$\arcsin(\sin x)=x\left(x\in\left[-\frac{\pi}{2},\frac{\pi}{2}\right]\right)$.

例 7 把下列各等式写成反正弦形式的等式：

（1）$\sin\frac{\pi}{4}=\frac{\sqrt{2}}{2}$；　　（2）$\sin\frac{\pi}{2}=1$；

（3）$\sin\left(-\frac{\pi}{6}\right)=-\frac{1}{2}$；　　（4）$\sin 0=0$.

解 因为$\frac{\pi}{4},\frac{\pi}{2},-\frac{\pi}{6},0$都在区间$\left[-\frac{\pi}{2},\frac{\pi}{2}\right]$上，所以

（1）$\frac{\pi}{4}=\arcsin\frac{\sqrt{2}}{2}$；

（2）$\frac{\pi}{2}=\arcsin 1$；

（3）$-\frac{\pi}{6}=\arcsin\left(-\frac{1}{2}\right)$；

（4）$0=\arcsin 0$.

例 8 求下列各式的值：

（1）$\arcsin\frac{\sqrt{3}}{2}$；　　（2）$\arcsin 0.2672$.

解 （1）因为$\frac{\sqrt{3}}{2}\in[-1,1],\frac{\pi}{3}\in\left[-\frac{\pi}{2},\frac{\pi}{2}\right]$且$\sin\frac{\pi}{3}=\frac{\sqrt{3}}{2}$，所以$\arcsin\frac{\sqrt{3}}{2}=\frac{\pi}{3}$.

（2）查表，得$\sin 0.2705=0.2672$，又因 0.2705 弧度属于$\left[-\frac{\pi}{2},\frac{\pi}{2}\right]$，所以$\arcsin 0.2672=0.2705$.

2. 反余弦函数

定义 3.5 $y=\cos x(x\in[0,\pi])$的反函数称为反余弦函数，记作$x=\arccos y$. 反余弦函数$y=\arccos x$表示属于$[0,\pi]$，且余弦值等于x的角. 反余弦函数的图像如图 3.19 所示.

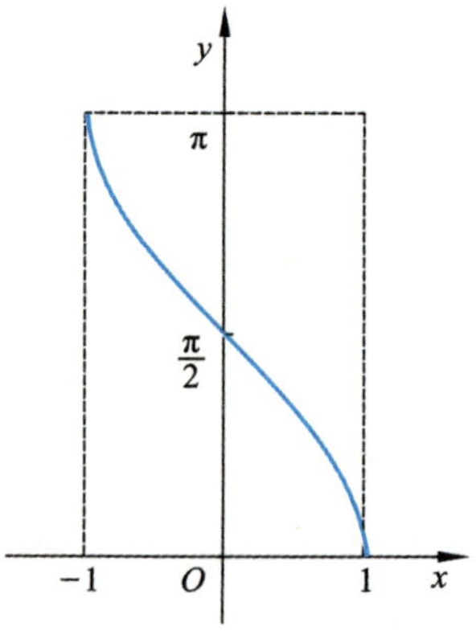

图 3.19

反余弦函数的性质如下：

定义域：$[-1,1]$；

值域：$[0,\pi]$；

单调性：在 $[-1,1]$ 上是单调递减函数；

奇偶性：由 $\arccos(-x)=\pi-\arccos x$ 知，其是非奇非偶函数；

周期性：非周期函数；

恒等式：$\cos(\arccos x)=x(x\in[-1,1])$；

互余恒等式：$\arcsin x+\arccos x=\frac{\pi}{2},x\in[-1,1]$.

例 9 求下列各式的值：

（1）$\arccos\frac{\sqrt{3}}{2}$；

（2）$\arccos 0.8151$.

解 （1）因为 $\frac{\sqrt{3}}{2}\in[-1,1],\frac{\pi}{6}\in[0,\pi]$ 且 $\cos\frac{\pi}{6}=\frac{\sqrt{3}}{2}$，所以 $\arccos\frac{\sqrt{3}}{2}=\frac{\pi}{6}$.

（2）按计算器，得 $\cos 0.6179\approx 0.8151$. 又因为 0.6179 弧度属于 $[0,\pi]$，所以

$$\arccos 0.8151\approx 0.6179.$$

3. 反正切函数

定义 3.6 $y=\tan x\left(x\in\left(-\frac{\pi}{2},\frac{\pi}{2}\right)\right)$ 的反函数称为反正切函数，记作 $x=\arctan y$. 反正切函数 $y=\arctan x$ 表示属于 $\left(-\frac{\pi}{2},\frac{\pi}{2}\right)$，且正切值等于 x 的角. 反正切函数图像如图 3.20 所示.

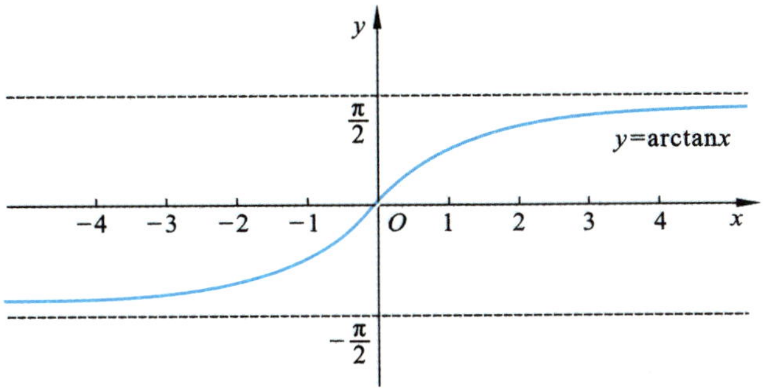

图 3.20

反正切函数的性质如下：

定义域：$(-\infty,+\infty)$；

值域：$\left(-\frac{\pi}{2},\frac{\pi}{2}\right)$；

单调性：在 $(-\infty,+\infty)$ 是增函数；

奇偶性：由 $\arctan(-x)=-\arctan x$ 知，其为奇函数；

周期性：非周期函数；

恒等式：$\tan(\arctan x)=x(x\in\mathbf{R})$.

4. 反余切函数

定义 3.7 $y=\cot x(x\in(0,\pi))$ 的反函数称为反余切函数，记作 $x=\operatorname{arccot} y$. 反余切函数 $y=\operatorname{arccot} x$ 表示属于 $(0,\pi)$ 且余切值等于 x 的角. 反余切函数图像如图 3.21 所示.

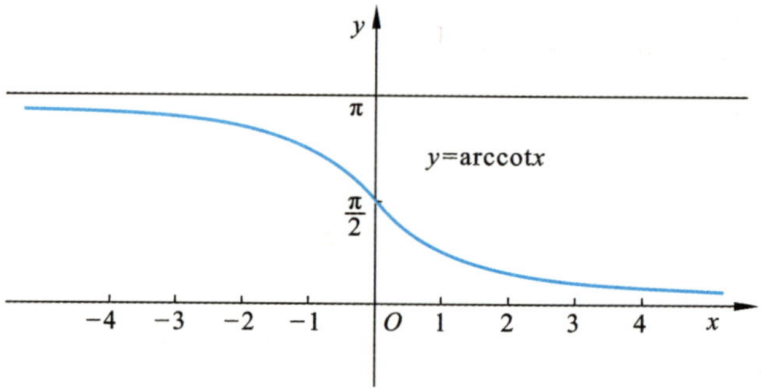

图 3.21

反余切函数性质如下：

定义域：$(-\infty,+\infty)$；

值域：$(0,\pi)$；

单调性：在 $(-\infty,+\infty)$ 上是减函数；

奇偶性：由 $\operatorname{arccot}(-x)=\pi-\operatorname{arccot} x$ 知，其是非奇非偶函数；

周期性：非周期函数；

恒等式：$\cot(\operatorname{arccot} x)=x(x\in \mathbf{R})$， $\operatorname{arccot}(\cot x)=x(x\in(0,\pi))$；

互余恒等式：$\arctan x+\operatorname{arccot} x=\dfrac{\pi}{2}(x\in \mathbf{R})$.

反正弦函数、反余弦函数、反正切函数、反余切函数统称为反三角函数.

例 10 计算：

（1）$\arctan\dfrac{\sqrt{3}}{3}$；　　（2）$\operatorname{arccot}\dfrac{\sqrt{3}}{3}$.

解 （1）因为 $\tan\dfrac{\pi}{6}=\dfrac{\sqrt{3}}{3}$，而 $\dfrac{\pi}{6}\in\left(-\dfrac{\pi}{2},\dfrac{\pi}{2}\right)$，所以 $\arctan\dfrac{\sqrt{3}}{3}=\dfrac{\pi}{6}$.

（2）因为 $\cot\dfrac{\pi}{3}=\dfrac{\sqrt{3}}{3}$，而 $\dfrac{\pi}{3}\in(0,\pi)$，所以 $\operatorname{arccot}\dfrac{\sqrt{3}}{3}=\dfrac{\pi}{3}$.

习题 3.6

1. 用“五点法”作出下列函数在区间 $[0,2\pi]$ 上的图像：

（1）$y=\cos\left(x+\dfrac{\pi}{2}\right)$；　　（2）$y=1+\cos x$；

（3）$y=\sin\left(2x-\frac{\pi}{4}\right)$；　　（4）$y=2\cos\left(\frac{1}{2}x-\frac{\pi}{6}\right)$.

2. 试求下列函数的周期：

（1）$y=2\sin\frac{x}{3}$；　　（2）$y=\sqrt{3}\cos 2x$；

（3）$y=3\sin\left(\frac{1}{2}x+\frac{\pi}{3}\right)$；　　（4）$y=2\sin 2x-\cos 2x$.

3. 求使下列函数取得最大值与最小值的集合，并求出其最大值和最小值：

（1）$y=2\sin x-1$；　　（2）$y=\cos 2x+2$.

4. 求下列各式的值：

（1）$\cos\left(\arccos\frac{4}{5}+\arccos\left(-\frac{5}{13}\right)\right)$；

（2）$\sin\left(\frac{\pi}{3}+\frac{1}{2}\arctan(-2\sqrt{2})\right)$.

5. 用反三角函数表示：

（1）$\sin 23°35'=\frac{2}{5}$；　　（2）$\cos\frac{5\pi}{6}=-\frac{\sqrt{3}}{2}$

（3）$\tan\beta=0.3140$；　　（4）$\cot\left(-\frac{\pi}{6}\right)=-\frac{\sqrt{3}}{3}$.

6. 求下列反三角函数的值：

（1）$\arcsin\frac{\sqrt{2}}{2}$；　　（2）$\arcsin\left(-\frac{\sqrt{3}}{2}\right)$；　　（3）$\arccos\left(-\frac{\sqrt{3}}{2}\right)$.

7. 已知正弦交流电的电压U(V)与时间t(s)之间的函数关系为$U=50\sin 100\pi t$，作出这个函数在一个周期内的图像，并在前半个周期内讨论电压的增减情况.

复习题 3

1. 判断题

（1）$\cos 42°\cos 18°-\sin 42°\sin 18°=\cos 24°$.　　（　　）

（2）$\tan(\alpha+\beta)\tan(\alpha-\beta)=\frac{\tan^2\alpha+\tan^2\beta}{1-\tan^2\alpha\tan^2\beta}$.　　（　　）

（3）$\sin(\alpha+\beta)=\sin\alpha+\sin\beta$.　　（　　）

（4）$\sin 40°\cos 50°+\cos 40°\sin 50°=0$.　　（　　）

（5）$\cos 20°+\cos 160°=0$.

（6）若两个角有相同的始边和终边，则这两个角的大小一定相等.　　（　　）

（7）如果$\cos\alpha=\cos\beta$，那么$\alpha=\beta$.　　（　　）

（8）$\tan 44°\tan 45°\tan 46°=1$.　　（　　）

（9）$\cos(-420°)<0$.（　　）

（10）函数 $y=\arcsin x$ 是函数 $y=\sin x$ 在区间 $(-\infty,+\infty)$ 上的反函数.（　　）

（11）函数 $y=\arctan x$ 的图像与函数 $y=\tan x\left(x\neq k\pi+\dfrac{\pi}{2}\right)$ $(k\in\mathbf{Z})$ 的图像关于直线 $y=x$ 对称.

（　　）

（12）函数 $y=\arccos x$ 与 $y=\arctan x$ 在定义域内都是单调递增函数.（　　）

（13）反三角函数在定义域内是周期函数.（　　）

（14）函数 $y=\sin\left(2x+\dfrac{\pi}{4}\right)$ 的周期为 2π.（　　）

（15）若 α 为第一象限的角，则 $\sin\dfrac{\alpha}{2}=\sqrt{\dfrac{1-\cos\alpha}{2}}$.（　　）

2. 填空题

（1）$\sin\dfrac{\pi}{12}-\cos\dfrac{\pi}{12}=$________.

（2）若 $\sin\alpha-\cos\alpha=\dfrac{1}{5}$，则 $\sin 2\alpha=$________.

（3）已知 $\cos\alpha\cos\beta=-\dfrac{3}{7},\sin\alpha\sin\beta=\dfrac{2}{7}$，则 $\cos(\alpha-\beta)=$________.

（4）若 α 是第四象限的角，且 $\sin\alpha=-\dfrac{4}{5}$，则 $\sin\dfrac{\alpha}{2}=$________.

（5）把 $\sin\dfrac{\pi}{4}=\dfrac{\sqrt{2}}{2}$ 写成反正弦形式的等式为________.

（6）函数 $y=\arcsin x$ 的最大值是________，最小值是________.

（7）$5\sin\pi-3\cos\dfrac{3\pi}{2}+\tan 0=$________.

（8）简化：$\dfrac{\cos\alpha}{\sqrt{1-\sin^2\alpha}}+\dfrac{2\cot\alpha}{\sqrt{\csc^2\alpha-1}}\left(\pi<\alpha<\dfrac{3}{2}\pi\right)$ 的结果是________.

（9）$\sin^2 72°+\tan 54°\tan 45°\tan 36°+\sin^2 18°=$________.

（10）设 $\cot\alpha=\dfrac{q}{p}$，则 $\dfrac{p\cos\alpha-q\sin\alpha}{p\cos\alpha+q\sin\alpha}=$________.

（11）已知 $\dfrac{\sin\alpha-\cos\alpha}{\sin\alpha+\cos\alpha}=\dfrac{1}{2}$，则 $\cos 2\alpha=$________.

（12）函数 $y=\cos\left(2x-\dfrac{\pi}{3}\right)$ 的最小正周期为________，最大值为________.

（13）函数 $y=\cos\left(2x+\dfrac{\pi}{4}\right)$ 的单调递增区间为________.

3. 选择题

（1）已知 $\sin\alpha=-\sqrt{0.2}$，且 $180°<\alpha<270°$，则 $\sin 2\alpha=$（　　）.

A. $\dfrac{1}{2}$　　B. $-\dfrac{4}{5}$　　C. $\dfrac{4}{5}$　　D. $\pm\dfrac{4}{5}$

（2）已知 $\sin\alpha=\dfrac{4}{5}$，且 α 是第二象限的角，则 2α 是（　　）.

A. 第一象限的角　　B. 第二象限的角

C. 第三象限的角　　D. 第四象限的角

（3）函数 $y=\sqrt{2}\sin 2x\cos 2x$ 是（　　）.

A. 奇函数，周期为 $\dfrac{\pi}{4}$　　B. 偶函数，周期为 $\dfrac{\pi}{4}$

C. 奇函数，周期为 $\dfrac{\pi}{2}$　　D. 偶函数，周期为 $\dfrac{\pi}{2}$

（4）函数 $y=\dfrac{1}{2}\sin x+\dfrac{\sqrt{3}}{2}\cos x$ 的振幅为（　　）.

A. $\dfrac{1}{2}$　　B. $\dfrac{\sqrt{3}}{2}$　　C. $\dfrac{1+\sqrt{3}}{2}$　　D. 1

（5）为得到函数 $y=\sin 3x+\cos 3x$ 的图像，可以将函数 $y=\sqrt{2}\sin 3x$ 的图像（　　）.

A. 向右平移 $\dfrac{\pi}{4}$ 个单位　　B. 向左平移 $\dfrac{\pi}{4}$ 个单位

C. 向右平移 $\dfrac{\pi}{12}$ 个单位　　D. 向左平移 $\dfrac{\pi}{12}$ 个单到

（6）若 $\sin\alpha=\sin\beta$，则 α 与 β 的关系是（　　）.

A. $\alpha=\beta$　　B. $\alpha+\beta=\pi$

C. $\alpha+\beta=2\pi$　　D. 以上都正确

（7）满足 $\sin\alpha\tan\alpha>0$ 的角 α 是（　　）.

A. 第一象限的角　　B. 第一象限或第三象限的角

C. 第三象限的角　　D. 第一象限或第四象限的角

（8）$\cos\left(-\dfrac{8\pi}{3}\right)$ 的值为（　　）.

A. $\dfrac{1}{2}$　　B. $-\dfrac{1}{2}$　　C. $\dfrac{\sqrt{3}}{2}$　　D. $-\dfrac{\sqrt{3}}{2}$

（9）$\cos(-510^\circ)=$（　　）.

A. $\dfrac{\sqrt{3}}{3}$　　B. $-\dfrac{\sqrt{3}}{3}$　　C. $\dfrac{\sqrt{3}}{2}$　　D. $-\dfrac{\sqrt{3}}{2}$

（10）已知 $\sin x=\dfrac{1}{2}, x\in(0,2\pi)$，则 x 的值为（　　）.

A. $\dfrac{\pi}{6}$　　B. $\dfrac{\pi}{3}$　　C. $\dfrac{5\pi}{6}$　　D. $\dfrac{\pi}{6}$ 或 $\dfrac{5\pi}{6}$

（11）函数 $f(x)=2\sin(\omega x+\varphi)\left(\omega>0,-\dfrac{\pi}{2}<\varphi<\dfrac{\pi}{2}\right)$ 的部分图像如图 3.22 所示，则 ω,φ 的值分别是（　　）.

A. $2,-\dfrac{\pi}{3}$　　B. $2,-\dfrac{\pi}{6}$　　C. $4,-\dfrac{\pi}{6}$　　D. $4,-\dfrac{\pi}{3}$

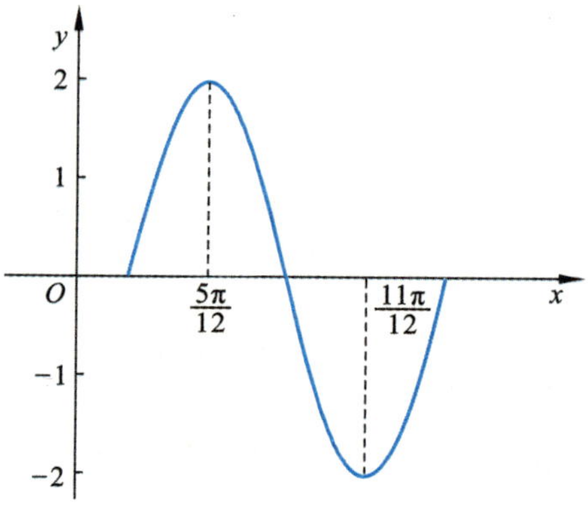

图 3.22

（12）在△ABC中，若$a=\sqrt{5},b=\sqrt{15},A=30^\circ$，则$c$等于（　　）.

A. $2\sqrt{5}$　　B. $\sqrt{5}$　　C. $2\sqrt{5}$或$\sqrt{5}$　　D. $4\sqrt{5}$

（13）在△ABC中，$b=3,A=\dfrac{\pi}{6},S_{\triangle ABC}=6\sqrt{3}$，则边$c$的长为（　　）.

A. 12　　B. $8\sqrt{3}$　　C. $24\sqrt{3}$　　D. $12\sqrt{3}$

（14）在△ABC中，已知$a=4,b=5,c=\sqrt{61}$，则$C=$（　　）.

A. 120°　　B. 90°　　C. 60°　　D. 30°

4. 计算下列各式：

（1）$\tan 10^\circ \cot 20^\circ \sin 35^\circ \cos 40^\circ \sec 55^\circ \csc 50^\circ \cot 70^\circ \tan 80^\circ$；

（2）已知$\tan\alpha = 8\dfrac{8}{17}$，求$\sin\alpha$的值；

（3）已知$\sin\alpha=-\sqrt{0.2}$，且$180^\circ<\alpha<270^\circ$，求$\tan\alpha$的值；

（4）$4\sin\dfrac{\pi}{6}\cos\dfrac{\pi}{3}\tan\dfrac{4\pi}{3}\cot\dfrac{7\pi}{6}$.

5. 化简下列各式：

（1）$(\csc\alpha-\sin\alpha)(\sec\alpha-\cos\alpha)(\tan\alpha+\cot\alpha)$；

（2）$\sqrt{\dfrac{2}{1+\sin\theta}+\dfrac{2}{1-\sin\theta}}$；

（3）$\sin(30^\circ+\alpha)\tan(45^\circ+\alpha)\tan(45^\circ-\alpha)\sec(60^\circ-\alpha)$.

第4章　立体几何

学习目标

1. 理解平面的概念和性质.
2. 了解空间中直线与直线、直线与平面、平面与平面的位置关系，能用判定定理判断它们之间的位置关系.
3. 了解空间多面体和旋转体的特点，会计算它们的表面积和侧面积.

在生产和生活中，常见的物体、建筑都占有一定的空间. 如果只考虑它的形状和大小，发现它们是由点、线、面构成的. 这些在空间由点、线、面构成的图形，称为空间图形.

4.1　平　面

4.1.1　平面及其表示方法

平面是与曲面相对而言的. 平面是光滑、平坦的，向四边无限延展的，没有边界的一种数学模型. 平面模型是没有大小，没有厚度的，大家常说的湖面、黑板面都只是平面的一部分.

在画平面时，常把水平放置的平面画成“有一个锐角是 45°，水平边是另一边的 2 倍”的平行四边形. 直立的平面画成矩形或平行四边形. 当一个平面的某一部分被另一个平面遮住时，被遮住的线段部分画成虚线，这样画成的平面更具立体感.

平面的表示方法可以用一个希腊字母表示，如平面α，平面β，平面γ，……，有时也可以用平行四边形的四个顶点的大写字母表示一个平面，如平面 $ABCD$. 具体如图 4.1 所示.

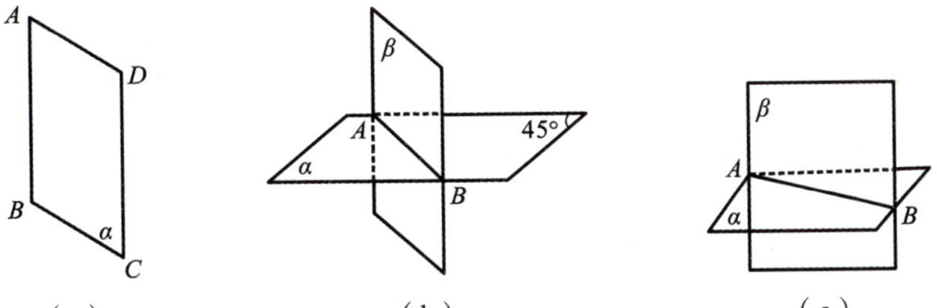

（a）　（b）　（c）

图 4.1

4.1.2 平面的基本性质

关于平面的三个基本性质，是研究空间直线、平面位置关系的理论基础.

公理 4.1 如果一条直线上的两点在一个平面内，则这条直线上的所有点都在这个平面内，如图 4.2 所示.

公理 4.1 给出了判定直线在平面内的方法.

在机械加工时，常用尺子在工件平面上移动，看尺子边缘与工件表面是否密合来检验工件平面，就是这条公理的应用.

公理 4.2 如果两个平面有一个公共点，那么它们相交于过这个点的一条直线，如图 4.3 所示.

公理 4.2 是判定两个平面是否相交的重要依据.

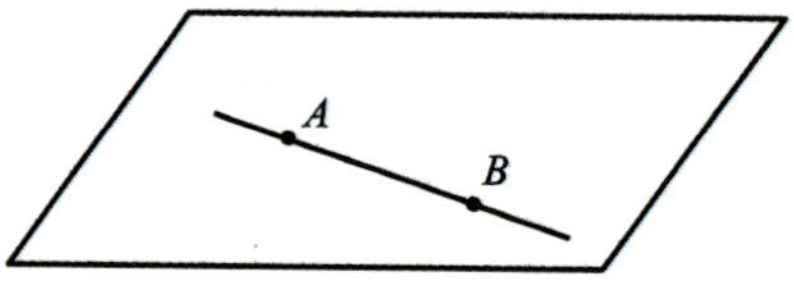

图 4.2

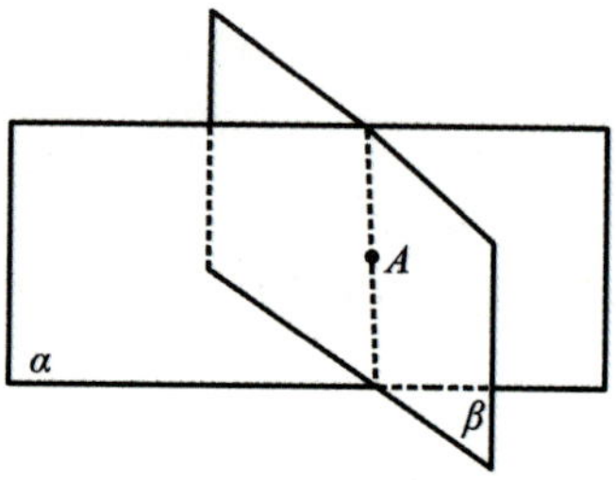

图 4.3

公理 4.3 经过不在同一条直线上的三点，有且只有一个平面.

由公理可得出如下推论：

推论 4.1 经过一条直线和这条直线外一点，有且只有一个平面，如图 4.4（a）所示.

推论 4.2 经过两条相交直线，有且只有一个平面，如图 4.4（b）所示.

推论 4.3 经过两条平行直线，有且只有一个平面，如图 4.4（c）所示.

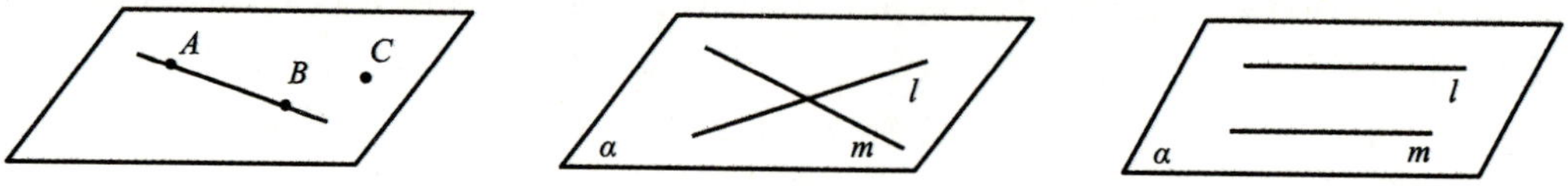

（a）　（b）　（c）

图 4.4

如果一个图形上的所有点都在同一个平面上，这个图形叫**平面图形**，否则就叫**立体图形**. 立体图形和平面图形统称**空间图形**，在空间图形中，空间作为研究问题的全集，它的基本元素是点，直线和平面都是它的子集，用符号表示点、线、面的关系如下：

（1）点 A 在直线 l 上，即 A 属于 l，记作 $A \in l$；

（2）点 A 在平面 α 内，即 A 属于 α，记作 $A \in \alpha$；

（3）直线 l 在平面 α 内，即 l 包含于 α，记作 $l \subset \alpha$；

（4）直线 l 与平面 α 相交于点 A，记作 $l \cap \alpha = A$；

（5）平面 α 与平面 B 相交于直线 l，记作 $\alpha \cap \beta = l$.

例 1 一条直线和两条平行直线都相交，则这三条直线共面.

已知 a，b，c 是三条直线，$a//b$，c 与 a，b 分别交于点 A，B. 求证：直线 a，b，c 共面.

分析 如图 4.5 所示，要证明三条直线共面，只要先证明其中两条直线确定一个平面，再证明第三条直线也在这个平面内.

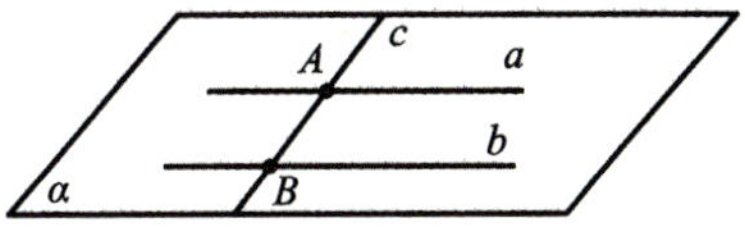

图 4.5

证明 因为 $a//b$，所以 $a,b\subset\alpha$.

又因为 $A\in a,B\in b$，所以 $AB\subset\alpha$.

而 $A\in c$，$B\in c$，所以 $c\subset\alpha$，故直线 a,b,c 共面.

习题 4.1

1. 回答下列问题：

（1）过一点任意作三条直线它们是否共面？过这样的三条直线最多能确定几个平面？

（2）“空间三点确定一个平面”的说法是否正确？

（3）一条直线是否可以确定一个平面？

（4）空间有四个点，任何三个点都不在一条直线上，这四个点能确定多少个平面？

（5）四条线段依次首尾相接，所得的封闭图形一定是平面图形吗？为什么？

2. 选择题

（1）过同一点的三条直线可以确定的平面个数是（　　）.

A. 1　　B. 2　　C. 3　　D. 1 或 3

（2）过两个点有（　　）个平面.

A. 0　　B. 1　　C. 2　　D. 无数个

（3）三条直线彼此平行，但不共面，则可确定（　　）平面.

A. 1　　B. 2　　C. 3　　D. 无数个

4.2 空间直线的位置关系

观察生活中铁路、高速公路之间的位置关系，可以看出，在空间中两条直线可以平行，也可以相交，除此之外，还有一种既不相交也不平行的情况.

4.2.1 异面直线

像这样在空间中不相交也不平行的直线，称为异面直线. 它们之间的关系称为异面.

这样在空间中两条直线就有平行、相交、异面三种情况（见表 4.1）.

表 4.1　两条直线的平行、相交、异面

位置关系	共面情况	公共点个数	记法
两直线相交	共面	有且只有一个公共点	$a \cap b = A$
两直线平行		没有公共点	$a // b$
两直线异面	不共面		

在平面几何中，如果两条直线都和第三条直线平行，则这两条直线互相平行．对于不在同一平面的三条空间直线，这个结论仍然成立．

公理 4.4（平行公理） 平行于同一条直线的两条直线互相平行．

例如三棱镜的三条棱（见图 4.6），如果 $AA'//BB'$，$BB'//CC'$，这时必有 $AA'//CC'$．

公理的内容可以用符号表示为

$$a // b, a // c \Rightarrow b // c.$$

这个公理称为直线的平行传递性，在证明空间直线平行时常会用到．

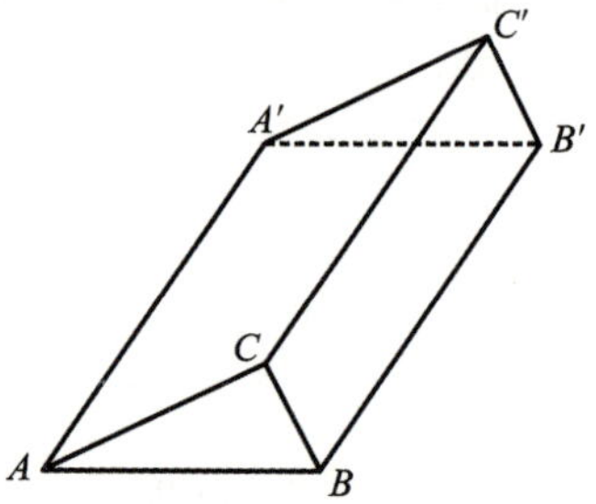

图 4.6

例 1 已知四边形 $ABCD$ 是空间四边形（四个顶点不共面的四边形），E, H 分别是边 AB, AD 的中点，F, G 分别是边 CB, CD 上的点，且 $\frac{CF}{CB} = \frac{CG}{CD} = \frac{2}{3}$（见图 4.7）．

求证：四边形 $EFGH$ 是梯形．

分析 连结 BD．因为 E, H 分别是 AB, AD 的中点，由三角形中位线性质得 $EH = \frac{1}{2}BD$．由截三角形两边成比例线段的直线性质得 $FG // BD$．又由三角形一边的平行线的性质得 $FG = \frac{2}{3}BD$．根据平行公理可得 $FG // EH$．这样就可得出结论．

证明 连结 BD．在 $\triangle ABD$ 中，

因为 $AE = EB, AH = HD$，所以 $EH // BD, EH = \frac{1}{2}BD$．

因为在 $\triangle BDC$ 中，$\frac{CF}{CB} = \frac{CG}{CD} = \frac{2}{3}$，

所以 $FG // BD, FG = \frac{2}{3}BD$，

所以 $EH // FG, EH \neq FG$．

故四边形 $EFGH$ 是梯形．

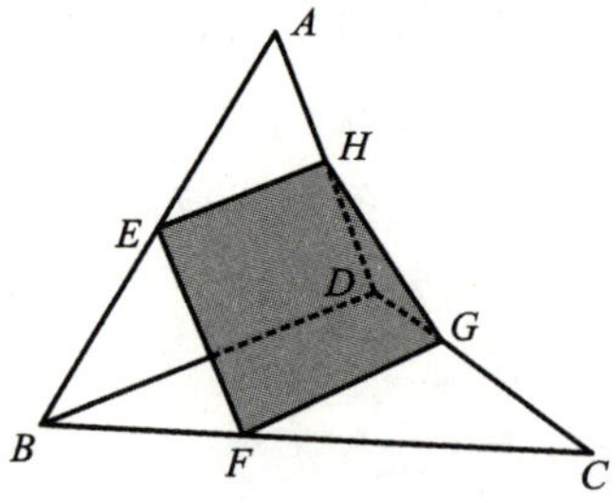

图 4.7

定理 4.1（等角定理） 如果一个角的两边和另一个角的两边分别平行，那个这两个角相等或互补．（如果两个角的方向相同，则两个角相等，如果两个角的方向相反，则这两个角互补．）

已知 $\angle BAC$ 和 $\angle B'A'C'$ 的边 $AB // A'B'$，并且方向相同．

求证：$\angle BAC = \angle B'A'C'$．

证明 对于$\angle BAC$和$\angle B'A'C'$都在同一平面内的情况，在平面几何中已经证明. 下面证明两个角不在同一平面内的情况.

如图 4.8 所示，在$AB, A'B', AC, A'C'$上分别取D, D', E, E'，使$AD=A'D', AE=A'E'$，连结AA'，$DD', EE', DE, D'E'$.

因为$AB /\!/ A'B', AD=A'D'$，

所以$AA'D'D$是平行四边形.

所以$AA' \underline{\underline{/\!/}} DD'$.

同理$AA' \underline{\underline{/\!/}} EE'$.

根据平行线的传递性，得$DD' /\!/ EE'$，

又可得$DD'=EE'$.

所以四边形$EE'D'D$是平行四边形.

所以$ED=E'D'$，可得$\triangle ADE \cong \triangle A'D'E'$.

所以$\angle BAC=\angle B'A'C'$.

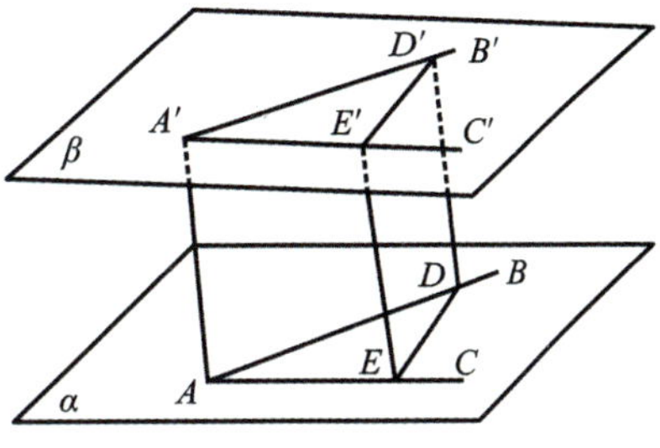

图 4.8

把两条直线相交所成的不大于直角的角叫作两条相交直线的夹角.

把定理 4.1 中两个角的两边反向延长，就可得出下面的推论 4.4.

推论 4.4 如果两条相交直线和另两条相交直线分别平行，那么这两组相交直线的夹角相等.

注意：平面几何中的定理对于空间图形，一定要证明才可应用.

4.2.2 两条异面直线所成的角

设直线a, b是异面直线. 经过空间任意一点，分别作直线$a' /\!/ a, b' /\!/ b$. 因为当两条相交直线和另外两条相交直线分别平行时，两组相交直线的夹角相等，所以直线a'与b'的夹角的大小，仅由直线a, b的相对位置确定，与点O的位置无关. 把相交直线a'与b'的夹角叫作异面直线a和b所成的角［见图 4.9（b）］.

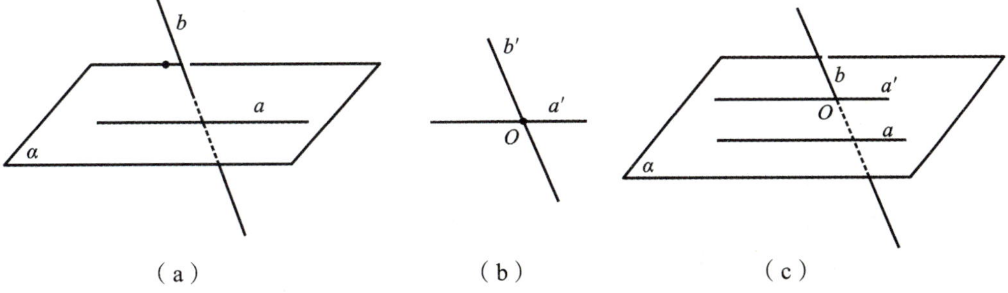

图 4.9

为了简便起见，点O常取在异面直线中的一条直线上. 例如，取在直线b上. 然后，经过点O作直线$a' /\!/ a$，那么，直线a'和b的夹角就是异面直线a和b所成的角［见图 4.9（c）］.

如果两条异面直线所成的角是直角，我们就说这两条异面直线互相垂直.

例如，图 4.10 所示的正方体中，两条直线A_1A与BC是互相垂直的异面直线；图 4.11 中，蜗轮蜗杆的轴线是互相垂直的异面直线，蜗轮的轴线与蜗杆的轴线也是互相垂直的异面直线.

两条异面直线 a,b 互相垂直，记作 $a \perp b$.

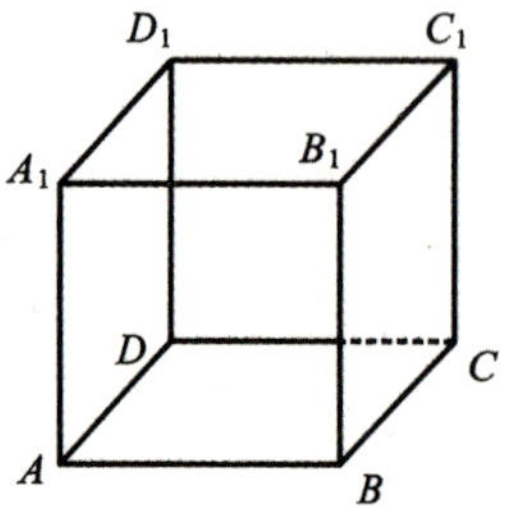

图 4.10

图 4.11

图 4.10 中，A_1A 与 BC 是异面直线，直线 AB 与它们都垂直，而且相交. 这样，与两条异面直线都垂直且相交的直线，叫作两条异面直线的公垂线.

习题 4.2

1. 选择题

（1）分别和两条异面直线都相交的两条直线一定（　　）.

A. 异面　　B. 相交　　C. 不相交　　D. 不平行

（2）两条异面直线是指（　　）.

A. 空间中两条不相交的直线

B. 分别在两个平面内的直线

C. 不同在任何一个平面内的两条直线

D. 平面内的一条直线与平面外的一条直线

（3）在正方体 $ABCD\text{-}A'B'C'D'$ 中，与 BB' 垂直的棱有（　　）.

A. 4 条　　B. 8 条　　C. 6 条　　D. 12 条

（4）如下图所示，点 P,Q,R,S 分别在正方体的四条棱上，并且是所在棱的中点，则直线 PQ 与 RS 是异面直线的图是（　　）.

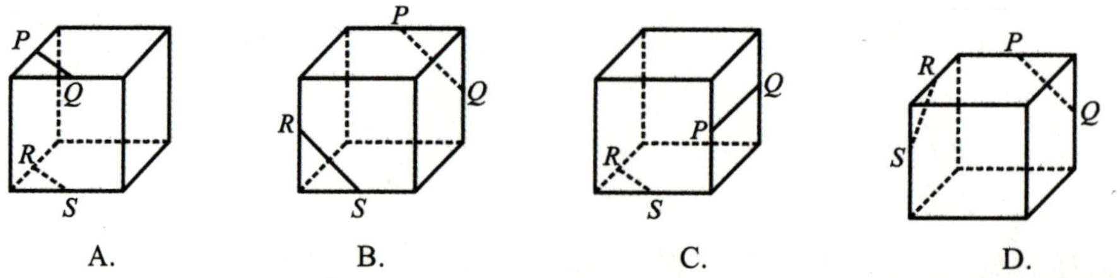

（5）在空间四边形 $ABCD$ 中，如果 E,H 分别是 AB,AD 上的点，且 $\frac{AE}{BE}=\frac{AH}{DH}=\frac{1}{3}$，$F,G$ 分别是 BC,CD 中点，则四边形 $EFGH$ 是（　　）.

A. 平行四边形　　B. 梯形　　C. 菱形　　D. 矩形

（6）在正方体 $ABCD\text{-}A_1B_1C_1D_1$ 中，两条异面直线 AC 与 BC_1 所成角的大小为（　　）.

A. 30°　　B. 45°　　C. 60°　　D. 90°

2. 填空题

（1）若有直线 a, b, c, $a \perp b$，$b // c$，则 a 与 c 的位置关系为________.

（2）如图 4.12 所示，在几何体 $P\text{-}ABCD$ 中，$ABCD$ 为矩形，各棱所在直线共有异面直线________对.

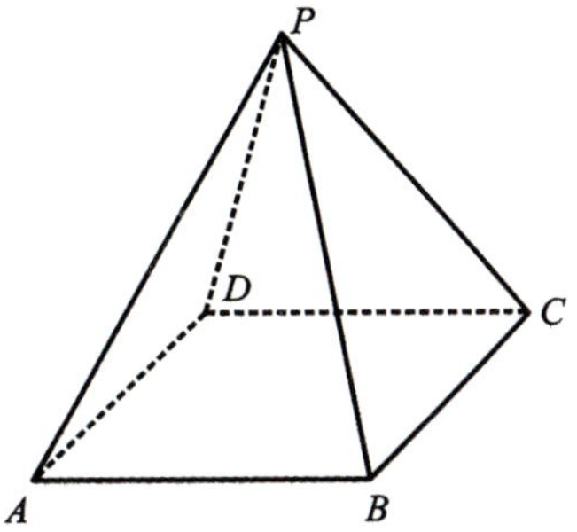

图 4.12

4.3 直线和平面的位置关系

定义 4.1 如果直线和平面没有公共点，称直线和平面平行；如果直线和平面只有一个公共点，则称直线与平面相交.

直线 l 和平面 α 的位置关系有以下三种：

（1）直线在平面内——有无数个公共点，记作 $l \subset \alpha$.

（2）直线和平面相交——有且只有一个公共点，记作 $l \cap \alpha = A$.

（3）直线和平面平行——没有公共点，记作 $l // \alpha$.

把直线和平面相交或平行的情形统称为直线**在平面外**.

画直线 l 在平面 α 内时，应把直线 l 画在表示平面 α 的平行四边形内，如图 4.13（a）所示；

直线 l 与平面 α 相交时，被遮挡的部分画成虚线或不画，如图 4.13（b）所示；

画直线 l 平行于 α 时，应把直线 l 画在表示平面 α 的平行四边形外，和表示平面的平行四边形的一条边界平行，如图 4.13（c）所示；

直线 l 在平面 α 外时，表示直线的线段要有一部分或全部画在表示平面 α 的平行四边形外.

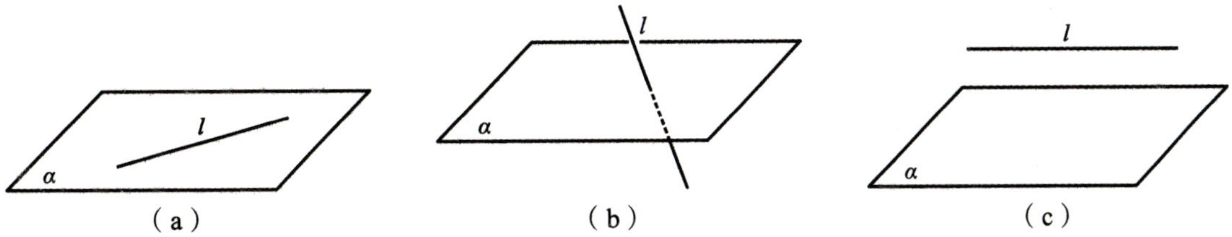

图 4.13

4.3.1　直线和平面平行

1. 直线和平面平行的判定

直线和平面的平行除可以用定义判定外，还可以用以下定理判定：

定理 4.2　如果平面外一条直线平行于这个平面内的一条直线，则这条直线和这个平面平行.

已知直线 $l\not\subset\alpha$ 平面，直线 $b\subset\alpha$，且 $l//b$（见图 4.14）. 求证：$l//\alpha$.

证明　因为 $l\not\subset\alpha$，所以 $l//\alpha$ 或 $l\cap\alpha=M$. 下面证明 $l\cap\alpha=M$ 不可能.

假设 $l\cap\alpha=M$，因为 $l\not\subset\alpha$，所以 $M\notin b$，在平面 α 内过点 M 作直线 $a//b$，据平行公理得 $l//a$，这和 $l\cap a=M$ 矛盾，所以 $l\cap\alpha=M$ 不可能，故 $l//\alpha$.

例 1　试证：四个顶点不共面的空间四边形，相邻两边中点的连线平行于经过另外两边的平面.

如图 4.15 所示，已知空间四边形 $ABCD$ 中，E，F 分别是 AB，AD 两边的中点. 求证：$EF//$ 平面 BCD.

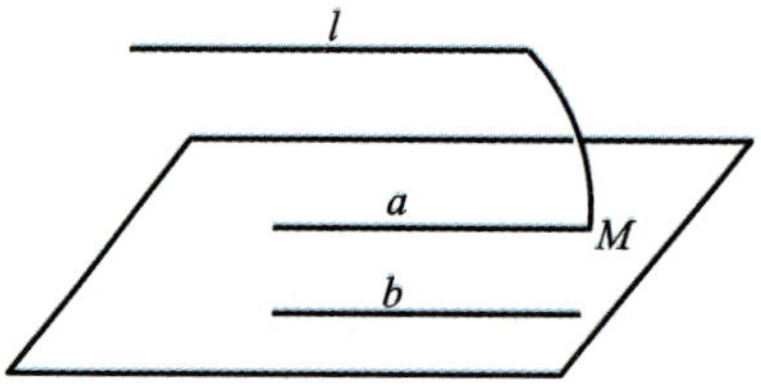

图 4.14

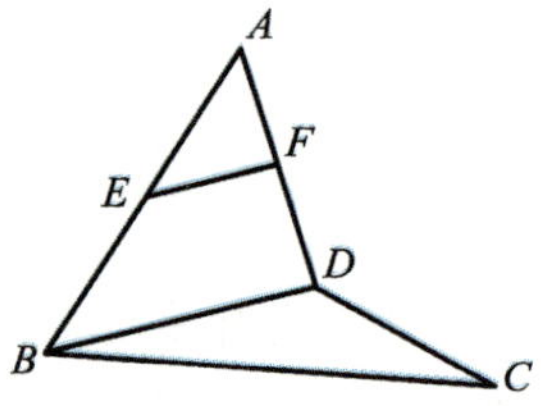

图 4.15

证明　连结 EF，因为 E，F 分别是 AB，AD 边的中点，所以，在 $\triangle ABD$ 中有 $EF//BD$. 又 $BD\subsetneqq$ 平面 BCD, EF 在平面 BCD 之外，故 $EF//$ 平面 BCD.

2. 直线和平面平行的性质

定理 4.3　如果一条直线平行于一个已知平面，则过这条直线的平面与已知平面的交线和这条直线平行（证明略）.

如图 4.16 所示，当 $m//\alpha, m\subset\beta, \alpha\cap\beta=n$ 时，有 $m//n$.

例 2　有一块图 4.17 所示的胚料，棱 BC 平行于平面 $A_1B_1C_1D_1$，要经过表面 $A_1B_1C_1D_1$ 内一点 P 和棱 BC 将木料锯开，应怎样画线？所画的线和平面 AC 有什么关系？

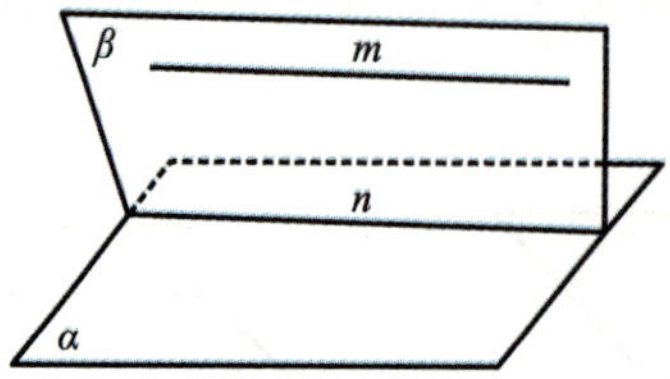

图 4.16

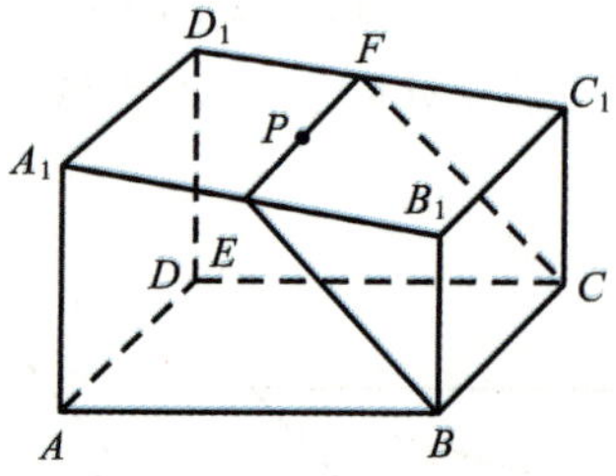

图 4.17

解　因为 $BC\subset$ 平面 BC_1，$BC//$平面 A_1C_1，平面 $BC_1\cap$平面$A_1C_1=B_1C_1$，所以 $BC//B_1C_1$.

在平面 A_1C_1 内过点 P 作线段 $EF//B_1C_1$，则 $EF // BC$.

连结 EB 和 CF，所得四边形 $EFCB$ 必在一个平面上.

因此，BE，EF，FC 就是所要画的线，沿此四边形锯开即可. 所画的线 $EF //$ 平面 AC，直线 BE，CF 和平面 AC 相交.

4.3.2 直线和平面垂直

1. 直线和平面垂直的定义

直线和平面垂直是直线和平面相交的特殊情况. 例如，建筑物的立柱和地面垂直、大梁和墙面垂直、下垂的日光灯吊线和天花板面垂直，都给我们以直线和平面垂直的印象. 对于这种位置关系，有下述定义.

定义 4.2 如果一条直线和一个平面相交，并且和这个平面内的任何直线都垂直，则称**这条直线和这个平面互相垂直**. 这条直线称为这个平面的垂线，这个平面称为这条直线的垂面. 垂线和垂面的交点称为垂足.

画直线和平面垂直时，要把直线画成和表示平面的平行四边形的一条边垂直（见图 4.18）. 直线 AB 和平面 α 互相垂直，记为 $AB \perp \alpha$.

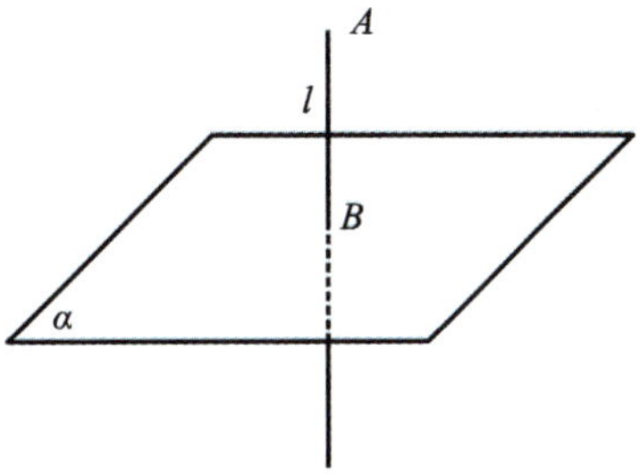

图 4.18

2. 直线与平面垂直的判定

工人在铰孔时，常把角尺的一条直角边放在板面上，再看角尺的另一边是否与铰刀的杆部吻合，然后把角尺换一个位置，检查一次. 如果两次检查中铰刀杆都和角尺边完全吻合，则可判定铰刀与板面垂直.

定理 4.4 如果一条直线和一个平面内的两条相交直线都垂直，则这条直线和这个平面垂直（证明略）.

如图 4.19 所示，直线 $l \perp \alpha$，$l \perp b$，$a,b \subset \alpha$ 且 a 与 b 相交，则 $l \perp \alpha$.

定理 4.5 如果两条平行线中的一条垂直于一个平面，则另一条也垂直于这个平面（证明略）.

如图 4.20 所示，直线 $n//m$，且 $m \perp \alpha$，则 $n \perp \alpha$.

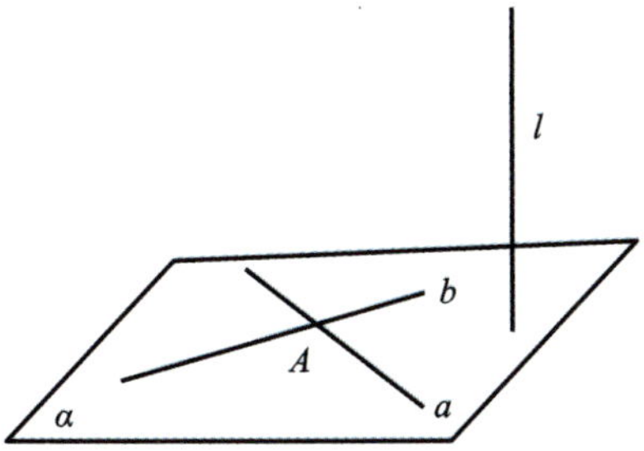

图 4.19

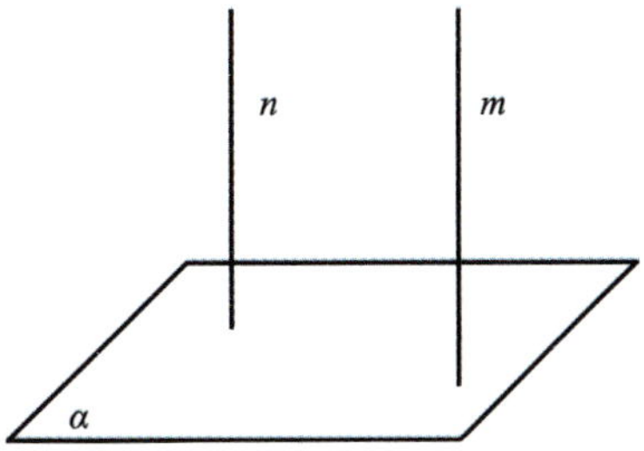

图 4.20

3. 直线和平面垂直的性质

定理 4.6 如果两条直线垂直于同一个平面，则这两条直线互相平行（证明略）.

4.3.3 直线和平面斜交

1. 斜线及其在平面内的射影

从平面外一点向这个平面作垂线，垂足称为这点在平面上的射影，这个点与垂足间的垂线段的长称为这个**点到平面的距离**.

一条直线和一个平面相交，但不和这个平面垂直，这条直线称为这个平面的**斜线**.

斜线和平面的交点称为**斜足**. 斜线上一点与斜足间的线段称为这点到这个平面的斜线段，这点到斜足的距离称为斜线段的长，简称**斜线长**. 过斜线上一点向平面作垂线，过垂足和斜足的直线称为斜线在这个平面上的射影，垂足与斜足间的线段称为斜线段在这个平面上的**射影**.

如图 4.21 所示，AB 是平面 α 的一条垂线段，B 是垂足，OA 是平面 α 的斜线段，O 为斜足，BC 是斜线 OA 在 α 平面上的射影，线段 OB 就是斜线段 OA 在平面内的射影.

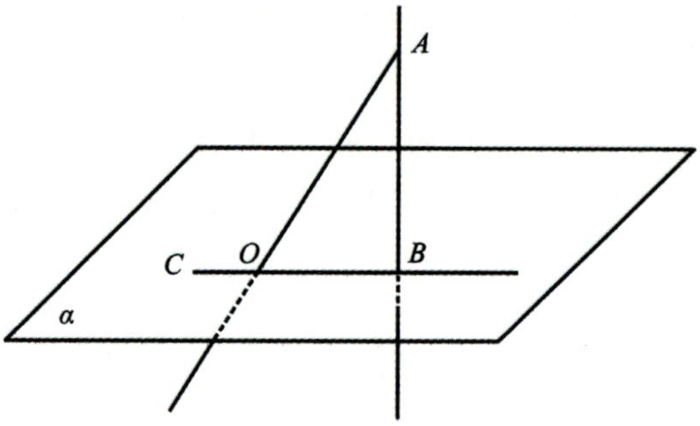

图 4.21

定理 4.7 从平面外一点，向这个平面所作的垂线段和斜线段中：

（1）射影相等的两条斜线段相等，射影较长的斜线段也较长；

（2）相等的斜线段的射影也相等，较长的斜线段的射影也较长；

（3）垂线段比任何一条斜线段都短.

如图 4.22 所示，AC，AD 是斜线 PC，PD 在平面 α 内的射影，若 $AC=AD$，$AB>AC$，则 $PC=PD$，$PB>PC$，反之亦然.

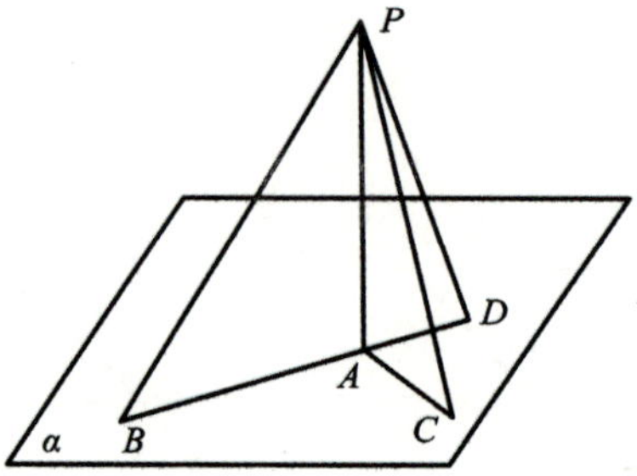

图 4.22

2. 直线与平面所成的角

斜线和它在平面内的射影所成的锐角，称为斜线和平面所成的角.

斜线和平面所成的角，是这条斜线和平面内经过斜足的直线所成的一切角中最小的角. 如图 4.23 所示，θ 是斜线 l 与平面 α 所成的角.

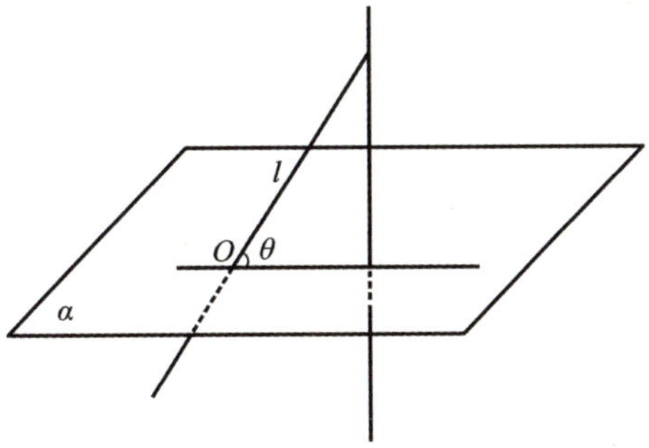

图 4.23

为了研究的方便，规定垂线与平面垂直时所成角为直角，直线与平面平行或直线在平面内时所成的角为零角. 那么，直线与平面所成的角的取值范围就是 $\left[0,\dfrac{\pi}{2}\right]$.

3. 三垂线定理及其逆定理

定理 4.8（三垂线定理） 在平面内的一条直线，如果和这个平面的一条斜线的射影垂直，那么它也和这条斜线垂直.

已知 PA,PO 分别是平面 α 的垂线和斜线，AO 是 PO 在平面 α 上的射影，$a\subset\alpha,a\perp AO$（见图 4.24）. 求证：$a\perp PO$.

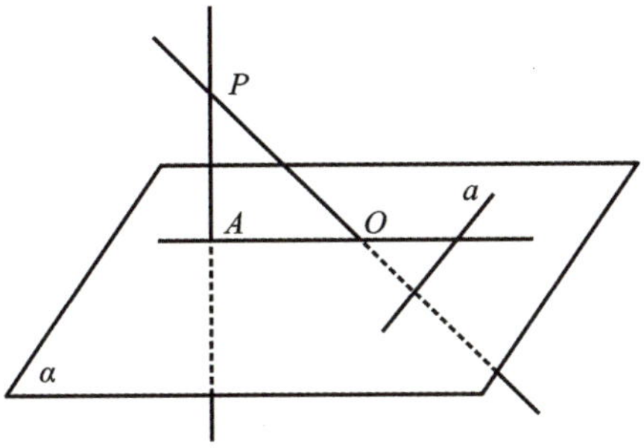

图 4.24

证明 因为 $PA\perp\alpha,a\subset\alpha$，所以 $PA\perp a$.

又因为 $AO\perp a$，所以 $a\perp$ 平面 PAO.

又 PO 在平面 PAO 内，所以 $a\perp PO$.

三垂线定理是判断斜线与平面内的直线垂直的重要定理. 这两条线可以异面，也可以相交.

定理 4.9（三垂线定理的逆定理） 在平面内的一条直线，如果和这个平面的一条斜线垂直，那么它也和这条斜线的射影垂直.

例 3 公路旁有一条河，对岸有铁塔，其高为 15 m，测量工具只有测角器和皮尺，能否求出铁塔顶部与公路的距离？

解 如图 4.25 所示，CD 表示公路，AB 表示铁塔，在路边取一点 C，使 BC 与路边所成的角等于 $90°$，再在路边取一点 D，使水平角 $\angle CDB$ 等于 $45°$.

如果测得 CD 的距离等于 20 m，因为 BC 是 AC 的射影，且 $CD \perp BC$，AC 是水平面的斜线，AB 是垂线，BC 是斜线在水平面的射影. 根据三垂线定理，$AC \perp CD$，所以斜线 AC 的长度就是铁塔顶与公路的距离.

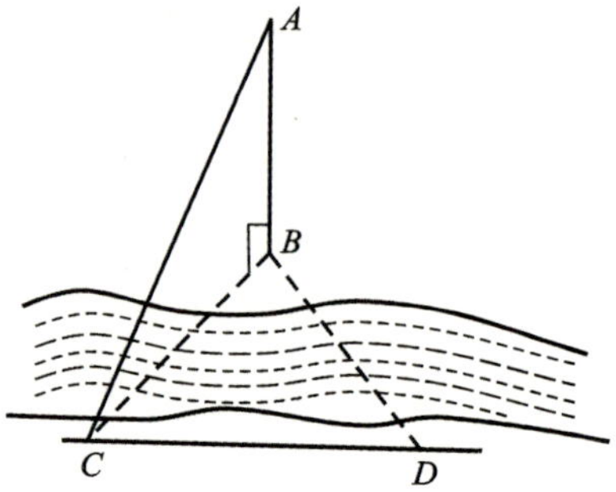

图 4.25

在 Rt△BCD 中，因为 $\angle CDB = 45°$，所以 $CD = BC = 20$ m，

在 Rt△ABC 中，$AC = \sqrt{15^2 + 20^2} = 25\,(\text{m})$.

所以铁塔与公路的距离是 25 m.

习题 4.3

1. 选择题

（1）若直线 a 不平行于平面 α，且 a 不在 α 内，则下列结论成立的是（　　）.

A. α 内的所有直线与 a 异面　　B. α 内不存在与 a 平行的直线

C. α 内存在唯一的直线与 α 平行　　D. α 内的直线与 a 都相交

（2）若直线 a 不平行于平面，且 a 不在 α 内，则下列结论成立的是（　　）.

A. α 内的所有直线与 a 异面　　B. α 内不存在与 a 平行的直线

C. α 内存在唯一的直线与 α 平行　　D. α 内的直线与 a 都相交

（3）已知直线 $l \perp$ 平面 α，直线 $m \subset$ 平面 β，有下列四个命题：

① $\alpha /\!/ \beta \Rightarrow l \perp m$；② $a \perp \beta \Rightarrow l /\!/ m$；③ $l /\!/ m \Rightarrow \alpha \perp \beta$；④ $l \perp m \Rightarrow \alpha /\!/ \beta$.

其中，正确的是（　　）.

A. ①②　　B. ③④　　C. ②④　　D. ①③

（4）已知直线 a,b 与平面 α，则下列命题正确的是（　　）.

A. 若 $a /\!/ \alpha, b \subset \alpha$，则 $a /\!/ b$　　B. 若 $a /\!/ \alpha, b /\!/ \alpha$，则 $a /\!/ b$

C. 若 $a /\!/ b, b \subset \alpha$，则 $a /\!/ \alpha$　　D. 若 $a /\!/ b, b \subset \alpha$，则 $a /\!/ \alpha$ 或 $a \subset \alpha$

2. 如图 4.26 所示，在△BCD 所在的平面 α 内有一点 E，$BE = 7$ cm，A 为平面 α 外一点，且 $AB \perp BC, AB \perp BD, AB = 5\,\text{cm}$，试求：

（1）CD 和 AE 所成的角；

（2）AE 的长（精确到 0.1）.

3. 一个顶角为 120°的等腰△ABC，$AB = AC = 24\,\text{cm}$，自顶点 A 向△ABC 所在平面引垂线 PA，其长为 12 cm，求 P 点和 A 点到 BC 的距离.

4. 一个 Rt△ABC 所在的平面 α 外一点 P，到直角顶点 A 的距离为 23 cm，到两直角边 AB，AC 的距离都是 17 cm，求：

（1）点 P 到平面 α 的距离；

（2）PA 与平面 α 所成的角.

5. 如图 4.27 所示，$PA\perp$ 矩形 $ABCD$ 所在平面，M, N 分别为 AB, PC 的中点.

（1）求证：$MN//$ 平面 PAD；

（2）求证：$MN\perp CD$；

（3）若 $\angle PDA=45°$，求证：$MN\perp$ 平面 PCD.

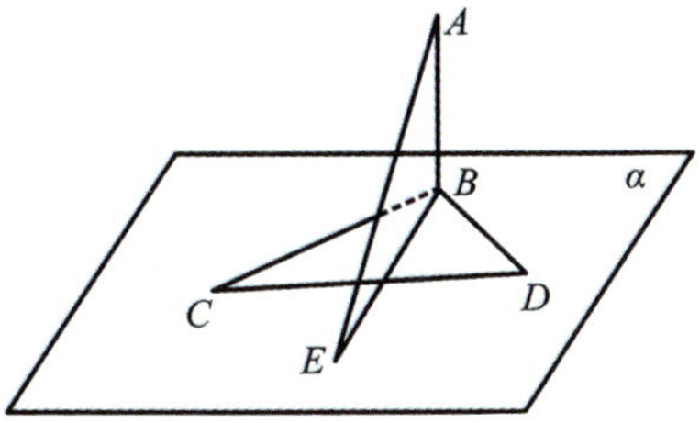

图 4.26

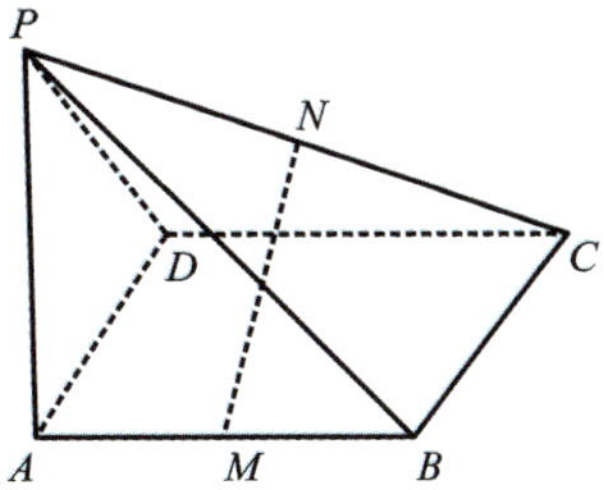

图 4.27

4.4 平面与平面的位置关系

平面与平面的位置关系有两种：一种是平行，另一种是相交.

4.4.1 平面与平面的平行

1. 平面与平面平行的定义

如果两个平面有一个公共点，则必有一条交线，如果没有公共点，则称两平面平行.

定义 4.3 如果两平面 α 与 β 没有公共点. 则称平面 α 与平面 β 平行，记为 $\alpha//\beta$.

画两个平面平行时，要使两平行四边形对应边平行，如图 4.28 所示.

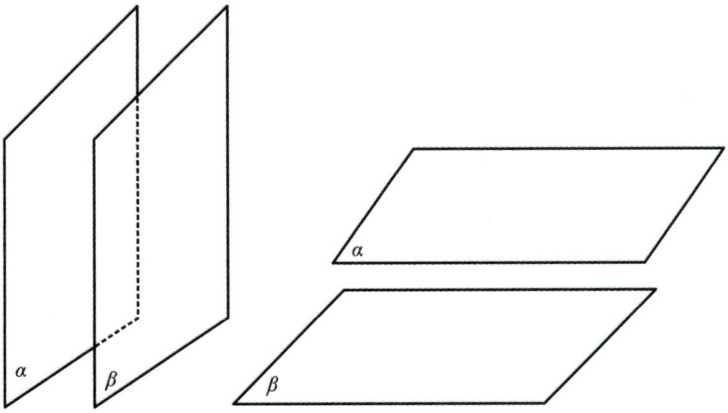

图 4.28

2. 平面与平面平行的判定

定理 4.10 如果一个平面内两条相交直线都和另一个平面平行，则这两个平面平行（见图 4.29）.

工人用水准仪校准平面是否水平，就是用水准仪在平板上交叉放置两次，只要两次水平仪都处于水平状态，就说明平板是水平的.

推论 4.5 垂直于同一条直线的两个平面互相平行（见图 4.30）.

同时垂直于这两个平面的直线称为公垂线，夹在两个平行平面之间的线段称为公垂线段，它表示两平面之间的距离.

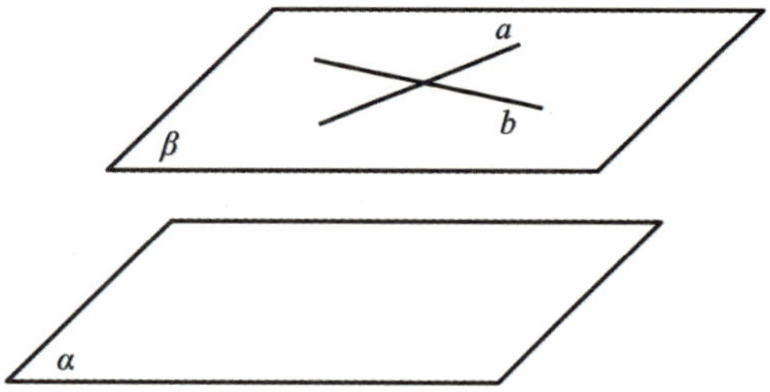

图 4.29

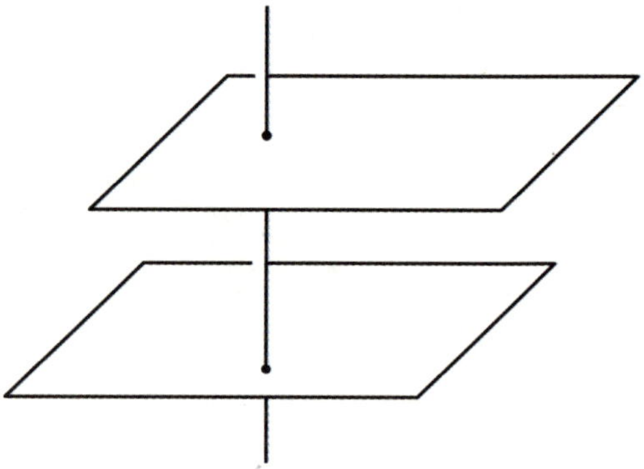

图 4.30

3. 平面与平面平行的性质

定理 4.11 如果两个平行平面都和第三个平面相交，那么它们的交线平行.

也就是说，如果平面 γ 与两平行平面 α, β 都相交，交线分别为 a, b，那么 $a /\!/ b$（见图 4.31）.

推论 4.6 夹在两个平行平面间的平行线段相等（见图 4.32）.

若 $\alpha /\!/ \beta$，AB 和 CD 是夹在平面 α, β 之间的平行线段，则 $AB = CD$.

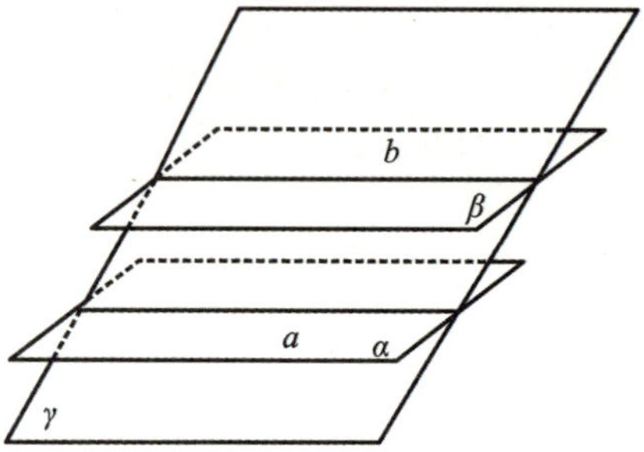

图 4.31

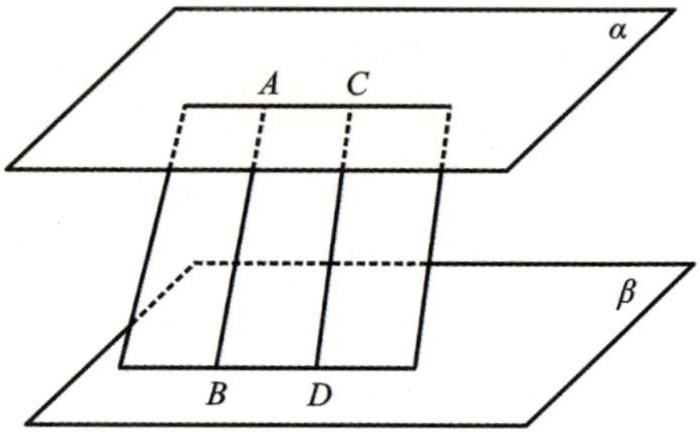

图 4.32

定理 4.12 如果一条直线垂直于两个平面中的一个平面，则这条直线也垂直于另一个平面.

4.4.2 二面角

1. 二面角的定义

在生产实践中，常常涉及两个平面所成的角的问题. 如房屋的屋顶前后两个坡面有一定的角度；许多工件和建筑，它们的面相交时，都有一定的角度. 车床的各个车面与平面、垂直面所成的角对车削加工质量、车削效率影响极大. 修筑大坝时，为了使其经久耐用，必须使堤坝的斜面和水平面成适当的角度. 这些都要求我们研究两个平面所成的角.

平面内的一条直线，把这个平面分成两部分，每一部分都叫作**半平面**. 从一条直线引出的两个半平面所组成的图形叫作**二面角**. 这条直线叫作二面角的**棱**，这两个半平面叫作**二面角的面**.

以直线 a 为棱，以平面 α 与 β 为面的二面角记作二面角 $\alpha\text{-}a\text{-}\beta$［见图 4.33（a）］.

2. 二面角的平面角

为了对相交平面的相互位置作进一步探讨，有必要研究二面角的大小问题，因此有必要引入平面角的概念.

定义 4.4 以二面角的棱上任意一点为端点，在两个面内分别作垂直于棱的两条射线，这两条射线所成的角叫作**二面角的平面角**.

如图 4.33 所示，在二面角 $\alpha\text{-}a\text{-}\beta$ 的棱 a 上任意取一点 O 为端点，在平面 α, β 内分别作垂直于棱的射线 OA，OB，则 $\angle AOB$ 为该二面角的平面角，用来表示该二面角的大小［见图 4.33（b）］.

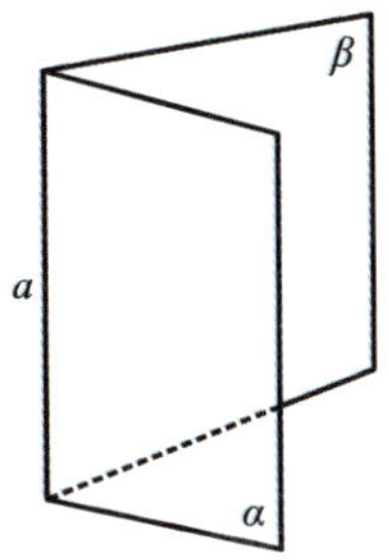

（a）

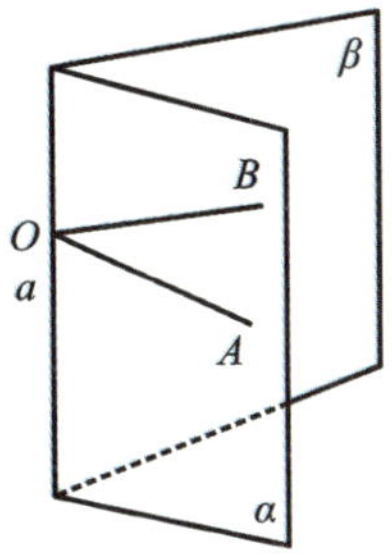

（b）

图 4.33

例 1 如图 4.34 所示，山坡的倾角为（就是坡面 AC 与地平面 AB_1 所成的二面角）30°，山坡上有一条与斜坡底线 AB 成 60°角的小路 EF. 如果某人从点 E 开始沿这条小路走了 40 m，问此人离开地平面的高度约为多少米（精确到 1 m）?

解 已知 $EF=40$ m，过点 F 作平面 AB_1 的垂线 FH，H 是垂足. 过 H 作 $HG\perp AB$ 交 AB 于 G，连结 FG. 根据三垂线定理知 $FG\perp AB$. 因此，$\angle FGH$ 就是地平面与坡面所成的二面角的平面角，即 $\angle FGH=30°$.

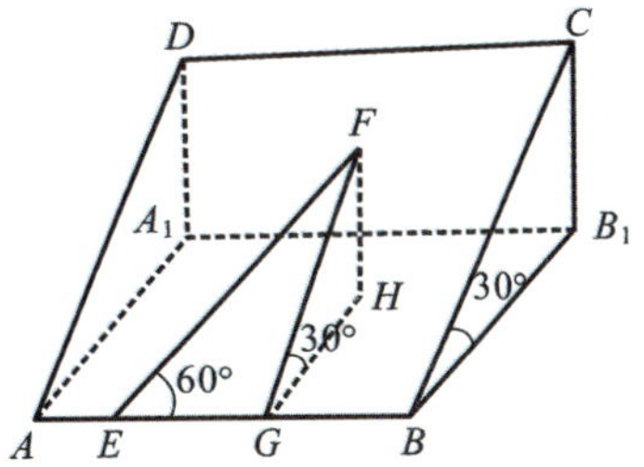

图 4.34

在 Rt△EFG 中，

$$FG=EF\cdot\sin 60°=40\times\frac{\sqrt{3}}{2}=20\sqrt{3}\ (\text{m})$$

在 Rt△FGH 中，

$$FH=FG\cdot\sin 30°=20\sqrt{3}\times\frac{1}{2}=10\sqrt{3}\approx 17\ (\text{m})$$

即沿小路上山走了 40 m 时，上升的高度约为 17 m.

4.4.3 平面与平面垂直

1. 平面与平面垂直的定义

定义 4.5 如果两个相交平面所成的二面角是直二面角，则称这两个平面垂直.

表示法：平面α与β相互垂直，记作$\alpha \perp \beta$.

画法：把直立的平面的竖边画成与水平面的横边垂直（见图 4.35）.

2. 两个平面垂直的判定

判定两个平面互相垂直，除了定义外，还有下面的判定定理.

定理 4.13 如果一个平面经过另一个平面的一条垂线，那么这两个平面互相垂直.

也就是说，若$AB \perp \beta, AB \subset \alpha$，则$\alpha \perp \beta$（见图 4.36）.

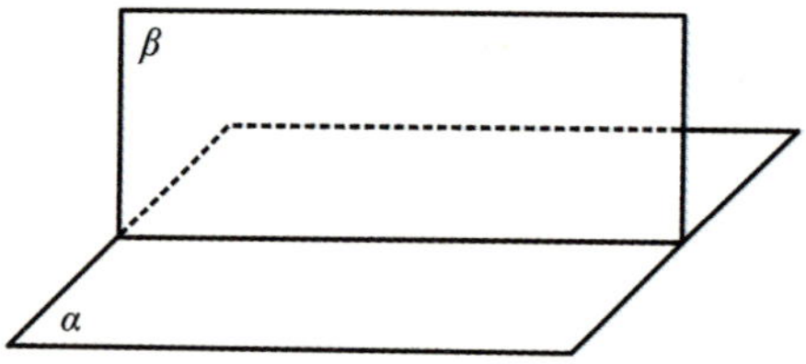

图 4.35

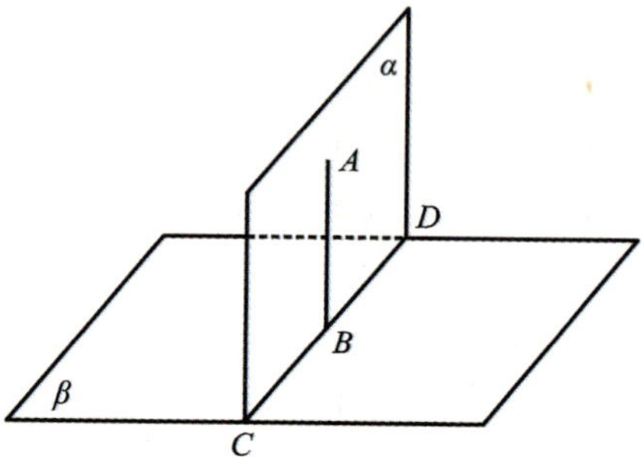

图 4.36

3. 平面与平面垂直的性质

定理 4.14 如果两个平面相互垂直，则在一个平面内垂直于它们交线的直线必垂直于另一个平面.

推论 4.7 如果两个相交平面都垂直于第三个平面，则它们的交线必垂直于第三个平面.

例 2 如图 4.37 所示，在两个相互垂直的平面α和β的交线上，有两点A，B，已知$AC \perp AB$，$BD \perp AB$且$AC = 6, AB = 8, BD = 10$，求CD的长.

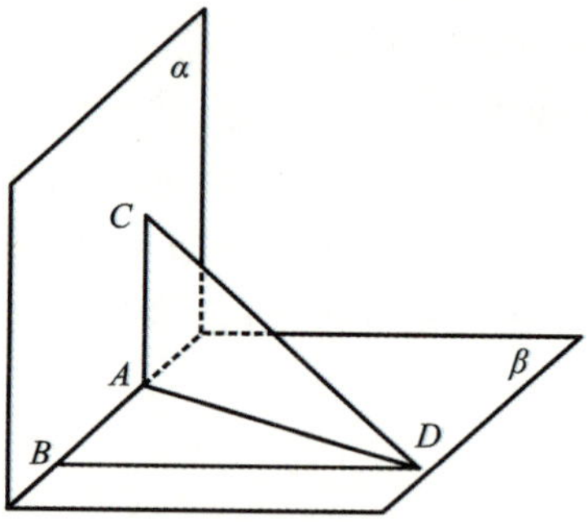

图 4.37

解 已知$\alpha \perp \beta, \alpha \cap \beta = AB, AC \subset \alpha, BD \subset \beta, AC \perp AB$，所以$AC \perp \beta$. 连结$AD$，则$AC \perp AD$，在$\text{Rt}\triangle ABD$中，

$$AD = \sqrt{AB^2 + BD^2} = \sqrt{8^2 + 10^2} = \sqrt{164} = 2\sqrt{41}$$

在$\text{Rt}\triangle CAD$中，

$$CD = \sqrt{AC^2 + AD^2} = \sqrt{36 + 164} = 10\sqrt{2}$$

即CD的长为$10\sqrt{2}$.

习题 4.4

1. 判断题

（1）如果一个平面内的两条平行线，分别平行于另一个平面内的两条直线，则这两个平面平行.（　　）

（2）如果一个平面内的两条相交直线分别平行于另一个平面内的两条直线，则这两个平面平行.（　　）

（3）如果两个平面互相平行，则在其中一个平面内的任何直线，都平行于另一个平面.（　　）

（4）如果两个平面互相平行，则分别在这两个平面内的直线都互相平行.（　　）

（5）两个平面垂直，过其中一个平面内一点作与它们的交线垂直的直线，必垂直于另一个平面.（　　）

（6）两平面垂直，分别在这两个平面内的两直线互相垂直.（　　）

2. 两条线段夹在两个平行平面之间，这两条线段投在平面内的射影长分别为 1 dm 和 5 dm，若两条线段相差 3 dm，试求这两条线段的长以及这两个平行平面之间的距离.

3. 在一个二面角的一个面内有一点，它到棱的距离等于到另一个平面的距离的 2 倍，求此二面角的度数.

4. 在一个斜坡上，沿着与坡脚的水平线成 30°的直线道路在斜坡上行走，如果行走 60 m 时高度增加 15 m，求坡面的倾斜角.

5. 如图 4.38 所示，已知 $PA\perp$平面 $ABC, PA=\sqrt{3}, AB=AC=\sqrt{2}, AB\perp AC, D$ 是 BC 的中点.

（1）求证：直线 $BC\perp$平面 PAD；

（2）求二面角 P-BC-A 的大小.

6. 如图 4.39 所示，以等腰直角△ABC 斜边 BC 上的高 AD 为折痕，使△ABD 与△ACD 所在的两个面互相垂直. 求证：

（1）$BD\perp CD$；（2）$\angle BAC=60°$.

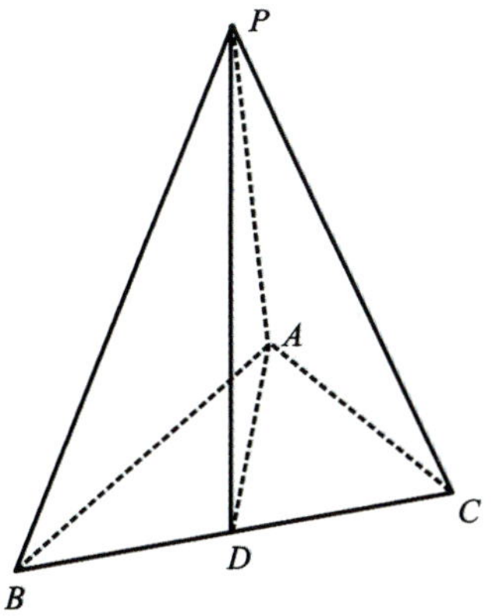

图 4.38

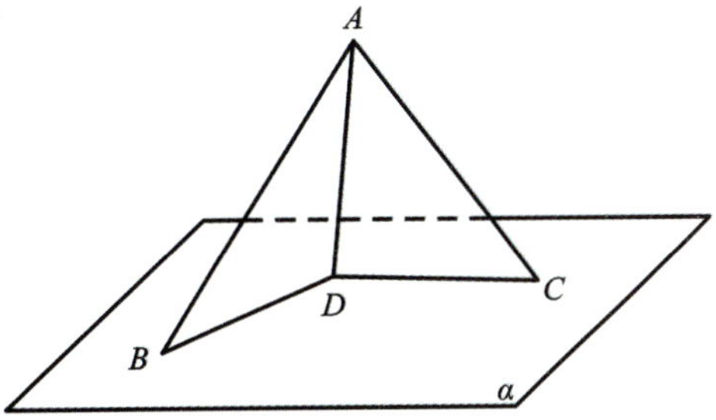

图 4.39

4.5 多面体

在日常生产和生活中，遇到的物体往往呈现不同形状，常见的有多面体和旋转体.

定义 4.6 由几个多边形所围成的封闭的几何体称为多面体.

围成的多面体的多边形称为**多面体的面**. 相邻两个面的交线称为**棱**. 棱与棱的交点称为**多面体的顶点**. 不在同一个面的两个顶点的连线称为**多面体的对角线**.

多面体至少有四个面，依据面的数目可以分为四面体、五面体、六面体等. 如图 4.40 所示，分别为四面体、八面体、六面体、十二面体、二十面体.

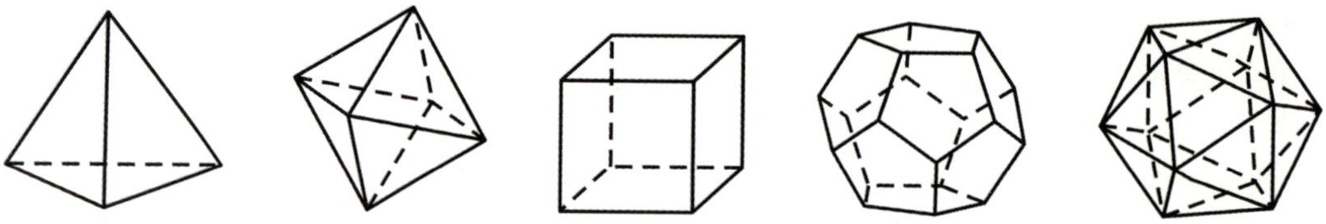

图 4.40

4.5.1 棱 柱

1. 棱柱的定义

定义 4.7 有两个面相互平行，其他各面都是四边形，并且相邻的两个四边形的公共边都互相平行的多面体称为**棱柱**.

如图 4.41 所示，互相平行的两个面称为**底面**，其他各面称为棱柱的**侧面**. 两个相邻的侧面的交线称为**棱柱的侧棱**. 两个底面的距离称为**棱柱的高**. 经过不在同一侧面的任意两条棱的截面称为**棱柱的对角截面**.

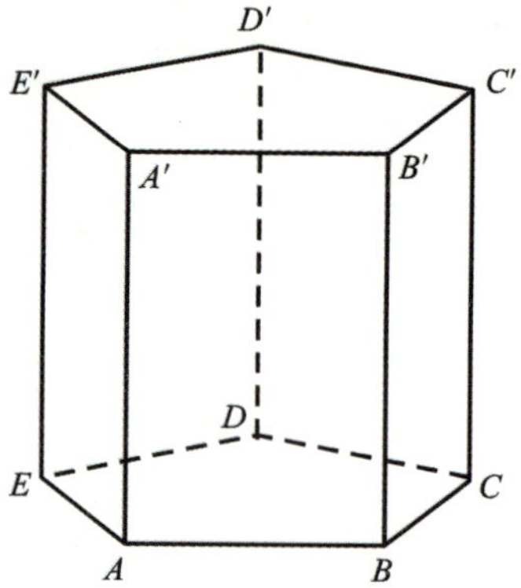

图 4.41

棱柱用表示两底面的对应顶点的字母，或者用一条对角线端点的两个字母来表示.

例如，图 4.41 所示的五棱柱可表示为棱柱 $ABCDE\text{-}A'B'C'D'E'$ 或棱柱 AC'.

棱柱又分为斜棱柱和直棱柱. 侧棱与底面不垂直的棱柱叫作**斜棱柱**. 侧棱与底面垂直的棱柱叫作**直棱柱**. 其中，底面是正多边形的直棱柱叫作**正棱柱**.

如图 4.42 所示，图（a）为斜棱柱，图（b）为直棱柱，图（c）为正棱柱.

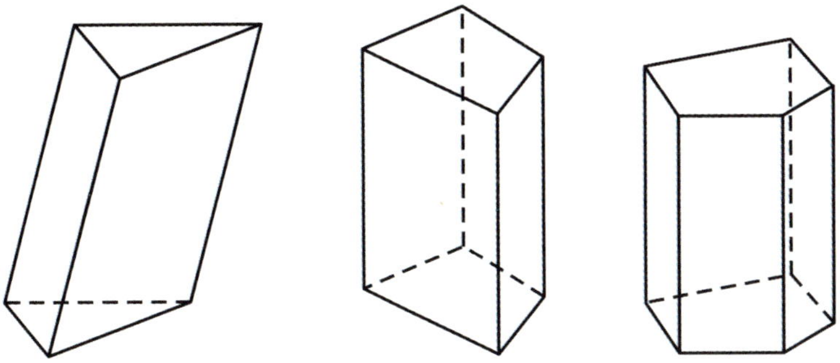

（a）　　（b）　　（c）

图 4.42

长方体是指底面是矩形的直棱柱，所有的棱长都相等的长方体叫作**正方体**.

2. 棱柱的主要性质

棱柱主要有以下性质：

（1）侧棱互相平行且相等；

（2）侧面都是平行四边形；

（3）两个底面都是全等的多边形.

直棱柱除了具有棱柱的上述性质，还具有以下性质：

（1）直棱柱的侧棱与高相等，侧面是矩形；

（2）正棱柱的两个底面中心的连线垂直于底面，侧面都是全等的矩形.

（3）设直棱柱的底面面积为 s，底面周长为 c，高为 h，则此棱柱的侧面积、全面积和体积公式为

$$S_{\text{直棱柱侧}}=ch\,,\quad S_{\text{直棱柱全}}=2s+ch\,,\quad V_{\text{直棱柱}}=sh$$

例 1　如图 4.43 所示，已知直三棱柱 $ABC\text{-}A_1B_1C_1$ 的底面为等腰三角形，$AB=BC=7$，$AC=2$，过 AC 作一截面 ACD 与底面 ABC 成 30°的二面角，与侧棱 BB_1 交于点 D，求线段 BD 的长.

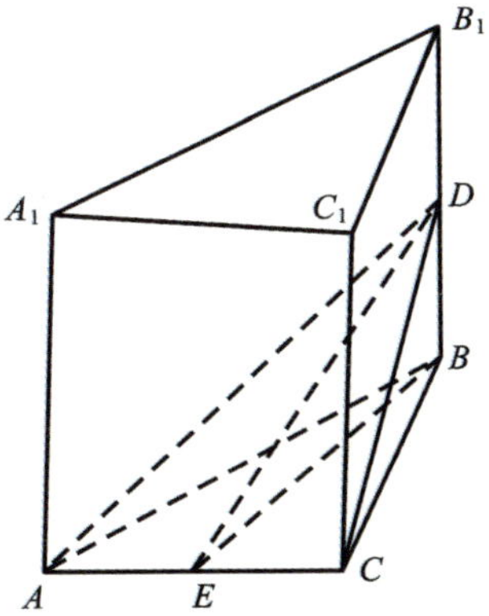

图 4.43

解 过点 B 作 $BE \perp AC$ 交 AC 于点 E．根据直棱柱的定义，可知 $DB \perp$ 底面 ABC，从而 $DB \perp BE$．因为 BE 是 DE 在底面 ABC 上的射影，而 $AC \subset$ 平面 ABC，由三垂线定理知，$AC \perp DE$，所以 $\angle DEB$ 就是截面 ACD 与底面 ABC 所成的二面角的平面角，即 $\angle DEB = 30°$．

在直角 $\triangle BEC$ 中，由于 $BC = 7, EC = \frac{1}{2}AC = 1$，所以

$$BE = \sqrt{BC^2 - EC^2} = \sqrt{7^2 - 1^2} = 4\sqrt{3}\,(\text{cm})$$

因此，在直角 $\triangle DEB$ 中，

$$BD = BE\tan\angle DEB = 4\sqrt{3}\tan 30° = 4\sqrt{3} \times \frac{\sqrt{3}}{3} = 4\,(\text{cm})$$

例 2 已知正六棱柱的高为 h，底面边长为 a，求它的全面积和体积.

解 根据题意得，此正六棱柱的底面周长为 $c = 6a$，底面面积为

$$S = \frac{1}{2}a^2 \sin 60° \times 6 = \frac{3\sqrt{3}}{2}a^2$$

所以，此正六棱柱的全面积和体积分别为

$$S_{\text{正六棱柱全}} = 2S + ch = 3\sqrt{3}a^2 + 6ah$$

$$V_{\text{正六棱柱}} = Sh = \frac{3\sqrt{3}}{2}a^2 h$$

例 3 如图 4.44 所示，已知三棱柱 $ABC\text{-}A'B'C'$ 的底面为直角三角形，两直角边 AC 和 BC 的长分别是 4 cm 和 3 cm，棱 AA' 的长为 10 cm，求满足下列条件的三棱柱的体积：

（1）侧棱 AA' 垂直于底面；

（2）侧棱 AA' 与底面所成的角为 60°.

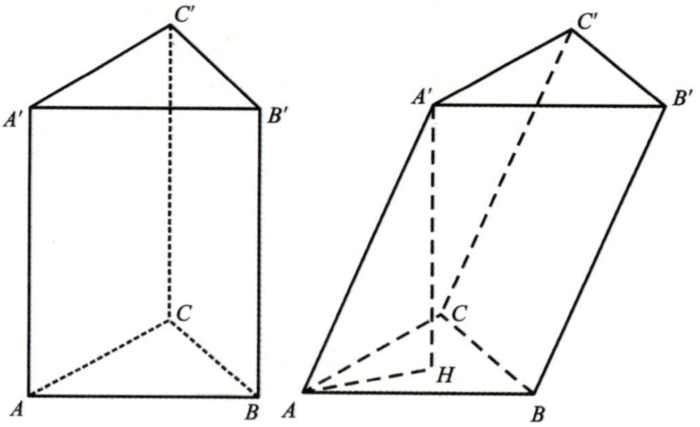

图 4.44

解 （1）因为侧棱 $AA' \perp$ 底面 ABC，所以三棱柱的高 h 等于侧棱 AA' 的长，而底面三角形 ABC 的面积为 6 cm²，于是此三棱柱的体积

$$V = Sh = 6 \times 10 = 60\ (\text{cm}^3)$$

故这个三棱柱的体积为 60 cm³.

（2）过 A' 作平面 ABC 的垂线，垂足为 H，于是 $A'H$ 为三棱柱的高.

因为侧棱 AA' 与底面所成的角为 60°，所以 $\angle A'AH = 60°$，计算得

$$A'H = AA' \cdot \sin 60° = 5\sqrt{3} \text{ (cm)}$$

又由（1）可知，底面三角形 ABC 的面积 $S = 6$（cm^2），故三棱柱的体积为

$$V = S \cdot A'H = 6 \times 5\sqrt{3} = 30\sqrt{3} \text{ (cm}^3\text{)}$$

故这个三棱柱的体积为 $30\sqrt{3}$ cm^3.

4.5.2 棱　锥

棱锥也是生产和生活中常见的一种几何体.

1. 棱锥的定义

定义 4.8　有一个面是多边形，其余各面都是有一个公共顶点的三角形所围成的几何体叫作**棱锥**. 其中，多边形的面叫作**棱锥的底面**，其余各面叫作**棱锥的侧面**，相邻两侧面的公共边叫作**棱锥的侧棱**，各侧面的公共顶点叫作**棱锥的顶点**，顶点到底面的距离叫作**棱锥的高**.

棱锥由表示顶点和表示底面顶点的字母来表示. 图 4.45 所示的棱锥，记作棱锥 $S\text{-}ABCDE$ 或简写为棱锥 $S\text{-}AC$.

图 4.45

棱锥按照底面是三角形、四边形、六边形等，分别叫作三棱锥、四棱锥、六棱锥等. 如图 4.46 所示.

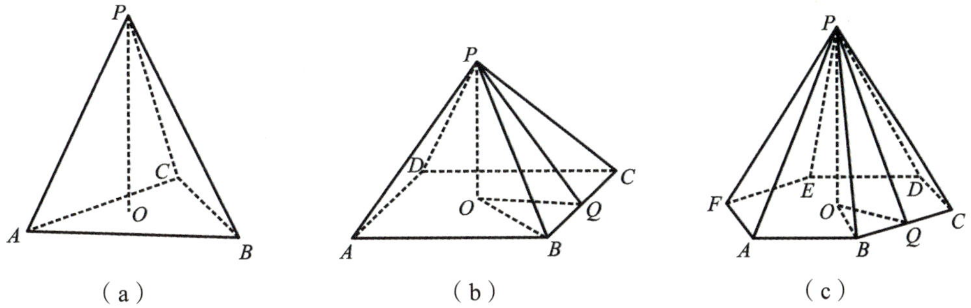

图 4.46

如果棱锥的底面是一个正多边形，并且顶点在底面的射影是底面正多边形的中心，这样的棱锥叫作正棱锥. 如图 4.46 所示，分别为正三棱锥、正四棱锥、正六棱锥.

2. 正棱锥的主要性质

根据正棱锥的定义，可以推出正棱锥的一些主要性质：

（1）侧棱都相等；

（2）侧面都是全等的等腰三角形，这些等腰三角形的底边上的高称为正棱锥的斜高，且相等；

（3）顶点和底面中心的连线垂直于底面；

（4）侧棱和底面所成的角都相等，侧面和底面所成的二面角都相等；

（5）平行于棱锥底面的截面称为棱锥的平行截面；

（6）棱锥的侧棱和高被平行截面分为成比例的线段；

（7）平行截面是和底面相似的正多边形；

（8）平行于底面的截面的面积和底面面积的比等于从顶点到平行截面的距离和棱锥高的平方的比.

3. 棱锥的侧面积、全面积和体积

设正棱锥的底面周长为 c，底面面积为 S，高为 H，斜高为 h，则此棱锥的侧面积、全面积和体积为

$$S_{侧}=\frac{1}{2}ch$$

$$S_{全}=\frac{1}{2}ch+S$$

$$V_{棱锥}=\frac{1}{3}SH$$

例 4 已知正四棱锥底面正方形的边长为 4，高 H 与斜高 h 的夹角为 30°，如图 4.47 所示，求此正四棱锥的侧面积、全面积和体积.

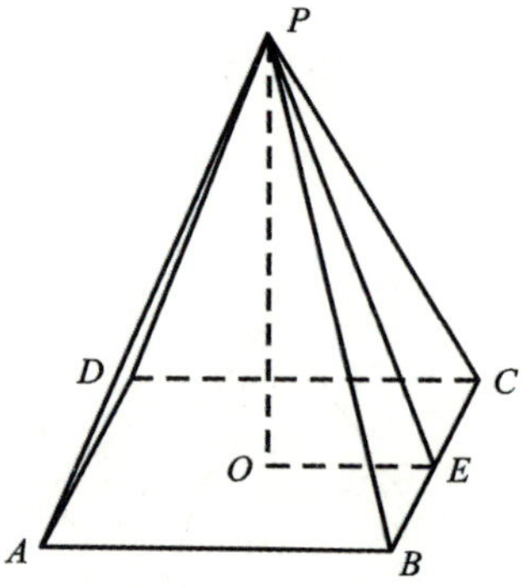

图 4.47

解 正四棱锥的高 PO、斜高 PE、边心距 OE 构成直角三角形 POE.

因为 $OE=2\text{cm}, \angle OPE=30°$，则

$$h=PE=\frac{OE}{\sin\angle OPE}=\frac{2}{\sin 30°}=4\ (\text{cm})$$

$$H=PO=OE\cot 30°=2\sqrt{3}\ (\text{cm})$$

所以

$$S_{侧}=\frac{1}{2}ch=\frac{1}{2}\times 4\times 4\times 4=32\ (\text{cm}^2)$$

$$S_{全}=\frac{1}{2}ch+S=32+4\times 4=48\ (\text{cm}^2)$$

$$V_{棱锥}=\frac{1}{3}SH=\frac{1}{3}\times 4\times 4\times 2\sqrt{3}=\frac{32\sqrt{3}}{3}\ (\text{cm}^3)$$

故此四棱锥的侧面积为 32 cm^2，全面积为 48 cm^2，体积 $\frac{32\sqrt{3}}{3}\text{cm}^3$.

例 5 已知正四棱锥的底面面积 S 为 12 cm^2，侧面积 $S_{侧}$ 为 24 cm^2，求它的体积.

解 设该正四棱锥的高为 H，斜高为 h，如图 4.48 所示.

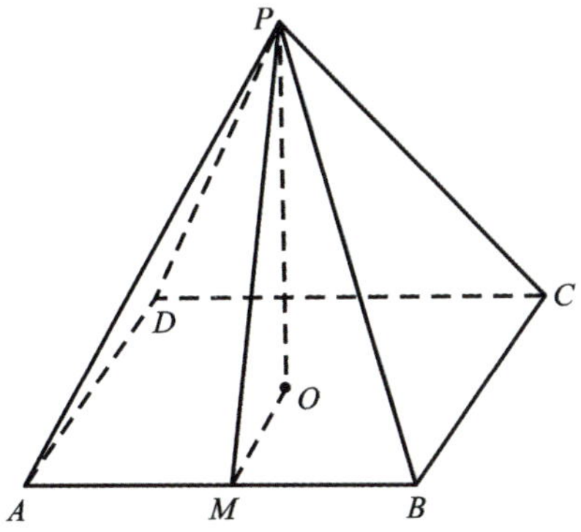

图 4.48

因为 $PO=H, PM=h$，且 $S=12\ \text{cm}^2$，可得

$$AB=2\sqrt{3}\ (\text{cm})$$

$$OM=\frac{1}{2}BC=\frac{1}{2}AB=\sqrt{3}\ (\text{cm})$$

$$S_{侧}=\frac{1}{2}ch=\frac{1}{2}\times 4\times 2\sqrt{3}\times h=24\ (\text{cm}^2)$$

$$PM=h=2\sqrt{3}\ (\text{cm})$$

$$PO=H=\sqrt{PM^2-OM^2}=3\ (\text{cm})$$

$$V_{棱锥}=\frac{1}{3}SH=\frac{1}{3}\times 12\times 3=12\ (\text{cm}^3)$$

所以棱锥的体积为 12 cm^3.

4.5.3 棱　台

1. 棱台的定义

定义 4.9　用一个平行于底面的截面去截棱锥，底面和平行截面间的部分称为棱台. 这两个平行的面称为棱台的底面，原棱锥的底面称为下底面，平行截面称为上底面，其余的面称为棱台的侧面. 两个相邻侧面的交线称为棱台的侧棱. 两底面之间的距离称为棱台的高. 经过不在同一侧面内的任意两条侧棱的截面称为棱台的对角截面，侧面上的高称为此侧面的斜高.

如图 4.49 所示，棱锥的底面 $ABCDE$ 和平行截面 $A_1B_1C_1D_1E_1$ 间的部分就是棱台，$ABCDE$ 是下底面，$A_1B_1C_1D_1E_1$ 是上底面，$ABB_1A_1, BCC_1B_1, \cdots, EAA_1E_1$ 是侧面. $AA_1, BB_1, \cdots$，EE_1 是侧棱. OO_1 是高. BB_1D_1D 是一个对角截面，E_1G 为侧面 EAA_1E_1 的斜高.

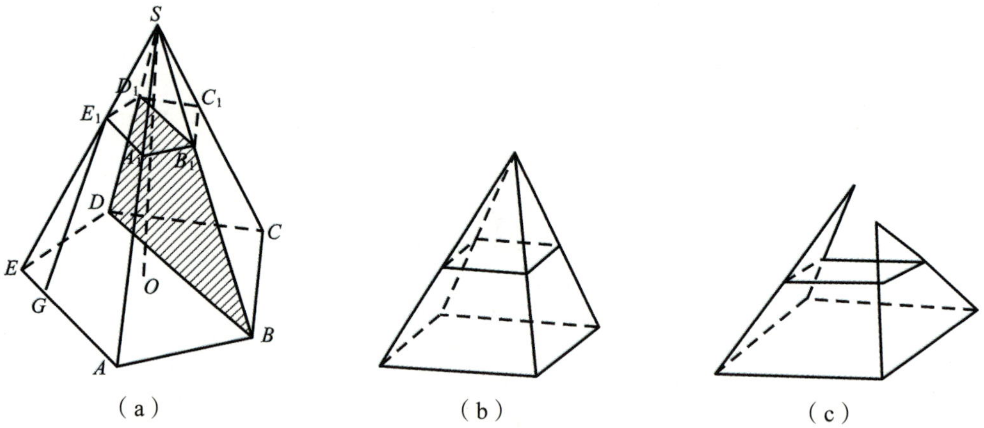

图 4.49

棱台的表示法和棱柱相同，如图 4.50 中的棱台可以表示为棱台 $ABCDE\text{-}A_1B_1C_1D_1E_1$ 或棱台 AC_1.

由正棱锥截得的棱台称为正棱台. 由三棱锥、四棱锥等截得的棱台分别称为三棱台、四棱台等.

有些多面体看上去像棱台，实际上不是棱台.

棱台的特征是：它的两个底面不但平行，并且各个棱延长后相交于同一点. 画棱台时，须注意这一点. 如图 4.49 所示，图（b）是棱台，图（c）虽然两底面平行，但各侧棱延长后不相交于同一点，所以它不是棱台.

2. 正棱台的主要性质

根据正棱台的定义，可以推出正棱台的一些主要性质：

（1）侧棱相等；

（2）各个侧面是全等的等腰梯形，各斜高都相等；

（3）上底面和下底面是相似的正多边形；

（4）侧棱和底面所成的角都相等，侧面和底面所成的二面角都相等；

（5）两个底面中心的连线垂直于底面，这条连线的长就是正棱台的高.

例 6 已知正四棱台的高是 10 cm，两底面的边长分别是 4 cm 和 12 cm. 求此棱台的侧棱和斜高的长.

解 如图 5.50 所示，设正四棱台 AC_1 的两个底面的中心分别是 O_1 和 O，连结 OO_1, OB, O_1B_1，过点 B_1 作 B_1E 垂直于下底面交 OB 于点 E，作 $B_1F \perp BC$ 交 BC 于点 F，则 OO_1 是棱台的高，且 $OO_1 = B_1E, B_1F$ 是棱台的斜高，$\triangle B_1EB$ 和 $\triangle B_1FB$ 是两个直角三角形. 由于边长为 a 的正方形的对角线一半的长为 $\dfrac{\sqrt{2}}{2}a$，所以在直角 $\triangle B_1EB$ 中，

$$侧棱\ BB_1 = \sqrt{B_1E^2 + EB^2} = \sqrt{10^2 + (4\sqrt{2})^2} = 2\sqrt{33}\ (\text{cm})$$

在直角 $\triangle B_1FB$ 中，

$$斜高\ B_1F = \sqrt{B_1B^2 - BF^2} = \sqrt{132 - 16} = 2\sqrt{29}\ (\text{cm})$$

即这个棱台的侧棱为 $2\sqrt{33}$ cm，斜高为 $2\sqrt{29}$ cm .

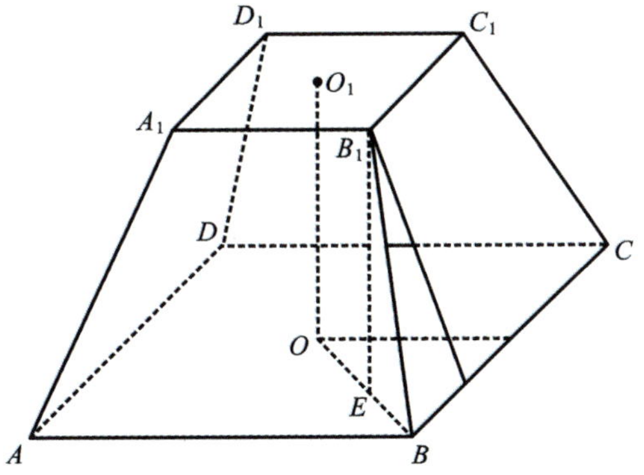

图 4.50

3. 棱台的侧面积、全面积和体积

下面给出正棱台的侧面积、全面积和棱台的体积的计算公式.

$$S_{正棱台侧} = \frac{1}{2}(p_1 + p_2)h$$

$$S_{正棱台全} = S_1 + S_2 + \frac{1}{2}(p_1 + p_2)h$$

$$V_{正棱台} = \frac{1}{3}H(S_1 + S_2 + \sqrt{S_1S_2})$$

其中，h 为斜高；p_1, p_2 分别为上、下底面的周长；S_1, S_2 分别为上、下底面的面积；H 为高.

例 7 已知正六棱台的上、下底面的边长分别是 a 和 b，侧棱和下底面成 60°的角，求它的体积.

解 如图 4.51 所示，设正六棱台 $ABCDEF\text{-}A_1B_1C_1D_1E_1F_1$ 的上、下底面的中心为 O 和 O_1，连结 OB 和 O_1B_1，过点 B 作 $BM \perp O_1B_1$ 交 O_1B_1 于点 M，则 BM 为棱台的高，$\angle BB_1M$ 为侧棱与底面所成的角，且 $\angle BB_1M = 60°$.

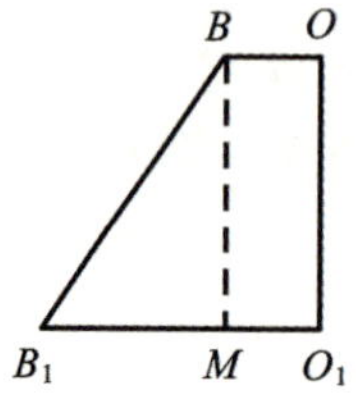

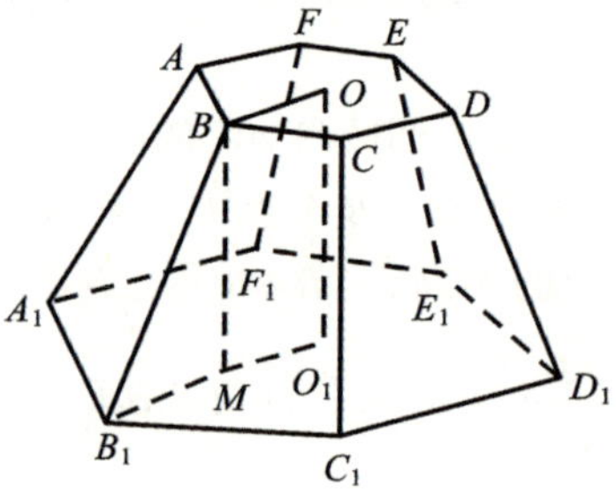

图 4.51

在上、下底面的正六边形中，$OB=a$，$O_1B_1=b$.

在直角$\triangle BB_1M$中，

$$BM=(b-a)\tan 60°=\sqrt{3}(b-a)$$

于是棱台的上、下底面的面积分别为

$$S_1=6\times\frac{1}{2}a^2\sin 60°=\frac{3\sqrt{3}}{2}a^2,\ S_2=6\times\frac{1}{2}b^2\sin 60°=\frac{3\sqrt{3}}{2}b^2$$

棱台的体积为

$$V=\frac{\sqrt{3}}{3}(b-a)\left(\frac{3\sqrt{3}a^2}{2}+\frac{3\sqrt{3}b^2}{2}+\sqrt{\frac{3\sqrt{3}}{2}\cdot\frac{3\sqrt{3}}{2}\cdot a^2b^2}\right)$$

$$=\frac{3}{2}(b-a)(a^2+ab+b^2)=\frac{3}{2}(b^3-a^3)$$

即正六棱台的体积为$\frac{3}{2}(b^3-a^3)$.

习题 4.5

1. 判断题

（1）底面是矩形的四棱柱是长方体.（　　）

（2）直四棱柱是长方体.（　　）

（3）正四棱柱是正方体.（　　）

（4）有一个面是多边形，其余各面是三角形的几何体是棱锥.（　　）

（5）底面是正多边形的棱锥是正棱锥.（　　）

2. 正四棱柱的一条对角线长为 5 cm，高为 3 cm，求它的底面边长.

3. 长方体相邻的两个侧面面积分别为 12 cm² 和 8 cm²，底面积 6 cm². 求这个长方体的体积.

4. 正四棱柱的侧面积是 32 dm^2，全面积是 40 dm^2，求它的高.

5. 已知三棱柱的高为 5 dm，它的底面为直角三角形，斜边长为 10 dm，另一条直角边为 8 dm，求该棱柱的体积.

6. 已知正三棱体 $P\text{-}ABC$ 的高是 3 dm，侧面和底面所成的二面角是 60°，求该三棱柱的全面积.

7. 一个正三棱台的侧棱长 10 cm，两个底面的边长分别是 6 cm 和 12 cm，求侧面积.

8. 如图 4.52 所示，正四棱台 AC_1 的对角线 $A_1C=9$ dm，两个底面边长分别为 5 dm 和 7 dm，求该棱台的体积.

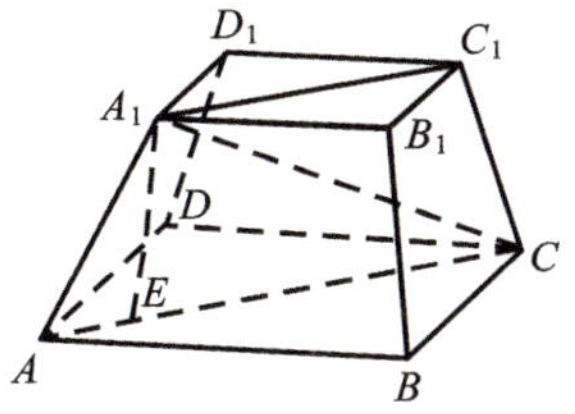

图 4.52

4.6 旋转体

在生产和生活中经常会遇到一种几何体就是旋转体.

定义 4.10 一个平面图形绕着与它在同一平面的一条直线旋转一周所形成的几何体称为**旋转体**，这条直线称为旋转体的**轴**.

圆柱、圆锥、球体是常见的旋转体，如图 4.53 所示.

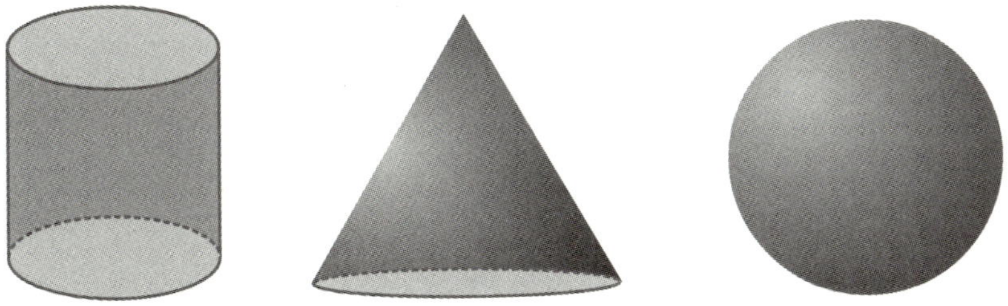

图 4.53

4.6.1 圆 柱

1. 圆柱的定义

定义 4.11 一个矩形沿着它的一边旋转一周而得到的几何体称为圆柱，被绕着旋转的一边称为轴，其对边称为母线，由母线旋转所成的曲面称为侧面，由矩形其他两边旋转所成的面称为底面，两底面间的距离称为高.

2. 圆柱的主要性质

根据圆柱的定义，可以推出圆柱的一些主要性质：

（1）两底面是相等的圆且互相平行；
（2）轴截面（过轴的截面）为矩形，与侧面的交线即为母线，母线平行相等，且等于高；
（3）平行于底面的截面是与底面相等的圆；
（4）圆柱的侧面展开图是矩形，它的一条边是圆柱的高，另一条边是圆柱的周长.

3. 圆柱的侧面积、全面积与体积

$$S_{圆柱侧}=2\pi RH$$

$$S_{圆柱全}=2\pi R(R+H)$$

$$V_{圆柱}=\pi r^2H$$

例 1　制作一个底面半径为 15 cm、高为 40 cm 的圆柱形铁桶，求所需铁皮的面积及其容积（结果保留整数）.

解　所需铁皮的面积为一个圆柱侧面积与一个底面积的和：

$$\begin{aligned}S_{圆柱侧}+S_{底}&=2\pi rh+\pi r^2=2\pi\times15\times40+\pi\times15^2\\&=1425\pi\approx4475\,(\mathrm{cm}^2)\end{aligned}$$

$$V=\pi r^2h=\pi\times15^2\times40=9\ 000\pi\approx28\ 260\,(\mathrm{cm}^3)$$

故所需铁皮面积为 4475 cm^2，铁桶容积为 28 260 cm^3.

例 2　如图 4.54 所示，圆柱的高是 H，它的侧面展开图中，母线与对线的夹角是 60°，求圆柱的体积.

解　设圆柱的底圆半径为 R，则 $\tan60^\circ=\dfrac{2\pi R}{H}, R=\dfrac{\sqrt{3}H}{2\pi}$. 于是，圆柱的体积为

$$V=\pi R^2H=\pi\left(\frac{\sqrt{3}H}{2\pi}\right)^2H=\frac{3H^3}{4\pi}$$

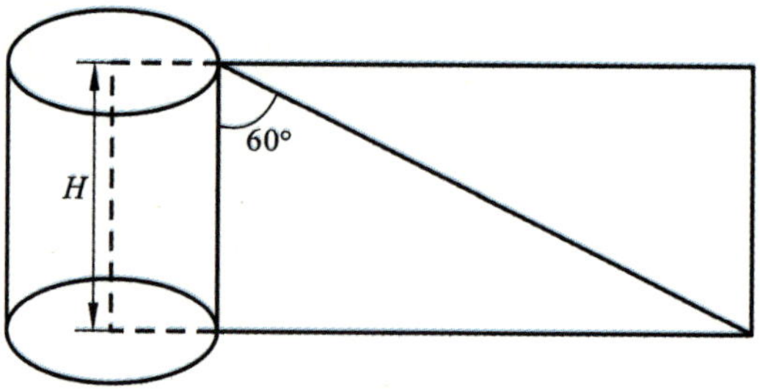

图 4.54

4.6.2　圆　锥

1. 圆锥的定义

定义 4.12　一个直角三角形绕着它的一条直角边旋转一周所成的几何体称为圆锥.

如图 4.55 所示，圆锥是由直角三角形 SAO 绕着轴 SO 旋转一周所成的几何体. 斜边 SA 称为圆锥的母线. 由母线旋转所成的面称为圆锥的侧面. 由直角三角形另一条直角边 OA 旋转所成的面称为圆锥的底面. S 称为圆锥的顶点. 从顶点到底面的距离 SO 称为圆锥的高.

圆锥一般可用它的顶点和底面圆心两个字母来表示，如图 4.55 中的圆锥可写成圆锥 SO.

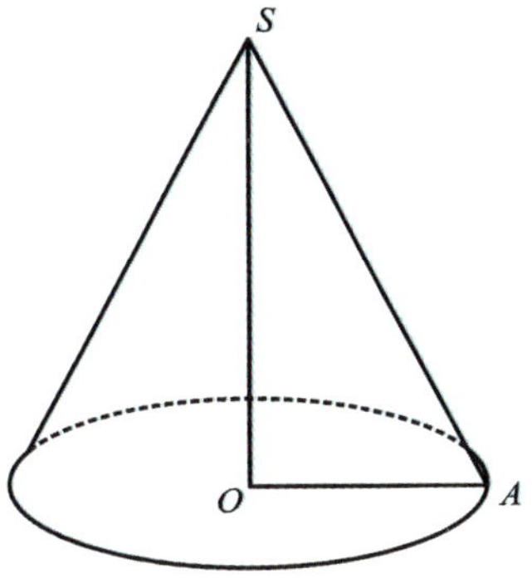

图 4.55

2. 圆锥的主要性质

根据圆锥的定义，可以推出圆锥的一些主要性质：

（1）底面是一个圆；

（2）平行于圆锥底面的截面称为圆锥的平行截面；

（3）平行截面是圆；

（4）平行截面的半径和底面半径的比等于从顶点到平行截面的距离和圆锥高的比；

（5）平行截面的面积和底面积的比等于从顶点到平行截面的距离和圆锥高的平方的比；

（6）通过轴的所有截面（称为圆锥的轴截面），是全等的等腰三角形；

（7）圆锥的侧面展开图是一个扇形，它的半径等于圆锥的母线，弧长等于圆锥底面的周长，中心角 $\alpha=\dfrac{2\pi R}{l}$（见图 4.56）.

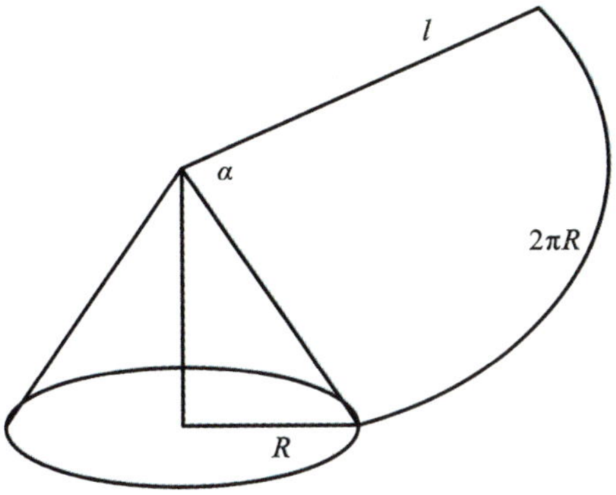

图 4.56

例 3 如图 4.57，圆锥的高等于 10 cm，SAB 是经过圆锥顶点的斜截面，它与底面所成的二面角是 45°，它把底面圆周截去四分之一. 求此截面的面积.

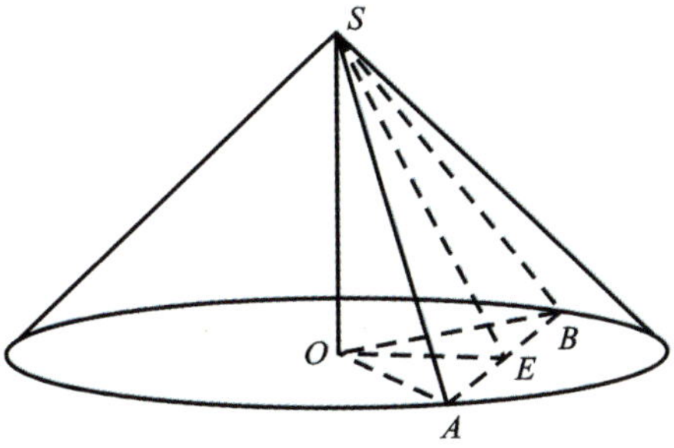

图 4.57

解 设圆锥底面的圆心是 O，连结 SO，作 $OE \perp AB$ 交 AB 于点 E．连结 SE，则 $SE \perp AB$．因此 $\angle SEO$ 是截面 SAB 与底面所成的二面角的平面角，即 $\angle SEO = 45°$．

又 $SO \perp$ 圆 O，所以

$$SE = \sqrt{OE^2 + OS^2} = \sqrt{10^2 + 10^2} = 10\sqrt{2}\ (\text{cm})$$

又因为 AB 是圆周的四分之一，所以 $\angle AOB = 90°$，从而 $AE = OE = 10, AB = 2AE = 20$．

于是截面 SAB 的面积为

$$S = \frac{1}{2}AB \cdot SE = \frac{1}{2} \times 20 \times 10\sqrt{2} = 100\sqrt{2}\ (\text{cm}^2)$$

即所求截面的面积为 $100\sqrt{2}\ \text{cm}^2$．

3. 圆锥的侧面积、全面积和体积

$$S_{圆锥侧} = \pi R l$$

$$S_{圆锥全} = \pi R(R + l)$$

$$V_{圆锥} = \frac{1}{3}\pi R^2 H$$

例 4 图 4.58 所示为一圆锥形的风帽，$R = 4\ \text{dm}, H = 3\ \text{dm}$．求制造这个风帽所需扇形铁皮的圆心角的度数和面积.

解 因为

$$母线长\ l = \sqrt{H^2 + R^2} = \sqrt{9 + 16} = 5\ (\text{dm})$$

所以

$$S_{圆锥侧} = \pi r l = \pi \times 4 \times 5 = 20\pi\ (\text{dm}^2)$$

$$扇形的圆心角\ a = \frac{2\pi R}{l} = \frac{2\pi \times 4}{5} = \frac{8}{5}\pi = 288°.$$

即制造风帽所需扇形铁皮的圆心角为 288°，面积为 $20\pi\ \text{dm}^2$．

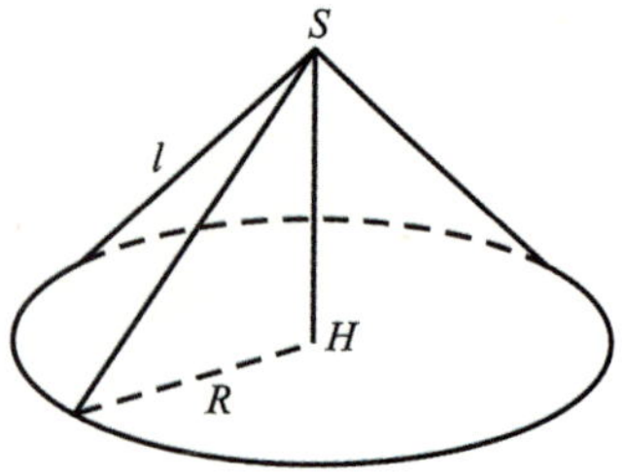

图 4.58

4.6.3 圆　台

1. 圆台的定义

定义 4.13 一个直角梯形绕着垂直于底边的腰旋转一周所成的几何体称为圆台.

图 4.59 所示的圆台是由直角梯形 AOO_1A_1 绕着直角腰 OO_1 旋转一周而形成的．被绕着旋转的腰 OO_1 称为圆台的轴．另一腰 AA_1 称为圆台的母线．在形成圆台的旋转中，由母线旋转所成的面称为圆台的侧面．由梯形的两条底边 OA 和 O_1A_1 旋转所成的面称为圆台的底面．圆 O_1 称为上底面，圆 O 称为下底面，两底面间的距离 OO_1 称为圆台的高.

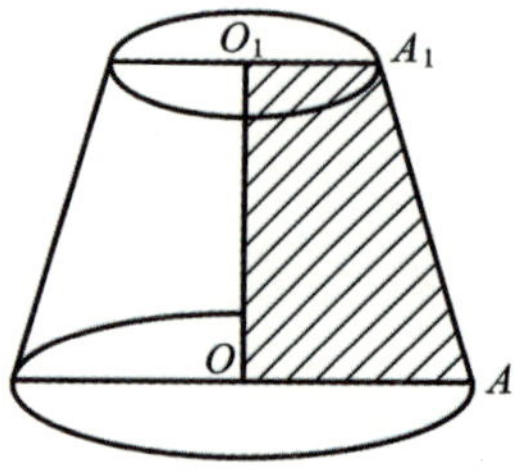

图 4.59

如图 4.60 所示，圆锥的底面圆 O 和平行截面圆 O_1 间的部分就是圆台. 圆台的表示法和圆柱相同，如图 4.61 中的圆台可以表示为圆台 OO_1.

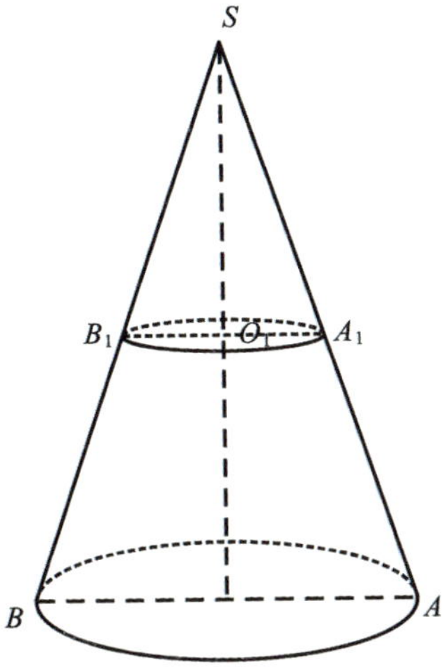

图 4.60

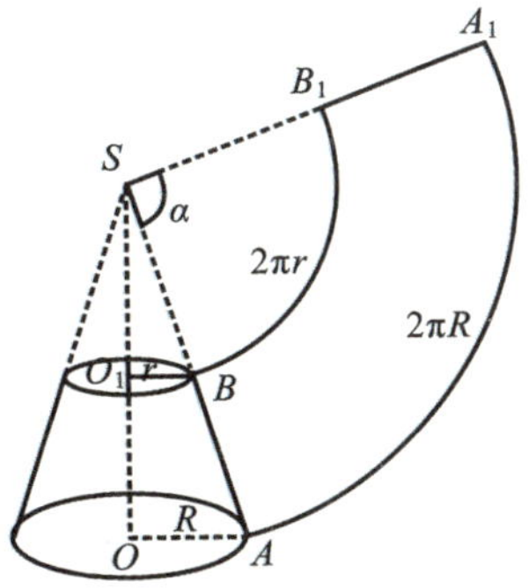

图 4.61

2. 圆台的主要性质

根据圆台的定义，可以推出圆台的一些主要性质：

（1）两个底面是圆，且互相平行.

（2）平行于圆台底面的截面（称为圆台的平行截面）是圆.

（3）通过轴的所有截面（称为圆台的轴截面）是全等的等腰梯形.

（4）圆台侧面展开图是个扇环，也就是从一个大扇形中去掉一个小扇形后所剩下的部分. 这两个扇形有相同的圆心角，大扇形的弧长是圆台下底面的周长，小扇形的弧长是圆台上底面的周长（见图 4.61）.

3. 圆台的侧面积、全面积和体积

$$S_{圆台侧}=\pi l(R_1+R_2)$$

$$S_{圆台全}=\pi[R_1^2+R_2^2+l(R_1+R_2)]$$

$$V_{圆台}=\frac{H}{3}(S_1+S_2+\sqrt{S_1S_2})=\frac{1}{3}\pi H(R_I^2+R_2^2+R_1R_2)$$

例 5 如图 4.62 所示，圆台的两个底面面积的比等于 4，母线的长等于 12，并且母线和底面所成的角等于 60°，求此圆台的体积.

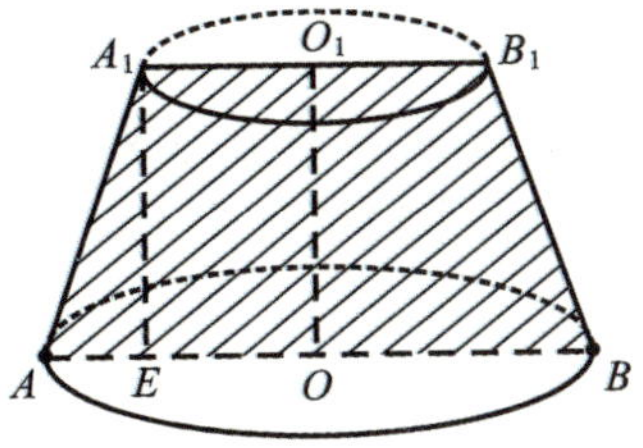

图 4.62

解 设圆台上、下底面的半径分别为 R_1 和 R_2. 根据题意，有 $R_2=2R_1$，则

$$\frac{\pi R_2^2}{\pi R_1^2}=4$$

作圆台的轴截面，由点 A_1 作 $A_1E\perp AB$ 交 AB 于点 E.
在直角三角形 AE_1A 中，

$$AE=AA_1\cos 60^\circ=12\times\frac{1}{2}=6\ (\text{cm}),\ A_1E=AA_1\sin 60^\circ=12\times\frac{\sqrt{3}}{2}=6\sqrt{3}\ (\text{cm})$$

于是

$$V_{圆台}=\frac{1}{3}\times 6\sqrt{3}\pi(6^2+12^2+6\times 12)=504\sqrt{3}\pi\ (\text{cm}^3)$$

即圆台的体积为 $504\sqrt{3}\pi\ \text{cm}^3$.

4.6.4 球

1. 球的定义

定义 4.14 一个半圆绕着它的直径旋转一周所形成的几何体称为球.

如图 4.63 中的球就是由半圆 $AOBC$ 绕着直径 AB 旋转一周所形成的，半圆的圆心 O 称为球心. 由半圆弧 ABC 绕直径旋转所成的面称为球面. 连结球心和球面上任意一点的线段 OC 称为球的半径. 连结球面上任意两点的线段 CD 称为球的弦，通过球心的弦 AB 称为球的直径.

球可以用它的球心的字母来表示，如图 4.63 中的球可写成球 O.

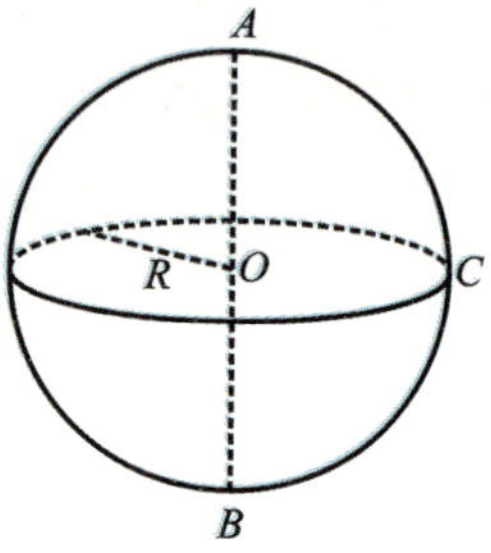

图 4.63

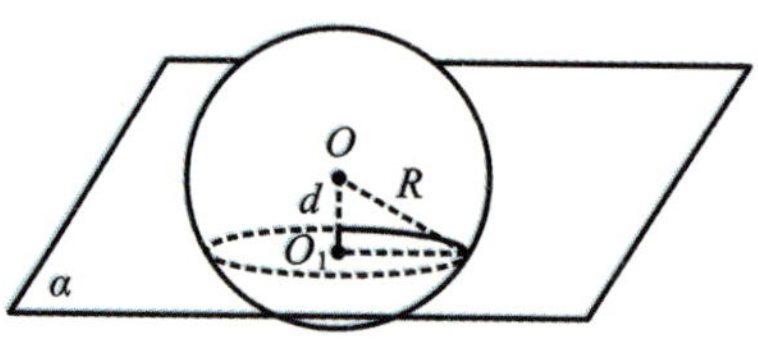

图 4.64

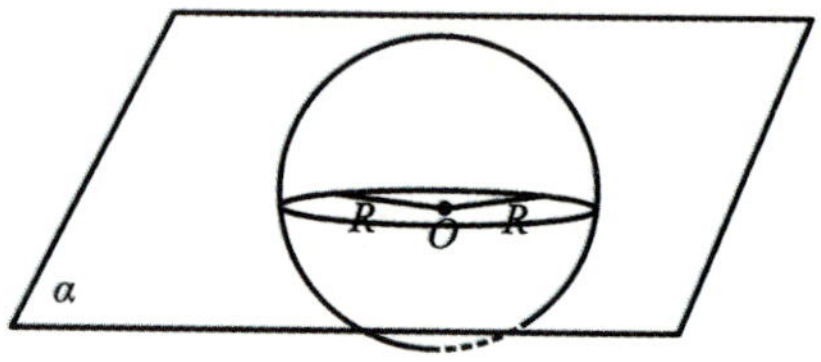

图 4.65

2. 球的主要性质

根据球的定义，可以推出球的一些主要性质：

（1）同一个球的半径都相等，直径也相等.

（2）用任意平面截球所得的截面（称为球截面是圆），球心和球截面圆心的连线与球截面垂直，如图 4.64 所示，平面 α 截球，球截面是圆，线段 $OO_1\perp$ 平面 α.

（3）球心到球截面的距离 d 等于球半径 R 的平方减去球截面半径 r 的平方所得的差的平方根，即 $d=\sqrt{R^2-r^2}$.

当 $r=R$ 时，$d=0$. 这时球截面经过球心，它的半径最大（见图 4.65）. 经过球心的球截面圆称为球的大圆，不经过球心的球截面圆称为球的小圆.

当 $r=0$ 时，$d=R$. 这时截面和球只有一个公共点. 与球只有一个公共点的平面称为球的切面，与球只有一个公共点的直线称为球的切线，这个公共点称为球的切点.

（4）球的切面：球的切线都垂直于过切点的球的半径.

3. 球的表面积与体积

$$S_{球}=4\pi R^2$$

$$V_{球}=\frac{4}{3}\pi R^3$$

例 6 在球心的一侧有相距 9 dm 的两个平行球截面，面积分别是 $49\pi\ \text{dm}^2$ 和 $400\pi\ \text{dm}^2$. 求球面积.

解 如图 4.66 所示，过球心 O 作平行球截面的垂线 OO_1 和 OO_2，O_1，O_2 为垂足，则 O_1 和 O_2 分别是这两个球截面的圆心.

过 OO_2 作一个平面，和这两个球截面相交，所得交线 A_1B_1 和 A_2B_2 为这个球截面的直径. 连结 OA_1, OA_2. 设球半径为 R，则 $OA_1=OA_2=R$.

因为

$$\pi(O_2A_2)^2=49\pi,\ \pi(O_1A_1)^2=400\pi$$

所以

$$O_2A_2=7\ \text{dm}, OO_2=\sqrt{R^2-(O_2A_2)^2}=\sqrt{R^2-49}$$

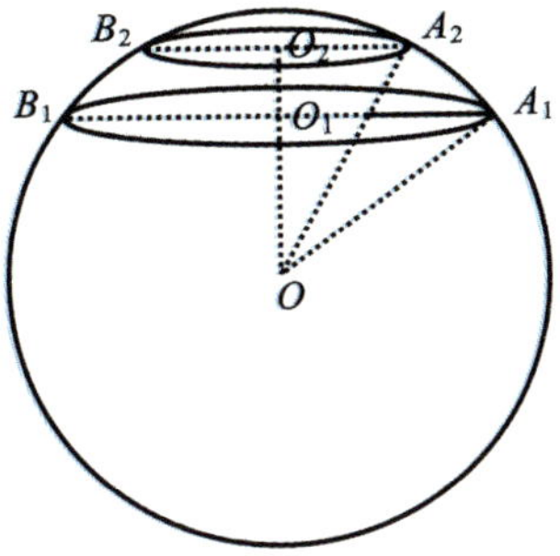

图 4.66

$$O_1A_1=20\ \text{dm}, OO_1=\sqrt{R^2-(O_1A_1)^2}=\sqrt{R^2-400}$$

故

$$\sqrt{R^2-49}-\sqrt{R^2-400}=9\ (\text{dm})$$

解此方程，得

$$S=4\pi R^2=4\pi\times 625\ \text{dm}^2=2500\pi\ \text{dm}^2=25\pi\ (\text{m}^2)$$

即球的表面积为 $25\pi\ \text{m}^2$.

4.6.5 球缺与球冠

定义 4.15 用一个平面截球所得球面的一部分称为球冠，所得球的一部分称为球缺. 平面截球所得的圆称为球缺的底，垂直于截面的直径在该截面和球面间的线段称为球缺的高.

用两个平行平面截球，它们之间所夹的球面部分称为球带，所夹球的部分称为球台，截得的两个圆面称为球台的底，此两圆的距离称为球台的高（见图 4.67、图 4.68）.

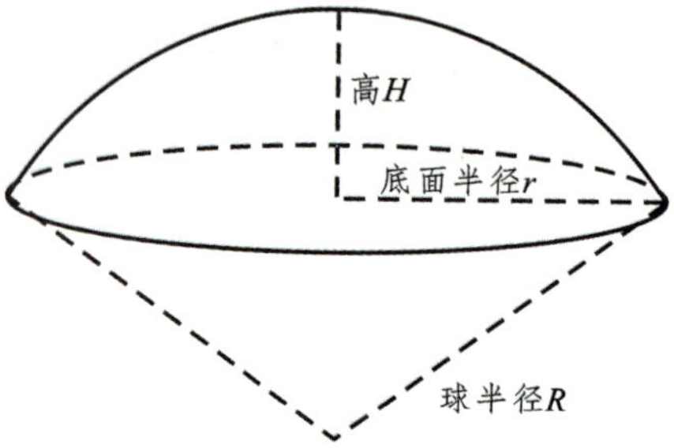

图 4.67

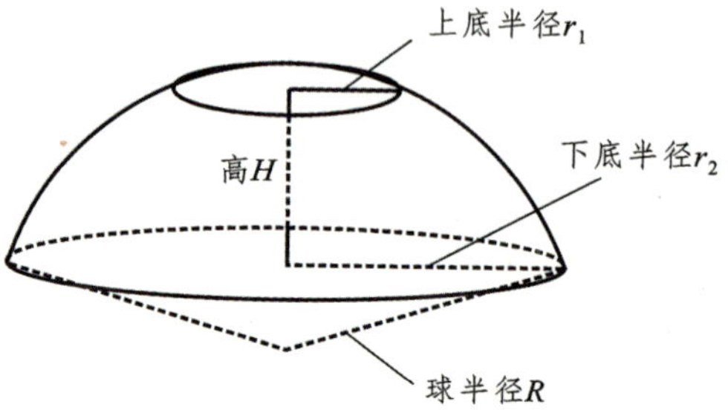

图 4.68

关于球冠、球缺、球带、球台，可推出如下公式：

$$S_{球冠}=2\pi RH$$

$$V_{球缺}=\pi H^2\left(R-\frac{H}{3}\right)$$

$$V_{球台}=\frac{1}{6}\pi H[3(r_1^2+r_2^2)+H^2]$$

例 7 已知球缺的底面半径是 R，高是 h，试证明球缺体积为 $V=\frac{1}{6}\pi h(3r^2+h^2)$.

证明 如图 4.69 所示，设截得球缺的球半径是 R. 在直角△OAB 中，

$$r^2=R^2-(R-h)^2=2hR-h^2, R=\frac{r^2}{2h}+\frac{h}{2}$$

代入球缺体积公式，得

$$V_{球缺}=\pi h^2\left(\frac{r^2}{2h}+\frac{h}{2}-\frac{h}{3}\right)=\frac{1}{6}\pi h(3r^2+h^2)$$

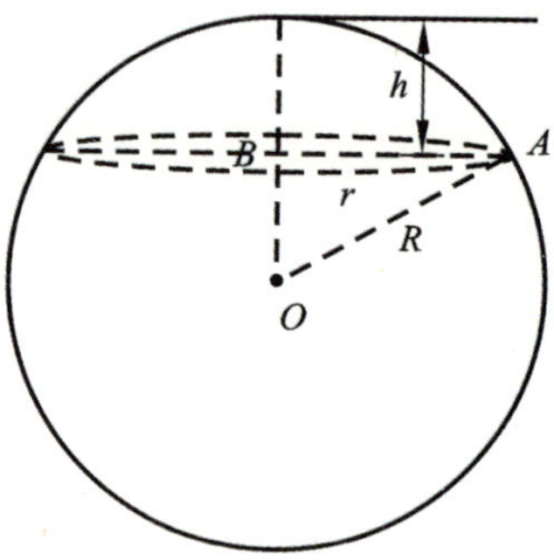

图 4.69

习题 4.6

1. 圆柱的高是 8 cm，用一个平行于轴并且和轴相距 2 cm 的平面截圆柱，若截面和圆柱底面交线所对的圆心角为 135°，求此圆柱的侧面积和体积.

2. 圆锥底面的直径等于 10 cm，母线等于 40 cm. 求此圆锥侧面展开图的圆心角度数.

3. 一圆锥的母线与底面所成的角为 30°，它的侧面积是 $6\sqrt{3}\pi\ \text{cm}^2$. 求该圆锥的体积.

4. 一个圆锥的底面半径为 6 cm，高为 4 cm. 求圆锥的侧面展开图和侧面积.

5. 轴套的尺寸（单位：mm）如图 4.70 所示，已知铁的密度是 7.8 g/cm^3，求该轴套的质量（精确到 0.01 kg）.

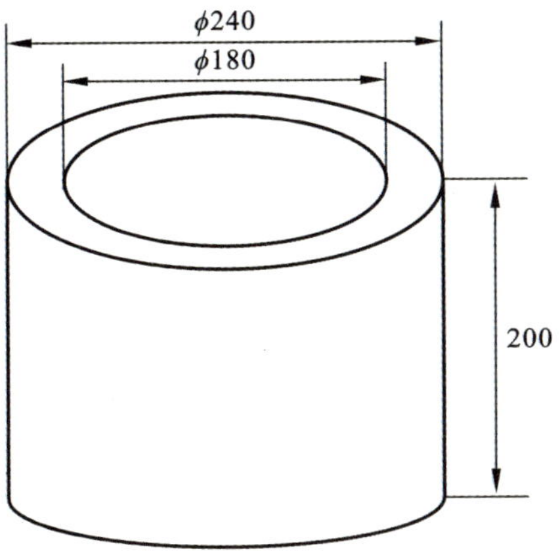

图 4.70

6. 图台的上、下底半径分别为 10 cm 和 20 cm，母线和底面成 45°的角，求圆台的体积.

7. 已知空心钢球外径为 5 cm，质量为 142 g，钢的密度为 7.9 g/cm^3，求空心钢球的内径.

8. 用一个平面裁半径为 25 cm 的球，球面面积是 49π cm^2，求球心到截面的距离.

9. 球半径增大到原来的 3 倍，球表面积扩大到原来的几倍？球表面积扩大到原来的 2 倍，球半径如何变化？

10. 有一零件的下部是圆柱体，上部是球缺形，尺寸如图 4.71 标注所示. 求这个零件的体积（精确到 1 cm）.

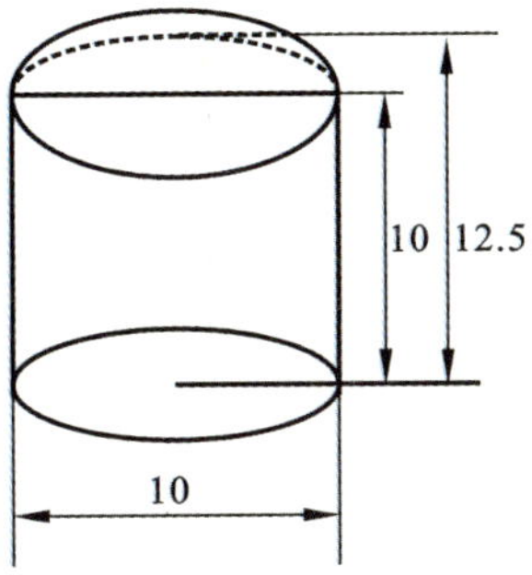

图 4.71

复习题 4

1. 判断题

（1）两条异面直线不能垂直于同一个平面.（　　）

（2）分别在两个平行平面内的两条直线必是两条互相平行的直线.（　　）

（3）棱长相等的长方体叫作立方体.（　　）

（4）若正三棱锥的三条侧棱两两垂直，则三个侧面面积的平方和等于底面积的平方.（　　）

（5）设线段 AB 在平面 α 内，则 AB 的延长线可以不在平面 α 内.（　　）

（6）平行于同一平面的两条直线互相平行.（　　）

（7）与两条异面直线分别平行的两行直线，仍是异面直线.（　　）

（8）过直线外一点作这条直线的垂线，有且只有一条.（　　）

2. 填空题

（1）如果三条直线彼此平行，但不共面，则可确定_____个平面；

（2）已知 $60°$的二面角内有一点 A，它到两个平面的距离都等于 15，那么点 A 到棱的距离是______；

（3）若三棱锥的底面边长为 2，且侧面与底面所成二面角的大小为 $60°$，则该三棱锥的高为_______；

（4）正方体 $ABCD\text{-}A_1B_1C_1D_1$ 中，二面角 $C_1\text{-}AB\text{-}C$ 的平面角等于______；

（5）若球体体积扩大为原来的 2 倍，则它的面积是原来的______倍；

（6）长方体的对角线长为 $5\sqrt{2}$ cm，三度之和为 12 cm，则它的全面积为________.

3. 选择题

（1）经过平面外两点和该平面垂直的平面的个数是（　　）.

A. 1 个　　B. 2 个　　C. 无数个　　D. 1 个或无数个

（2）有两个二面角，它们的面对应平行，则这两个两面角的大小关系是（　　）.

A. 相等　　B. 互补　　C. 相等或互补　　D. 互余

（3）如果两个平面互相垂直，在第一个平面内的一条直线 a 垂直于第二平面内的一条直线 b，那么（　　）.

A. 直线垂直于第二个平面　　B. 过 a 的平面必与过 b 的平面垂直

B. 直线 a 不一定垂直于第二个平面　　D. 直线 b 垂直于第一个平面

（4）已知 a,b 是异面直线，直线 $c//a$，那么直线 c 与 b 的位置关系是（　　）.

A. 一定异面　　B. 一定相交

C. 平行或重合　　D. 相交或异面

（5）如图 4.72 所示，点 P 是平面 α 外的一点，$PO\perp$ 平面 α 于点 O，且 $PO=4$，直线 a 在平面 α 内，点 O 到直线 a 的距离为 3，则点 P 到直线 a 的距离是（　　）.

A. 3　　B. 4　　C. 5　　D. 6

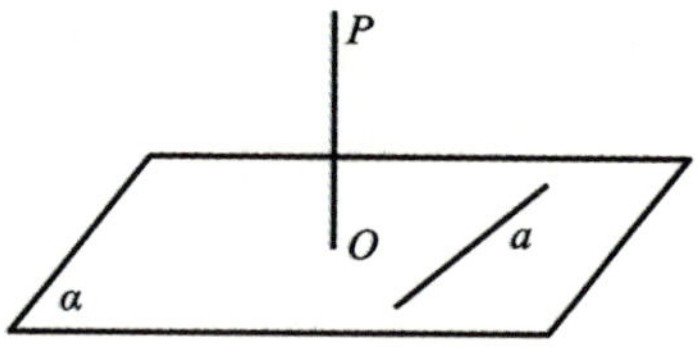

图 4.72

（6）已知斜线段的长是它在平面 α 上的射影的 2 倍，则该斜线段与平面 α 所成角的大小为（　　）

A. $30°$　　B. $45°$　　C. $60°$　　D. $90°$

4. 自平面 a 外一点 A，向平面 a 引垂线 AD 和两条斜线段 AB，AC，这两条斜线和平面所成角的差是 $5°$，它们在平面内射影的长分别是 2 m 和 12 cm，求点 A 到平面 a 的距离.

5. 如图 4.73 所示，$\alpha \perp \beta, AC \perp \beta, BD \perp \alpha, AB = 2a$，$AB$ 和平面 α 与 β 所成的角分别是 45°和 30°，求 CD 的长.

6. 如图 4.74 所示，梯形 $ABCD$ 的底 AB 在平面 α 内，底 DC 高出平面 4 dm，如果 $AB:DC = 5:3$，求该梯形的对角线的交点 M 与平面 α 的距离.

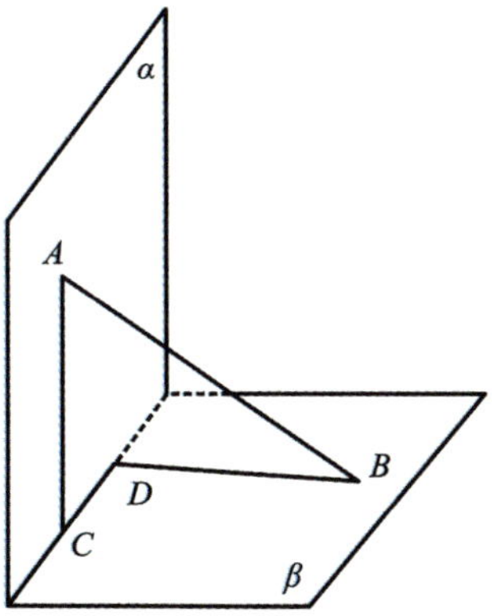

图 4.73

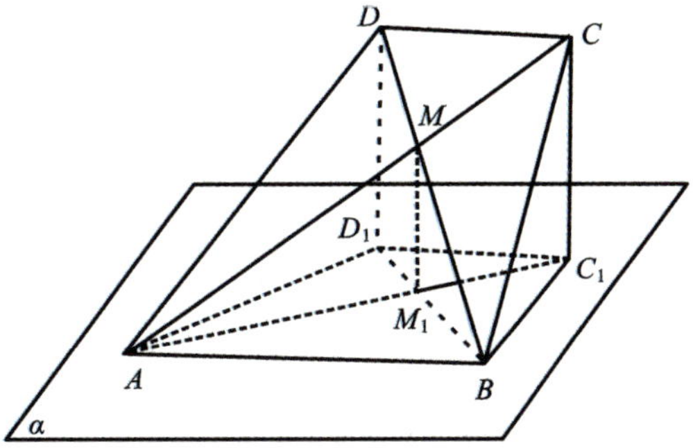

图 4.74

7. 已知正六棱锥底面每边的长是 a，侧棱长是 $2a$，求这棱锥的高和斜高，并求棱锥的侧面和底面所成的二面角.

8. 已知正四棱台的斜高是 12 cm，侧棱的长是 13 cm，侧面积是 720 cm^2，求棱台的上、下底面的边长.

9. 如图 4.75 所示，圆锥的母线与底面所成的角为 30°，它的侧面积是 $6\sqrt{3}\pi\ cm^2$，求内接于该圆锥的正六棱锥体积.

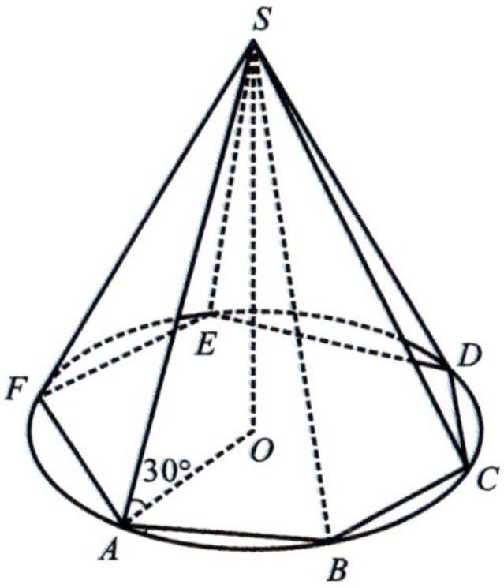

图 4.75

第 5 章　解析几何

学习目标

1. 理解在直角坐标下两点间的距离公式和中点坐标公式.
2. 掌握直线方程的三种形式并且能用解析法判定直线的位置关系.
3. 了解线性规划的应用.
4. 理解曲线和方程的关系.
5. 掌握二次曲线的形式和性质.
6. 理解坐标平移的意义和作用.

5.1　两点间距离公式和中点公式

直角坐标系中的点是用一个有序实数对表示的，这个有序实数对称为点的坐标．下面就来看看在直角坐标平面内如何依据坐标求出任意两点间的距离.

在平面直角坐标系中，已知 $P_1(x_1,y_1),P_2(x_2,y_2)$，由 P_1, P_2 分别向 x 轴作垂线 P_1M_1 和 P_2M_2，垂足的坐标分别为 $(x_1,0)$，$(x_2,0)$，经过点 P_1 引平行于 x 轴的直线 P_1N 交 M_2P_2 于点，则得直角三角形 P_1P_2N. 由勾股定理可得线段 P_1P_2 的长度，即 P_1, P_2 两点间的距离 $|P_1P_2|$（见图 5.1）.

因为
$$|P_1N|=|OM_2|-|OM_1|=x_2-x_1,$$
$$|NP_2|=|M_2P_2|-|M_2N|=|M_2P_2|-|M_1P_1|=y_2-y_1$$

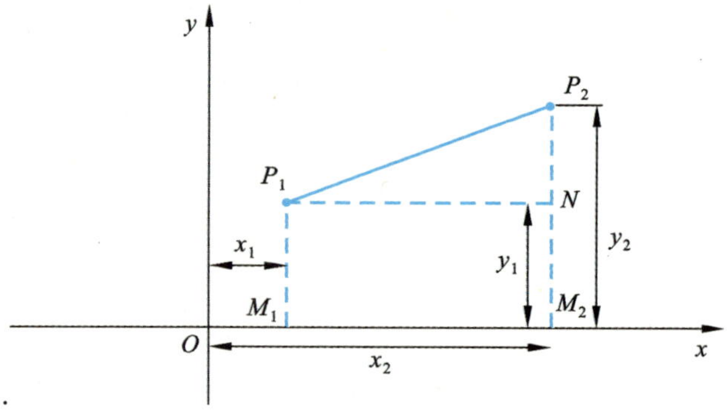

图 5.1

所以

$$|P_1P_2|^2=|P_1N|^2+|NP_2|^2$$

故两点 $P_1(x_1,y_1),P_2(x_2,y_2)$ 间的距离公式为

$$|P_1P_2|=\sqrt{(x_2-x_1)^2+(y_2-y_1)^2}$$

当 P_1 和 P_2 两点在 x 轴上或平行于 x 轴的直线上，可得 $|P_1P_2|=|x_2-x_1|$.

当 P_1 和 P_2 两点在 y 轴上或平行于 y 轴的直线上，可得 $|P_1P_2|=|y_2-y_1|$.

如果 P_1 和 P_2 两点中有一点是坐标原点（0, 0），另一点设为 (x,y)，则 $|P_1P_2|=\sqrt{x^2+y^2}$.

5.2 直线与方程

5.2.1 直线的倾斜角、斜率

直线是最简单的几何研究对象，用坐标法研究直线先要明确以下几个概念，即直线的倾斜角、斜率和截距.

1. 直线的倾斜角

把 x 轴的正方向与直线 l 向上的方向所成的最小正角叫作直线 l 的倾斜角(见图 5.2). 这个角就是 x 轴绕着直线 l 与 x 轴的交点，按逆时针方向，旋转到与直线第一次重合时所成的角. 当直线与 x 轴平行或重合时，规定直线的倾斜角为 0°.

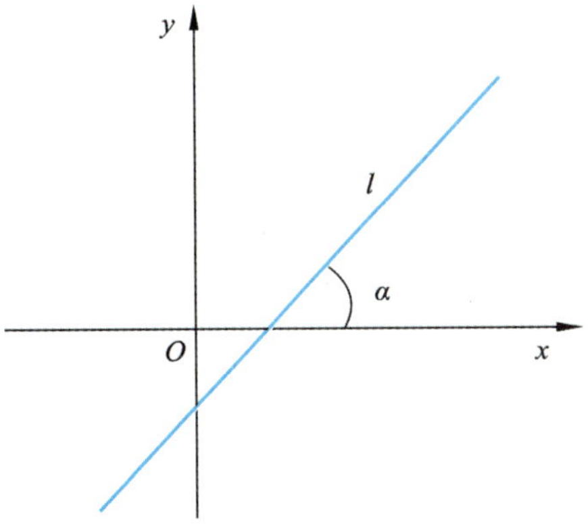

图 5.2

因此，倾斜角 α 的取值范围是 $[0,\pi)$. 倾斜角可用来刻画直线相对于 x 轴的倾斜程度.

2. 直线的斜率

倾斜角不是 90°的直线，它的倾斜角的正切叫作这条直线的斜率，通常用 k 表示.

倾斜角是 90°的直线没有斜率.

倾斜角不是 90°的直线都有斜率.

直线的斜率的公式为

$$k=\tan\alpha \tag{5.1}$$

例如，倾斜角为 30°的直线，它的斜率 $k=\tan 30°=\dfrac{\sqrt{3}}{3}$.

由倾斜角的取值范围和斜率的定义可知，直线的斜率和倾斜角的关系如下：

（1）当 $k=0$ 时，直线与 x 轴平行或重合，倾斜角为 0°；

（2）当 $k>0$ 时，直线的倾斜角为锐角；

（3）当 $k<0$ 时，直线的倾斜角为钝角；

（4）当直线与 x 轴垂直时，直线的斜率不存在，倾斜角为 90°.

能否用直线上点的坐标来求直线的斜率呢？

设直线 l 上任意两点 $M_1(x_1,y_1)$，$M_2(x_2,y_2)$，当 $x_1\neq x_2$ 时，求直线 l 的斜率的方法如下：

从点 M_1，M_2 分别向 x 轴作垂线 M_1N_1，M_2N_2，垂足分别为 N_1，N_2，再作 $M_1Q\perp M_2N_2$，垂足是点 Q，那么直线 M_1M_2 的倾斜角 $\alpha=\angle QM_1M_2$ 或 $\alpha=180°-\angle QM_1M_2$，且点 Q 的坐标为 (x_2,y_1).

在图 5.3（a）中，

$$|M_1Q|=|N_1N_2|=x_2-x_1,\quad |M_2Q|=y_2-y_1$$

在 Rt$\triangle M_1M_2Q$ 中，

$$\tan\alpha=\tan\angle M_2M_1Q=\left|\frac{M_2Q}{M_1Q}\right|=\frac{y_2-y_1}{x_2-x_1}$$

在图 5.3（b）中，

$$|M_1Q|=|N_1N_2|=x_1-x_2,\quad |M_2Q|=y_2-y_1$$

$$\tan\alpha=\tan(180°-\angle M_2M_1Q)=-\tan\angle M_2M_1Q=-\left|\frac{M_2Q}{M_1Q}\right|=-\frac{y_2-y_1}{x_1-x_2}=\frac{y_2-y_1}{x_2-x_1}$$

所以

$$k=\frac{y_2-y_1}{x_2-x_1}(x_1\neq x_2)$$

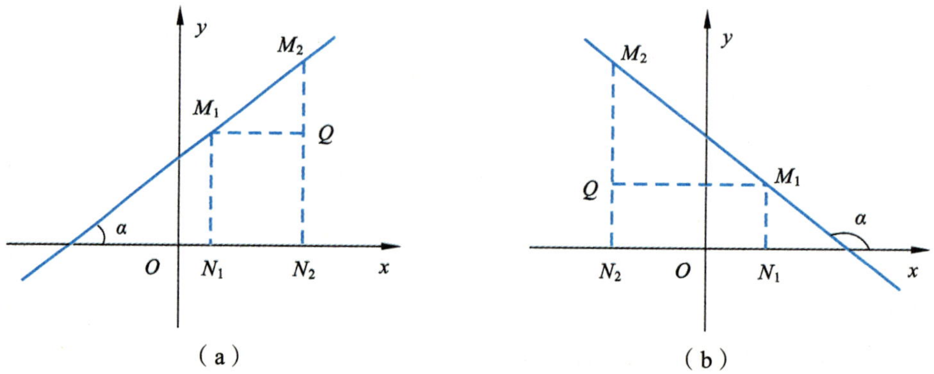

图 5.3

例 1 求经过两点(3, −2)，(−1, 2)的直线的斜率 k 和倾斜角 α.

解

$$k=\frac{2-(-2)}{-1-3}=-1$$

因为 $k=\tan\alpha=-1$， $\alpha\in[0°,180°)$，所以 $\alpha=\frac{3}{4}\pi$.

【练一练】 求经过两点 $A(-1,0)$, $B(1,1)$ 的直线的斜率 k 和倾斜角，并画出该直线.

例 2 求证：$A(0,3)$, $B(-1,5)$, $C(2,-1)$ 三点在同一直线上.

证明

$$k_{AB}=\frac{y_2-y_1}{x_2-x_1}=\frac{5-3}{-1-0}=-2$$

$$k_{BC}=\frac{-1-5}{2-(-1)}=-2$$

且 B 为公共点，故 A,B,C 三点共线.

例 3 直线 l_1,l_2 的倾斜角分别为 α_1,α_2. 已知 $\alpha_1=60°$，直线 l_2 与直线 l_1 垂直，求 l_1 与 l_2 的斜率.

解 如图 5.4 所示，因为 l_2 与 l_1 垂直，则 l_2 的倾斜角 $\alpha_2=60°+90°=150°$，所以 l_2 的斜率

$$k=\tan150°=-\tan30°=-\frac{\sqrt{3}}{3}$$

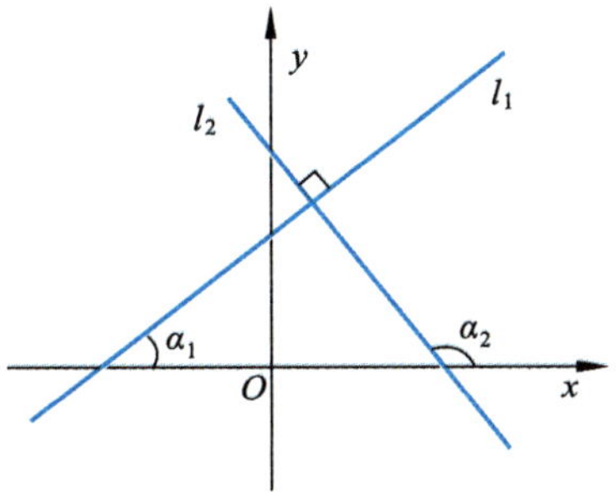

图 5.4

3. 截距

如果直线 l 与 x 轴的交点为 $(a,0)$，那么 a 叫作直线 l 在 x 轴上的截距，也叫横截距. 如果直线 l 与 y 轴的交点为 $(0,b)$，那么 b 叫作直线 l 在 y 轴上的截距，也叫纵截距.

注：截距可以是任意实数.

例 4 已知直线的方程为 $2x-y+6=0$，求它在两轴上的截距.

解 令 $y=0$，代入方程 $2x-y+6=0$ 中，解得 $x=-3$，故直线与 x 轴的交点为 $(-3,0)$，所以在 x 轴上的截距为 −3. 同理，令 $x=0$，代入方程 $2x-y+6=0$ 中，解得 $y=6$，故直线在 y 轴上的截距为 6.

【练一练】 求下列直线在两坐标轴上的截距：

（1）$x-2y-1=0$；　　（2）$5x+7y=0$.

5.2.2　直线方程

1. 点斜式

已知直线 l 上一点 (x_0,y_0) 和直线的斜率 k，求直线方程.

如图 5.5 所示，设 $M(x,y)$ 是直线 l 上任一点，(x_0,y_0) 是不同于 M 的一点，若直线的斜率为 k，则它们一定满足条件：

$$y-y_0=k(x-x_0)$$

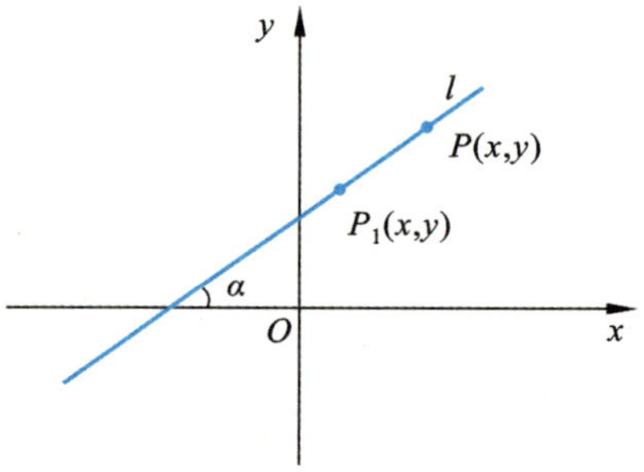

图 5.5

反之，满足方程的点 $P(x,y)$ 必定在直线 l 上，因此 l 的方程是

$$y-y_0=k(x-x_0)$$

这种形式的直线方程称为直线的点斜式方程.

当直线的倾斜角为 0°时，直线与 x 轴平行或重合，此时 $k=0$，直线方程为 $y=y_0$；

当直线倾斜角为 90°时，直线方程为 $x=x_0$.

例 5　一条直线经过点 $(-2,3)$，倾斜角 $\alpha=30^\circ$，求这条直线的方程.

解　由已知条件得 $x_0=-2$，$y_0=3$，$k=\tan 30^\circ=\dfrac{\sqrt{3}}{3}$.

代入点斜式方程，得

$$y-3=\frac{\sqrt{3}}{3}(x+2)$$

所以 $\sqrt{3}x-3y+2\sqrt{3}+9=0$ 是该直线的方程.

2. 斜截式

已知直线 l 的纵截距为 b，斜率为 k，求直线 l 的方程.

由直线 l 的纵截距 b 可知，直线经过点 $(0,\ b)$. 又因斜率为 k，则由直线的点斜式方程，得

$$y-b=k(x-0)\text{，即 } y=kx+b$$

它是由直线 l 的斜率和它的纵截距所确定的，所以称它为直线的斜截式方程.

直线的斜截式方程 $y=kx+b$ 和一次函数的表示形式 $y=kx+b$ 完全一样. 可见，在一次函数表达式中，一次项系数 k 就是函数的图像（直线）的斜率.

例 6　已知直线 l 在 x 轴上的截距是 3，倾斜角是 60°，求直线 l 的方程.

解　直线 l 经过点 $(3,0)$，斜率 $k=\tan 60°=\sqrt{3}$. 代入点斜式，得

$$y-0=\sqrt{3}(x-3)\text{，即 }\sqrt{3}x-y-3\sqrt{3}=0$$

例 7　已知直线 l 的纵截距是 $\dfrac{2}{5}$，且其倾斜角与直线 $l_1: y=2x-3$ 的倾斜角相等，求直线 l 的方程.

解　因为直线 l 的倾斜角与已知直线 l_1 的倾斜角相等，所以斜率相等，即 $k=2$. 将 $k=2, b=\dfrac{2}{5}$ 代入斜截式，得

$$y=2x+\frac{2}{5}\text{，即 }10x-5y+2=0$$

例 8　已知直线经过点 $A(-2,3)$ 和点 $B(3,8)$，求 AB 所在直线的方程.

解　直线经过点 $A(-2,3)$ 和点 $B(3,8)$，由斜率公式，得直线 AB 的斜率

$$k=\frac{8-3}{3-(-2)}=1$$

所求直线方程为

$$y-3=1\times(x+2)\text{，即 }x-y+5=0$$

3. 一般式

一般地，二元一次方程可以写成如下形式：

$$Ax+By+C=0\text{（}A\text{，}B\text{ 不同时为零）}$$

可以证明，在平面直角坐标系中，任何含有 x 和 y 的二元一次方程都表示一条直线.

方程 $Ax+By+C=0$（A，B 不同时为零）叫作直线方程的一般式. 特别地，当 $B\neq 0$ 时，直线 $Ax+By+C=0$ 可化为 $y=-\dfrac{A}{B}x-\dfrac{C}{B}$，此时直线的斜率 $k=-\dfrac{A}{B}$，在 y 轴上的截距 $b=-\dfrac{C}{B}$.

例 9　直线 l 的方程为 $2x-3y+6=0$，求该直线的斜率以及在两坐标轴上的截距，并画出图形.

解　直线的斜率

$$k=-\frac{A}{B}=\frac{2}{3}$$

在方程 $2x-3y+6=0$ 中，

令 $y=0$，得 $x=-3$，即直线在 x 轴上的截距为 -3；

令 $x=0$，得 $y=2$，即直线在 y 轴上的截距为 2.

所以直线 l 与 x 轴、y 轴的交点分别为 $A(-3,0), B(0,2)$. 过点 A，B 作直线即可（见图 5.6）.

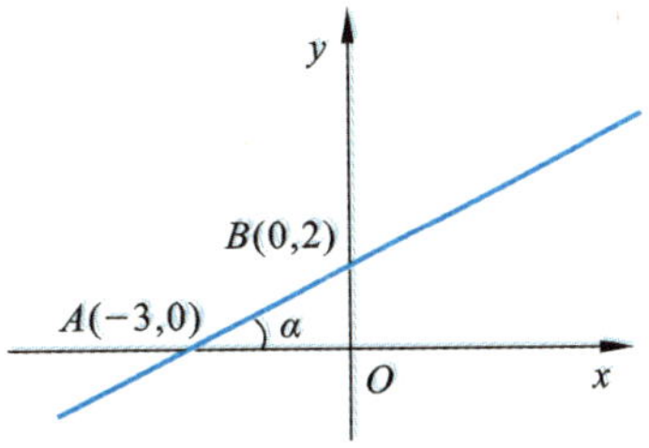

图 5.6

习题 5.2

1. 直线的点斜式方程为 $y-3=\frac{\sqrt{3}}{3}(x-2)$，求它在 y 轴上的截距.

2. 直线的一般式方程为 $3x-y+5=0$，求该直线的斜率及在两轴上的截距.

3. 根据下列条件写出直线的方程：

（1）经过点 $(1,-3)$，斜率为 2；

（2）经过点 $(0,-2)$，倾斜角为 $0°$；

（3）经过点 $(5,0)$，与 x 轴垂直；

（4）纵截距为 3，斜率为 -2.

4. 分别画出下列直线：

（1）$3x+y-6=0$；　　（2）$y=\frac{1}{2}x-4$；

（3）$2x-5=0$.

5. 设直线 $y=kx+3$ 经过点 $(-1,0)$，求 k 值.

6. 直线与 y 轴的交点到原点的距离为 5，且斜率为 -3，求直线的方程，并画出图形.

7. 当直线方程 $Ax+By+C=0$ 的系数 A，B，C 取何值时，该直线具有如下性质：

（1）与两轴都相交；

（2）仅与 x 轴相交；

（3）仅与 y 轴相交；

（4）通过坐标原点.

5.3 平面内两条直线的位置关系

5.3.1 平　行

如图 5.7 所示，如果直线 l_1 和直线 l_2 的倾斜角相等，即 $\alpha_1=\alpha_2$，且不垂直于 x 轴，由直线平行的判定定理知 $l_1 /\!/ l_2$，而由 $\alpha_1=\alpha_2$ 可得 $\tan\alpha_1=\tan\alpha_2$，即 $k_1=k_2$.

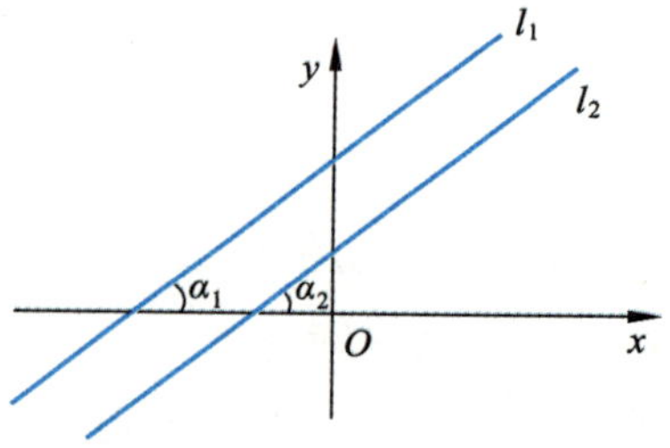

图 5.7

反之，如果直线的斜率 $k_1=k_2$，即 $\alpha_1=\alpha_2$，可知 $l_1 // l_2$.

由上述讨论可知，当两条直线不重合（即直线在 y 轴上的截距不相等）且斜率存在时，如果它们平行，那么斜率相等；反之，如果斜率相等，那么两条直线平行.

例 1 已知两直线 l_1，l_2 的方程分别为 $l_1: 2x-3y+6=0$；$l_2: 4x-6y-12=0$. 求证：$l_1 // l_2$.

证明 将 l_1，l_2 的方程写成斜截式：

$$l_1: y=\frac{2}{3}x+2,\ l_2: y=\frac{2}{3}x-2$$

因为 $k_1=k_2$，且 $b_1\neq b_2$，所以 $l_1 // l_2$.

【练一练】 若直线 $2x+3y+1=0$ 与直线 $2x+3y+m=0$ 平行，则求 m 的取值范围.

例 2 求过点 $A(-3,5)$ 且与直线 $l: 4x-3y+7=0$ 平行的直线方程.

解法一：因为所求直线与直线 l 平行，则所求直线的斜率为 $k=\frac{4}{3}$. 由点斜式，得到所求直线的方程为

$$y-5=\frac{4}{3}(x+3)，即 4x-3y+27=0$$

解法二：设所求直线的方程为

$$4x-3y+c=0$$

将点 $A(-3,5)$ 代入公式，得 $c=27$.

所以，所求直线的方程为

$$4x-3y+27=0$$

【练一练】 求经过点 $(-2,3)$，且平行于直线 $x+2y-7=0$ 的直线方程.

5.3.2 垂 直

如果 $l_1\perp l_2$（见图 5.8），则由三角形外角定理得 $\alpha_2=\alpha_1+90°$.

若 l_1，l_2 都有斜率，分别为 k_1,k_2，有 $\alpha_1\neq 90°,\alpha_2\neq 90°$，则

$$\tan\alpha_2=\tan(\alpha_1+90°)=-\frac{1}{\tan\alpha_1}$$

即 $k_2=-\frac{1}{k_1}$ 或 $k_1k_2=-1$.

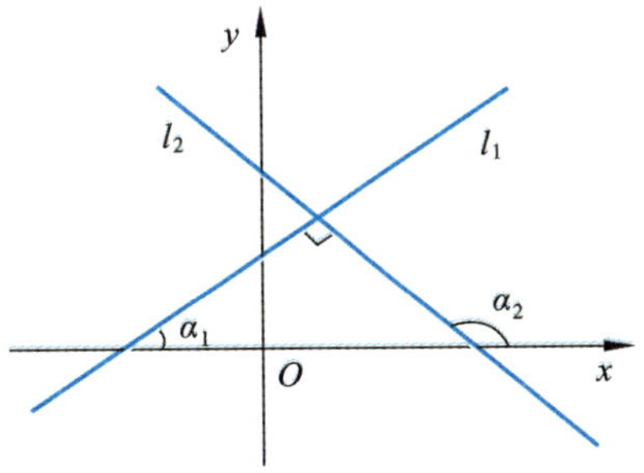

图 5.8

反之，如果两直线斜率存在且 $k_1k_2=-1$，则两直线垂直，即 $l_1\perp l_2$.

如果两直线中的一条直线的斜率不存在，另一条直线的斜率为 0，则两直线垂直.

由上述讨论可知，当两条直线都有斜率时，如果它们垂直，那么它们的斜率互为负倒数；反之也成立，即

$$l_1\perp l_2 \Leftrightarrow k_2=-\frac{1}{k_1}$$

例 3 已知两条直线 $l_1:2x-3y+6=0$，$l_2:3x+2y-1=0$，求证：$l_1\perp l_2$.

证明 直线 l_1 与 l_2 的斜率分别是 $k_1=\frac{2}{3},k_2=-\frac{3}{2}$. 因为 $k_1k_2=-1$，所以 $l_1\perp l_2$.

例 4 求过点 $(-4,3)$，且与直线 $l_1:2x-3y+6=0$ 垂直的直线方程.

解法一：直线 l 的斜率是 $\frac{2}{3}$，因为所求直线与直线 l 垂直，所以所求直线的斜率是 $k=-\frac{3}{2}$. 根据点斜式，得到所求直线的方程为

$$y-3=-\frac{3}{2}(x+4)，即 3x+2y+6=0$$

解法二：设所求直线的方程为

$$3x+2y+c=0$$

将点 $P(-4,3)$ 代入公式，得 $c=6$.

所以，所求直线的方程为

$$3x+2y+6=0$$

【练一练】 求经过点 $(-3,4)$，且垂直于直线 $x+2y-7=0$ 的直线方程.

5.3.3 点到直线的距离

例 5 求点 $P(2,-1)$ 到直线 $l:3x-4y+5=0$ 的距离.

解 如图 5.9 所示，过 P 点作垂线交直线 l 于 Q 点，点 $P(2,-1)$ 到直线 l 的距离 $d=|PQ|$. 直线 l 的斜率 $k=\frac{3}{4}$，所以 PQ 所在直线的斜率为 $-\frac{4}{3}$，由点斜式，得直线 PQ 的方程为

$$y+1=-\frac{4}{3}(x-2)，即 4x+3y-5=0$$

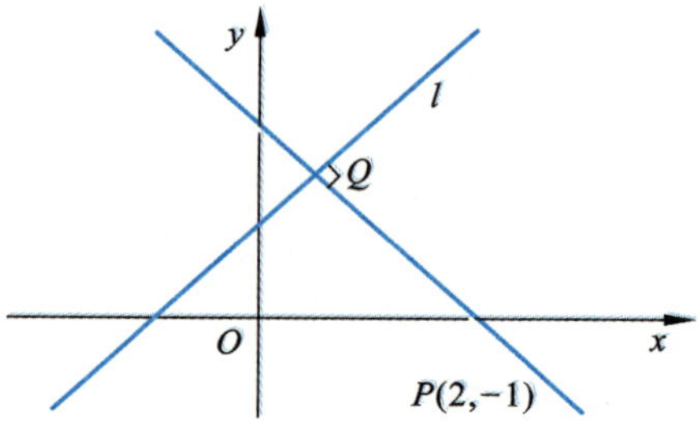

图 5.9

解方程组，得

$$\begin{cases} x = \dfrac{1}{5} \\ y = \dfrac{7}{5} \end{cases}$$

由两点间距离公式，得

$$|PQ| = \sqrt{\left(2 - \frac{1}{5}\right)^2 + \left(-1 - \frac{7}{5}\right)^2} = 3$$

即点 P 到直线 l 的距离为 3.

例 5 给出了求点到直线的距离的一般方法.

采用这种方法，可以推导出点 $P(x_0, y_0)$ 到直线 $Ax + By + C = 0$ 的距离公式：

$$d = \frac{|Ax_0 + By_0 + C|}{\sqrt{A^2 + B^2}}$$

例 5 中，$x_0 = 2, y_0 = -1, A = 3, B = -4, C = 5$，所以，点 P 到直线 l 的距离为

$$d = \frac{|3 \times 2 - 4 \times (-1) + 5|}{\sqrt{3^2 + (-4)^2}} = 3$$

【练一练】

求下列点到直线的距离：

（1）$P(-2,3), 3x - 4y - 2 = 0$；

（2）$O(0,0), 3x + 4y - 1 = 0$；

（3）$A(4,-2), x - 1 = 0$；

（4）$B(1,-2), y = 5$.

例 6　求两条平行线 $3x - 4y + 3 = 0$ 与 $3x - 4y - 1 = 0$ 间的距离.

解　在直线 $3x - 4y - 1 = 0$ 上任取一点，则两条平行线间的距离就是点 P 到直线 $3x - 4y + 3 = 0$ 的距离. 由点到直线的距离公式，得

$$d = \frac{|3 \times (-1) - 4 \times (-1) + 3|}{\sqrt{3^2 + (-4)^2}} = \frac{4}{5}$$

【练一练】

（1）求两条平行直线 $2x + 3y - 8 = 0$ 与 $2x + 3y - 10 = 0$ 间的距离；

（2）用多种方法求证：$A(-1,1), B(5,4), C(3,3)$ 三点在一条直线上（提示：从直线的斜率公式、直线方程、两条直线的位置关系、点到直线的距离公式等多方面考虑）.

5.3.4　两条直线所成的角与两直线的夹角

两条直线 l_1，l_2 相交，构成四个角. 把直线 l_1 绕交点按逆时针方向旋转到第一次与 l_2 重合时所成的角，称为直线 l_1 到 l_2 的角，直线 l_1 到 l_2 的角为 θ_1，直线 l_2 到 l_1 的角为 θ_2，且 $\theta_1 + \theta_2 = 180°$.

把不大于 90°的角 θ 叫作两条直线的**夹角**．下面根据两条直线的斜率，求它们的夹角．

设两条相交直线 l_1 和 l_2 的倾斜角分别为 α_1,α_2，斜率分别为 k_1,k_2．

$$l_1: y=k_1x+b_1,\ k_1=\tan\alpha_1$$

$$l_2: y=k_2x+b_2,\ k_2=\tan\alpha_2$$

在图 5.10（a）中，

$$\theta_1=\alpha_2-\alpha_1,\ \tan\theta_1=\tan(\alpha_2-\alpha_1)=\frac{\tan\alpha_2-\tan\alpha_1}{1+\tan\alpha_1\tan\alpha_2}=\frac{k_2-k_1}{1+k_1k_2}$$

在图 5.10（b）中，

$$\theta_2=180-(\alpha_1-\alpha_2)=180+(\alpha_2-\alpha_1),$$

$$\tan\theta_2=\tan(180°+(\alpha_2-\theta_1))=\tan(\alpha_2-\alpha_1)=\frac{k_2-k_1}{1+k_1k_2}$$

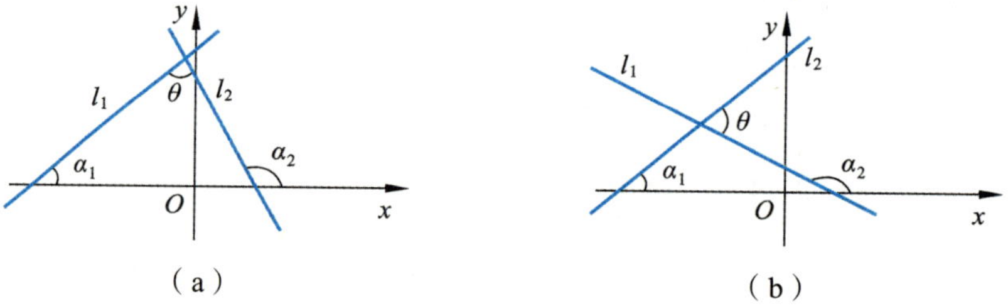

图 5.10

无论何种情况，都有

$$\tan\theta=\frac{k_2-k_1}{1+k_1k_2}$$

当 θ 表示夹角时，总有

$$\tan\theta=\left|\frac{k_2-k_1}{1+k_1k_2}\right|\ (k_1k_2\neq-1)$$

这就是夹角公式．

例 7　求下列各对直线的夹角．

（1）$l_1: 2x-y+6=0, l_2: x+2y-12=0$；

（2）$l_1: 2x+y-3=0, l_2: 3x-y+\frac{7}{2}=0$．

解　（1）两条直线的斜率分别为 $k_1=2, k_2=-\frac{1}{2}$．因为 $k_1k_2=2\times\left(-\frac{1}{2}\right)=-1$，所以 $l_1\perp l_2, \theta=90°$．

（2）两条直线的斜率分别为 $k_1=-2$，$k_2=3$，代入两条直线的夹角公式，得 $\tan\theta=\left|\frac{(-2)-3}{1+(-2)\times3}\right|=1$，所以 $\theta=45°$．

【练一练】

（1）求直线 $x=2$ 和 $y=5$ 的夹角；

（2）求直线 $x-y+2=0$ 和 $x=5$ 的夹角.

习题 5.3

1. 判断下列两条直线的位置关系是平行、垂直、相交还是重合.

（1）$l_1:3x+2y-4=0, l_2:6x+4y-8=0$；

（2）$l_1:x+3y-4=0, l_2:2x+6y+8=0$；

（3）$l_1:x+3y-4=0, l_2:3x-y+1=0$；

（4）$l_1:x+3y-4=0, l_2:2x+5y+1=0$.

2. 根据下列条件，求直线方程.

（1）经过点 $(1,1)$，且平行于 $3x-4y+3=0$ 的直线；

（2）经过点 $\left(-1,\dfrac{5}{2}\right)$，且垂直于 $3x-2y+4=0$ 的直线；

（3）经过两条直线 $2x+y-8=0$ 与 $x-2y+1=0$ 的交点，且平行于直线 $4x-3y-7=0$ 的直线；

（4）连结 $A(2,4), B(6,-2)$ 两点的线段的垂直平分线；

（5）平行于直线 $y=2x$，且在 y 轴上的截距是 -3 的直线；

（6）过点 $(0,3)$，且与直线 $5x-2y+3=0$ 相交成 $45°$ 角的直线.

3. 判断下列各对直线是否互相垂直.

（1）$x-y+3=0$ 和 $x+y-3=0$；

（2）$5x+2y-7=0$ 和 $2x-5y+8=0$；

（3）$2x+y-7=0$ 和 $2x-y-1=0$；

（4）$y=x$ 和 $2x+2y+5=0$.

4. 求下列点到直线的距离.

（1）$O(0,0), 3x+2y-26=0$；

（2）$B(1,0), \sqrt{3}x+y-\sqrt{3}=0$；

（3）$D(4,-3), y=5$.

5.4 线性规划初步

线性规划是运筹学的一个重要分支，是辅助进行科学管理的一种数学方法. 它是研究线性约束条件下线性目标函数的极值问题的数学理论和方法，目前被广泛应用于军事作战、经济分析、经营管理和工程技术等方面.

在平面直角坐标系中，二元一次不等式 $Ax+By+C>0$ 表示位于直线 $Ax+By+C=0$ 的某一侧的半平面区域. 这里，应把直线画成虚线以表示该半平面区域不包括边界直线. 而当我们在平面直角坐标系中画不等式 $Ax+By+C\geqslant 0$ 表示的半平面域时，则应把边界直线画成实线.

在直线 $Ax+By+C=0$ 的某一侧取一个定点，由 Ax_0+By_0+C 的正或负，可判定 $Ax+By+C>0$ 表示直线的哪一侧的平面区域.

若 $Ax_0+By_0+C=0$，说明定点 (x_0,y_0) 在直线上，应重新选一个定点.

若直线方程 $Ax+By+C=0$ 中的 $C\neq 0$，通常把原点（0，0）作为定点 (x_0,y_0) 来判断.

例 1 画出不等式 $x+y-1>0$ 所表示的半平面区域.

解 先画出直线 $x+y-1=0$（画成虚线）.

取原点（0，0），代入 $x+y-1=0$ 中. 因为 $0+0-1\neq 0$，所以原点（0，0）不在 $x+y-1>0$ 所表示的半平面域内. 虚线 $x+y-1=0$ 的无原点（0，0）的一侧，就是不等式 $x+y-1>0$ 所表示的半平面域.

不等式组所表示的平面区域是各个不等式所表示的半平面域的重叠部分.

例 2 画出不等式组 $\begin{cases} x-y+5\geqslant 0 \\ x+y\geqslant 0 \\ x\leqslant 3 \end{cases}$ 表示的平面区域.

解 不等式 $x-y+5\geqslant 0$ 表示直线 $x-y+5=0$ 上及下方的半平面域；$x+y\geqslant 0$ 表示直线 $x+y=0$ 上及上方的半平面域；$x\leqslant 3$ 表示直线 $x=3$ 上及左边的半平面域，所以不等式组表示的平面区域是上述三个半平面域的公共部分，如图 5.11 所示.

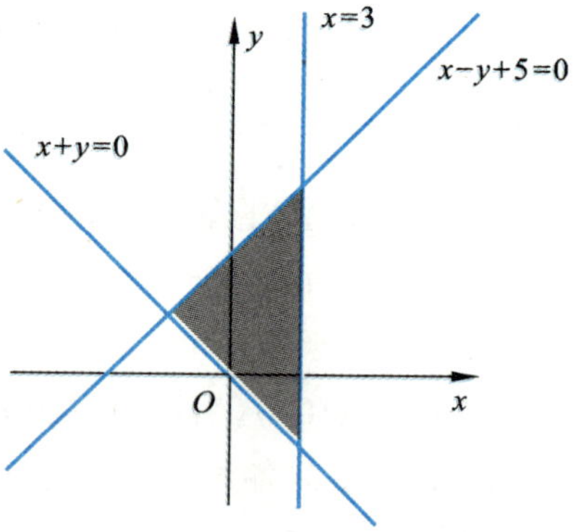

图 5.11

例 3 设自变量 x，y 满足下列不等式组的条件

$$\begin{cases} y\geqslant 0 \\ 2x-y+2\geqslant 0 \\ 8x+5y-40\leqslant 0 \end{cases}$$

求 $z=x+2y$ 的最大值和最小值.

不等式组表示半平面域的公共区域叫作**可行域**. 不等式组叫作**线性约束条件**. 二元线性函数 $z=x+2y$ 叫作**线性目标函数**.

线性规划问题是指求"线性目标函数"在"线性约束条件"下的最大值或最小值问题.

在上述问题中，可行域是半平面域的公共区域，在可行域的交点 $A\left(\dfrac{5}{3},\dfrac{16}{3}\right)$ 和 $B(-1,0)$ 处，分别使目标函数取得最大值和最小值，可行解 $\left(\dfrac{5}{3},\dfrac{16}{3}\right)$ 和 $(-1,0)$ 都是这个线性规划问题的最优解. 解得 $z_{\max}=\dfrac{37}{3}$，$z_{\min}=-1$.

线性规划问题的数学模型的一般形式：

（1）列出约束条件及目标函数；

（2）画出约束条件所表示的可行域；

（3）在可行域内求目标函数的最优解.

习题 5.4

1. 自变量满足方程 $\begin{cases} x+y\leqslant 2 \\ 3x+4y\geqslant 12 \\ x\geqslant 0, y\geqslant 0 \end{cases}$，求 $-2x_1+x_2$ 的最小值.

2. 若自变量满足 $\begin{cases} x_1+x_2\leqslant 5 \\ x_1-x_2\leqslant 3 \\ x_1\geqslant 0, x_2\geqslant 0 \end{cases}$，求 $2x+2y$ 的最大值.

5.5 曲线与曲线方程

5.5.1 曲线和方程

前面讨论了直线和二元一次方程的关系，下面将进一步研究一般曲线和一般方程的关系.

例如，函数 $y=ax^2$ 的图像曲线是关于 y 轴对称的抛物线，这条抛物线是以（函数）方程 $y=ax^2$ 的所有解为坐标的点组成的曲线.

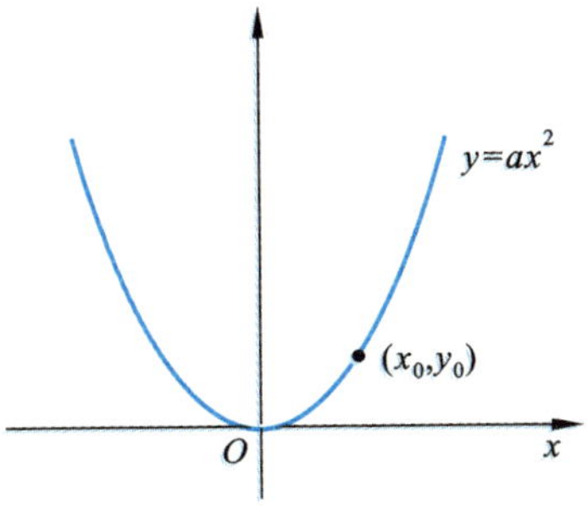

图 5.12

这就是说，若 $M(x_0,y_0)$ 是抛物曲线上的点，那么 (x_0,y_0) 一定是方程 $y=ax^2$ 的解；反之，若 (x_0,y_0) 是曲线方程的解，那么以 (x_0,y_0) 为坐标的点一定在这条抛物曲线上，如图 5.12 所示.

一般地，在直角坐标系中，若曲线 C 上的点与一个二元方程 $f(x,y)=0$ 的实数解建立了如下关系：

（1）曲线上的点的坐标，都是这个方程的解；

（2）以这个方程的解为坐标的点，都是该曲线上的点.

那么，这个方程 $f(x,y)=0$ 叫作**曲线 C 的方程**，这条曲线 C 叫作**方程的曲线**. 显然，若点 $M(x_0,y_0)$ 是曲线 $f(x,y)=0$ 上的点，则一定有 $f(x_0,y_0)=0$ 成立；(x_0,y_0) 是方程 $f(x,y)=0$ 的一组解，则点 (x_0,y_0) 一定在曲线 $f(x,y)=0$ 上.

5.5.2 求曲线的方程

平面解析几何研究的主要问题是：

（1）由已知条件，求出表示曲线的方程；

（2）通过曲线方程，研究曲线的性质.

求曲线的方程，一般有以下三个步骤：

（1）建立适当的坐标系，用有序实数对 (x,y) 表示曲线上的动点 M 的坐标；

（2）用坐标表示已知条件，列出方程 $f(x,y)=0$；

（3）整理方程 $f(x,y)=0$ 为最简形式.

例 1 已知点 $A(-1,-1),B(3,7)$，求线段 AB 的垂直平分线 l 的方程.

解 设 $P(x,y)$ 为线段 AB 垂直平分线 l 上的任一点. 由线段垂直平分线的性质可知 $|PA|=|PB|$，由两点距离公式，得

$$\sqrt{(x+1)^2+(y+1)^2}=\sqrt{(x-3)^2+(y-7)^2}$$

化简可得直线 l 的方程为

$$x+2y-7=0$$

例 2 点 $A(-1,0)$ 是圆 $x^2+y^2=1$ 上的一个定点，点 B 是圆上任意一点，求弦 AB 的中点的轨迹方程.

解 设弦 AB 的中点 M 的坐标为 (x,y)，已知圆 $x^2+y^2=1$ 上的任意点 B 的坐标为 (x_0,y_0).
已知圆 $x^2+y^2=1$ 上的定点 A 的坐标为 $(-1,0)$，弦 AB 的中点 $M(x,y)$ 的坐标为

$$\begin{cases} x=\dfrac{-1+x_0}{2} \\ y=\dfrac{0+y_0}{2} \end{cases}$$

解得 $\begin{cases} x_0=2x+1 \\ y_0=2y \end{cases}$.

因 (x_0,y_0) 在圆上，所以它满足圆的方程 $x^2+y^2=1$.

故 M 点的轨迹方程为

$$\left(x+\frac{1}{2}\right)^2+y^2=\left(\frac{1}{2}\right)^2$$

5.5.3 两曲线的交点

由曲线方程的定义可知，两条曲线的一个交点是联立两曲线方程从而解得的一组实数解. 两条曲线有几个交点，对应联立的两曲线方程组就有几组实数解，反之亦然. 因此，求两条曲线的交点问题就是求联立两个曲线方程的实数解的问题.

例 3 k 为何值时，直线 $l:kx-y+2=0$ 与曲线 C：$2x^2+3y^2=6$ 有两个不同的交点？何时有一个交点？何时没有交点？

解 解方程组

$$\begin{cases} kx-y+2=0 & (1) \\ 2x^2+3y^2=6 & (2) \end{cases}$$

将式（1）化为 $y=kx+2$，代入式（2），得

$$2x^2+3(kx+2)^2=6$$

即 $$(3k^2+2)x^2+12kx+6=0$$

其判别式是

$$\Delta=(12k)^2-4(3k^2+2)\times 6=24(3k^2-2)$$

当 $\Delta>0$，即 $k<-\frac{\sqrt{6}}{3}$ 或 $k>\frac{\sqrt{6}}{3}$ 时，方程有两个不等的实数根，所以直线 l 与曲线 C 有两个不同的交点.

当 $\Delta=0$，即 $k=\pm\frac{\sqrt{6}}{3}$ 时，方程有两个相等的实数根，所以直线 l 与曲线 C 有一个交点.

当 $\Delta<0$，即 $-\frac{\sqrt{6}}{3}<k<\frac{\sqrt{6}}{3}$ 时，方程没有实数根，所以直线 l 与曲线 C 没有交点.

习题 5.5

1. 判断 A（1，1），B（−1，1），C（2，−1），D（3，5）是否在曲线 $x^2+2xy+y^2-4=0$ 的曲线上.
2. 已知两定点 A（−2，0），B（2，0），现有动点 P，使得 $PA\perp PB$，求动点 P 的轨迹方程.
3. 求直线 $y=x+1$ 与抛物线 $y=2x^2$ 的交点 A，B 的坐标，并求线段 AB 的长.
4. 如果点 $A(x,-4)$ 是在曲线 $x^2-4x-2y-5=0$ 上，试求点 A 的横坐标 x.
5. 求下列各组中两条曲线的交点坐标：

（1）$x^2+y^2=16$ 与 $x+y=3$；

（2）$xy=1$ 与 $x^2=2y$；

（3）$x^2+y^2=16$ 与 $x^2+(y-1)^2=9$.

6. 试求与直线 $x=-2$ 和点 $(3,2)$ 等距离的点的轨迹方程.

5.6 二次曲线

二次曲线包括圆、椭圆、双曲线、抛物线. 下面分别学习这四种曲线.

5.6.1 圆的方程

1. 圆的标准方程

圆是生活中随处可见的一种曲线，如车轮的轮毂、各种圆柱形容器横断面的轮廓、球体断面的轮廓等.

平面内与一定点的距离等于定长的点的轨迹（集合）叫作**圆**，定点叫作**圆心**，定长叫作**半径**.

根据圆的定义，求圆心为 C、半径为 r 的圆的方程.

如图 5.13 所示，设 $M(x,y)$ 是圆上任意一点，根据定义，点 $M(x,y)$ 到圆心 C 的距离等于 r，有 $|MC|=r$.

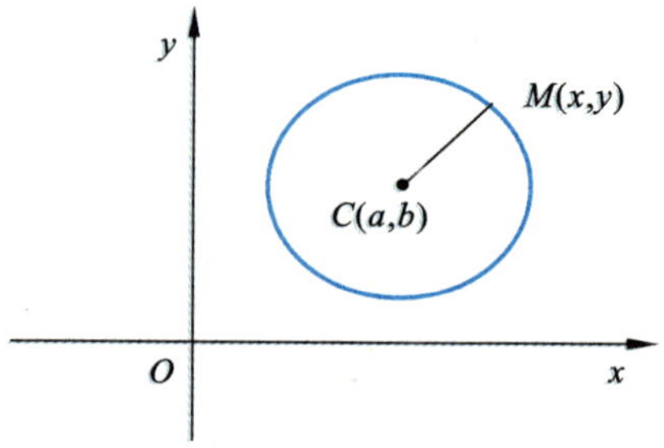

图 5.13

由两点间距离公式，有

$$\sqrt{(x-a)^2+(y-b)^2}=r$$

两边平方，得

$$(x-a)^2+(y-b)^2=r^2$$

这是圆心为 C、半径为 r 的圆的**标准方程**.

如果圆心在坐标原点 O，那么圆的方程为

$$x^2+y^2=r^2$$

例 1 已知圆的圆心坐标为（2, −3），半径为 4，求圆的标准方程.

解 将 $a=2,b=-3,r=4$ 代入公式，得

$$(x-2)^2+(y+3)^2=16$$

此方程为所求圆的方程.

例 2 已知圆的方程为 $(x+1)^2+(y-2)^2=9$，求圆心和半径.

解 圆的方程可化为

$$[x-(-1)]^2+(y-2)^2=3^2$$

所以圆的圆心坐标为（ −1, 2），半径 $r=3$.

例 3 求以 $C(1,-2)$ 为圆心，并且与直线 $3x-4y-7=0$ 相切的圆的方程.

解 因为圆 C 和直线 $3x-4y-7=0$ 相切，所以半径 r 等于圆心 C 到直线的距离，根据点到直线的距离公式，得

$$r=\frac{|3\times1-4\times(-2)-7|}{\sqrt{3^2+(-4)^2}}=\frac{4}{5}$$

因此，所求圆的方程为

$$(x-1)^2+(y+2)^2=\frac{16}{25}$$

例 4 已知两点 $P_1(4,-9),P_2(6,3)$，求以线段 P_1P_2 为直径的圆的标准方程，并判断 $M(3,-3),N(-6,7)$ 两点与圆的位置关系.

解 设圆心 $C(a,b)$ 是线段 P_1P_2 的中点，根据中点坐标公式，得

$$a=\frac{4-6}{2}=5,\ b=\frac{-9+3}{2}=-3$$

即圆心 C 的坐标为 $(5,-3)$.

根据两点间的距离公式，得

$$r=|CP_1|=\sqrt{(4-5)^2+(-9+3)^2}=\sqrt{37}$$

因此，所求圆的标准方程为

$$(x-5)^2+(y+3)^2=37$$

计算 $M(3, 5)$，$N(-6, 7)$与圆心的距离：

$$|CM|=\sqrt{(3-5)^2+(5-5)^2}=2<r$$
$$|CN|=\sqrt{(-6-5)^2+(7+3)^2}=\sqrt{211}>r$$

所以 M 点在圆内，N 点在圆外.

2. 圆的一般方程

把圆的标准方程 $(x-a)^2+(y-b)^2=r^2$ 展开，得

$$x^2+y^2-2ax-2by+a^2+b^2-r^2=0$$

可见，圆的方程可以写成下面形式：

$$x^2+y^2+Dx+Ey+F=0$$

这个方程叫作**圆的一般方程**.

将一般方程化为标准方程时，可先将一般方程 $x^2+y^2+Dx+Ey+F=0$ 配方，从而得圆的标准方程为

$$\left(x+\frac{D}{2}\right)^2+\left(y+\frac{E}{2}\right)^2=\frac{D^2+E^2-4F}{4}$$

圆的一般方程是关于 x 与 y 的二元二次方程，可写作

$$Ax^2+By^2+Dx+Ey+F=0$$

圆的一般方程具有以下特点：

（1）x^2 与 y^2 的系数为 1；

（2）不含 xy 项；

（3）$D^2+E^2-4F>0$.

例 5 求过三点 $O(0, 0)$，$M(1, 1)$，$N(4, 2)$的圆的方程.

解 设所求圆的方程为

$$x^2+y^2+Dx+Ey+F=0$$

因为 D，E，F 三点在圆上，所以它们的坐标是方程的解. 把它们的坐标依次代入下面的方程，得到关于 D，E，F 的三元一次方程组：

$$\begin{cases}F=0\\D+E+F+2=0\\4D+2E+F+20=0\end{cases}$$

解这个方程组，得 $F=0, D=-8, E=6$.

所以所求圆的方程为

$$x^2+y^2-8x+6y=0$$

【练一练】

1. 指出下列各圆的圆心坐标和半径.

（1）$x^2+y^2=4$；

（2）$(x-2)^2+(y+3)^2=16$；

（3）$(x+1)^2+y^2=5$；

2. 求经过点 A（-1，5），B（5，5）C（6，-2）的圆的方程.

3. 求圆心为原点，且与直线 $x-7y+2=0$ 相切的圆的方程.

4. 求以直线 $4x+3y-12=0$ 在坐标轴间的线段为直径的圆的方程.

5. 求经过点（3，6），且与两坐标轴相切的圆的方程.

5.6.2 椭　圆

1. 椭圆的定义

平面内到两定点的距离之和等于定长 $2a$（$2a$ 大于两点间的距离）的点的轨迹叫**椭圆**. 两个定点 F_1，F_2 叫作椭圆的**焦点**，两定点间的距离（$2c$）叫作**焦距**.

2. 椭圆的标准方程

根据椭圆的定义，我们来探讨椭圆的标准方程.

当焦点在 x 轴上时，椭圆称为横长形椭圆（见图 5.14）.

当焦点在 y 轴上时，椭圆称为竖长形椭圆（见图 5.15）.

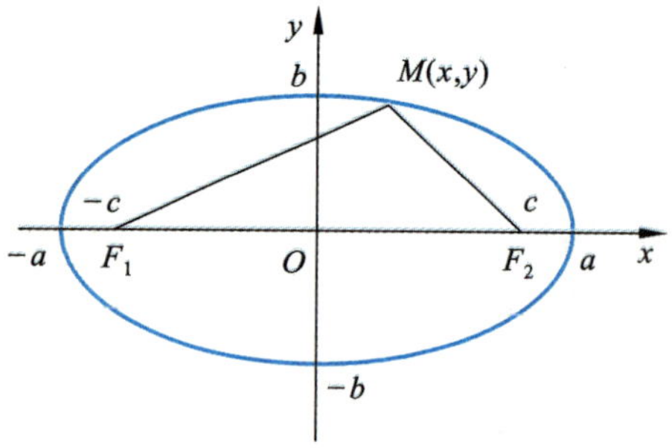

图 5.14

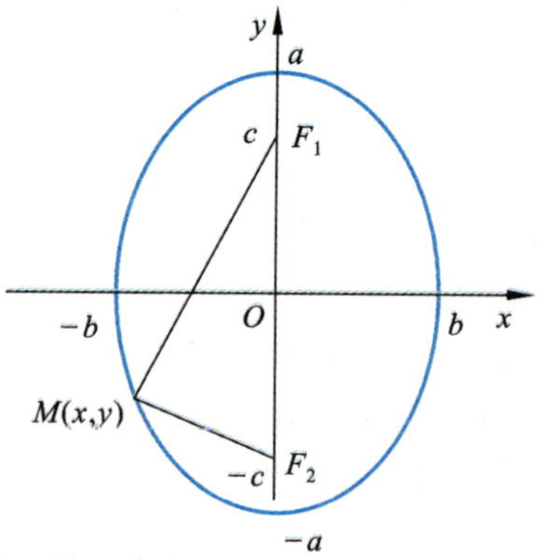

图 5.15

以过两焦点 F_1，F_2 所在的直线为 x 轴，线段 F_1F_2 的垂直平分线为 y 轴建立平面直角坐标系（见图 5.14）. 设 $M(x,y)$ 为椭圆上任意一点，根据椭圆的定义，焦距是确定的值 $2c$，则 F_1，F_2 的坐标分别为 $(-c,0),(c,0)$，M 到两焦点 F_1，F_2 的距离之和为常数 $2a(a>0,c>0,a>c)$. 于是 $|MF_1|+|MF_2|=2a$，则

$$\sqrt{(x+c)^2+y^2}+\sqrt{(x-c)^2+y^2}=2a$$

化简整理得

$$(a^2-c^2)x^2+a^2y^2=a^2(a^2-c^2)$$

因为 $2a>2c, a>c$，所以 $a^2>c^2, a^2-c^2>0$.

令 $b^2=c^2-a^2 (b>0)$，得 $b^2x^2+a^2y^2=a^2b^2$.

两边同除以 a^2b^2，得

$$\frac{x^2}{a^2}+\frac{y^2}{b^2}=1\ (a>b>0)$$

这就是椭圆的标准方程.

3. 椭圆的性质

根据椭圆的标准方程 $\frac{x^2}{a^2}+\frac{y^2}{b^2}=1\ (a>b>0)$ 来讨论椭圆的几何性质.

（1）范围.

如果将椭圆的标准方程变成 $y=\pm\frac{b}{a}\sqrt{a^2-x^2}$ 和 $x=\pm\frac{a}{b}\sqrt{b^2-y^2}$，且 $a^2-x^2\geqslant 0, b^2-y^2\geqslant 0$，那么有

$$|x|\leqslant a, |y|\leqslant b$$

也就是说，椭圆位于四条直线 $x=\pm a$和$y=\pm b$ 所围成的矩形内.

（2）对称性.

在方程 $\frac{x^2}{a^2}+\frac{y^2}{b^2}=1(a>b>0)$ 中，将 x与$-x$，y与$-y$ 任意互换，方程不变. 从图 5.14、图 5.15 中不难看出，椭圆图像关于 x 轴、y 轴及坐标原点都是对称的，两条坐标轴都是对称轴，原点是椭圆的对称中心，称为椭圆的中心.

（3）顶点.

在椭圆的标准方程中，令 $y=0$，得 $x=\pm a$；令 $x=0$，得 $y=\pm b$.可见，椭圆与它的对称轴分别交于点 $A_1(-a,0), A_2(a,0), B_1(0,-b), B_2(0,b)$，这四点称为椭圆的**顶点**，$A_1A_2$ 称为椭圆的**长轴**，B_1B_2 称为椭圆的**短轴**，A_1A_2 的长称为椭圆的**长轴长**，B_1B_2 的长称为椭圆的**短轴长**，a 和 b 分别称为椭圆的**长半轴长**和**短半轴长**.

（4）离心率.

把椭圆的焦距 $2c$ 与长轴长 $2a$ 的比称为椭圆的离心率，记作 e，即

$$e=\frac{c}{a}.$$

显然，$0<e<1$. e 越大（越接近于 1），椭圆越扁平；反之，e 越小（越接近于 0），椭圆越接近于圆；若 $a=b$，则 $c=0$，两焦点与中心重合，这时椭圆就变成圆了.

当焦点在 x 轴上时，横长形椭圆的标准方程为

$$\frac{x^2}{a^2}+\frac{y^2}{b^2}=1\ (a>b>0).$$

它有四个顶点，分别为 $(a,0),(-a,0),(0,b)$ 和 $(0,-b)$，两个焦点 $F_1(-c,0)$ 和 $F_2(c,0)$，两条准线 $x=\pm\frac{a^2}{c}$，*两条焦半径 $|MF_1|=r_1=a+e\cdot x_M$，$|MF_2|=r_2=a-e\cdot x_M$. 其中，a 为半长轴长，$e=\frac{c}{a}$ 为离心率，x_M 为 M 点的横坐标.

当焦点在 y 轴上时，竖长形椭圆的标准方程为

$$\frac{x^2}{b^2}+\frac{y^2}{a^2}=1\ (a>b>0)$$

它有四个顶点，分别是 $(b,0),(-b,0),(0,a)$ 和 $(0,-a)$，两个焦点 $F_1(0,-c)$ 和 $F_2(0,c)$，*两条准线 $y=\pm\frac{a^2}{c}$，两条焦半径 $|MF_1|=r_1=a+e\cdot y_M$，$|MF_2|=r_2=a-e\cdot y_M$. 其中，a 为半长轴长，$e=\frac{c}{a}$ 为离心率，y_M 为 M 点的纵坐标.

这两类椭圆的共同点如下：

（1）$2c$ 为焦距，c 为半焦距；

（2）$2a$ 为长轴长，a 为半长轴长；

（3）$2b$ 为短轴长，b 为半短轴长；

（4）$e=\frac{c}{a}$ 为离心率（又叫扁圆率，$0<e<1$）；

*（5）$e=\frac{\text{动点}M\text{到焦点的距离}r}{\text{动点}M\text{到准线的距离}d}$；

（6）$a>b>0,a>c>0,a^2=b^2+c^2$.

例 6 已知 $\triangle ABC$ 的周长等于 16，其中 B，C 两个定点的距离是 6，求顶点 A 的轨迹方程.

解 以 BC 所在直线为 x 轴，以线段 BC 的中点 O 为圆心建立坐标系，由题意 $|AB|+|AC|=10$，所以

$$\begin{cases}2a=10\\2c=6\\b=\sqrt{a^2-c^2}\end{cases}\Rightarrow\begin{cases}a=5\\c=3\\b=4\end{cases}$$

即
$$\frac{x^2}{5^2}+\frac{y^2}{4^2}=1(y\neq 0)$$

例 7 直线 $l:x-y+1=0$ 与椭圆 $3x^2+4y^2=12$ 相交于 A，B 两点，求弦 AB 的长.

解 设直线 l 与椭圆的交点坐标 $(x_1,y_1),(x_2,y_2)$，于是有

$$|AB|=\sqrt{(x_1-x_2)^2+(y_1-y_2)^2} \tag{1}$$

因为 A，B 在直线 $y=x+1$ 上，所以

$$\begin{cases}y_1=x_1+1\\y_2=x_2+1\end{cases}$$

两式相减，得

$$y_1 - y_2 = x_1 - x_2$$

代入式（1），得

$$|AB| = \sqrt{2(x_1 - x_2)^2} = \sqrt{2} \cdot \sqrt{(x_1 + x_2)^2 - 4x_1 \cdot x_2}$$

由方程组 $\begin{cases} 3x^2 + 4y^2 = 12 \\ x - y + 1 = 0 \end{cases}$ 消去 y，整理得

$$7x^2 + 8x - 8 = 0$$

因为

$$\begin{cases} x_1 + x_2 = -\dfrac{8}{7} \\ x_1 \cdot x_2 = -\dfrac{8}{7} \end{cases}$$

故 $$|AB| = \sqrt{2} \cdot \sqrt{\left(-\frac{8}{7}\right)^2 - 4\left(-\frac{8}{7}\right)} = \frac{24}{7}$$

【练一练】

1. 动点 $M(x,y)$ 到点 $F_1(-3,0)$ 和 $F_2(3,0)$ 的距离之和等于 10，求动点 M 的轨迹方程.

2. 求出下列各椭圆的长轴、短轴、离心率及顶点、焦点坐标.

（1）$\dfrac{x^2}{9} + \dfrac{y^2}{4} = 1$；　　（2）$25x^2 + 16y^2 = 400$；　　（3）$x^2 + 4y^2 = 1$.

3. 根据下列所给条件，求各椭圆的标准方程.

（1）焦点在 x 轴上，$2b = 6, 2c = 2$；

（2）长轴是短轴的 2 倍，焦距是 $4\sqrt{3}$，焦点在 x 轴上；

（3）经过点 $P(\sqrt{5},0)$ 和点 $Q(0,-2\sqrt{2})$.

4. 求椭圆 $\dfrac{x^2}{36} + \dfrac{y^2}{12} = 1$ 与下列各曲线的交点.

（1）$x = 6$；　　（2）$2x - y - 9 = 0$.

5. 一直线经过椭圆 $9x^2 + 25y^2 = 225$ 的左焦点和圆 $x^2 + y^2 - 2y - 3 = 0$ 的圆心，求该直线方程.

5.6.3　双曲线

1. 双曲线的定义

平面内与两定点的距离之差的绝对值为常数 $2c$（$2c$ 小于两定点之间的距离）的点的轨迹称为**双曲线**. 两定点称为双曲线的**焦点**，两焦点之间的距离（$2c$）称为**焦距**.

2. 双曲线的标准方程

类似于研究椭圆方程的方法，下面来探讨双曲线的方程.

以过两焦点 F_1，F_2 所在的直线为 x 轴，线段 F_1F_2 的垂直平分线为 y 轴建立直角坐标系（见图 5.16）. 设 $M(x,y)$ 为双曲线上任意一点，根据双曲线的定义，焦距是确定的值 $2c$，则 F_1，F_2 的坐标分别为 $(-c,0),(c,0)$，M 到两焦点 F_1，F_2 的距离之差的绝对值为常数 $2a(a>0,c>0,a<c)$.于是 $\left||MF_1|-|MF_2|\right|=2a$，则

$$\sqrt{(x+c)^2+y^2}-\sqrt{(x-c)^2+y^2}=\pm 2a$$

化简得

$$(c^2-a^2)x^2-a^2y^2=a^2(c^2-a^2)$$

因为 $c>a$，所以 $c^2-a^2>0$.

令 $b^2=c^2-a^2(b>0)$，得 $b^2x^2-a^2y^2=a^2b^2$.

即
$$\frac{x^2}{a^2}-\frac{y^2}{b^2}=1\ (a>0,b>0).$$

这个方程是焦点在 x 轴上的方程，式中 a，b，c 满足关系式 $c^2=a^2+b^2$.

当双曲线的焦点在 y 轴上时，双曲线的方程为

$$\frac{y^2}{a^2}-\frac{x^2}{b^2}=1\ (a>0,b>0)$$

双曲线方程图像如图 5.17 所示.

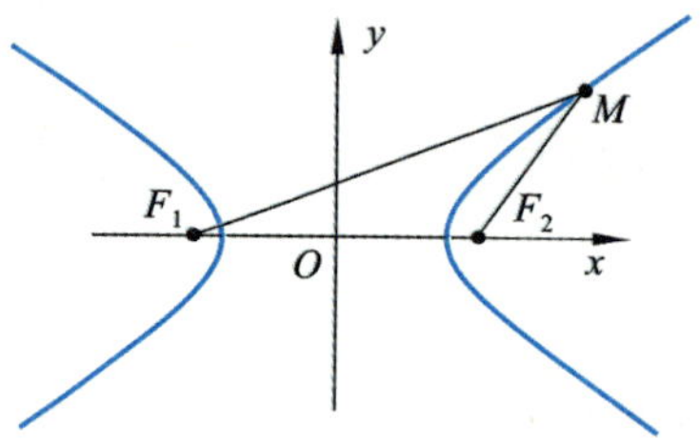

图 5.16

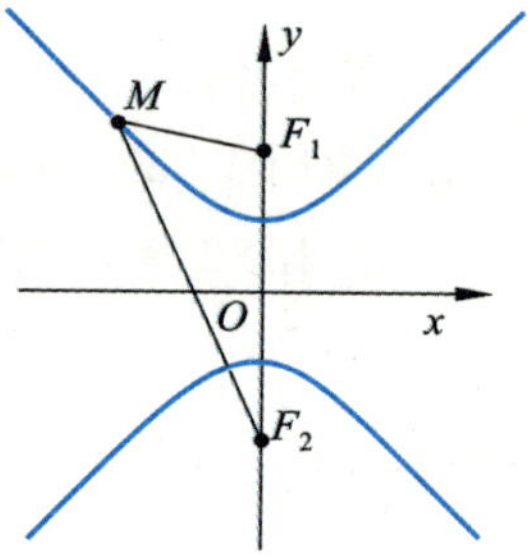

图 5.17

例 8 判断下列方程是否表示双曲线，若是，求出 a, b, c 的值.

（1）$\frac{x^2}{4}-\frac{y^2}{2}=1$；　　（2）$\frac{x^2}{2}-\frac{y^2}{2}=1$；

（3）$\frac{x^2}{4}-\frac{y^2}{2}=-1$；　　（4）$4y^2-9x^2=36$.

分析 双曲线标准方程的形式：左边是两个分式的平方差，x^2 项的系数是正的，那么焦点在 x 轴上，x^2 项的分母是 a^2；y^2 项的系数是正的，那么焦点在 y 轴上，y^2 项的分母是 a^2.

解 （1）是双曲线，$a=2,b=\sqrt{2},c=\sqrt{6}$；

（2）是双曲线，$a=\sqrt{2},b=\sqrt{2},c=2$；

（3）是双曲线，$a=\sqrt{2}, b=2, c=\sqrt{6}$；

（4）将圆方程化为 $\frac{y^2}{3^2}-\frac{x^2}{2^2}=1$，显然是双曲线，$a=3, b=2, c=\sqrt{13}$.

3. 双曲线的几何性质

以焦点在 x 轴上的双曲线为例，其标准方程为 $\frac{x^2}{a^2}-\frac{y^2}{b^2}=1$.

（1）范围.

从图 5.18 可以看出，双曲线在两条直线 $x=-a$ 和 $x=a$ 的外侧.

由标准方程 $\frac{x^2}{a^2}-\frac{y^2}{b^2}=1$ 可得 $x^2-a^2\geqslant 0$，即 $|x|\geqslant a$. 所以 $x\geqslant a$ 或 $x\leqslant -a$.

当 $|x|\geqslant a$ 时，y 才有实数值；对于 y 的任何值，x 都有实数值. 这说明从横的方向来看，在直线 $x=-a$，$x=a$ 之间没有图像；从纵的方向来看，随着 x 的增大或减小，y 的绝对值无限增大，所以曲线在纵的方向上可无限伸展，不像椭圆那样是封闭曲线. 双曲线不封闭，但仍称其对称中心为双曲线的中心.

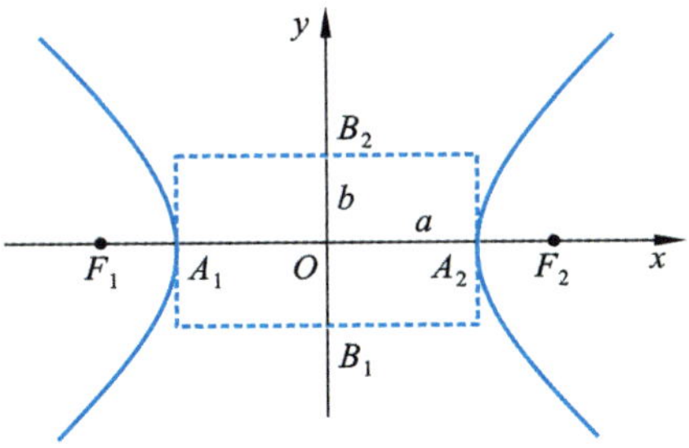

图 5.18

（2）对称性.

从图 5.18 可以看出，双曲线关于 x 轴、y 轴对称，并且关于原点成中心对称. 原点称为双曲线的中心.

（3）顶点与实轴、虚轴.

令 $y=0$ 得 $x=a$ 或 $x=-a$，所以双曲线与 x 轴的两个交点 $A_1(-a,0), A_2(a,0)$，称为双曲线的**顶点**. A_1A_2 称为双曲线的**实轴**，a 称为双曲线的**实半轴长**，$|A_1A_2|=2a$.

双曲线与 y 轴并无交点，为了研究方便，令点 $B_1(0,-b), B_2(0,b)$，则称 B_1B_2 为双曲线的虚轴，b 称为双曲线的虚半轴长，$|B_1B_2|=2b$.

在双曲线方程 $\frac{x^2}{a^2}-\frac{y^2}{b^2}=1$ 中，如果 $a=b$，则方程变为

$$\frac{x^2}{a^2}-\frac{y^2}{a^2}=1，即 x^2-y^2=a^2.$$

称实半轴与虚半轴相等的双曲线叫作**等轴双曲线**.

以已知双曲线的实轴为虚轴、虚轴为实轴，这样得到的双曲线称为原双曲线的**共轭双曲线**.

共轭双曲线的特点有：

① 常数 a, b, c 中 a, b 互换，c 相同.

② 共用一对渐近线.

③ 双曲线和它的共轭双曲线的焦点在同一圆上.

（4）离心率.

双曲线的焦距与实轴长的比 $e=\frac{2c}{2a}=\frac{c}{a}$，叫作双曲线的离心率.

范围：$e>1$.

双曲线形状与 e 的关系：

$$k=\frac{b}{a}=\frac{\sqrt{c^2-a^2}}{a}=\sqrt{\frac{c^2}{a^2}-1}=\sqrt{e^2-1}$$

因此 e 越大，渐近线的斜率的绝对值就越大，这时双曲线的形状就从扁狭逐渐变得开阔. 由此可知，双曲线的离心率越大，它的开口就越大.

① 双曲线的形状张口随着渐近线的位置变化而变化；

② 渐近线的位置（倾斜）情况又受到其斜率的制约.

（5）渐近线.

过 A_1，A_2 作平行于 y 轴的直线 $x=\pm a$，过 B_1，B_2 作平行于 x 轴的直线 $y=\pm b$，这四条直线围成一个矩形. 矩形的两条对角线的方程为 $y=\pm\frac{b}{a}x$.

双曲线在向外无限延伸时，与直线 $y=\pm\frac{b}{a}x$ 逐渐接近，因此称直线 $y=\pm\frac{b}{a}x$ 为双曲线的渐近线方程.

当实轴在 y 轴上时，双曲线 $\frac{y^2}{a^2}-\frac{x^2}{b^2}=1$ 的渐近线方程为 $y=\pm\frac{a}{b}x$.

利用双曲线的渐近线方程，可以快速画出双曲线的草图.

具体做法是：画出双曲线的渐近线，先确定双曲线的顶点及第一象限内任意一点的位置，然后过这两点并根据双曲线在第一象限从渐近线下方逐渐接近渐近线的特点画出双曲线的一部分，最后利用双曲线的对称性画出完整的双曲线.

例 9 双曲线形自然通风塔的外形是双曲线的一部分绕其虚轴旋转所成的曲面，它的最小半径为 12 m，上口半径为 13 m，下口半径为 25 m，高 55 m. 选择适当的坐标系，求出此双曲线的方程（精确到 1 m）.

分析 本题建立合适的坐标系是关键. 注意到，通风塔有 3 个特殊的截口圆：上口、下口、中间最小的一个截口. 显然，最小截口圆的圆心是双曲线的中心，直径是双曲线的实轴，所以以最小截口直径所在直线为 x 轴、圆心为原点建立坐标系，则双曲线的方程具有最简单的形式.

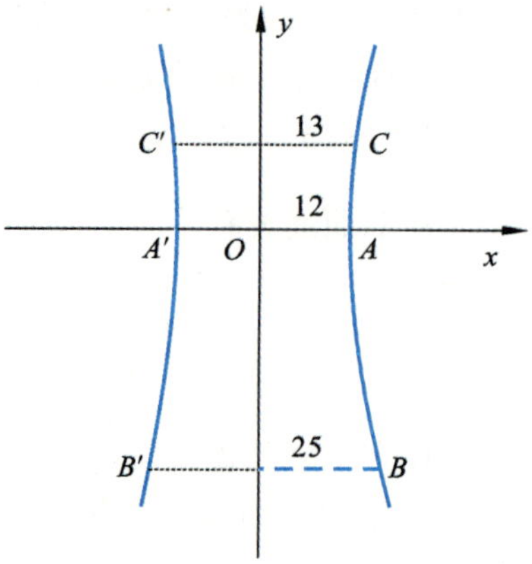

图 5.19

解 如图 5.19 所示，建立直角坐标系 xOy，使小圆的直径 AA' 在 x 轴上，圆心与原点重合. 这时，上下口的直径 CC'，

BB'平行于 x 轴，且 $|AA'|=12\times2$，$|CC'|=13\times2$，$|BB'|=25\times2$.

设双曲线的方程为 $\frac{x^2}{a^2}-\frac{y^2}{b^2}=1(a>0,b>0)$.

令点 C 的坐标为（13，y），则点 B 的坐标为（25，$y-55$）.

因为点 B，C 在双曲线上，所以

$$\frac{25^2}{12^2}-\frac{(y-55)^2}{b^2}=1\text{，即 }\frac{13^2}{12^2}-\frac{y^2}{b^2}=1$$

解得 $y=\frac{5b}{12}$.（负值舍去）

代入双曲线方程，得

$$\frac{25^2}{12^2}-\frac{\left(\frac{5b}{12}-55\right)^2}{b^2}=1$$

化简得

$$19b^2+275b-18\,150=0$$

解方程式（使用计算器计算），得 $b\approx25$.

所以，所求双曲线方程为

$$\frac{x^2}{144}-\frac{y^2}{625}=1.$$

例 10 已知双曲线的焦距为 10，一条渐近线为 $y=2x$，求双曲线的标准方程.

解 由题设知，双曲线的焦点可在 x 轴上，也可在 y 轴上. 因此，设所求双曲线的标准方程为 $\frac{x^2}{a^2}-\frac{y^2}{b^2}=1$ 或 $\frac{y^2}{a^2}-\frac{x^2}{b^2}=1$.

因为 $2c=10$，所以 $c=5$.

（1）如果焦点在 x 轴上，则有 $\frac{b}{a}=2,b=2a$.

代入 $a^2+b^2=c^2=25$，得

$$a^2=5,b^2=20$$

故所求双曲线方程为

$$\frac{x^2}{5}-\frac{y^2}{20}=1$$

（2）如果焦点在 y 轴上，则有 $\frac{a}{b}=2,a=2b$.

代入 $a^2+b^2=c^2=25$，得

$$b^2=5,a^2=20$$

故对应双曲线方程为

$$\frac{y^2}{20}-\frac{x^2}{5}=1$$

所以，所求双曲线方程为

$$\frac{x^2}{5}-\frac{y^2}{20}=1 \text{或} \frac{y^2}{20}-\frac{x^2}{5}=1$$

注意：

① 关于双曲线标准方程的计算与椭圆类似，有所不同的是，双曲线焦点的判别方法是将方程标准化后，由 x^2, y^2 项系数的正或负来决定；a，b，c 的关系是 $b^2=c^2-a^2$.

② 直线与双曲线位置关系的问题与椭圆相同.

③ 从双曲线的一个焦点上发出的光线（或声波），经过双曲线的反射后，反向延长线经过另一个焦点. 另外，由于双曲线型曲面具有良好的抗压的力学性质，它被广泛应用于各类工程设计中，能节省大量的建筑材料，进而减少投资.

【练一练】

1. 根据下列条件，求各双曲线的标准方程.

（1）$a=4$，两焦点为 $(\pm 5,0)$；

（2）焦距是 10，虚轴的长是 8，焦点在 x 轴上；

（3）实半轴长 $2\sqrt{5}$，经过点 $A(2,-5)$，焦点在 y 轴上；

（4）渐近线方程为 $y=\pm\frac{3}{5}x$，焦点坐标为 $(\pm 2,0)$；

（5）$e=\sqrt{2}$，经过点 $A(-5,3)$.

2. 求出下列各双曲线的实轴长、虚轴长、顶点坐标、焦点坐标和渐近线方程.

（1）$\frac{x^2}{4}-\frac{y^2}{9}=1$；

（2）$25x^2-4y^2=100$；

（3）$4y^2-9x^2=36$；

（4）$x^2-y^2=-3$.

3. 已知双曲线的虚轴长等于 12，焦点在 x 轴上，焦距为实轴的 2 倍，求双曲线的标准方程.

4. 试求渐近线为 $y=\pm\frac{3}{4}x$，过点(2, 1)的双曲线的标准方程并作图.

5. 等轴双曲线中心在原点，经过点(3, −1)，试求它的方程.

6. 已知双曲线的焦距为 $\frac{2\sqrt{10}}{3}$，实轴长等于 2，求双曲线的标准方程.

7. 在相距 1000 m 的 A，B 两个哨所听到炮弹爆炸声的时间相差 2 s，已知声速是 340 m/s，问炮弹爆炸点 P 在怎样的曲线上？（提示：点 P 到 A，B 两点的距离之差的绝对值是常数.）

5.6.4 抛物线

1. 抛物线的定义

平面内，与一个定点和一条定直线的距离相等的点的轨迹称为抛物线. 定点 F 称为抛物线的焦点，定直线 l 称为抛物线的准线.

2. 抛物线的标准方程

为了求抛物线的方程，取过焦点 F 且垂直于准线 l 的直线（垂足为 A）为 x 轴，以 AF 的垂直平分线为 y 轴，建立直角坐标系，如图 5.20 所示. 设 $M(x,y)$ 为抛物线上任意一点，过点 M 作 l 的垂线，垂足为 N. 抛物线的焦点为 $F\left(\frac{p}{2},0\right)$，$N$ 点的坐标为 $\left(-\frac{p}{2},y\right)$，则 $|MF|=|MN|$，由距离公式得

$$\left|x+\frac{p}{2}\right|=\sqrt{\left(x-\frac{p}{2}\right)^2+y^2}$$

化简得

$$y^2=2px(p>0)$$

该方程称为焦点在 x 轴的正半轴上的**抛物线的标准方程**.

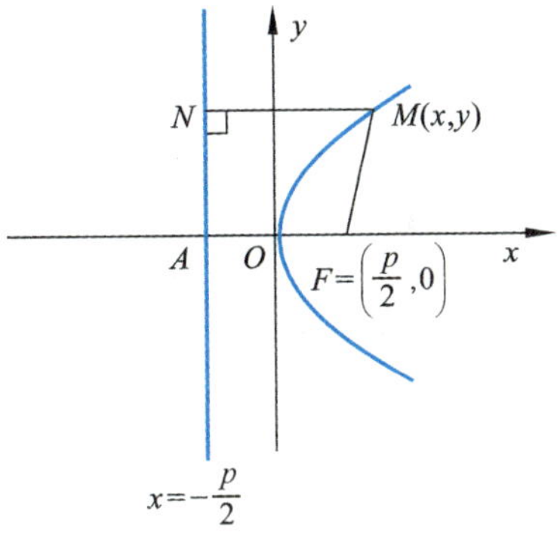

图 5.20

对于抛物线来说，由于它在坐标平面上的位置不同，方程也不一样. 用同样的方法，我们可以得到其他几种情况的方程、图像、焦点坐标及准线方程，如表 5.1 所示.

表 5.1　抛物线的四种形式

方程	$y^2=2px(p>0)$	$y^2=-2px(p>0)$	$x^2=2py(p>0)$	$x^2=-2py(p>0)$
图像	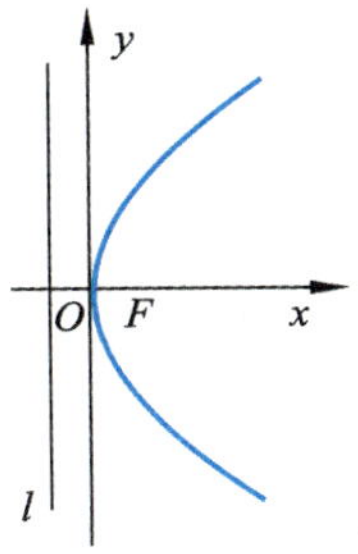	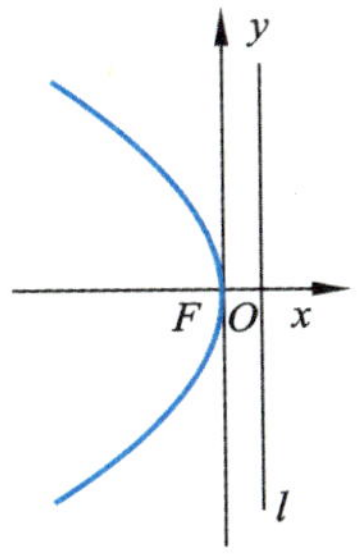	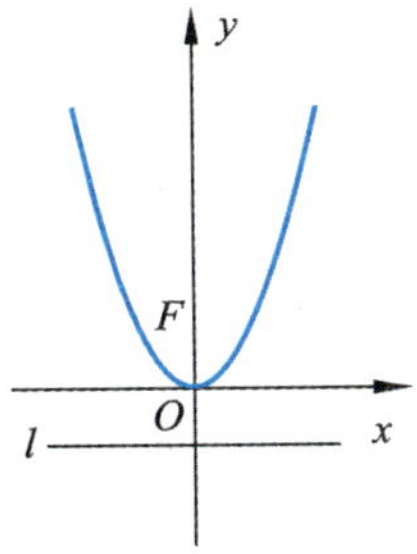	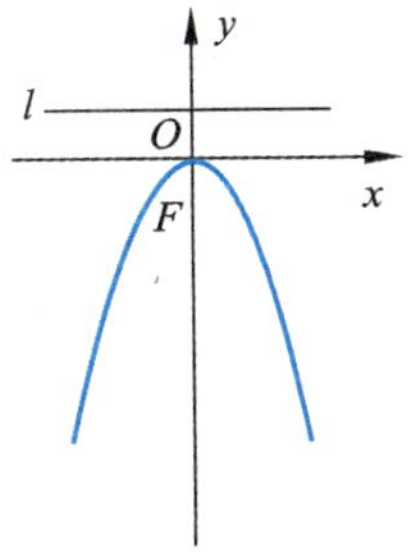
焦点	$\left(\frac{p}{2},0\right)$	$\left(-\frac{p}{2},0\right)$	$\left(0,\frac{p}{2}\right)$	$\left(0,-\frac{p}{2}\right)$
准线	$x=-\frac{p}{2}$	$x=\frac{p}{2}$	$y=-\frac{p}{2}$	$y=\frac{p}{2}$

例 11　已知抛物线的标准方程是 $y^2=5x$，求焦点坐标和准线方程.

解　依题意知，抛物线的焦点在 x 轴的正半轴，且 $2p=5$，得 $p=\frac{5}{2}$.

所以，焦点坐标为 $F\left(\frac{5}{2},0\right)$，准线方程为 $x=-\frac{5}{2}$.

例 12 已知抛物线的顶点在坐标原点，根据下列已知条件，求抛物线方程.

（1）焦点为 $F(-3,0)$；

（2）$p=3$，焦点在 y 轴的正半轴；

（3）抛物线的准线方程是 $y=4$.

解 （1）依题意知，该抛物线焦点在 x 轴的负半轴. 设抛物线方程为 $y^2=-2px$.

因为 $\frac{p}{2}=3$，所以 $p=6$. 代入得抛物线方程为

$$y^2=-12x$$

（2）由已知条件知，抛物线方程可设为 $x^2=2py$.

将 $p=3$ 代入得，抛物线方程为

$$x^2=6y$$

（3）由已知条件知，抛物线的焦点在 y 轴的负半轴，抛物线方程可设为 $x^2=-2py$.

由 $\frac{p}{2}=4$，得 $p=8$. 代入得所求抛物线方程为

$$x^2=-16y.$$

3. 抛物线的几何性质

下面仅根据抛物线的标准方程 $y^2=2px$ 情形来讨论抛物线的性质.

（1）范围.

由图 5.20 可以看出，抛物线在 y 轴的右侧，向右上方和右下方无限延伸，可知 $x\geqslant 0$，开口向右.

（2）对称性.

由图 5.20 可以看出，x 轴是抛物线 $y^2=2px$ 的对称轴.

（3）顶点.

抛物线与坐标轴的交点为抛物线的顶点. 显然，原点是抛物线的顶点.

类似地，可根据抛物线标准方程 $y^2=-2px$，$x^2=2py$，$x^2=-2py$ 来分别讨论它们的性质.

几种抛物线标准方程相同点：

（1）抛物线都过原点（顶点都是原点）；

（2）对称轴都是坐标轴；

（3）准线都与对称轴垂直，垂足与焦点在对称轴上关于原点对称.

它们到原点的距离都等于一次项系数绝对值的 $\frac{1}{4}$，即 $\frac{2p}{4}=\frac{p}{2}$.

几种抛物线标准方程不同点：

（1）一次项变量为 x 时，对称轴为 x 轴；一次项变量为 y 时，对称轴为 y 轴.

（2）一次项系数为正时，图像开口朝对称轴的正方向；一次项系数为负时，开口朝对称轴的负方向.

由抛物线焦点上光源发出的光，经抛物线反射后成平行光束. 太阳灶、雷达天线和汽车前灯、探照灯等大多采用旋转抛物面（即由抛物线绕对称轴旋转而成的曲面）的形状，就是利用了抛物线的这一性能.

圆、椭圆、双曲线、抛物线的方程都是二元二次方程，因此统称它们为**二次曲线**. 又因为这些曲线可通过一个平面与圆锥的旋转轴成不同的角度去截割圆锥面而得到，因此又统称它们为**圆锥曲线**.

*圆锥曲线（二次曲线）的（不完整）统一定义：到平面内一定点的距离 r 与定直线的距离 d 之比是常数 $e=\dfrac{r}{d}$ 的点的轨迹称为圆锥曲线. 其中，当 $e>1$ 时为双曲线；当 $e=1$ 时为抛物线；当 $0<e<1$ 时为椭圆. 定点称为该圆锥曲线的焦点，定直线称为该圆锥曲线的准线.

【练一练】

1. 根据下列各已知条件，求抛物线的标准方程，并作图.

（1）对称轴是 x 轴，顶点在原点，并经过点（$-2, 4$）；

（2）对称轴是 y 轴，顶点在原点，并经过点（$6, 3$）；

（3）对称轴是 y 轴，顶点在原点，并经过点（$-6, -3$）；

（4）对称轴是 x 轴，顶点在原点，焦点到顶点的距离等于 6 个长度单位.

2. 求下列抛物线的焦点坐标，准线方程，并作图.

（1）$x^2-y=0$；　　　　（2）$2x^2+3y=0$；

（3）$y^2+4x=0$；　　　　（4）$4x-y^2=0$.

3. 一拱桥成抛物线的形状，已知跨度（即桥拱宽）为 24 m，高为 6 m，试求这条抛物线的方程.

4. 有一正三角形的两个顶点在抛物线 $y^2=2px$ 上，另一顶点在原点，求这个三角形的边长.

5. 如图 5.21 所示是抛物线拱形桥. 当拱顶离水面 2 m 时，水面宽 4 m. 当水下降 1 m 后，水面宽多少？

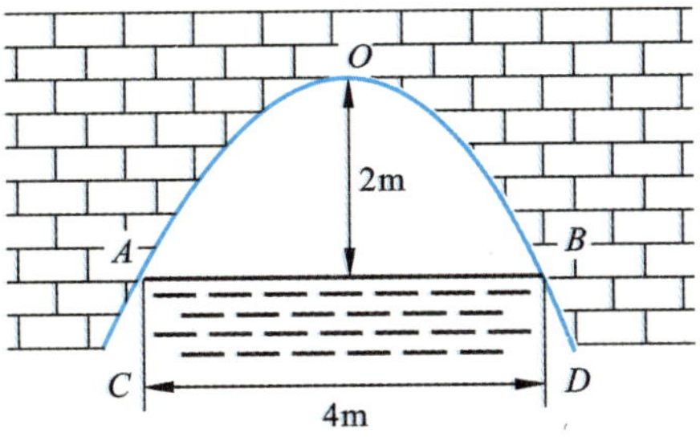

图 5.21

习题 5.6

1. 填空题

（1）圆 $x^2+y^2+4x-6y=0$ 的圆心为______，半径为______.

（2）椭圆 $x^2+4y^2=1$ 的顶点为______，焦点为______________.

（3）双曲线 $\frac{x^2}{36}-\frac{y^2}{64}=1$ 的顶点为______，渐近线为____________.

（4）抛物线 $x^2=-3y$ 的对称轴是______，焦点坐标是______，准线方程是______.

（5）椭圆中心在原点，对称轴为坐标轴，且长轴为 10，短轴为 6，则其方程为______.

（6）以坐标轴为对称轴，原点为顶点，且过点 $(1,-3)$ 的抛物线方程为________.

（7）已知方程 $x^2\sin\alpha+y^2\cos\alpha=1,\alpha\in(0,\pi)$，当______时，方程表示双曲线.

2. 选择题

（1）已知圆 $(x-1)^2+(y+2)^2=6$ 与直线 $2x+y-5=0$ 的位置关系是（　　）.

A. 相切　　　　B. 相交但直线不过圆心

C. 相交过圆心　　　　D. 相离

（2）圆 $x^2+y^2=4$ 在点 $P(1,-\sqrt{3})$ 处的切线方程为（　　）.

A. $x+\sqrt{3}y-2=0$　　　　B. $\sqrt{3}x+y-2=0$

C. $x-\sqrt{3}y-4=0$　　　　D. $\sqrt{3}x+y-4=0$

（3）已知椭圆的中心在坐标原点，长轴在 x 轴上，离心率为 $\frac{\sqrt{3}}{2}$ 且椭圆上一点到其两个焦点的距离之和为 12，则椭圆的方程为（　　）.

A. $\frac{x^2}{4}+\frac{y^2}{9}=1$　　　　B. $\frac{x^2}{9}+\frac{y^2}{4}=1$

C. $\frac{x^2}{36}+\frac{y^2}{9}=1$　　　　D. $\frac{x^2}{9}+\frac{y^2}{36}=1$

（4）已知椭圆 $\frac{x^2}{a^2}+\frac{y^2}{b^2}=1(a>b>0)$ 过点 $(-4,0)$，则实数 a 的值为（　　）.

A. 3　　B. 4　　C. 5　　D. 6

（5）双曲线 $4x^2+ky^2=4k$ 的虚轴长是（　　）.

A. $2\sqrt{k}$　　B. $2k$　　C. $2\sqrt{-k}$　　D. 4

（6）以点 $(1,-1)$ 为中点的抛物线 $y^2=8x$ 的弦所在的直线方程为（　　）.

A. $x-4y-3=0$　　　　B. $x+4y+3=0$

C. $4x+y-3=0$　　　　D. $4x+y+3=0$

（7）过抛物线 $y^2=4x$ 的焦点作直线 l 交抛物线于 A,B 两点，若线段 AB 中点的横坐标为 3，则 $|AB|$ 等于（　　）.

A. 10　　B. 8　　C. 6　　D. 4

（8）已知点 $A(6,y)$ 在抛物线 $y^2=mx$ 上，点 A 到焦点的距离为 8，则焦点 F 到准线的距离为（　　）.

A. 2　　B. 4　　C. 6　　D. 8

（9）已知圆 $M:x^2+(y-2)^2=16$，过点 $P(2\sqrt{3},2)$ 作圆 M 的弦 AB，则弦长 $|AB|$ 的最小值为（　　）.

A. 4　　B. 6　　C. 8　　D. 3

3. 已知圆心坐标为(1, 0)的圆经过点$\left(\frac{1}{2},\frac{\sqrt{3}}{2}\right)$.

（1）求圆的标准方程；

（2）若直线 $(1+a)x+y+1=0$ 与该圆相切，求 a 的值.

4. 椭圆中心在原点，一个顶点和一个焦点分别是直线 $x+3y-6=0$ 与两坐标轴的交点，求椭圆的标准方程，并作出图像.

5. 已知抛物线的标准方程是 $y^2=6x$.

（1）求它的焦点坐标和准线方程；

（2）直线 l 过已知抛物线的焦点且倾斜角为 45°，且与抛物线的交点为 A,B，求 AB 的长度.

6. 一个椭圆以坐标轴为对称轴，一焦点为 $(0,5\sqrt{2})$ 且截直线 $y=3x-2$ 所得弦中点的横坐标为$\frac{1}{2}$，求椭圆的标准方程.

7. 已知双曲线关于纵坐标轴对称，且与圆 $x^2+y^2=10$ 相交于点 $P(3,-1)$，若此圆过点 P 的切线与双曲线的一条渐近线平行，求此双曲线的方程.

8. 已知抛物线 $C:x^2=4y$ 的焦点为 F，椭圆 E 的中心在原点，焦点在 x 轴上，点 F 是它的一个顶点，且其离心率 $e=\frac{\sqrt{3}}{2}$. 求椭圆 E 的标准方程.

5.7 坐标轴的平移

坐标变换是化简曲线方程，以便于讨论曲线的性质和画出曲线的一种重要方法. 在平面直角坐标系中，对于确定的曲线来说，点的坐标和曲线的方程是确定的. 同一点或同一曲线，由于选择不同的坐标系就会有不同的坐标或方程，利用坐标轴的平移，可以使曲线的方程简化.

5.7.1 坐标轴的平移公式

设坐标原点由点 O 移至点 $O'(h,k)$，坐标轴的方向和长度单位都不变，这样的坐标变换称为坐标轴的平移，如图 5.22 所示.

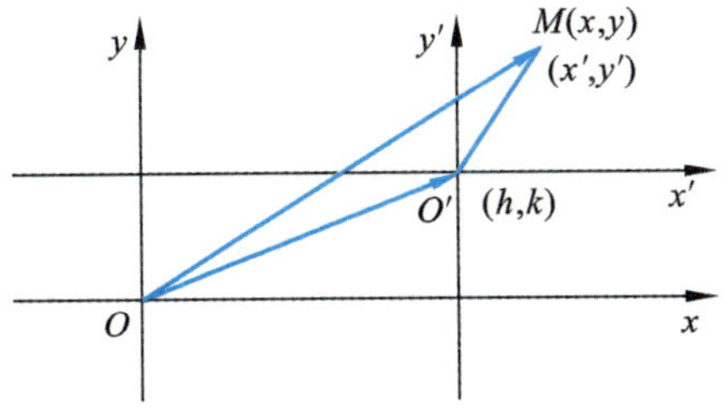

图 5.22

下面研究同一点 M 在新旧两坐标系中的坐标之间的关系.

如图 5.22 所示，将坐标系 xOy 称为旧坐标系，$x'O'y'$称为新坐标系．设点 M 在旧坐标系中的坐标为 (x,y)，在新坐标系中的坐标为 (x',y')，点 O 移动到 $O'(h,k)$．所以

$$\overrightarrow{O'M}=\overrightarrow{OM}-\overrightarrow{OO'}$$

$$\{x',y'\}=\{x,y\}-\{h,k\}$$

即
$$\begin{cases}x'=x-h\\y'=y-k\end{cases} \quad 或 \quad \begin{cases}x=x'+h\\y=y'+k\end{cases}$$

两式统称为坐标轴的平移公式，它反映了点在新旧坐标之间的关系．

例 1 平移坐标系，把原点 O 移至点 $O'(3,-4)$，求点 $O(0,0)$， $A(3,-4),B(-3,4)$ 的新坐标．

解 将已知各点的旧坐标代入平移公式，得 O,A,B 的新坐标为 $O'(-3,4),A'(0,0),B'(-6,8)$．

5.7.2 利用坐标轴的平移化简方程

例 2 如图 5.23 所示，在坐标系中，已知直线方程为 $4x+2y-3=0$，平移坐标轴，把原点 O 移到 $O'\left(\dfrac{3}{4},0\right)$，求新坐标系中的直线方程．

解 将平移公式 $x=x'+\dfrac{4}{3}, y=y'$ 代入直线方程，得

$$4\left(x'+\frac{3}{4}\right)+2y'-3=0$$

化简得

$$2x'+y'=0$$

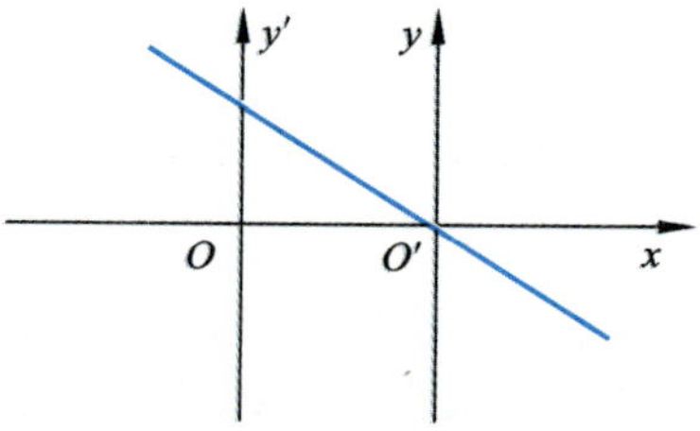

图 5.23

例 3 化简二元二次方程 $x^2+4y^2-2x-16y+1=0$，使新方程不含一次项，并说明曲线的类型．

解法一：设新坐标原点在旧坐标系下的坐标为 (h,k)，并把 $x=x'+h,y=y'+k$ 代入所给的方程，得

$$(x'+h)^2+4(y'+k)^2-2(x'+h)-16(y'+k)+1=0$$

即
$$x'^2+4y'^2+2(h-1)x'+8(k-2)y'+h^2+4k^2-2h-16k+1=0$$

x',y' 项的系数为零，代入 $h=1,\ k=2$，得

$$x'^2+4y'^2-16=0，即 \frac{x'^2}{16}+\frac{y'^2}{4}=1$$

这是以新原点 $O'(1,2)$ 为中心、长轴在 x' 轴上的一个椭圆（见图 5.24）．

解法二：对原方程配方，得

$$(x^2-2x+1)^2+4(y^2-4y+4)=-1+1+16$$

即 $(x-1)^2+4(y-2)^2=16$

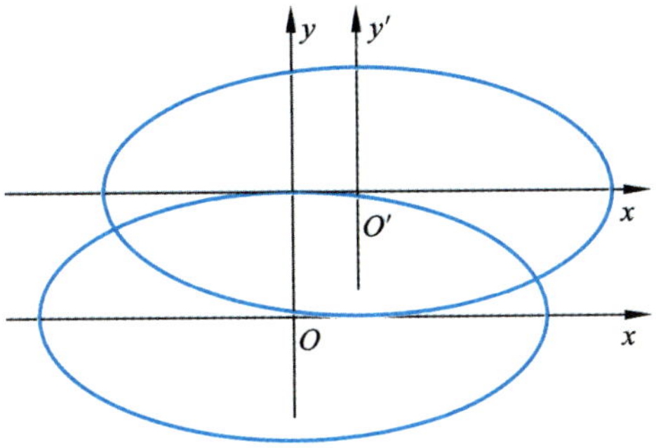

图 5.24

由 $x'=x-1, y'=y-2$，得

$$x'^2+4y'^2=16$$

故

$$\frac{x'^2}{16}+\frac{y'^2}{4}=1$$

这两种方法结果相同，且表明：配方的方法较坐标平移更为简单.

由此可得，利用坐标轴平移化简方程的步骤如下：

（1）将平移公式代入所给的方程；

（2）令一次项系数为零，求得 h 和 k 的值；

（3）把 h 和 k 的值代回方程，化简得所求的标准方程.

习题 5.7

1. 平移坐标轴，把原点移到 $O'(3,2)$，求点 $A(-2,1), B(0,3), C(-4,5)$ 的新坐标，并作出新旧坐标轴和各点.

2. 已知坐标轴平移到新原点 $O'(2,-3)$ 后，A, B, C 各点的新坐标分别为 $(-3,-4), (0,5), (0,0)$，求它们的原坐标.

3. 把原点移到 O'，求下列各方程平移后的新方程.

（1）$y=6, O'(3,-1)$；

（2）$x+4y-3=0, O\left(\frac{1}{2},0\right)$；

（3）$x^2+y^2-6x-8y+9=0, O'(2,1)$.

4. 利用平移化简下列方程，并作出图像.

（1）$x^2+y^2-2x+6y-6=0$；

（2）$x^2+4y^2+8x-16y-17=0$.

5. 利用配方法化简下列方程.

（1）$2x^2+y^2-4x-2y=0$；

（2）$x^2-2y^2-6x+4y+3=0$.

6. 判断下列方程各表示什么曲线，并作出它们的图像.

（1）$\frac{(x-2)^2}{9}-\frac{(y+3)^2}{16}=1$；　　（2）$(x-5)^2=12(y-3)$；

（3）$\frac{(x+3)^2}{25}+\frac{(y-2)^2}{16}=1$；　　（4）$(y+3)^2+8x=0$.

7. 已知椭圆短轴两端点的坐标为 $(-2,3), (-2,-1)$，又半焦距等于 $\sqrt{7}$，试求椭圆的方程，并作图.

8. 已知双曲线的实半轴等于 2，焦点为点 $(1, 2)$ 和点 $(1, -4)$，试求双曲线的方程.

复习题 5

1. 判断题

（1）平面上任何直线都可用含 x, y 的一次方程表示.　（　　）

（2）抛物线 $y^2=-2x$ 开口方向为向右.　（　　）

（3）在椭圆 $\frac{x^2}{a^2}+\frac{y^2}{b^2}=1$ 中，a，b，c 有关系 $a^2+b^2=c^2$.　（　　）

（4）中心在原点，焦点在 y 轴上的双曲线标准方程为 $\frac{x^2}{b^2}-\frac{y^2}{a^2}=1$.　（　　）

（5）已知圆 $C:(x-2)^2+(y-3)^2=9$ 和 P 点，则点 P 必在圆 C 内.　（　　）

（6）三直线 $l_1:3x-y+1=0, l_2:x-y+2=0, l_3:x+y-3=0$ 相交于一点.　（　　）

（7）直线 $y=x+b$ 与抛物线 $y^2=2px$ 相切，则 b, p 满足关系 $p=8b$.　（　　）

2. 填空题

（1）两条直线 $l_1:(3+m)x+4y=5-3m, l_2:2x+(5+m)y=8$ 平行的条件是 $m=$________.

（2）已知点 $P(6,a)$ 在过 $A(-1,3)$ 和 $B(5,-2)$ 的直线上，则 $a=$_________.

（3）如果直线 l 与直线 $x+y-1=0$ 关于 y 轴对称，那么直线 l 的方程是_________.

（4）与直线 $2x+3y+2=0$ 的平行线的斜率为________，它的垂线的斜率为________.

（5）椭圆两焦点为 $F_1(-3,0)$, $F_2(3,0)$，点 P 在椭圆上，若 $\triangle PF_1F_2$ 的面积的最大为 12，则该椭圆的方程为_________.

（6）双曲线的虚轴的一个端点为 M，两个焦点为 F_1,F_2，若 $\angle F_1MF_2=120°$，则离心率为____.

3. 选择题

（1）直线 $x+y+1=0$ 的倾斜角是（　　）.

A. $\arctan(-1)$　　B. $-\arctan 1$

C. $\pi-\arctan 1$　　D. $\pi-\arctan(-1)$

（2）若直线 $(2m^2+m-3)x+(m^2+2m)y=4m-1$ 在 x 轴上的截距为 1，则 $m=$（　　）.

A. 2 或 $-\frac{1}{2}$　　B. 2　　C. $-\frac{1}{2}$　　D. 以上都不对

（3）过圆 $x^2+y^2+6x+8y=0$ 上一点 $(1,-1)$ 处的切线方程为（　　）.

A. $x+y-18=0$　　B. $4x+3y-1=0$

C. $x-y-2=0$　　D. $4x+3y+19=0$

（4）抛物线 $y=2x^2$ 的焦点坐标为（　　）.

A. $\left(\frac{1}{2},0\right)$　　B. $\left(0,\frac{1}{2}\right)$　　C. $\left(\frac{1}{4},0\right)$　　D. $\left(0,\frac{1}{4}\right)$

（5）双曲线 $4x^2+ky^2=4k$ 的虚轴长是（　　）.

A. $2\sqrt{k}$　　B. $2k$　　C. $2\sqrt{-k}$　　D. 4

（6）椭圆 $x^2+my^2=1$ 的焦点在 y 轴上，且长轴长是短轴长的 2 倍，则 m 的值是（　　）.

A. $\frac{1}{4}$　　B. $\frac{1}{2}$　　C. 2　　D. 4

（7）与两圆 $x^2+y^2=4,(x-5)^2+y^2=1$ 都外切的动圆圆心的轨迹方程是（　　）.

A. 圆　　B. 椭圆

C. 双曲线的左支　　D. 双曲线的右支

（8）顶点在原点，关于坐标轴对称，且过点 $(3,-2)$ 的抛物线方程是（　　）.

A. $y^2=\frac{4}{3}x$ 或 $y^2=-\frac{4}{3}x$　　B. $x^2=-\frac{9}{2}y$ 或 $x^2=\frac{9}{2}y$

C. $x^2=-\frac{9}{2}y$ 或 $y^2=\frac{4}{3}x$　　D. $x^2=\frac{9}{2}y$ 或 $y^2=-\frac{4}{3}x$

4. 在平面直角坐标系 xOy 中，过点 $P(-3,4)$ 的直线 l 与直线 OP 的夹角为 $60°$，求直线 l 的方程.

5. 求直线 $y=x+\frac{1}{2}$ 被曲线 $x^2+4y^2=4$ 所截得的线段的长.

6. 已知圆 $x^2+y^2=1$ 和直线 $\frac{x}{a}+\frac{y}{b}=1(a>0,b>0)$ 相切，求 $a\cdot b$ 的最小值.

7. 双曲线的对称轴平行于坐标轴，一条渐近线方程为 $2x-3y+7=0$，双曲线的中心为 $(-2,1)$，求另一条渐近线的方程.

8. 求椭圆 $25x^2-150x+9y^2+18y+9=0$ 的焦点坐标及准线方程.

9. 抛物线 $y^2=2px$ 有一内接直角三角形，直角顶点在原点，一直角边的方程为 $y=2x$，斜边长为 $5\sqrt{3}$，求抛物线方程.

第 6 章　极坐标与参数方程

学习目标

1. 了解几种曲线的极坐标形式，能进行极坐标系和直角坐标系的相互转换.
2. 理解曲线参数方程的概念.
3. 能进行参数方程与普通方程的转换.

在台风预报、地震预报、测量、航空、航海等领域需要确定方位时，若用直角坐标系常难以选择坐标轴，难以确定点的坐标，这时就常常用到极坐标. 在机械加工中，也常遇到极坐标编程的问题.

6.1　极坐标和极坐标方程

6.1.1　极坐标系

如图 6.1 所示，在平面内取一个定点 O，称为**极点**，过点 O 作一条射线 Ox，称为**极轴**，再选定一个长度单位和角的正方向（通常取逆时针方向），这样就构成了一个**极坐标系**.

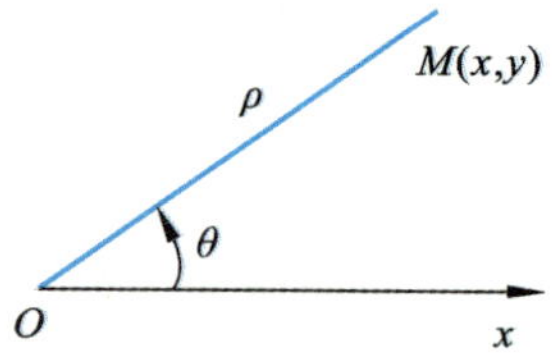

图 6.1

对于平面内任意一点 M，用 ρ 表示 M 点与极点间的距离，称为点 M 的**极径**，θ 表示从 Ox 到 OM 的角，称为点 M 的**极角**. 这样，M 点的位置就可以用有序实数对 (ρ,θ) 来表示，称为点 M 的**极坐标**，记为 $M(\rho,\theta)$.

当 $\rho=0$ 时，不论 θ 取什么值，$(0,\theta)$ 都表示极点.

当 $\rho>0, 0\leqslant\theta<2\pi$ 时，除极点外对平面内任意一点 M，都可以找到唯一的实数对 (ρ,θ) 与之对应；反过来，对任意的一实数对 (ρ,θ)，也可以在极坐标平面内找到唯一的一个点与之对应. 这样，平面内一点 M 与一实数对 (ρ,θ) 间具有一一对应的关系.（如无特殊说明，一般取 $\rho\geqslant0, 0\leqslant\theta<2\pi$.）

例如，点 $A\left(2,\dfrac{\pi}{6}\right)$，$B\left(1,\dfrac{\pi}{2}\right)$，$C\left(3,\dfrac{3\pi}{4}\right)$，$D\left(4,\dfrac{4\pi}{3}\right)$，$E\left(2,\dfrac{11\pi}{6}\right)$ 在极坐标系中的位置如图 6.2 所示.

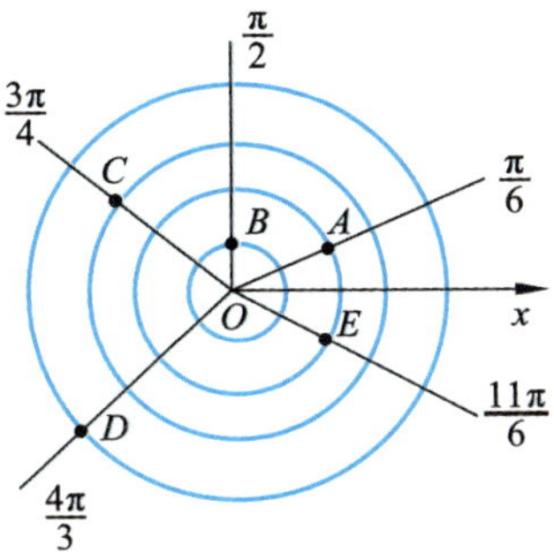

图 6.2

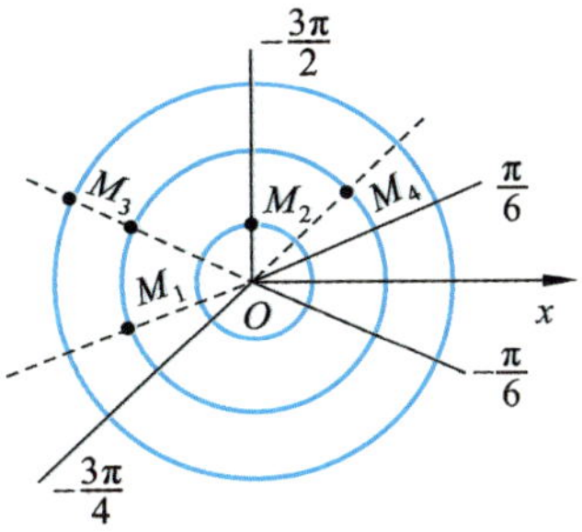

图 6.3

在极坐标中，为了方便，ρ 和 θ 也可以取负值.

规定：（1）当 $\rho>0$ 时，点 M 在 θ 角的终边上取；当 $\rho<0$ 时，点 M 在 θ 角的终边反向延长线上.

（2）当 θ 为正值时，终边按逆时针方向旋转；当 $\theta<0$ 时，终边按顺时针方向旋转.

例如，点 $M_1\left(-2,\frac{\pi}{6}\right)$，$M_2\left(1,-\frac{3\pi}{2}\right)$，$M_3\left(-3,-\frac{\pi}{6}\right)$，$M_4\left(-2,-\frac{3\pi}{4}\right)$ 在极坐标系中的位置如图 6.3 所示.

对于每一对实数 (ρ,θ)，都可以在平面内确定唯一的点，但反过来，平面内任意一点却对应着无限多对实数. 例如，$\left(6,\frac{\pi}{3}\right)$，$\left(6,\frac{7\pi}{3}\right)$，$\left(-6,\frac{4\pi}{3}\right)$，$\left(6,-\frac{5\pi}{3}\right)$ 等都代表同一点.

一般地，如果 (ρ,θ) 是一个点的极坐标，则

$$(\rho,\theta+2k\pi),(-\rho,\theta+(2k+1)\pi)\ (k\in\mathbf{Z})$$

都可以作为这点的极坐标. 这种点与坐标间的非一一对应关系是极坐标与直角坐标的不同之处.

因为 $(-\rho,\theta+\pi)$ 可用 (ρ,θ) 来表示，所以可将 $\rho<0$ 的情况化为 $\rho>0$ 来处理.

6.1.2　极坐标与直角坐标的互化

极坐标系与直角坐标系是两种不同的坐标系，为了研究问题的方便，有时需将它们进行互化. 下面研究怎样进行极坐标与直角坐标的互化.

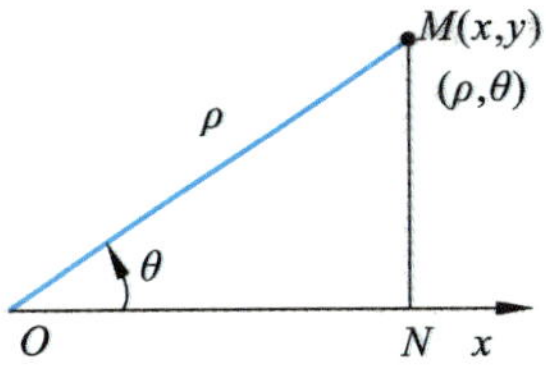

图 6.4

如图 6.4 所示，将原点作为极点，x 轴的正方向作为极轴，并在两坐标系中取相同的长度单位. 设 M 为平面内任意一点，它的直角坐标为 (x,y)，极坐标为 (ρ,θ)，过点 M 作 MN 垂直于 x 轴交于 N，由三角函数比可得出 x，y 与 ρ，θ 间的关系：

$$x=\rho\cos\theta,\ y=\rho\sin\theta \tag{6.1}$$

利用公式（6.1），可以将点 M 的极坐标化为直角坐标：

$$\rho^2=x^2+y^2,\ \tan\theta=\frac{y}{x}(x\neq 0) \tag{6.2}$$

利用公式（6.2），可以将点 M 的直角坐标化为极坐标．由 $\tan\theta$ 确定 θ 时，应根据点 M 所在的象限取最小正角．

例 1 （直角坐标与极坐标互化）

（1）设点 M 的极坐标为 $\left(5,\dfrac{\pi}{6}\right)$，求它的直角坐标；

（2）设点 M 的直角坐标为 $(-\sqrt{3},-1)$，求它的极坐标．

解 （1）把 $\rho=5,\theta=\dfrac{\pi}{6}$ 分别代入公式（6.1），得

$$x=5\cos\frac{\pi}{6}=\frac{5}{2}\sqrt{3},y=5\sin\frac{\pi}{6}=\frac{5}{2}$$

所以，点 M 的直角坐标为 $\left(\dfrac{5}{2}\sqrt{3},\dfrac{5}{2}\right)$．

（2）把 $x=-\sqrt{3},y=-1$ 分别代入公式（6.2），得

$$\rho=\sqrt{3+1}=2,\tan\theta=\frac{-1}{-\sqrt{3}}=\frac{\sqrt{3}}{3}$$

因点 M 在第三象限，则 $\theta=\dfrac{7\pi}{6}$，所以点 M 的极坐标为 $\left(2,\dfrac{7\pi}{6}\right)$．

6.1.3　曲线的极坐标方程

1．曲线的极坐标方程

在极坐标系中，一条曲线可以用含有变量 ρ，θ 的方程 $f(\rho,\theta)=0$ 来表示，这种方程称为曲线的**极坐标方程**．

利用点的直角坐标与极坐标的互化公式，可以将曲线的直角坐标方程与极坐标方程进行互化．

例 2 化双曲线方程 $x^2-y^2=20$ 为极坐标方程．

解 将 $x=\rho\cos\theta,y=\rho\sin\theta$ 代入原方程，得

$$\rho^2\cos^2\theta-\rho^2\sin^2\theta=20,\rho^2\cos2\theta=20$$

即

$$\rho^2=\frac{20}{\cos2\theta}$$

例 3 将圆 $x^2+y^2-2ax=0$ 化为极坐标方程．

解 将 $x=\rho\cos\theta,y=\rho\sin\theta$ 代入原方程，得

$$\rho^2\cos^2\theta+\rho^2\sin^2\theta-2a\rho\cos\theta=0$$

化简得

$$\rho(\rho-2a\cos\theta)=0$$

即

$$\rho=0 \text{ 或 } \rho=2a\cos\theta$$

其中，$\rho=0$ 表示极点，而方程 $\rho=2a\cos\theta$ 所表示的曲线也过极点. 所以，曲线的极坐标方程为

$$\rho=2a\cos\theta$$

例 4 化极坐标方程 $\rho=\dfrac{6}{2-\cos\theta}$ 为直角坐标方程.

解 方程两边去分母，得

$$2\rho-\rho\cos\theta=6$$

将 $\rho=\sqrt{x^2+y^2}$ 及 $\rho\cos\theta=x$ 代入上式，得

$$2\sqrt{x^2+y^2}-x=6, 2\sqrt{x^2+y^2}=6+x$$

即

$$4(x^2+y^2)=x^2+12x+36$$

化简，得直角坐标方程为

$$\frac{(x-2)^2}{16}+\frac{y^2}{12}=1$$

故此曲线为椭圆，椭圆中心不在原点，而在焦点.

2. 极坐标方程的建立

求曲线的极坐标方程与求直角坐标方程类似，即把曲线看成适合某种几何条件的集合和轨迹，表示出曲线上任意一点的极坐标 (ρ,θ) 所适合的条件，从而得出 ρ 与 θ 满足的关系式. 下面举例说明.

例 5 求经过点 $A(a,0)$，并和极轴垂直的直线 l 的极坐标方程.

解 如图 6.5 所示，设 $M(\rho,\theta)$ 为直线 l 上任意一点，连结 OM，则 $OM=\rho, OA=a, \angle MOA=\theta$. 在直角三角形 MOA 中，

$$\rho=\frac{a}{\cos\theta}$$

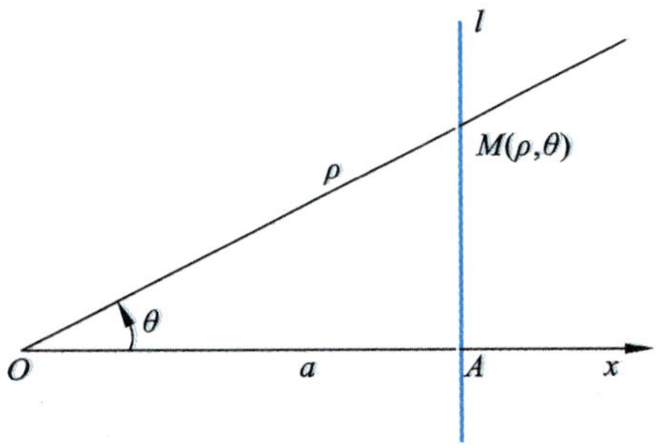

图 6.5

所以，直线 l 的极坐标方程为 $\rho=\dfrac{a}{\cos\theta}$.

例 6 设有一圆经过极点 O，圆心在极轴上，半径为 a，试求它的极坐标方程.

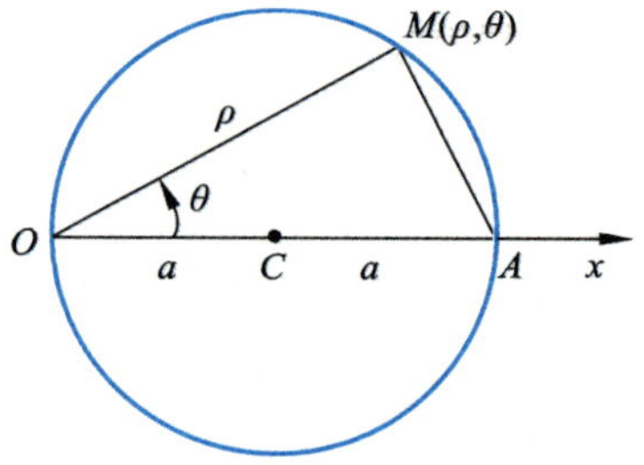

图 6.6

解 如图 6.6 所示，设 $M(\rho,\theta)$ 为圆上任意一点，连结 OM 和 MA，则 $MO=\rho,\angle MOA=\theta$. 因为 $\angle OMA=\dfrac{\pi}{2},OA=2a$，所以，在直角三角形 OAM 中，

$$\cos\theta=\frac{\rho}{2a}$$

即 $\rho=2a\cos\theta$ 为所求的极坐标方程.

建立极坐标方程时，极点的选取非常重要，若极点选取得当，可以简化方程的形式，也可以简化运算. 例如圆的极坐标方程，若以圆心为极点、半径为 r 的圆直接表示为 $\rho=r$. 对于圆锥曲线，若以焦点为极点建立极坐标，极坐标方程则简单得多.

圆锥曲线的统一定义 平面内到一个定点 F（焦点）的距离和一条定直线 l（准线）（F 不在 l 上）的距离的比等于常数 e 的点的轨迹.

如果以焦点为极点可以建立统一形式的极坐标方程，下面根据这个定义来求这三种圆锥曲线统一的极坐标方程.

如果准线在焦点的左侧，设焦点到准线的距离为 p，圆锥曲线的离心率为 e，可以建立极坐标方程.

如图 6.7 所示，由焦点 F 向准线 l 作垂线，垂足是 K，以 F 为极点，FK 的反向延长线为极轴，建立极坐标系. 设 $M(\rho,\theta)$ 是曲线上任意一点，连结 FM，作 $MN\perp l$ 于 $N,MP\perp Fx$ 于 P，那么点 M 满足 $\dfrac{|MF|}{|MN|}=e$，则 $|FK|=p$. 由 $|MF|=\rho$，有

$$|MN|=|PK|=|FK|+|FP|=p+\rho\cos\theta$$

则

$$\frac{\rho}{p+\rho\cos\theta}=e$$

解得

$$\rho=\frac{ep}{1-e\cos\theta}$$

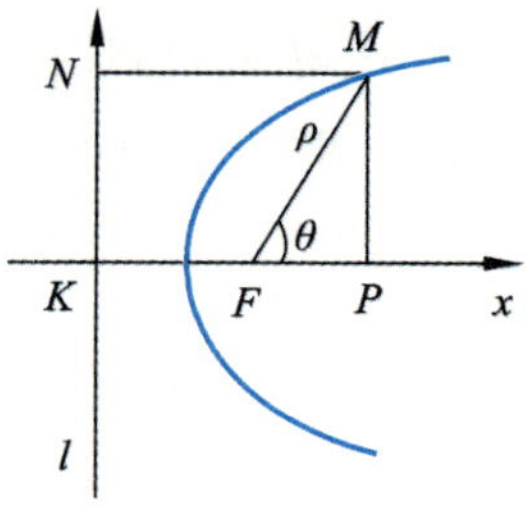

图 6.7

这就是椭圆、双曲线、抛物线统一的极坐标方程.

当 $0<e<1$ 时，是椭圆；当 $e>1$ 时，是双曲线；当 $e=1$ 时，是抛物线.

例 7 当一个动点沿一条射线 l 做等速运动，同时这条射线又绕它的端点做等角速度的旋转时，这个动点的轨迹称为等速螺线. 求等速螺线的极坐标方程.

解 如图 6.8 所示，取射线 l 的端点为极点 O，l 的初始位置为极轴 Ox，建立极坐标系. 设动点 M 的极坐标为 (ρ,θ)，动点 M 的初始位置点 M_0 的坐标为 $(\rho_0,0)$，M 在 l 上运动的线速度为 v，l 绕点 O 旋转的角速度为 ω，当 M 在直线 l 上运动时，设经过时刻 t，极角 $\theta=\omega t$，由等速螺线的定义，可得方程组

$$\begin{cases}\rho=\rho_0+vt\\ \theta=\omega t\end{cases}$$

由方程组消去 t，得

$$\rho=\rho_0+\frac{v}{\omega}\theta$$

可设 $\frac{v}{\omega}=a(a\neq 0)$，故

$$\rho=\rho_0+a\theta$$

这就是**等速螺线的极坐标方程**.

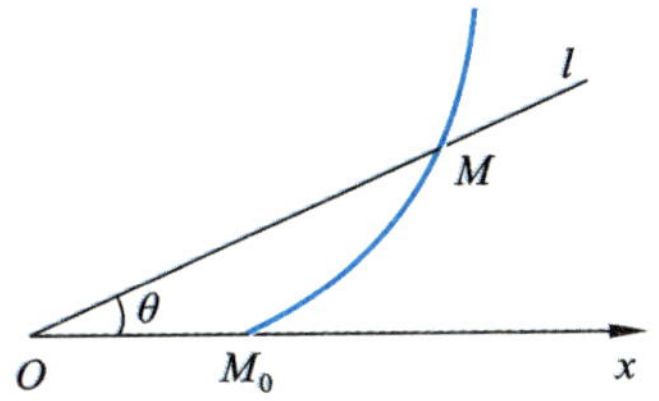

图 6.8

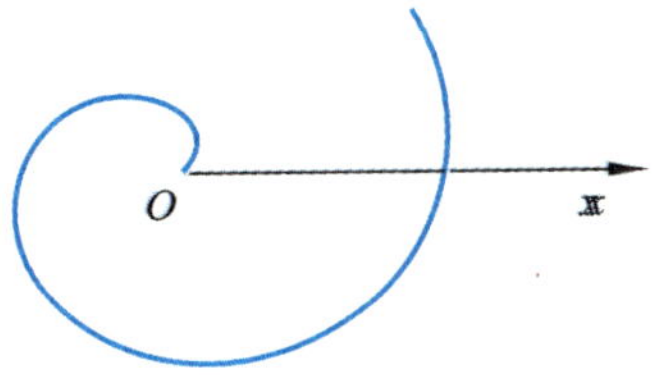

图 6.9

当 $\rho_0=0$，即动点由极点开始运动时，等速螺线方程为 $\rho=a\theta$，其图像如图 6.9 所示.

当线速 v 与角速 ω 相等时，$a=\frac{v}{\omega}=1$，方程为 $\rho=\theta$.

在实际生产中，等速螺线有着广泛的应用. 如机床上的三爪卡盘，其平面螺纹就是等速螺线，它在凸轮轮廓线、模数铣刀、滚刀等刀具的齿背轮廓线方面也有应用.

3. 极坐标方程的作图

作极坐标方程图像与作直角坐标方程图像的方法是一样的，可结合方程的性质，采用描点法作图.

曲线 $\rho=f(\theta)$ 的对称关系，可归结为表 6.1 所示.

表 6.1　曲线 $\rho=f(\theta)$ 的对称关系

条件	曲线的对称性
以 $-\rho$ 代 ρ，方程不变	关于极点对称
以 $-\theta$ 代 θ，方程不变	关于极轴对称
以 $-\rho$ 代 ρ，以 $-\theta$ 代 θ，方程均不变	关于直线 $\theta=\frac{\pi}{2}$ 对称

例 8　作出心形线 $\rho=a(1+\cos\theta)$ 的图像.

解　因为 $\cos(-\theta)=\cos\theta$，所以曲线关于极轴对称，将 $\theta(0\leqslant\theta\leqslant\pi)$ 与 ρ 的对应值列表如下：

θ	0	$\frac{\pi}{6}$	$\frac{\pi}{4}$	$\frac{\pi}{3}$	$\frac{\pi}{2}$	$\frac{2\pi}{3}$	$\frac{3\pi}{4}$	$\frac{5\pi}{6}$	π
ρ	$2a$	$1.9a$	$1.7a$	$1.5a$	a	$0.5a$	$0.3a$	$0.13a$	0

依照表 6.1，在极坐标系中描出各点，并连成光滑的曲线，再根据对称性，可以作出θ从π到 2π的图像. 这样，就可得心形线 $\rho=a(1+\cos\theta)$ 的图像（见图 6.10）.

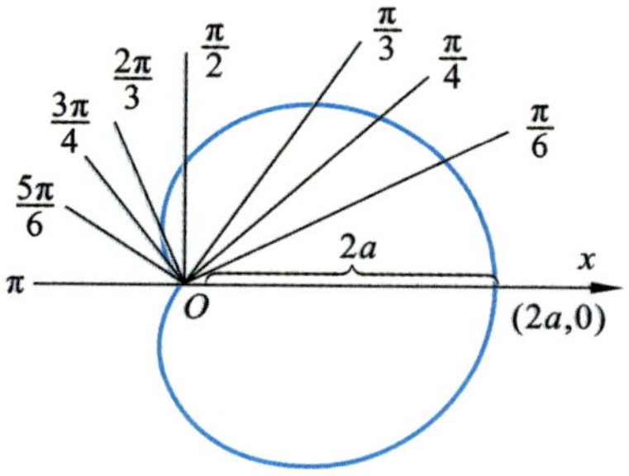

图 6.10

下面是几种常见的极坐标方程及其图像，如图 6.11 所示.

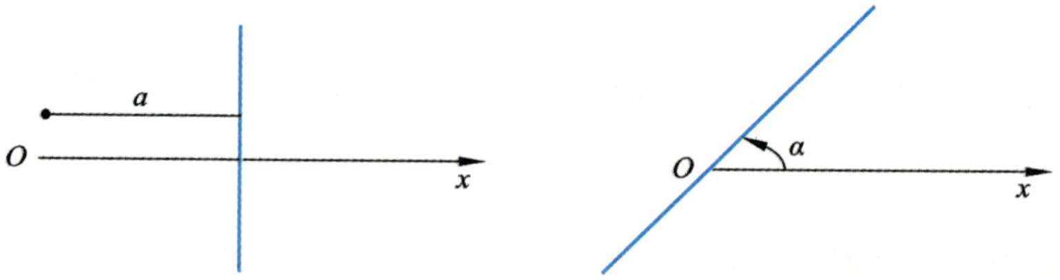

（a）直线 $\rho\cos\theta=a$　　（b）直线 $\theta=\alpha$

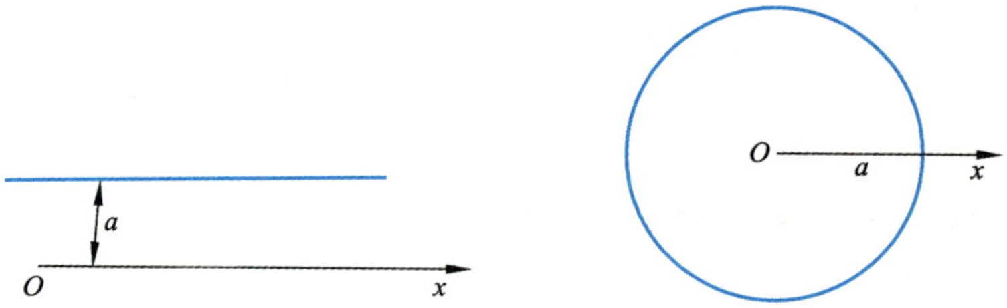

（c）直线 $\rho\sin\theta=a$　　（d）圆 $\rho=a$

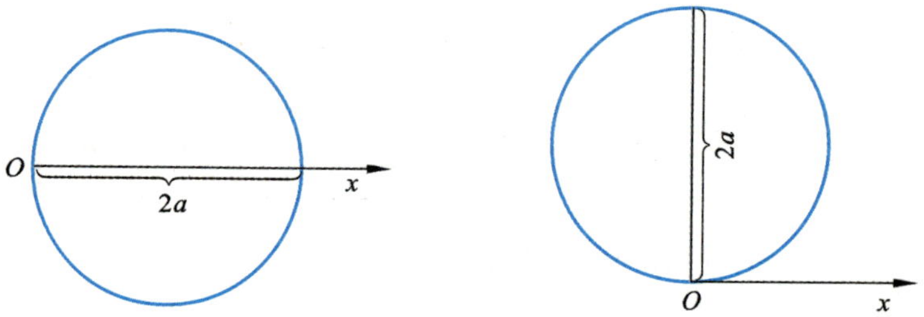

（e）圆 $\rho=2a\cos\theta$　　（f）圆 $\rho=2a\sin\theta$

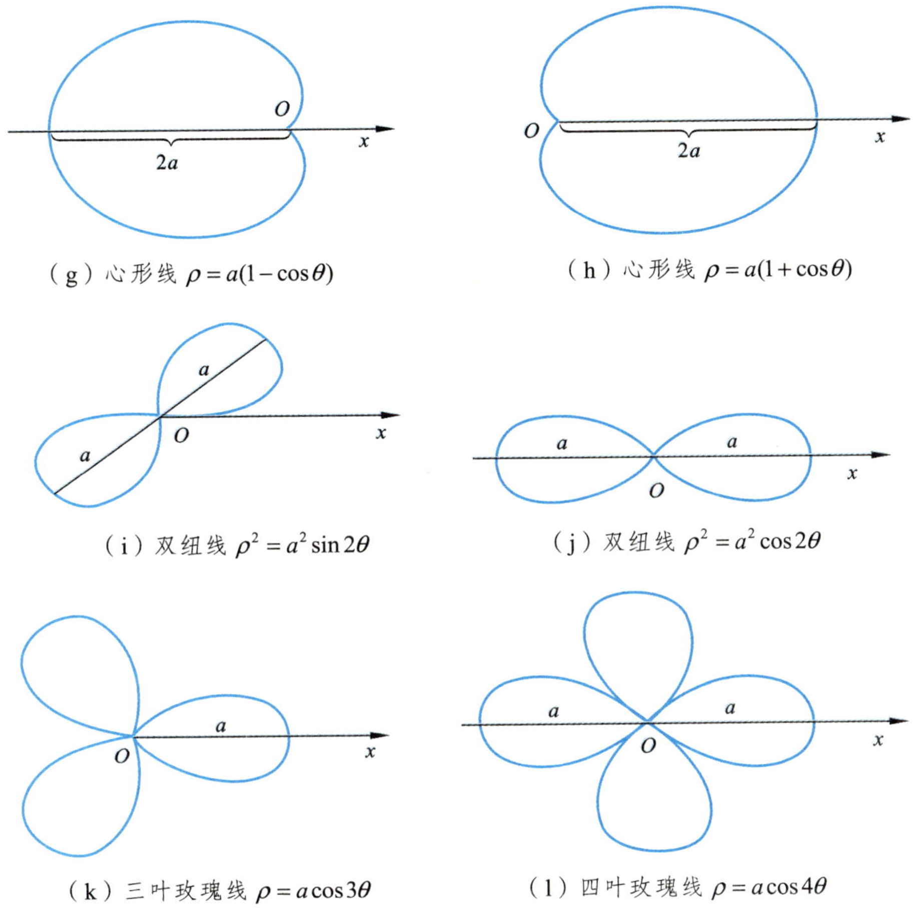

（g）心形线 $\rho = a(1-\cos\theta)$

（h）心形线 $\rho = a(1+\cos\theta)$

（i）双纽线 $\rho^2 = a^2\sin 2\theta$

（j）双纽线 $\rho^2 = a^2\cos 2\theta$

（k）三叶玫瑰线 $\rho = a\cos 3\theta$

（l）四叶玫瑰线 $\rho = a\cos 4\theta$

图 6.11

习题 6.1

1. 在极坐标系中指出下列各点.

（1）$A\left(2,\dfrac{\pi}{4}\right)$；　　（2）$B\left(4,-\dfrac{\pi}{6}\right)$；

（3）$C\left(-3,\dfrac{5\pi}{4}\right)$；　　（4）$D\left(-4,-\dfrac{5\pi}{4}\right)$.

2. 将下列各点的直角坐标化为极坐标.

（1）$(-1,-1)$；　　（2）$(4,-4\sqrt{3})$；

（3）$(12,5)$；　　（4）$(0,4)$.

3. 将下列各极坐标方程化为直角坐标方程.

（1）$\rho = 4\cos\theta$；　　（2）$\rho = \dfrac{\alpha}{\cos\theta}$.

4. 将下列各直角坐标方程化为极坐标方程.

（1）$y=4$；　　（2）$2x+y-7=0$.

5. 求下列各极坐标方程，并作出图形.

（1）经过 $A\left(2,\frac{\pi}{4}\right)$，且垂直于极轴的直线；

（2）经过点 $A(a,0)$，且和极轴相交成α角的直线；

（3）圆心在极点，半径等于 3 的圆；

（4）圆心在点 $B(4,\pi)$，半径等于 4 的圆.

6.2 参数方程

6.2.1 参数方程的概念

在实际问题中，有些曲线很难用直角坐标或极坐标方程表示. 这时，希望能借助某个辅助变量间接地表示 x, y（或ρ, θ）之间的关系. 例如，等速螺线的极坐标方程的建立，引入一个辅助变量即时间 t，从而很容易地建立ρ, θ与 t 的两个关系式：

$$\begin{cases}\rho=\rho_0+vt\\ \theta=\omega t\end{cases}$$

这样，ρ, θ之间的关系就借助变量 t，通过上面的方程组联系起来了. 这反映了ρ, θ的间接关系.

一般地，如果曲线上任意一点 $P(x,y)$ 的坐标 x,y 都能用一个变量 t 来表示 $\begin{cases}x=f(t)\\ y=g(t)\end{cases}$，则称这个方程组为曲线的**参数方程**，$t$ 叫作参变量，简称**参数**.

把表示曲线上动点的直接关系式 $y=f(x)$ 或 $\rho=g(\theta)$ 称为曲线的普通方程.

6.2.2 曲线的参数方程

选择适当的参数是建立曲线的参数方程的关键. 通常把曲线看作动点的轨迹，选定适当参数，将曲线上动点坐标 x,y 分别用参数的函数来表示. 下面是实际应用中几种常见的曲线参数方程.

1. 经过点 $M_1(x_1,y_1)$，倾斜角为α的直线的参数方程

如图 6.12 所示，在直线上选动点 $M(x,y)$，记线段 MM_1 的长为 t，即 $|MM_1|=t$，过点 M 作 x 轴的垂线 MB 交 x 轴于点 B，过点 M_1 作 MB 的垂线交 BM 于点 A，则在直角三角形 MM_1A 中，

$$|MM_1|=t,\ AM=y-y_1,\ M_1A=x-x_1$$

故

$$\sin\alpha=\frac{AM}{t}=\frac{y-y_1}{t},\cos\alpha=\frac{M_1A}{t}=\frac{x-x_1}{t}$$

所以，所求直线的参数方程为

$$\begin{cases}x=x_1+t\cos\alpha\\ y=y_1+t\sin\alpha\end{cases}$$

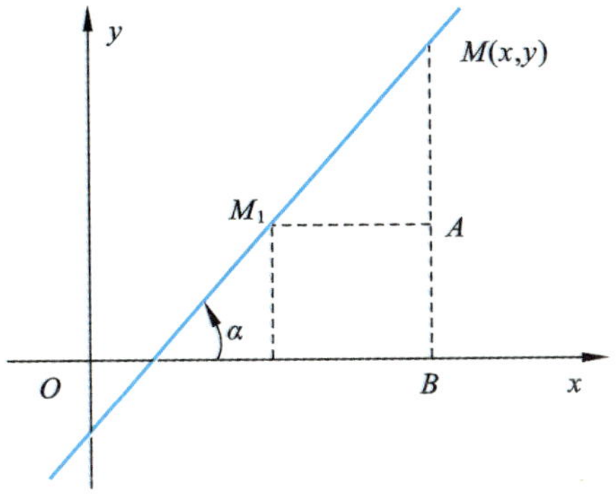

图 6.12

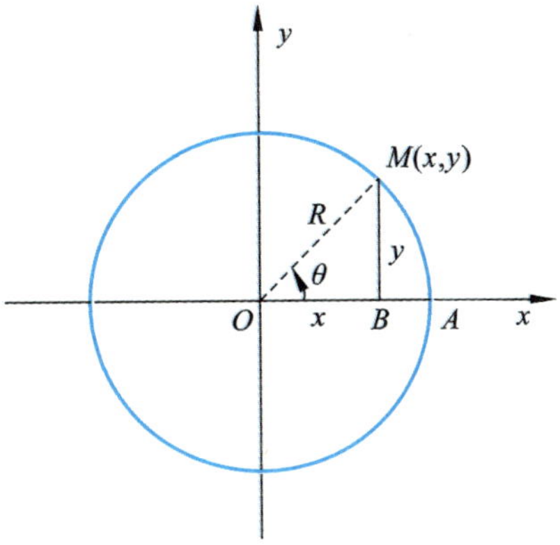

图 6.13

2. 圆心在原点，半径为 r 的圆的参数方程

如图 6.13 所示，设 $M(x,y)$ 是圆周上的任意一点，θ 是 OM 的极角. 取 θ 角作为参数，则有

$$\begin{cases} x = r\cos\theta \\ y = r\sin\theta \end{cases},\quad \theta \in [0, 2\pi]$$

这就是圆心在原点时圆的参数方程.

当圆心为 (x_0, y_0)，圆的半径为 r 时圆的参数方程为

$$\begin{cases} x = x_0 + r\cos\theta \\ y = y_0 + r\sin\theta \end{cases},\quad \theta \in [0, 2\pi]$$

当圆心为$(-1, 2)$，半径为 3 时圆的参数方程为

$$\begin{cases} x = -1 + 3\cos\theta \\ y = 2 + 3\sin\theta \end{cases}$$

3. 对称中心在坐标原点，焦点在 x 轴上的椭圆的参数方程

如图 6.14 所示，设 $M(x,y)$ 是椭圆 $\frac{x^2}{a^2} + \frac{y^2}{b^2} = 1\ (a > b)$ 上任意一点，以 O 为圆心，分别以 a，b 为半径作两个辅助圆. 过点 M 作垂直于 x 轴的直线（垂足为 Q），交大辅助圆于点 P，连结 OP，交小辅助圆于点 N，过点 N 作 NH 垂直于 x 轴. 设 $\angle POQ = \theta$. 在直角三角形 POQ 中，$x = a\cos\theta$，代入上述椭圆方程，得 $y = b\sin\theta$. 于是有

$$\begin{cases} x = a\cos\theta \\ y = b\sin\theta \end{cases}$$

这就是中心在原点，长半轴为 a，短半轴为 b 的椭圆的参数方程.

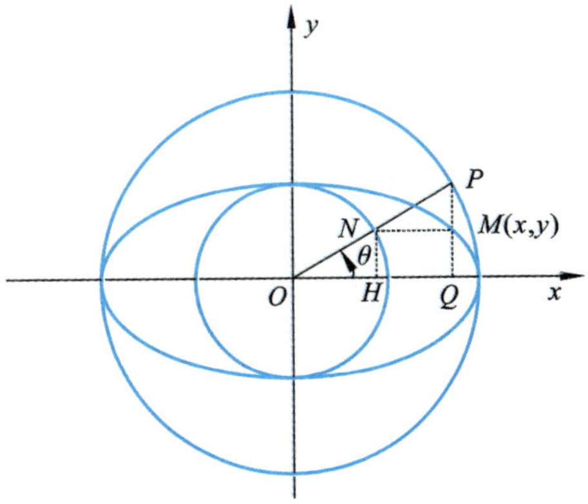

图 6.14

例如，椭圆 $\frac{x^2}{16}+\frac{y^2}{9}=1$ 的参数方程为 $\begin{cases}x=4\cos\theta\\y=3\sin\theta\end{cases}$.

4. 圆的渐伸线的参数方程

如图 6.15 所示，把一根没有伸缩性的绳子绕在一个定圆上（绳子的一端固定在定圆上），然后将端点 M 逐渐拉开，拉开时拉紧绳子，使与圆周始终相切，这时绳子的端点 M 的轨迹称这圆的渐伸线，这个圆称为渐伸线的基圆.

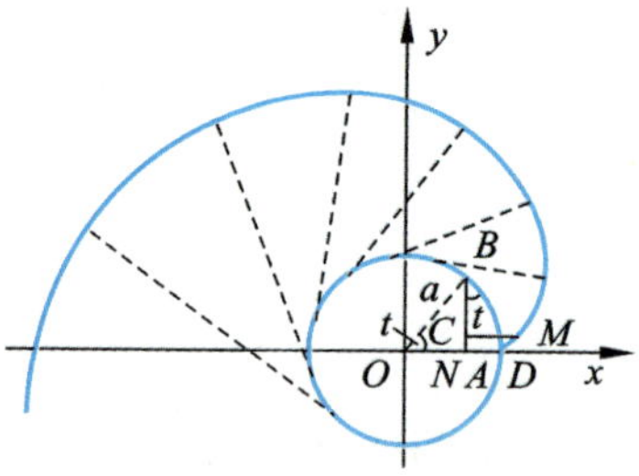

图 6.15

设基圆的圆心为 O，半径为 a，当绳子全部绕在圆上时，端点为 A. 以 O 为原点，以 OA 的直线为 x 轴建立直角坐标系. 设 $M(x,y)$ 为渐伸线上任意一点，绳子与圆相切于 B, $\angle BOA=t$ 为参数，由圆的渐伸线的定义，得

$$BM=\overset{\frown}{BA}=at.$$

又 $MD\perp x$ 轴，$BN\perp x$ 轴，$MC\perp BN$，则 $\angle MBC=t$，于是 M 的坐标为

$$x=OD=ON+ND=ON+CM, y=DM=NC=NB-CB$$

由于

$$ON=a\cos t, NB=a\sin t, CM=BM\sin t=at\sin t, CB=BM\cos t$$

所以，圆的渐伸线的参数方程为

$$\begin{cases}x=a(\cos t+t\sin t)\\y=a(\sin t-t\cos t)\end{cases}$$

6.2.3 参数方程与普通方程的互化

1. 参数方程化为普通方程

曲线的参数方程 $\begin{cases}x=f(t)\\y=g(t)\end{cases}$ 通过参数 t 来间接表示 x 与 y 之间的关系. 如果从这两个参数方程中消去参数 t，就可以将其化为普通方程. 通常消参方法有以下三种：加减法、代入法和三角恒等变换法.

例 1 将下列各参数方程化为普通方程：

（1）$\begin{cases}x=2+t\\y=2-3t\end{cases}$；（2）$\begin{cases}x=2pt^2\\y=2pt\end{cases}$（$t$ 为参数）；

（3）$\begin{cases} x=\dfrac{2}{t} \\ y=4t \end{cases}$；　　　（4）$\begin{cases} x=a\sec\varphi \\ y=b\tan\varphi \end{cases}$（$\varphi$ 为参数）.

解　（1）由 $x=2+t$，得 $3x=6+3t$．再与 $y=2-3t$ 相加，得

$$3x+y-8=0.$$

即此参数方程的图像是一条直线.

（2）由 $y=2pt$，得 $t=\dfrac{y}{2p}$．将它代入 $x=2pt^2$，得

$$x=2p\left(\frac{y}{2p}\right)^2=\frac{y^2}{2p}, y^2=2px.$$

即此参数方程的图像为抛物线.

（3）由 $x=\dfrac{2}{t}$，得 $t=\dfrac{2}{x}$.将它代入 $y=4t$，得

$$y=\frac{8}{x}$$

即此参数方程的图像为双曲线.

（4）由 $x=a\sec\varphi$，得 $\sec\varphi=\dfrac{x}{a},\sec^2\varphi=\dfrac{x^2}{a^2}$.

由 $y=b\tan\varphi$，得 $\tan^2\varphi=\dfrac{y^2}{b^2}$.

由三角恒等式 $\sec^2\varphi-\tan^2\varphi=1$，得

$$\frac{x^2}{a^2}-\frac{y^2}{b^2}=1$$

即此参数方程的图像为实轴在 x 轴上的双曲线.

2. 普通方程化为参数方程

要将普通方程化为参数方程，可以根据图形特点或所研究问题的实质，选择一个适当参数 t，使 $x=f(t)$（或 $y=g(t)$），将此关系式代入曲线的普通方程，得 $y=g(t)$（或 $x=f(t)$），此时，

$$\begin{cases} x=f(t) \\ y=g(t) \end{cases}$$

即曲线的参数方程.

如果题目给定 $x=f(t)$（或 $y=g(t)$），只需直接代入普通方程，就可得到曲线的参数方程.

例 2　设 $x=R\cos\theta$，将 $x^2+y^2=R^2$ 化为参数方程.

解　将 $x=R\cos\theta$ 代入 $x^2+y^2=R^2$，得

$$R^2\cos^2\theta+y^2=R^2 \Rightarrow y^2=R^2(1-\cos^2\theta) \Rightarrow y^2=R^2\sin^2\theta \Rightarrow y=R\sin\theta$$

所以，圆的参数方程为

$$\begin{cases} x = R\cos\theta \\ y = R\sin\theta \end{cases}$$

例 3 设 $y = tx$，求 $x^3 + y^3 - 3ax^2 = 0$ 的参数方程.

解 将 $y = tx$ 代入原方程，得

$$x^3 + t^3x^3 - 3ax^2 = 0\text{，即 } x^3(1+t^3) - 3ax^2 = 0$$

解得

$$x = \frac{3a}{1+t^3},\ y = \frac{3at}{1+t^3}$$

所以，所求参数方程为

$$\begin{cases} x = \dfrac{3a}{1+t^3} \\ y = \dfrac{3at}{1+t^3} \end{cases}$$

例 4 化双曲线方程 $\dfrac{x^2}{a^2} - \dfrac{y^2}{b^2} = 1$ 为参数方程.

解 由题中方程的特征，设 $x = a\sec t$（t 为参数），将 $x = a\sec t$ 代入双曲线普通方程，得

$$\frac{a^2\sec^2 t}{a^2} - \frac{y^2}{b^2} = 1$$

解得 $y = b\tan t$.

因此，双曲线的参数方程为

$$\begin{cases} x = a\sec t \\ y = b\tan t \end{cases}\ (t\text{为参数})$$

习题 6.2

1. 参数方程 $\begin{cases} x = t^2 + 4t - 2 \\ y = t - 1 \end{cases}$（$t$ 为参数）化为普通方程为（　　）.

A. $x^2 - y + 6x + 3 = 0$　　B. $y^2 + x + 6y - 3 = 0$

C. $x^2 + y - 6x - 3 = 0$　　D. $y^2 - x + 6y + 3 = 0$

2. 参数方程 $\begin{cases} x = 3 + 2\cos\theta \\ y = -2 + 5\sin\theta \end{cases}$（$\theta$ 为参数）化为普通方程为（　　）.

A. $x^2 + y^2 = 5^2$　　B. $\dfrac{x^2}{4} + \dfrac{y^2}{25} = 1$

C. $\dfrac{(x-3)^2}{2^2} + \dfrac{(y+2)^2}{5^2} = 1$.　　D. $\dfrac{(x+3)^2}{2^2} + \dfrac{(y+2)^2}{25} = 1$

3. 求两曲线 $\rho=4(1+\cos\theta)$ 和 $\rho(1+\cos\theta)=9$ 的交点.

4. 求直线 $\begin{cases}x=1+t\\y=1-t\end{cases}$ 与圆 $(x-1)^2+y^2=16$ 的交点.

复习题 6

1. 把点 P 的直角坐标 $(-3\sqrt{3},3)$ 化为极坐标是（　　）.

A. $\left(3,\dfrac{7\pi}{6}\right)$　　B. $\left(6,\dfrac{5\pi}{3}\right)$

C. $\left(6,\dfrac{5\pi}{6}\right)$　　D. $\left(3,\dfrac{5\pi}{6}\right)$

2. 将下列各式进行极坐标与直角坐标的互化：

（1）$\rho=\dfrac{6}{1+2\cos\theta}$；　　（2）$\rho^2\sin2\theta=2a^2$；

（3）$x^2+y^2-2x=0$；　　（4）$(x^2+y^2)^2=a^2(x^2-y^2)$.

3. 求满足下列条件的极坐标方程：

（1）经过点 $A\left(3,\dfrac{\pi}{3}\right)$，且平行于极轴的直线；

（2）圆心在点 $B(4,\pi)$，半径等于 4 的圆.

4. 将下列各参数方程化为直角坐标方程：

（1）$\begin{cases}x=2pt\\y=2pt^2\end{cases}$；　　（2）$\begin{cases}x=3t+4\\y=2+t\end{cases}$；

（3）$\begin{cases}x=\cos^2 t\\y=\sin t\end{cases}$；　　（4）$\begin{cases}x=5+\cos t\\y=\sin t-5\end{cases}$.

5. 根据所给条件，将下列方程化为参数方程：

（1）$xy=a,x=a\tan\theta$；　　（2）$y^2=4x^2-5x^3,y=tx$；

（3）$\dfrac{x^2}{a^2}-\dfrac{y^2}{b^2}=1,x=\dfrac{a}{\sin\varphi}$；　　（4）$4x^2+y^2=16,x=\dfrac{2}{\sec\theta}$.

6. 设 $y=tx+4$，求椭圆 $4x^2+y^2=16$ 的参数方程.

7. 求圆心在点(3, 2)，半径为 4 的圆在直线 $\begin{cases}x=1+2t\\y=1-t\end{cases}$ 上所截弦的长.

8. 试求抛物线 $y^2=2x$ 的参数方程（以抛物线上动点与原点连线的斜率 t 为参数）.

下篇　高等数学

第 7 章　极限与连续

学习目标

1. 理解数列极限、函数极限的定义，了解左、右极限的概念，掌握极限的四则运算法则，会用两个重要极限求极限.

2. 了解无穷小与无穷大的概念，理解无穷小的性质，会比较两个无穷小的阶，会用等价无穷小的替换计算极限.

3. 理解函数在一点连续的概念及分段函数在分段点处的连续性，了解初等函数的连续性、闭区间上连续函数的性质及其简单应用，会判断间断点的类型.

极限是高等数学中的基本概念，微积分中几乎所有概念都可由极限的方法来定义，极限贯穿微积分的始终. 因此，掌握极限的思想与方法是学好微积分的前提. 连续是函数的一个重要性态，也是微积分学研究的主要内容之一. 本章将在前面学习函数的基础上介绍极限与连续的基本概念、性质和运算.

7.1　函数的极限

7.1.1　数列的极限

“割圆术”是公元 263 年我国古代数学家刘徽提出的，即用圆的内接或外切正多边形穷竭的方法来求圆面积.“割之弥细，所失弥少，割之又割，以之于不可割，则与圆合体而无所失.”

“割圆术”求圆的面积的作法和思路如图 7.1 所示. 先作圆的内接正三角形，其面积记为 A_1，再作圆的内接正六边形，其面积记为 A_2，再作圆的内接正十二边形，其面积记为 A_3，……依此下去，把圆的内接正 $3\times 2^{n-1}(n=1,2,3,\cdots)$ 边形的面积记为 A_n，这样得到一数列：$A_1,A_2,A_3,\cdots,A_n,\cdots$.

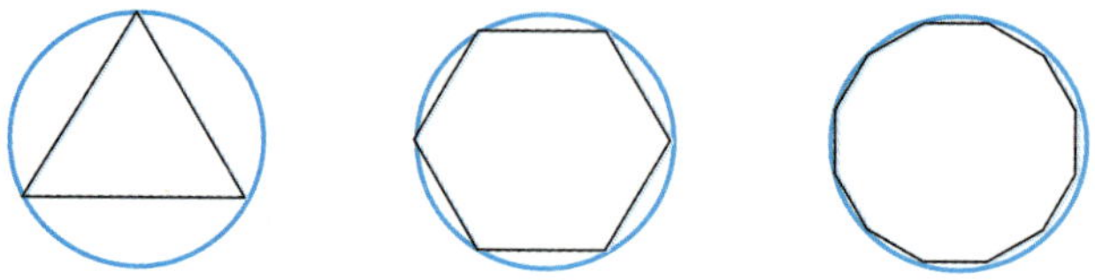

图 7.1

从图形的几何直观上不难看出，随着圆内接正多边形边数的增加，内接正多边形的面积与圆的面积越来越接近．可以想象：当边数无限增大时，内接正 $3\times 2^{n-1}(n=1,2,3,\cdots)$ 边形的面积记为 A_n 会无限地接近圆的面积 A.

像“割圆术”那样，在解决实际问题中逐渐形成的极限方法，已成为高等数学中的一种基本方法．因此，有必要作更详细的讨论．

考察以下四个数列：

（1）$\{x_n\}$：$1, \frac{1}{2}, \frac{1}{3}, \cdots, \frac{1}{n}, \cdots$；

（2）$\{x_n\}$：$\frac{1}{2}, \frac{2}{3}, \frac{3}{4}, \cdots, \frac{n}{n+1}, \cdots$；

（3）$\{x_n\}=\{(-1)^{n-1}\}$；

（4）$\{x_n\}=\{n^2+3\}$.

观察上述数列可以发现，随着 n 的无限增大，各数列的通项 x_n 的变化趋势可以分为两类情形．第一类情形是：当 n 无限增大时，通项 x_n 无限趋近于某个常数．例如，在（1）中，随着 n 的无限增大，其通项 $x_n=\frac{1}{n}$ 无限趋近于零；在（2）中，随着 n 的无限增大，其通项 $x_n=\frac{n}{n+1}$ 无限趋近于 1．第二类情形是：当 n 无限增大时，通项 x_n 不趋近于任何常数．例如，在（3）中，其通项 $x_n=(-1)^{n-1}$ 总是在 -1 和 1 之间摆动；在（4）中，随着 n 的无限增大，其通项 $x_n=n^2+3$ 无限增大，它们都不趋于任何常数．

定义 7.1（数列极限的定义） 给定数列 $\{x_n\}$，如果当 n 无限增大时，其通项 x_n 无限趋近于某个常数 A，即 $|x_n-A|$ 无限趋近于零，则称数列 $\{x_n\}$ 以 A 为极限，记为

$$\lim_{n\to\infty} x_n = A \text{ 或者 } x_n \to A(n\to\infty).$$

当数列 $\{x_n\}$ 的极限存在且为 A 时，就说数列 $\{x_n\}$ 收敛于 A，否则说数列 $\{x_n\}$ 是发散的．

例 1 设数列 $x_n=1+q+q^2+q^3+\cdots+q^n$（其中 q 是常数，且满足 $|q|<1$），求 $\lim\limits_{n\to\infty} x_n$.

解 由已知

$$x_n=1+q+q^2+q^3+\cdots+q^n=\frac{1-q^{n+1}}{1-q}$$

由于 $|q|<1$，所以当 n 无限增大时，q^{n+1} 无限趋近于零，所以 $\frac{1-q^{n+1}}{1-q}$ 无限趋近于 $\frac{1}{1-q}$，

因此 $\lim\limits_{n\to\infty} x_n=\frac{1}{1-q}$.

例 2 求 $\lim\limits_{n\to\infty}(\sqrt{n+1}-\sqrt{n})$.

解 注意到

$$\sqrt{n+1}-\sqrt{n}=\frac{(\sqrt{n+1}-\sqrt{n})\cdot(\sqrt{n+1}+\sqrt{n})}{\sqrt{n+1}+\sqrt{n}}=\frac{1}{\sqrt{n+1}+\sqrt{n}}$$

当 n 无限增大时，$\frac{1}{\sqrt{n+1}+\sqrt{n}}$ 无限趋近于零，所以有

$$\lim_{n\to\infty}(\sqrt{n+1}-\sqrt{n})=0.$$

7.1.2 函数的极限

函数 $y=f(x)$ 中的自变量 x 总是在某个实数集合中变化，当自变量处于某一变化过程中时，函数值 $y=f(x)$ 也会随之发生变化. 函数极限就是研究在自变量的各种变化过程中函数值的变化趋势.

1. x 趋向于无穷大时函数的极限

x 趋向于无穷大可以分为三种情形：

（1）x 趋向于正无穷大，记作 $x\to+\infty$，表示 x 正向无限增大的过程.

（2）x 趋向于负无穷大，记作 $x\to-\infty$，表示 $x<0$ 且 $|x|$ 无限增大的过程.

（3）x 趋向于无穷大，记作 $x\to\infty$，表示 $|x|$ 正向无限增大的过程.

（注：$x\to\infty$，包含了 $x\to-\infty$ 和 $x\to+\infty$ 两种情形.）

数列 $\{x_n\}$ 可以看成自变量为 n 的函数 $x_n=f(n)\quad(n\in\mathbf{N}^+)$. 数列极限 $\lim\limits_{n\to\infty}x_n=A$，可以写成

$$\lim_{n\to\infty}f(n)=A \text{ 或 } f(n)\to A(n\to\infty).$$

同数列的极限一致，一般函数 $f(x)$ 当自变量 x 绝对值无限增大时，极限定义如下.

定义 7.2（函数极限定义 1） 设函数 $f(x)$ 在 $|x|>M(M>0)$ 内有定义，如果当 $|x|$ 无限增大（即 $x\to\infty$）时，函数 $f(x)$ 的值无限接近于一个确定的常数 A，则称常数 A 为函数 $f(x)$ 当 $x\to\infty$ 时的极限. 记作

$$\lim_{x\to\infty}f(x)=A \text{ 或 } f(x)\to A(x\to\infty).$$

定义 7.3（函数极限定义 1′） 设函数 $f(x)$ 在 $x>a$ 有定义，且 x 无限增大（即 $x\to+\infty$）时，函数 $f(x)$ 无限接近于一个常数 A，则称常数 A 为函数 $f(x)$ 当 $x\to+\infty$ 时的极限. 记作

$$\lim_{x\to+\infty}f(x)=A \text{ 或 } f(x)\to A(x\to+\infty).$$

定义 7.4（函数极限定义 1″） 设函数 $f(x)$ 在 $x<b$ 有定义，且 $|x|$ 无限增大（即 $x\to-\infty$）时，函数 $f(x)$ 无限接近于一个常数 A，则称常数 A 为函数 $f(x)$ 当 $x\to-\infty$ 时的极限. 记作

$$\lim_{x\to-\infty}f(x)=A \text{ 或 } f(x)\to A(x\to-\infty).$$

由上述极限的定义，不难得出以下结论.

定理 7.1 $\lim\limits_{x\to\infty}f(x)=A$ 的充分必要条件是 $\lim\limits_{x\to-\infty}f(x)=\lim\limits_{x\to+\infty}f(x)=A$.

例 3 考察下列函数的极限：

（1）当 $x\to\infty$ 时，函数 $f(x)=\frac{1}{x}$ 的极限［见图 7.2（a）］.

（2）当 $x\to+\infty$ 时，函数 $f(x)=\left(\frac{1}{2}\right)^x$ 的极限［见图 7.2（b）］.

（3）当 $x\to-\infty$ 时，函数 $f(x)=e^x$ 的极限［见图 7.2（c）］.

（4）当 $x\to\infty$ 时，函数 $f(x)=\arctan x$ 的极限［见图 7.2（d）］.

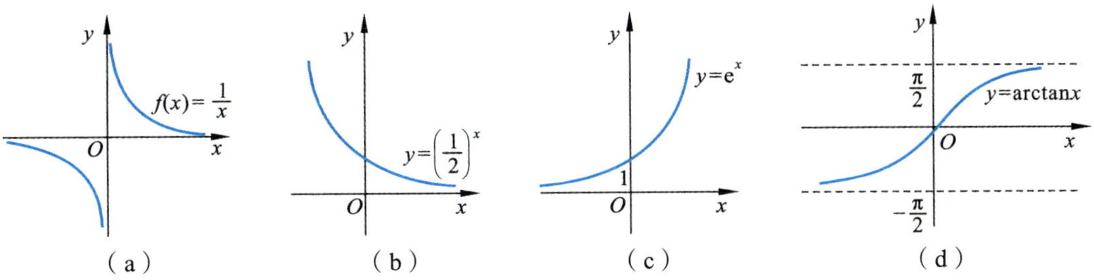

图 7.2

解 根据函数图像，得

（1）$\lim\limits_{x\to-\infty}\frac{1}{x}=0$，$\lim\limits_{x\to+\infty}\frac{1}{x}=0$，$\lim\limits_{x\to\infty}\frac{1}{x}=0$.

（2）$\lim\limits_{x\to+\infty}\left(\frac{1}{2}\right)^x=0.$

（3）$\lim\limits_{x\to-\infty}e^x=0.$

（4）$\lim\limits_{x\to-\infty}\arctan x=-\frac{\pi}{2}$，$\lim\limits_{x\to+\infty}\arctan x=\frac{\pi}{2}$，由于 $\lim\limits_{x\to-\infty}\arctan x\neq\lim\limits_{x\to+\infty}\arctan x$，所以当 $x\to\infty$ 时，函数 $y=\arctan x$ 的极限不存在.

2. 函数在一点的极限

x 趋向于一点可以分为三种情形：

（1）$x\to x_0$，表示 x 无限接近于 x_0，即 $x\neq x_0$，同时 $|x-x_0|$ 无限变小趋近于零.

（2）$x\to x_0^+$，表示 x 从点 x_0 的右侧无限接近于 x_0，即 $x>x_0$，同时 $|x-x_0|$ 无限变小趋近于零.

（3）$x\to x_0^-$，表示 x 从点 x_0 的左侧无限接近于 x_0，即 $x<x_0$，同时 $|x-x_0|$ 无限变小趋近于零.

例 4 分析下列函数的变化趋向.

（1）$f(x)=2x+1$，当 $x\to1$ 时，函数 $f(x)$ 的变化趋向是什么？

（2）$f(x)=\begin{cases}\frac{2(x^2-1)}{x-1}, & x\neq1\\ 1, & x=1\end{cases}$，当 $x\to1$ 时，函数 $f(x)$ 的变化趋向是什么？

（3）$f(x)=\begin{cases}x+1, & x>1\\ x-1, & x\leqslant1\end{cases}$，当 $x\to1$ 时，函数 $f(x)$ 的变化趋向于确定的常数吗？

解 （1）当 x 无限接近于 1 时，$2x+1$ 无限接近于 3，即 $f(x)$ 趋向于 3［见图 7.3（a）］.

（2）当 x 无限接近于 1 时，$\frac{2(x^2-1)}{x-1}=2(x+1)\to4$，即 $f(x)$ 趋向于 4［见图 7.3（b）］.

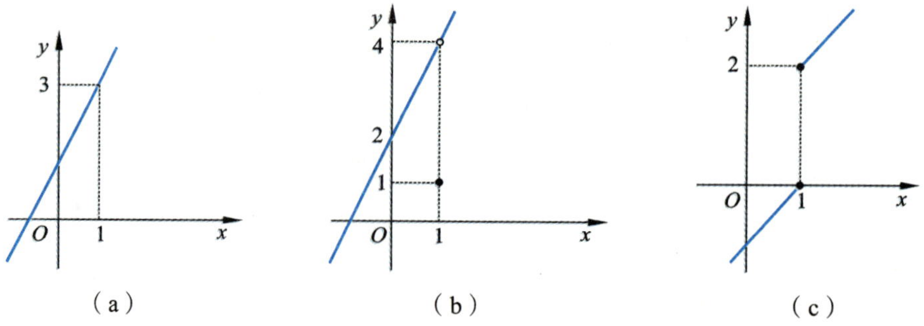

图 7.3

（3）当 x 无限接近于 1 时，$f(x)$ 恰好在此处断开，所以只能从 1 的左右两侧分析. 当 x 从左侧无限接近于 1 时，$x-1\to 0$，即 $f(x)$ 此时趋向于 0；当 x 从右侧无限接近于 1 时，$x+1\to 2$，即 $f(x)$ 此时趋向于 2.

综上所述，当 x 无限接近于 1 时，$f(x)$ 不趋向于一个常数［见图 7.3（c）］.

定义 7.5（函数极限定义 2） 设函数在点 x_0 的某邻域（x_0 本身可以除外）内有定义，如果当 x 无限接近于定值 x_0，即 $x\to x_0$，函数 $f(x)$ 无限接近于一个确定的常数 A，则称 A 为 $f(x)$ 当 $x\to x_0$ 时的极限. 记为

$$\lim_{x\to x_0} f(x)=A \text{ 或 } f(x)\to A(x\to x_0).$$

定义 7.6（函数极限定义 2′，左极限） 设函数在点 x_0 的某邻域（x_0 本身可以除外）内有定义，如果当 $x\to x_0^-$ 时，函数 $f(x)$ 无限接近于一个确定的常数 A，则称 A 为 $f(x)$ 当 $x\to x_0^-$ 时的左极限. 记为

$$\lim_{x\to x_0^-} f(x)=A \text{ 或 } f(x)\to A(x\to x_0^-).$$

定义 7.7（函数极限定义 2″，右极限） 设函数在点 x_0 某邻域（x_0 本身可以除外）内有定义，如果当 $x\to x_0$ 时 $f(x)$ 无限接近于一个确定的常数 A，则称 A 为 $f(x)$ 当 $x\to x_0^+$ 时的右极限. 记为

$$\lim_{x\to x_0^+} f(x)=A \text{ 或} f(x)\to A(x\to x_0^+).$$

定理 7.2 $\lim\limits_{x\to x_0} f(x)=A$ 的充分必要条件是 $\lim\limits_{x\to x_0^-} f(x)=\lim\limits_{x\to x_0^+} f(x)=A$.

例 5 求 $\lim\limits_{x\to 1}\dfrac{|x-1|}{x-1}$.

解 因为

$$\lim_{x\to 1^-}\frac{|x-1|}{x-1}=\lim_{x\to 1^-}\frac{-(x-1)}{x-1}=-1,\quad \lim_{x\to 1^+}\frac{|x-1|}{x-1}=\lim_{x\to 1^+}\frac{x-1}{x-1}=1$$

所以 $\lim\limits_{x\to 1}\dfrac{|x-1|}{x-1}$ 不存在.

例 6 设函数 $f(x)=\begin{cases}2^x, & x<0\\ 2, & 0\leqslant x<1\\ -x+3, & x\geqslant 1\end{cases}$，求 $\lim\limits_{x\to 0}f(x)$, $\lim\limits_{x\to 1}f(x)$, $\lim\limits_{x\to 2}f(x)$.

解 因为 $\lim\limits_{x\to 0^-}f(x)=\lim\limits_{x\to 0^-}2^x=1$, $\lim\limits_{x\to 0^+}f(x)=\lim\limits_{x\to 0^+}2=2$,

所以 $\lim\limits_{x\to 0}f(x)$ 不存在；

因为 $\lim\limits_{x\to 1^-}f(x)=\lim\limits_{x\to 1^-}2=2$, $\lim\limits_{x\to 1^+}f(x)=\lim\limits_{x\to 1^+}(-x+3)=2$,

所以 $\lim\limits_{x\to 1}f(x)=2$；

$\lim\limits_{x\to 2}f(x)=\lim\limits_{x\to 2}(-x+3)=1$.

7.1.3 无穷小与无穷大

1. 无穷小量

定义 7.8（无穷小量的定义） 在某一变化过程中（$x\to x_0$或$x\to\infty$），函数 $f(x)$ 的极限为零，则称函数 $f(x)$ 为该变化过程中的无穷小量，简称无穷小.

例如，当 $x\to 0$ 时，$x, x^2, \sin x, \tan x, 1-\cos x$ 都趋近于零，因此，当 $x\to 0$ 时，它们都是无穷小量.

当 $x\to +\infty$ 时，$\frac{1}{x},\frac{1}{2^x},\frac{1}{e^x},\frac{1}{\ln x}$ 都趋近于零，因此，当 $x\to +\infty$ 时，它们都是无穷小量.

注意：

① 无穷小量是就变量在某一变化过程而言的. 如：$\sin x$ 在 $x\to 0$ 时是无穷小量，但在 $x\to\infty$ 时则不是无穷小，而是有界变量.

② 无穷小是指变量的绝对值无限变小，而不是变量无限变小.

③ 绝对值很小的常数不是无穷小.

④ 常数中只有 0 是无穷小.

无穷小量的性质：

性质 1：有限个无穷小量的代数和是无穷小量；

性质 2：有限个无穷小量的乘积是无穷小量；

性质 3：无穷小量与有界变量的乘积是无穷小量；

性质 4：常数与无穷小量的乘积是无穷小量.

定理 7.3（函数极限与无穷小的关系） $\lim\limits_{x\to x_0}f(x)=A \Leftrightarrow f(x)=A+\alpha$.

（其中，x_0 可以是 ∞，α 是同一变化过程下的无穷小量）

例 7 利用无穷小量的性质，计算下列极限：

（1）$\lim\limits_{x\to 0}x\sin\frac{2}{x}$；　　（2）$\lim\limits_{x\to\infty}x\sin\frac{2}{x}$.

解 （1）因为 $\lim\limits_{x\to 0}x=0$, $\left|\sin\frac{2}{x}\right|\leqslant 1$，所以 $\lim\limits_{x\to 0}x\sin\frac{2}{x}=0$.

（2）因为 $\lim\limits_{x\to\infty}\frac{1}{x}=0$, $\left|\sin\frac{2}{x}\right|\leqslant 1$，所以 $\lim\limits_{x\to\infty}x\sin\frac{2}{x}=0$.

2. 无穷大量

定义 7.9（无穷大量的定义） 在某一变化过程中（$x \to \infty$ 或 $x \to x_0$），绝对值可以无限增大的变量称为该变化过程中的无穷大量，简称无穷大.

例如，当 $x \to 0$ 时，$\frac{1}{x},\frac{1}{|x|},\frac{1}{\sin x},\ln x$ 都是无穷大量；当 $x \to \infty$ 时 $\ln x, x, x^2, e^x$ 都是无穷大量.

注意：无穷大量是极限不存在的一种情况，为了运算的方便，我们借用了极限的符号. 例如，$\lim\limits_{x\to\infty} \ln x = \infty$.

3. 无穷大量与无穷小量的关系

（1）在某一变化过程中，如果 y 是无穷大量，则在同一变化过程中，$\frac{1}{y}$ 是无穷小量.

（2）在某一变化过程中，如果 y 是无穷小量且 $y \neq 0$，则在同一变化过程中，$\frac{1}{y}$ 是无穷大量.

习题 7.1

1. 观察下列数列的变化趋势，若有极限，写出它们的极限.

（1）$x_n = \frac{1}{n^2}$；　（2）$x_n = 1 - \frac{1}{2^n}$；

（2）$x_n = (-1)^n \frac{1}{n}$；　（4）$x_n = \sin\frac{n\pi}{2}$.

2. 分析下列函数的变化趋势，并求极限.

（1）$f(x) = \frac{1}{x^2}\ (x \to \infty)$；　（2）$f(x) = \frac{1}{\sqrt{x}+1}\ (x \to +\infty)$；

（3）$f(x) = \ln(x+2)\ (x \to +\infty)$；　（4）$f(x) = \frac{2x+3}{x+2}\ (x \to -\infty)$.

3. 求下列函数当 $x \to 0$ 时的左、右极限，并说明当 $x \to 0$ 时，$f(x)$ 的极限是否存在.

（1）$f(x) = \begin{cases} x+1, & x<0 \\ 0, & x=0 \\ x-1, & x>0 \end{cases}$；　（2）$f(x) = \begin{cases} 3^x, & x<0 \\ x^2+1, & x \geqslant 0 \end{cases}$；

（3）$f(x) = \frac{|x|}{x}$；　（4）$f(x) = \begin{cases} x^2, & x \leqslant 0 \\ x\sin\frac{1}{x}, & x>0 \end{cases}$.

4. 设 $f(x) = \begin{cases} x^2+1, & x<0 \\ x, & 0 \leqslant x<1 \\ 1, & x \geqslant 1 \end{cases}$，求 $\lim\limits_{x\to 0} f(x)$，$\lim\limits_{x\to 1} f(x)$，$\lim\limits_{x\to 2} f(x)$.

5. 下列变量中，哪些是无穷小量，哪些是无穷大量？

（1）$100^{x^2}\ (x \to 0)$；　（2）$\frac{2}{\sqrt{x}}\ (x \to 0^+)$；

（3）$\dfrac{x-3}{x^2-9}(x\to 3)$；（4）$e^{\frac{1}{x}}-1(x\to\infty)$；

（5）$(-1)^n\dfrac{n^2}{n+3}(n\to\infty)$；（6）$\dfrac{\sin x}{x}(x\to 0)$；

（7）$\sin\dfrac{1}{x}(x\to 0)$；（8）$2^x-1(x\to 0)$.

6. 已知函数 $f(x)=\dfrac{x-1}{(x-3)^2}$，则函数 $f(x)$ 在什么变化过程中是无穷小量，什么变化过程中是无穷大量？

7.2 极限的运算

7.2.1 极限的四则运算

用极限的定义求变量的极限，只适合于一些简单的情形. 实际问题中变量一般都比较复杂，需要用另外的方法去求变量的极限. 下面介绍极限的四则运算法则，它为求极限提供了很大的便利.

定理 7.4（极限的四则运算法则） 如果 $\lim f(x)=A$，$\lim g(x)=B$，那么

（1）$\lim(f(x)\pm g(x))=\lim f(x)\pm\lim g(x)=A\pm B$.

（2）$\lim(f(x)\cdot g(x))=\lim f(x)\cdot\lim g(x)=A\cdot B$.

（3）$\lim(c\cdot f(x))=c\cdot\lim f(x)$.

（4）$\lim g(x)=B\neq 0$ 时，$\lim\dfrac{f(x)}{g(x)}=\dfrac{\lim f(x)}{\lim g(x)}=\dfrac{A}{B}$.

注意：$\lim f(x)=A$，$\lim g(x)=B$ 必须是同一变化过程.（1）和（2）可以推广到有限个函数的情形. 特别地，有 $\lim(f(x))^n=(\lim f(x))^n$.

7.2.2 极限的运算

1. 利用极限存在的充分必要条件求极限

例 1 当 a 为何值时，$f(x)=\begin{cases}a+x, & x>0\\ 1+x^2, & x<0\end{cases}$ 在$x=0$的极限存在.

解 $\lim\limits_{x\to 0^-}f(x)=\lim\limits_{x\to 0^-}(a+x)=\lim\limits_{x\to 0^-}a+\lim\limits_{x\to 0^-}x=a$，

$\lim\limits_{x\to 0^+}f(x)=\lim\limits_{x\to 0^+}(1+x^2)=\lim\limits_{x\to 0^+}1+\lim\limits_{x\to 0^+}x^2=1$

因为 $\lim\limits_{x\to 0}f(x)$ 存在，所以 $\lim\limits_{x\to 0^-}f(x)=\lim\limits_{x\to 0^+}f(x)$.

因此，当 $a=1$ 时，$\lim\limits_{x\to 0}f(x)$ 存在且 $\lim\limits_{x\to 0}f(x)=1$.

在求分段函数以及含有绝对值的函数分界点处的极限时，由于在分界点两边函数表达式不同，要分左、右极限分别求，只有左、右极限存在且相等时极限才存在，否则函数在分界点的极限不存在.

2. 利用极限运算法则求极限

例 2 求下列极限：

（1）$\lim\limits_{x\to1}\dfrac{2x^2-3}{x+1}$；　　（2）$\lim\limits_{x\to3}\dfrac{x^2-9}{x^2-5x+6}$；

（3）$\lim\limits_{x\to1}\left(\dfrac{2}{1-x^2}-\dfrac{1}{1-x}\right)$；　　（4）$\lim\limits_{x\to0}\dfrac{\sqrt{1+2x}-1}{x}$.

解 （1）$\lim\limits_{x\to1}\dfrac{2x^2-3}{x+1}=\dfrac{\lim\limits_{x\to1}(2x^2-3)}{\lim\limits_{x\to1}(x+1)}=-\dfrac{1}{2}$.

（2）$\lim\limits_{x\to3}\dfrac{x^2-9}{x^2-5x+6}=\lim\limits_{x\to3}\dfrac{(x+3)(x-3)}{(x-3)(x-2)}=\lim\limits_{x\to3}\dfrac{x+3}{x-2}=6$.

当 $x\to3$ 时，分子、分母极限均为零，呈现 $\dfrac{0}{0}$ 型，不能直接用商的极限法则，可先分解因式，约去分子分母为零的因子，再求极限.

（3）$\lim\limits_{x\to1}\left(\dfrac{2}{1-x^2}-\dfrac{1}{1-x}\right)=\lim\limits_{x\to1}\dfrac{2-(1+x)}{1-x^2}=\lim\limits_{x\to1}\dfrac{1-x}{(1-x)(1+x)}=\lim\limits_{x\to1}\dfrac{1}{1+x}=\dfrac{1}{2}$.

当 $x\to1$ 时，$\dfrac{2}{1-x^2}$ 与 $\dfrac{1}{1-x}$ 的极限均不存在，$\dfrac{2}{1-x^2}-\dfrac{1}{1-x}$ 呈现 $\infty-\infty$ 型，不能直接用差的极限法则，可先通分、分解因式，约去分子分母为零的因子，再求极限.

（4）$\lim\limits_{x\to0}\dfrac{\sqrt{1+2x}-1}{x}=\lim\limits_{x\to0}\dfrac{(\sqrt{1+2x}-1)(\sqrt{1+2x}+1)}{x(\sqrt{1+2x}+1)}=\lim\limits_{x\to0}\dfrac{2}{\sqrt{1+2x}+1}=1$.

当 $x\to0$ 时，分子、分母极限均存在，但分母的极限为零，不能直接用极限法则求极限，可先进行分子有理化，约去分母为零的因子，再求极限.

注意：

① 应用极限运算法则求极限时，必须保证每项极限都存在且分母极限不为零.

② 求极限时，经常出现如 $\dfrac{0}{0}$、$\dfrac{\infty}{\infty}$、$\infty-\infty$ 等情况，都不能直接应用极限运算法则，必须先对函数表达式进行恒等变形，如通分、分解因式、约分、分子有理化等，消去零因子后再求极限.

3. 当 $x\to\infty$ 时，有理分式函数的极限

求当 $x\to\infty$ 时，有理分式函数的极限时，用分式中自变量的最高次幂去除分子分母，化为能用极限运算法则求极限的形式再求极限.

例 3 求下列极限.

（1）$\lim\limits_{x\to\infty}\dfrac{2x^2+3x+1}{5x^2+4x+3}$；　　（2）$\lim\limits_{x\to\infty}\dfrac{5x^2+4x-1}{3x^3+2x-5}$；

（3）$\lim\limits_{x\to\infty}\dfrac{3x^3-x+2}{2x^2+1}$；　　（4）$\lim\limits_{x\to\infty}\dfrac{\sqrt{5x}-1}{\sqrt{x+2}}$.

解 （1）将分子分母同除以 x^2，得

$$\lim_{x\to\infty}\frac{2x^2+3x+1}{5x^2+4x+3}=\lim_{x\to\infty}\frac{2+\frac{3}{x}+\frac{1}{x^2}}{5+\frac{4}{x}+\frac{3}{x^2}}=\frac{2+0+0}{5+0+0}=\frac{2}{5}.$$

（2）将分子分母同除以 x^3，得

$$\lim_{x\to\infty}\frac{5x^2+4x-1}{3x^3+2x-5}=\lim_{x\to\infty}\frac{\frac{5}{x}+\frac{4}{x^2}-\frac{1}{x^3}}{3+\frac{2}{x^2}-\frac{5}{x^3}}=\frac{0+0+0}{3+0+0}=0.$$

（3）将分子分母同除以 x^3，得

$$\lim_{x\to\infty}\frac{3x^3-x+2}{2x^2+1}=\lim_{x\to\infty}\frac{3-\frac{1}{x^2}+\frac{2}{x^3}}{\frac{2}{x}+\frac{1}{x^3}}=\infty.$$

（4）将分子分母同除以 $\sqrt{x}$，得

$$\lim_{x\to\infty}\frac{\sqrt{5x}-1}{\sqrt{x+2}}=\lim_{x\to\infty}\frac{\sqrt{5}-\frac{1}{\sqrt{x}}}{\sqrt{1+\frac{2}{x}}}=\frac{\sqrt{5}-0}{\sqrt{1+0}}=\sqrt{5}.$$

第（4）题虽不是有理分式函数，但当 $x\to\infty$时，有$\sqrt{x}\to\infty$，因此第（4）题也呈现$\frac{\infty}{\infty}$型，仍可以仿照前面三个小题的方法，分子分母同除以 x 的最高次幂 $\sqrt{x}$，再求极限.

一般地，当 $x\to\infty$ 时，有理分式($a_0\neq 0,\ b_0\neq 0$)的极限有以下结果：

$$\lim_{x\to\infty}\frac{a_0x^n+a_1x^{n-1}+\cdots+a_n}{b_0x^m+b_1x^{m-1}+\cdots+b_m}=\begin{cases}0, & n<m\\ \frac{a_0}{b_0}, & n=m\\ \infty, & n>m\end{cases}$$

4. 无穷项和的极限

对于无穷项和的极限，不能利用极限的和、差运算法则，必须先求出它们的和式，转化为一个代数式的极限问题.

例 4 求 $\lim_{n\to\infty}\left(\frac{1}{n^2+1}+\frac{2}{n^2+1}+\cdots+\frac{n}{n^2+1}\right)$.

解 $$\lim_{n\to\infty}\left(\frac{1}{n^2+1}+\frac{2}{n^2+1}+\cdots+\frac{n}{n^2+1}\right)=\lim_{n\to\infty}\left[\frac{1}{n^2+1}(1+2+3+\cdots+n)\right]$$

$$=\lim_{n\to\infty}\frac{n(n+1)}{2(n^2+1)}=\frac{1}{2}.$$

定理 7.5（夹逼准则） 对 x_0 的某去心邻域内的任意的 x，有 $g(x)\leqslant f(x)\leqslant h(x)$，且 $\lim_{x\to x_0}g(x)=A$，$\lim_{x\to x_0}h(x)=A$，则 $\lim_{x\to x_0}f(x)=A$.

例 5 求 $\lim_{n\to\infty}\left(\frac{1}{\sqrt{n^2+1}}+\frac{1}{\sqrt{n^2+2}}+\cdots+\frac{1}{\sqrt{n^2+n}}\right)$.

解 因为

$$\frac{n}{\sqrt{n^2+n}} \leqslant \frac{1}{\sqrt{n^2+1}}+\frac{1}{\sqrt{n^2+2}}+\cdots+\frac{1}{\sqrt{n^2+n}} \leqslant \frac{n}{\sqrt{n^2+1}}$$

而

$$\lim_{n\to\infty}\frac{n}{\sqrt{n^2+n}}=\lim_{n\to\infty}\frac{n}{\sqrt{n^2+1}}=1$$

由夹逼法则得

$$\lim_{n\to\infty}\left(\frac{1}{\sqrt{n^2+1}}+\frac{1}{\sqrt{n^2+2}}+\cdots+\frac{1}{\sqrt{n^2+n}}\right)=1.$$

5. 复合函数的极限运算

定理 7.6 设函数 $u=\varphi(x)$ 满足 $\lim\limits_{x\to x_0}\varphi(x)=a$，而函数 $y=f(u)$ 在点 $u=a$ 处有定义，且 $\lim\limits_{u\to a}f(u)=f(a)$，则复合函数 $y=f(\varphi(x))$ 当 $x\to x_0$ 时的极限也存在，且等于 $f(a)$，即

$$\lim_{x\to x_0}f(\varphi(x))=f(\lim_{x\to x_0}\varphi(x)).$$

例 6 求下列极限.

（1）$\lim\limits_{x\to\infty}\mathrm{e}^{\frac{1}{x}}$；（2）$\lim\limits_{x\to\infty}\sqrt{\dfrac{x^2+2}{4x^2+5}}$；（3）$\lim\limits_{x\to 1}\cos(2x-2)$.

解 （1）$\lim\limits_{x\to\infty}\mathrm{e}^{\frac{1}{x}}=\mathrm{e}^{\lim\limits_{x\to\infty}\frac{1}{x}}=\mathrm{e}^0=1$.

（2）$\lim\limits_{x\to\infty}\sqrt{\dfrac{x^2+2}{4x^2+5}}=\sqrt{\lim\limits_{x\to\infty}\dfrac{x^2+1}{4x^2+5}}=\sqrt{\lim\limits_{x\to\infty}\dfrac{1+\frac{1}{x^2}}{4+\frac{5}{x^2}}}=\sqrt{\dfrac{1}{4}}=\dfrac{1}{2}$.

（3）$\lim\limits_{x\to 1}\cos(2x-2)=\cos(\lim\limits_{x\to 1}(2x-2))=\cos 0=1$.

6. 应用两个重要极限求极限

（1）第一个重要极限：$\lim\limits_{x\to 0}\dfrac{\sin x}{x}=1$.

考察当 $x\to 0$ 时，函数 $\dfrac{\sin x}{x}$ 的变化趋势.

设 x 以弧度为单位，经计算可得表 7.1 所示的数据.

表 7.1 计算数据

x	±0.5	±0.1	±0.05	±0.01	…	→	0
$\dfrac{\sin x}{x}$	0.958 85	0.998 33	0.999 58	0.999 98	…	→	1

从表 7.1 可以看出，当 $x\to 0$ 时，函数 $\dfrac{\sin x}{x}\to 1$，即 $\lim\limits_{x\to 0}\dfrac{\sin x}{x}=1$.

例 7 求下列极限.

（1）$\lim\limits_{x\to 0}\dfrac{\tan x}{x}$；（2）$\lim\limits_{x\to 0}\dfrac{1-\cos x}{x^2}$；（3）$\lim\limits_{x\to 0}\dfrac{\sin 5x}{6x}$；

(4) $\lim\limits_{x\to0}\dfrac{\sin 3x}{\sin 2x}$；　　(5) $\lim\limits_{x\to0}\dfrac{\arcsin x}{x}$；　　*(6) $\lim\limits_{x\to0}\dfrac{\cos x-\cos 3x}{x^2}$.

解 (1) $\lim\limits_{x\to0}\dfrac{\tan x}{x}=\lim\limits_{x\to0}\left(\dfrac{\sin x}{x}\cdot\dfrac{1}{\cos x}\right)=\lim\limits_{x\to0}\dfrac{\sin x}{x}\cdot\lim\limits_{x\to0}\dfrac{1}{\cos x}=1\times1=1.$

(2) 解法一：$\lim\limits_{x\to0}\dfrac{1-\cos x}{x^2}=\lim\limits_{x\to0}\dfrac{2\sin^2\frac{x}{2}}{x^2}=\dfrac{1}{2}\lim\left(\dfrac{\sin\frac{x}{2}}{\frac{x}{2}}\right)^2=\dfrac{1}{2}.$

解法二：$\lim\limits_{x\to0}\dfrac{1-\cos x}{x^2}=\lim\limits_{x\to0}\dfrac{(1-\cos x)(1+\cos x)}{x^2(1+\cos x)}=\lim\limits_{x\to0}\dfrac{1-\cos^2 x}{x^2(1+\cos x)}$

$$=\lim_{x\to0}\frac{\sin^2 x}{x^2(1+\cos x)}=\lim_{x\to0}\left[\left(\frac{\sin x}{x}\right)^2\frac{1}{1+\cos x}\right]=\frac{1}{2}.$$

(3) $\lim\limits_{x\to0}\dfrac{\sin 5x}{6x}=\lim\limits_{x\to0}\left(\dfrac{\sin 5x}{5x}\cdot\dfrac{5}{6}\right)=\dfrac{5}{6}.$

(4) $\lim\limits_{x\to0}\dfrac{\sin 3x}{\sin 2x}=\lim\limits_{x\to0}\left(\dfrac{\sin 3x}{3x}\cdot\dfrac{2x}{\sin 2x}\cdot\dfrac{3}{2}\right)=\dfrac{3}{2}\lim\limits_{x\to0}\dfrac{\sin 3x}{3x}\cdot\lim\limits_{x\to0}\dfrac{2x}{\sin 2x}=\dfrac{3}{2}.$

(5) 令 $\arcsin x=u$，则 $x=\sin u$，当 $x\to0$ 时，$u\to0$，因此 $\lim\limits_{x\to0}\dfrac{\arcsin x}{x}=\lim\limits_{u\to0}\dfrac{u}{\sin u}=1.$

注意：运用换元法求极限时，须替换新自变量的变化趋势.

*(6) 先将分子进行和差化积变形，则 $\cos x-\cos 3x=2\sin x\sin 2x$，所以

$$\lim_{x\to0}\frac{\cos x-\cos 3x}{x^2}=\lim_{x\to0}\frac{2\sin x\sin 2x}{x^2}=4\lim_{x\to0}\left(\frac{\sin x}{x}\cdot\frac{\sin 2x}{2x}\right)=4.$$

注意：第一个重要极限是 $\dfrac{0}{0}$ 型，要牢记公式的结构特点：$\lim\limits_{\Delta\to0}\dfrac{\sin\Delta}{\Delta}=1$（$\Delta$ 代表任意形式的同一变量）.

(2) 第二个重要极限：$\lim\limits_{x\to\infty}\left(1+\dfrac{1}{x}\right)^x=\mathrm{e}$.

该极限的证明比较复杂，可通过变化趋势来说明.

考察当 $x\to\infty$ 时，函数 $\left(1+\dfrac{1}{x}\right)^x$ 的变化趋势. 计算数据如表 7.2 所示.

表 7.2　计算数据

x	…	1	2	3	4	5	10^1	10^2	10^3	10^4	10^5	…
$\left(1+\frac{1}{x}\right)^x$	…	2	2.250	2.370	2.441	2.448	2.594	2.704 81	2.716 92	2.718 15	2.718 27	…

从表 7.2 中可以看出，当 x 无限增大时，函数 $\left(1+\dfrac{1}{x}\right)^x$ 越来越走近于一个确定的常数 2.718 28…，可以证明这个常数是个无理数，用 e 来表示这个常数，它的近似值为 2.718 281 828，即

$$\lim_{x\to\infty}\left(1+\frac{1}{x}\right)^x=\mathrm{e}$$

在上面的公式中，令 $t=\frac{1}{x}$，当 $x\to\infty$ 时，$t\to 0$，则有 $\lim_{x\to\infty}\left(1+\frac{1}{x}\right)^x=\lim_{t\to 0}(1+t)^{\frac{1}{t}}=\mathrm{e}$，于是，可得到第二个重要极限的另一种表现形式为

$$\lim_{x\to 0}(1+x)^{\frac{1}{x}}=\mathrm{e}$$

注意：这个重要极限是 1^∞ 型，公式的结构特点：$\lim_{\Delta\to\infty}\left(1+\frac{1}{\Delta}\right)^\Delta$ 或 $\lim_{\Delta\to 0}(1+\Delta)^{\frac{1}{\Delta}}$（$\Delta$ 代表任意形式的同一变量）.

第二个重要极限的函数结构可以理解为满足下面两个条件的幂指函数：① 底数是 1 与一个无穷小量的和，指数是一个无穷大量；② 无穷小量与无穷大量互为倒数.

例 8 求下列极限.

（1）$\lim_{x\to\infty}\left(1+\frac{1}{x}\right)^{6x}$；　（2）$\lim_{x\to\infty}\left(1-\frac{2}{x}\right)^{6x}$；　（3）$\lim_{x\to 0}(1-2x)^{\frac{2}{x}}$；

（4）$\lim_{x\to 0}\left(\frac{x-1}{x+1}\right)^{\frac{1}{x}}$；　（5）$\lim_{x\to\infty}\left(1-\frac{1}{x}\right)^{2x+5}$；　（6）$\lim_{x\to\infty}\left(\frac{2x+3}{2x+1}\right)^{x+1}$.

解（1）$\lim_{x\to\infty}\left(1+\frac{1}{x}\right)^{6x}=\lim_{x\to\infty}\left[\left(1+\frac{1}{x}\right)^x\right]^6=\left[\lim_{x\to\infty}\left(1+\frac{1}{x}\right)^x\right]^6=\mathrm{e}^6.$

（2）$\lim_{x\to\infty}\left(1-\frac{2}{x}\right)^{6x}=\lim_{x\to\infty}\left\{\left[1+\left(-\frac{2}{x}\right)\right]^{-\frac{x}{2}}\right\}^{-12}=\left\{\lim_{x\to\infty}\left[1+\left(-\frac{2}{x}\right)^{-\frac{x}{2}}\right]\right\}^{-12}=\mathrm{e}^{-12}.$

（3）$\lim_{x\to 0}(1-2x)^{\frac{2}{x}}=\lim_{x\to 0}\{[1+(-2x)]^{\frac{1}{-2x}}\}^{-4}=\mathrm{e}^{-4}.$

（4）$\lim_{x\to 0}\left(\frac{x-1}{x+1}\right)^{\frac{1}{x}}=\lim_{x\to 0}\frac{\{[1+(-x)]^{-\frac{1}{x}}\}^{-1}}{(1+x)^{\frac{1}{x}}}=\frac{\mathrm{e}^{-1}}{\mathrm{e}}=\mathrm{e}^{-2}.$

（5）$\lim_{x\to\infty}\left(1-\frac{1}{x}\right)^{2x+5}=\lim_{x\to\infty}\left[\left(1+\frac{1}{-x}\right)^{-x}\right]^{-2}\cdot\lim_{x\to\infty}\left(1-\frac{1}{x}\right)^5=\mathrm{e}^{-2}\times 1=\mathrm{e}^{-2}.$

（6）$\lim_{x\to\infty}\left(\frac{2x+3}{2x+1}\right)^{x+1}=\lim_{x\to\infty}\left[\left(1+\frac{2}{2x+1}\right)^{\frac{2x+1}{2}}\cdot\left(1+\frac{2}{2x+1}\right)^{\frac{1}{2}}\right]=\mathrm{e}\times 1=\mathrm{e}.$

7. 应用无穷小量等价替换求极限

由前面可知，有限个无穷小量的和、差、积仍是无穷小量，而无穷小的商却有很大的差异. 下面来讨论“无穷小量的比较”这个问题，它将为极限计算提供比较便捷的途径.

定义 7.10 设$\alpha(x),\beta(x)$是在同一变化过程中的两个无穷小量.

(1) 如果$\lim\dfrac{\beta(x)}{\alpha(x)}=0$，则称$\beta(x)$是比$\alpha(x)$高阶的无穷小量，记为$\beta=o(\alpha)$.

(2) 如果$\lim\dfrac{\beta(x)}{\alpha(x)}=c(c\neq 0,1)$，则称$\beta(x)$是与$\alpha(x)$同阶的无穷小量.

(3) 如果$\lim\dfrac{\beta(x)}{\alpha(x)}=1$，则称$\beta(x)$与$\alpha(x)$是等价无穷小量，记为$\beta(x)\sim\alpha(x)$.

对于无穷小量的阶的比较，讨论并举例如下：

(1) 因为$\lim\limits_{x\to 0}\dfrac{x^2}{x}=0$，所以当$x\to 0$时，$x^2$是比$x$高阶的无穷小量，即$x^2=o(x)$.

(2) 因为$\lim\limits_{x\to 0}\dfrac{1-\cos x}{x^2}=\dfrac{1}{2}$，所以当$x\to 0$时，$1-\cos x$与$x^2$是同阶的无穷小量.

(3) 因为$\lim\limits_{x\to 0}\dfrac{\sin x}{x}=1$，$\lim\limits_{x\to 0}\dfrac{\tan x}{x}=1$，$\lim\limits_{x\to 0}\dfrac{\arcsin x}{x}=1$，所以当$x\to 0$时，$x,\ \sin x,\tan x,\arcsin x$互为等价无穷小量.

同理，还可以得到以下结论：

当$x\to 0$时，$x\sim\sin x, x\sim\tan x, x\sim\arctan x, x\sim\arcsin x, 1-\cos x\sim\dfrac{x^2}{2}$，$\ln(1+x)\sim x, \mathrm{e}^x-1\sim x$，$\sqrt{1+x}-1\sim\dfrac{1}{2}x$.

定理 7.7（无穷小的替换定理） 设$\alpha_1(x)$，$\alpha_2(x)$，$\beta_1(x)$，$\beta_2(x)$是同一变化过程中的无穷小量，且有$\alpha_1(x)\sim\alpha_2(x),\beta_1(x)\sim\beta_2(x)$，若$\lim\dfrac{\beta_2(x)}{\alpha_2(x)}$存在（或为无穷大量），则

$$\lim\frac{\beta_1(x)}{\alpha_1(x)}=\lim\frac{\beta_2(x)}{\alpha_2(x)}\text{（或为无穷大量）}.$$

例 9 求下列极限.

(1) $\lim\limits_{x\to 0}\dfrac{\sin 5x}{3x}$；

(2) $\lim\limits_{x\to 0}\dfrac{\ln(1+x)}{\mathrm{e}^x-1}$；

(3) $\lim\limits_{x\to 0}\dfrac{1-\cos x}{3x^2}$；

(4) $\lim\limits_{x\to 0}\dfrac{\tan x-\sin x}{\sin^3 x}$.

解 (1) 当$x\to 0$时，$\sin 5x\sim 5x$，所以

$$\lim_{x\to 0}\frac{\sin 5x}{3x}=\lim_{x\to 0}\frac{5x}{3x}=\frac{5}{3}.$$

(2) 当$x\to 0$时，$\ln(1+x)\sim x, \mathrm{e}^x-1\sim x$，所以

$$\lim_{x\to 0}\frac{\ln(1+x)}{\mathrm{e}^x-1}=\lim_{x\to 0}\frac{x}{x}=1.$$

(3) 当$x\to 0$时，$1-\cos x\sim\dfrac{x^2}{2}$，所以

$$\lim_{x\to 0}\frac{1-\cos x}{3x^2}=\lim_{x\to 0}\frac{\frac{1}{2}x^2}{3x^2}=\frac{1}{6}.$$

（4）由于 $\lim\limits_{x\to 0}\frac{\tan x-\sin x}{\sin^3 x}=\lim\limits_{x\to 0}\frac{\sin x(1-\cos x)}{\sin^3 x\cos x}$，且当 $x\to 0$ 时，$\sin x\sim x, 1-\cos x\sim\frac{x^2}{2}$，所以

$$\lim_{x\to 0}\frac{\tan x-\sin x}{\sin^3 x}=\lim_{x\to 0}\frac{\sin x(1-\cos x)}{\sin^3 x\cos x}=\lim_{x\to 0}\frac{x\cdot\frac{1}{2}x^2}{x^3\cos x}=\lim_{x\to 0}\frac{1}{2\cos x}=\frac{1}{2}.$$

注意：当 $x\to 0$ 时，$\sin x\sim x, \tan x\sim x$，若在原极限中直接替换，则有

$$\lim_{x\to 0}\frac{\tan x-\sin x}{\sin^3 x}=\lim_{x\to 0}\frac{x-x}{x^3}=0.$$

显然这样就出现了错误.

这说明，在计算某些 $\frac{0}{0}$ 型极限时，函数的分子分母中的无穷小因子用其等价无穷小来替代，其函数极限不变. 但需要特别注意的是，只能作“因子替换”，而不能作“和、差形式的替换”.

习题 7.2

1. 设 $f(x)=\begin{cases}x^2+1, & x\geqslant 2\\ 2x+1, & x<2\end{cases}$，求 $\lim\limits_{x\to 2^-}f(x)$，$\lim\limits_{x\to 2^+}f(x)$，$\lim\limits_{x\to 2}f(x)$.

2. 求下列各式的极限.

（1）$\lim\limits_{x\to -2}(2x^2-x+5)$；

（2）$\lim\limits_{x\to 1}\frac{x^2-3}{x^4+x^2+1}$；

（3）$\lim\limits_{x\to 0}\left(1-\frac{2}{x-3}\right)$；

（4）$\lim\limits_{x\to\infty}\frac{2x^2-x}{x^2+4}$；

（5）$\lim\limits_{x\to 0}\frac{1-\sqrt{1+x^2}}{x^2}$；

（6）$\lim\limits_{n\to\infty}\left(\frac{1}{n^2}+\frac{2}{n^2}+\cdots+\frac{n}{n^2}\right)$；

（7）$\lim\limits_{x\to\infty}\frac{\sqrt{x^2+2x+2}-1}{x}$；

（8）$\lim\limits_{x\to 1}\frac{x^3-1}{x-1}$；

（9）$\lim\limits_{x\to +\infty}x(\sqrt{9x^2+1}-3x)$；

（10）$\lim\limits_{x\to 1}\frac{\sqrt{2-x}-\sqrt{x}}{1-x}$.

3. 求下列极限.

（1）$\lim\limits_{x\to 1}e^{\frac{1-x}{x}}$；

（2）$\lim\limits_{x\to 1}\sqrt{\frac{x-1}{x^2-1}}$；

（3）$\lim\limits_{x\to 1}\left|\dfrac{1}{1-x}+\dfrac{2}{x^2-1}\right|$；（4）$\lim\limits_{x\to 0}\ln(\cos x)$.

4. 求下列极限.

（1）$\lim\limits_{x\to 0}\dfrac{\sin 5x}{\sin 2x}$；（2）$\lim\limits_{x\to 0}\dfrac{\tan 2x-\sin x}{x}$；

*（3）$\lim\limits_{x\to 0}\dfrac{\cos x-\cos 3x}{x^2}$；（4）$\lim\limits_{x\to 0}\dfrac{\tan(2x+x^3)}{\sin(x-x^2)}$；

（5）$\lim\limits_{x\to \infty}x\cdot\sin\dfrac{1}{x}$；（6）$\lim\limits_{x\to 0}\dfrac{x-\sin x}{x+\sin x}$；

（7）$\lim\limits_{x\to 0}\dfrac{2\arcsin x}{3x}$；（8）$\lim\limits_{x\to 0}\dfrac{\tan x-\sin x}{x^3}$.

5. 求下列极限.

（1）$\lim\limits_{x\to \infty}\left(1+\dfrac{4}{x}\right)^{2x}$；（2）$\lim\limits_{x\to \infty}\left(1-\dfrac{2}{x}\right)^{x-1}$；

（3）$\lim\limits_{x\to 0}\left(\dfrac{3-x}{3}\right)^{\frac{2}{x}}$；（4）$\lim\limits_{x\to \infty}\left(\dfrac{x-1}{x+1}\right)^{x-1}$；

（5）$\lim\limits_{x\to 1^+}(1+\ln x)^{\frac{5}{\ln x}}$；（6）$\lim\limits_{x\to \frac{\pi}{2}}(1+\cos x)^{\sec x}$.

6.（选做）已知 $\lim\limits_{x\to \infty}\sqrt[n]{n}=1$，求 $\lim\limits_{n\to \infty}\sqrt[n]{1+\dfrac{1}{2}+\dfrac{1}{3}+\cdots+\dfrac{1}{n}}$.

7.（选做）求 $\lim\limits_{n\to \infty}\left(\dfrac{1}{n^2+n+1}+\dfrac{2}{n^2+n+2}+\cdots+\dfrac{n}{n^2+n+n}\right)$.

8. 当 $x\to 0$ 时，下列变量中，哪些是与 x 等价的无穷小，哪些是高阶的无穷小？

$$\mathrm{e}^x-1,\quad \ln(1+x),\quad \cos x-1,\quad \sin x^2,\quad \sqrt{1+x}-1.$$

9. 用等价无穷小替换定理求下列极限.

（1）$\lim\limits_{x\to 0}\dfrac{\arctan 6x}{3x}$；（2）$\lim\limits_{x\to 0}\dfrac{4x}{\mathrm{e}^{2x}-1}$；

（3）$\lim\limits_{x\to 0}\dfrac{1-\cos 2x}{x^2}$；（4）$\lim\limits_{x\to 0}\dfrac{\ln(1+2x)}{\mathrm{e}^x-1}$.

7.3 函数的连续性

现实世界中很多变量的变化都是连续不断的，如气温的变化、河水的流动、植物的生长等都是连续变化的. 这种现象反映在数学上，就是函数的连续性.

7.3.1 连续的概念与性质

首先我们引入增量的概念（或称变量的改变量），进而建立连续的定义.

设函数 $y=f(x)$ 的自变量 x 在 x_0 处改变量为 Δx，即自变量 x 从 x_0 变化到 $x_0+\Delta x$，这时函数 y 有相应的改变量为 Δy，有 $\Delta y=f(x_0+\Delta x)-f(x_0)$，如图 7.4 所示.

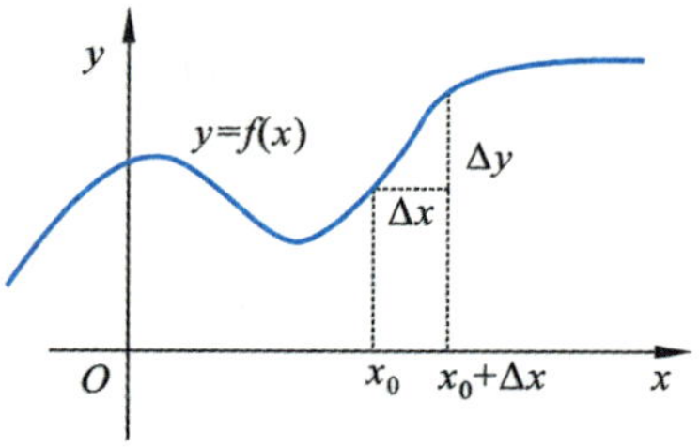

图 7.4

定义 7.11（函数连续的定义 1，即第一定义） 设函数 $y=f(x)$ 在点 x_0 的某一邻域内有定义，如果当自变量的改变量 $\Delta x=x-x_0$ 趋向于零时，相应的函数的改变量 Δy 也趋向于零，即

$$\lim_{\Delta x\to 0}\Delta y=0$$

则称函数 $y=f(x)D$ 在点 x_0 处连续.

因为，令 $x=x_0+\Delta x$，则 $\Delta x=x-x_0$，当 $\Delta x\to 0$ 时，$x\to x_0$，从而 $\Delta y=f(x_0+\Delta x)-f(x_0)=f(x)-f(x_0)$，所以连续定义又可叙述如下：

定义 7.12（函数连续的定义 2，即第二定义） 设函数 $y=f(x)$ 在点 x_0 的某一邻域内有定义，若

$$\lim_{x\to x_0}f(x)=f(x_0)$$

则称函数 $y=f(x)$ 在点 x_0 处连续.

由函数连续的第二定义可知，函数 $f(x)$ 在点 x_0 处连续必须满足三个条件：

（1）函数 $f(x)$ 在点 x_0 及附近（某一个邻域内）有定义；

（2）$\lim\limits_{x\to x_0}f(x)$ 存在；

（3）$\lim\limits_{x\to x_0}f(x)=f(x_0)$.

这三个条件提供了判断函数 $f(x)$ 在点 x_0 处是否连续的具体方法.

另外，由连续的定义可以看出：函数 $f(x)$ 在点 x_0 处连续，则有 $\lim\limits_{x\to x_0}f(x)=f(x_0)$.

即函数 $f(x)$ 在点 x_0 处连续，则函数 $f(x)$ 在点 x_0 处的极限等于函数 $f(x)$ 在点 x_0 处的函数值 $f(x_0)$. 这为求连续函数的极限问题提供了便利.

若 $\lim\limits_{x\to x_0^-}f(x)=f(x_0)$，称函数 $f(x)$ 在点 x_0 处左连续；若 $\lim\limits_{x\to x_0^+}f(x)=f(x_0)$，称函数 $f(x)$ 在点 x_0 处右连续.

注意：函数 $f(x)$ 在点 x_0 处连续的充分必要条件为函数 $f(x)$ 在点 x_0 处既左连续又右连续. 这个结论是讨论分段函数在分界点处是否连续的依据.

在区间上每一点都连续的函数，称为区间上的连续函数，或者说函数在区间上连续，该区间也称为函数的连续区间.

例 1 讨论下列函数在指定点处的连续性.

（1）$f(x)=\dfrac{x^2-1}{x-1}$ 在点 $x=1$ 处.

（2）$f(x)=\begin{cases}x^2+1, & x\leqslant 0\\ 2^x, & x>0\end{cases}$ 在点 $x=0$ 处.

（3）$f(x)=\begin{cases} x-1, & x<0 \\ 0, & x=0 \\ x+1, & x>0 \end{cases}$ 在点 $x=0$ 处.

（4）$f(x)=\begin{cases} x+1, & x\neq 0 \\ 0, & x=0 \end{cases}$ 在点 $x=0$ 处.

（5）$f(x)=\begin{cases} x\sin\dfrac{1}{x}, & x\neq 0 \\ 0, & x=0 \end{cases}$ 在点 $x=0$ 处.

解（1）因为 $f(1)$ 不存在，所以函数 $f(x)$ 在 $x=1$ 处不连续.

（2）因为 $f(0)=1$，且

$$\lim_{x\to 0^-} f(x)=\lim_{x\to 0^-}(x^2+1)=1, \quad \lim_{x\to 0^+} f(x)=\lim_{x\to 0^+} 2^x=1$$

所以 $\lim\limits_{x\to 0} f(x)=1=f(0)$，函数 $f(x)$ 在 $x=0$ 处连续.

（3）因为 $f(0)=0$，且

$$\lim_{x\to 0^-} f(x)=\lim_{x\to 0^-}(x-1)=-1, \quad \lim_{x\to 0^+} f(x)=\lim_{x\to 0^+}(x+1)=1$$

所以 $\lim\limits_{x\to 0} f(x)$ 不存在，函数 $f(x)$ 在 $x=0$ 处不连续.

（4）因为 $f(0)=0$，且

$$\lim_{x\to 0} f(x)=\lim_{x\to 0}(x+1)=1$$

所以 $\lim\limits_{x\to 0} f(x)\neq f(0)$，故函数 $f(x)$ 在 $x=0$ 处不连续.

（5）因为 $f(0)=0$，且

$$\lim_{x\to 0} f(x)=\lim_{x\to 0} x\sin\frac{1}{x}=0=f(0)$$

又因为 $\lim\limits_{x\to 0} x=0$，$\left|\sin\dfrac{1}{x}\right|\leqslant 1$，所以函数 $f(x)$ 在 $x=0$ 处连续.

例 2 设函数 $f(x)=\begin{cases} \dfrac{\sin ax}{x}, & x>0 \\ 2, & x=0 \\ \dfrac{\ln(1-3x)}{bx}, & x<0 \end{cases}$ 在点 $x=0$ 处连续，求 a，b 的值.

解 由于 $f(0)=2$，且 $f(x)$ 在 $x=0$ 处连续，所以

$$\lim_{x\to 0^-} f(x)=\lim_{x\to 0^+} f(x)=f(0)=2$$

而

$$\lim_{x\to 0^-} f(x)=\lim_{x\to 0^-}\frac{\ln(1-3x)}{bx}=\lim_{x\to 0^-}\frac{-3x}{bx}=-\frac{3}{b}=2,$$

$$\lim_{x\to 0^+} f(x)=\lim_{x\to 0^+}\frac{\sin ax}{x}=\lim_{x\to 0^+}\frac{ax}{x}=a=2$$

解得 $$a=2,\ b=-\frac{3}{2}.$$

连续函数的性质：

（1）若函数 $f(x), g(x)$ 在点 x_0 处连续，则

$$f(x)\pm f(x), f(x)\cdot g(x), \frac{f(x)}{g(x)}(g(x)\neq 0)$$

在点 x_0 处也连续.

（2）若函数 $u=g(x)$ 在点 x_0 处连续，$y=f(u)$ 在 $u_0=g(x_0)$ 处连续，则复合函数 $y=f(g(x))$ 在点 x_0 处连续.

初等函数的连续性：

可以用连续的定义逐一验证所有的基本函数在其定义域内都是连续的；另外，任意初等函数都是由基本初等函数进行有限次四则运算和有限次复合而得到的. 所以由上述两条性质，一切初等函数在它们的定义域内都是连续的.

定理 7.8（连续函数的复合函数极限定理） 在求连续函数的复合函数的极限时，极限号与函数符号可交换次序，即

$$\lim_{x\to x_0} f(g(x))=f(\lim_{x\to x_0} g(x)).$$

例 3 求下列函数的极限.

（1）$\lim\limits_{x\to\frac{\pi}{4}}\sqrt{3-\sin 2x}$；（2）$\lim\limits_{x\to 1}\mathrm{e}^{\frac{x}{1+x}}$；

（3）$\lim\limits_{x\to 2}\dfrac{x^2+\sin x}{\mathrm{e}^x\sqrt{1+x^2}}$；（4）$\lim\limits_{x\to+\infty}\arcsin(\sqrt{x^2+x}-x)$.

解 （1）因为 $\sqrt{3-\sin x}$ 是初等函数，在 $x=\dfrac{\pi}{4}$ 处有定义，所以

$$\lim_{x\to\frac{\pi}{4}}\sqrt{3-\sin 2x}=\sqrt{3-\sin\left(2\cdot\frac{\pi}{4}\right)}=\sqrt{2}.$$

（2）因为 $\mathrm{e}^{\frac{x}{1+x}}$ 是初等函数，在 $x=1$ 处有定义，所以

$$\lim_{x\to 1}\mathrm{e}^{\frac{x}{1+x}}=\mathrm{e}^{\frac{1}{1+1}}=\mathrm{e}^{\frac{1}{2}}.$$

（3）因为 $\dfrac{x^2+\sin x}{\mathrm{e}^x\sqrt{1+x^2}}$ 是初等函数，在 $x=2$ 处有定义，所以

$$\lim_{x\to 2}\frac{x^2+\sin x}{\mathrm{e}^x\sqrt{1+x^2}}=\frac{2^2+\sin 2}{\mathrm{e}^2\sqrt{1+2^2}}=\frac{4+\sin 2}{\mathrm{e}^2\sqrt{5}}.$$

（4）函数 $\arcsin(\sqrt{x^2+x}-x)$ 可以看作由初等函数 $y=\arcsin u$ 与初等函数 $u=\sqrt{x^2+x}-x$ 复合而得到. 应用连续函数的复合函数的极限定理可求此极限.

$$\lim_{x\to+\infty}(\sqrt{x^2+x}-x)=\lim_{x\to+\infty}\frac{(\sqrt{x^2+x}-x)(\sqrt{x^2+x}+x)}{\sqrt{x^2+x}+x}$$

$$=\lim_{x\to+\infty}\frac{x}{\sqrt{x^2+x}+x}=\lim_{x\to+\infty}\frac{1}{\sqrt{1+\frac{1}{x}}+1}=\frac{1}{2}.$$

所以

$$\lim_{x\to+\infty}\arcsin(\sqrt{x^2+x}-x)=\arcsin(\lim_{x\to+\infty}(\sqrt{x^2+x}-x))$$

$$=\arcsin\frac{1}{2}=\frac{\pi}{6}.$$

7.3.2　函数的间断点

定义 7.13　若函数 $f(x)$ 在点 x_0 处不连续，则称点 x_0 为函数 $f(x)$ 的间断点.

函数 $f(x)$ 的间断点存在以下三种情形：

（1）函数 $f(x)$ 在点 $x=x_0$ 处没有定义.

（2）函数 $f(x)$ 在点 $x=x_0$ 处有定义，但极限 $\lim_{x\to x_0}f(x)$ 不存在.

（3）函数 $f(x)$ 在点 $x=x_0$ 处有定义，且极限 $\lim_{x\to x_0}f(x)$ 存在，但 $\lim_{x\to x_0}f(x)\neq f(x_0)$.

函数间断点分类如下：

第一类间断点：$\lim_{x\to x_0^-}f(x),\lim_{x\to x_0^+}f(x)$ 都存在的间断点. 包含以下两种情形：

（1）$\lim_{x\to x_0}f(x)$ 存在，但 $\lim_{x\to x_0}f(x)\neq f(x_0)$，称 x_0 为 $f(x)$ 的可去间断点.

（2）$\lim_{x\to x_0^-}f(x),\lim_{x\to x_0^+}f(x)$ 都存在，但不相等，称 x_0 为 $f(x)$ 的跳跃间断点.

第二类间断点：$\lim_{x\to x_0^-}f(x),\lim_{x\to x_0^+}f(x)$ 至少有一个不存在的间断点. 包含以下两种情形：

*（1）$\lim_{x\to x_0^-}f(x),\lim_{x\to x_0^+}f(x)$ 至少有一个趋向于无穷大，称 x_0 为 $f(x)$ 的无穷间断点.

*（2）$\lim_{x\to x_0^-}f(x),\lim_{x\to x_0^+}f(x)$ 至少有一个不存在，但不趋向于无穷大，称 x_0 为 $f(x)$ 的振荡间断点.

例 4　讨论以下函数在指定点处间断点的类别.

（1）函数 $f(x)=\frac{x^2-1}{x-1}$ 在点 $x=1$ 处间断点的类别.

（2）函数 $f(x)=\begin{cases}x^2, & x\leqslant 0\\ x+1, & x>0\end{cases}$ 在点 $x=0$ 处间断点的类别.

（3）函数 $f(x)=\frac{1}{x}$ 在点 $x=0$ 处间断点的类别.

（4）函数 $f(x)=\sin\frac{1}{x}$ 在点 $x=0$ 处间断点的类别.

解　（1）函数 $f(x)=\frac{x^2-1}{x-1}$ 在点 $x=1$ 处无定义，故点 $x=1$ 是函数 $f(x)=\frac{x^2-1}{x-1}$ 的间断点. 但 $\lim_{x\to1}\frac{x^2-1}{x-1}=\lim_{x\to1}(x+1)=2$，从而 $x=1$ 是函数 $f(x)$ 的第一类间断点，且为 $f(x)$ 的可去间断点.

（可以补充定义 $f(1)=2$，函数 $f(x)$ 在点 $x=1$ 处就连续了，故为可去间断点.）

（2）因为在分段点 $x=0$ 处两边的函数表达式不同，一般要分左、右极限讨论 $x=0$ 处的极限问题.

因为

$$\lim_{x\to 0^-} f(x)=\lim_{x\to 0^-} x^2=0,\quad \lim_{x\to 0^+} f(x)=\lim_{x\to 0^+}(x+1)=1$$

且 $\lim\limits_{x\to x_0^-} f(x), \lim\limits_{x\to x_0^+} f(x)$ 都存在，但不相等，所以 $x=0$ 是 $f(x)$ 的第一类间断点，且为 $f(x)$ 的跳跃间断点.

（3）函数 $f(x)=\dfrac{1}{x}$ 在点 $x=0$ 处无定义，故点 $x=0$ 是函数 $f(x)=\dfrac{1}{x}$ 的间断点. 但 $\lim\limits_{x\to 0}\dfrac{1}{x}=\infty$，从而 $x=0$ 是函数 $f(x)$ 的第二类间断点，且为 $f(x)$ 的无穷间断点.

（4）函数 $f(x)=\sin\dfrac{1}{x}$ 在点 $x=0$ 处无定义，故点 $x=0$ 是函数 $f(x)=\sin\dfrac{1}{x}$ 的间断点. 但当 $x\to 0$ 时，$f(x)=\sin\dfrac{1}{x}$ 的函数值在 -1 与 1 之间摆动，不趋近于任何常数，也不趋向于无穷大，从而 $x=0$ 是函数 $f(x)$ 的第二类间断点，且为 $f(x)$ 的振荡间断点.

7.3.3　闭区间上连续函数的性质

闭区间上连续函数的性质在很多方面都有应用. 下面给出它们的性质，不予证明.

（1）**有界定理**：若 $f(x)$ 在闭区间 $[a,b]$ 上连续，则 $f(x)$ 在 $[a,b]$ 上有界.

（2）**最值定理**：若 $f(x)$ 在闭区间 $[a,b]$ 上连续，则 $f(x)$ 在 $[a,b]$ 上必有最大值与最小值.

（3）**介值定理**：设 $f(x)$ 是闭区间 $[a,b]$ 上的连续函数，且 $f(a)\neq f(b)$，对于介于 $f(a), f(b)$ 之间的任意一个数 η，则至少存在一点 $\xi\in(a,b)$，使得 $f(\xi)=\eta$（见图 7.5）.

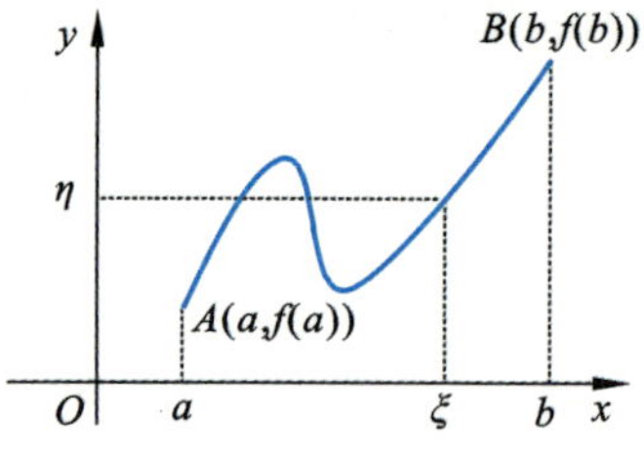

图 7.5

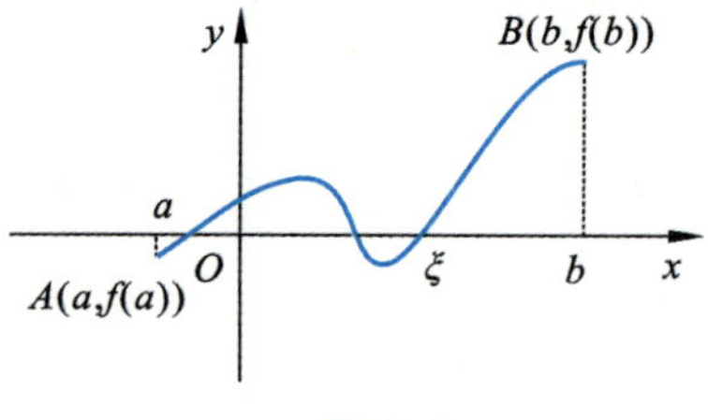

图 7.6

（4）**根的存在定理（零点定理）**：若函数 $f(x)$ 在闭区间 $[a,b]$ 上连续，且 $f(a)$与$f(b)$ 异号，则在 (a,b) 内至少存在一点 ξ，使得 $f(\xi)=0$（见图 7.6）.

注意：以上四个定理中闭区间和连续缺一不可，缺少任一条件都可能使结论不成立.

例 5　试证方程 $x^5-3x=1$ 至少有一个实根介于 1 和 2 之间.

证明　设函数 $f(x)=x^5-3x-1$，由于 $f(x)$ 是初等函数，则 $f(x)$ 在 $[1,2]$ 上连续，且 $f(1)=-3$，$f(2)=25$，从而区间端点函数值异号，由根的存在定理知，至少存在一点 $\xi\in(1,2)$，使得 $f(\xi)=0$，即方程 $x^5-3x=1$ 至少有一个实根介于 1 和 2 之间.

习题 7.3

1. 设函数 $f(x)=\begin{cases}\dfrac{x^2-1}{x-1}, & x\neq 1\\ 3, & x=1\end{cases}$，讨论函数在 $x=1$ 处的连续性.

2. 指出下列各题的间断点，并指明是哪一类间断点.

（1）$f(x)=\dfrac{1}{x^2-1}$；（2）$f(x)=e^{\frac{1}{x}}$；

（3）$f(x)=\dfrac{x^2-1}{(x-1)x}$；（4）$f(x)=\begin{cases}\dfrac{x^2-1}{x+1}, & x\neq -1\\ 0, & x=-1\end{cases}$；

（5）$f(x)=\begin{cases}x^2+2, & x\leqslant 0\\ 2^x & x>0\end{cases}$；（6）$f(x)=\begin{cases}\dfrac{x^2-4}{x-2}, & x\neq 2\\ 3, & x=2\end{cases}$.

3. 设 $f(x)=\begin{cases}\dfrac{\sin x}{x}, & x<0\\ k, & x=0\\ x\sin\dfrac{1}{x}+1, & x>0\end{cases}$，当 k 为何值时，函数 $f(x)$ 在其定义域内是连续的？

4. 求下列函数的极限.

（1）$\lim\limits_{x\to 1}\arccos\dfrac{\sqrt{x^2+x}}{2}$；（2）$\lim\limits_{x\to\frac{\pi}{2}}\lg\sin x$；

（3）$\lim\limits_{x\to 0}\dfrac{e^{\sin x}-1}{e^{\cos x}+2}$；（4）$\lim\limits_{x\to 1}\dfrac{\ln(1+x)-\ln x}{x}$；

（5）$\lim\limits_{x\to\infty}\dfrac{\sqrt{x^4+x^2+1}}{2x^2}$；（6）$\lim\limits_{x\to 1}\dfrac{x-\sqrt{x}}{\sqrt{x}-1}$；

（7）$\lim\limits_{x\to e}\dfrac{\ln x}{x}$；（8）$\lim\limits_{x\to 1}\arctan x$.

5. 试证方程 $x^3+2x=8$ 至少有一个实根介于 1 和 3 之间.

6. 试证方程 $x^2\cos x-\sin x=0$ 在 $\left(\pi,\dfrac{3\pi}{2}\right)$ 内至少有一个实根.

复习题 7

1. 判断题

（1）$f(x)=x\sin x$ 是偶函数.（　　）

（2）若函数 $f(x)$ 在 x_0 处极限存在，则 $f(x)$ 在 x_0 处连续.（　　）

（3）分段函数必有间断点.（　　）

（4）$\tan 3x$ 与 $\sin 3x$ 当 $x \to 0$ 时是等价无穷小.（　　）

（5）无界函数不一定是无穷大.（　　）

（6）$\lim\limits_{x \to 1} \dfrac{\sin x}{x} = 1$.（　　）

（7）数列 $x_n = (-1)^n \dfrac{n}{n+1}$ 收敛于 1.（　　）

（8）$f(x)$ 在点 x_0 处连续，则有 $\lim\limits_{x \to x_0} f(x) = f(x_0)$.（　　）

2. 单项选择题

（1）下列极限存在的是（　　）.

A. $\lim\limits_{x \to \infty} 4^x$　　B. $\lim\limits_{x \to \infty} \dfrac{x^3+1}{3x^3+1}$

C. $\lim\limits_{x \to 0^+} \ln x$　　D. $\lim\limits_{x \to 1} \sin \dfrac{1}{x-1}$

（2）函数 $f(x)$ 在 x_0 处连续是 $\lim\limits_{x \to x_0} f(x)$ 存在的（　　）.

A. 必要条件　　B. 充要条件

C. 充分条件　　D. 既不充分也不必要条件

（3）$f(x) = 2^{\frac{1}{x}}$ 在 $x=0$ 处（　　）.

A. 有定义　　B. 极限存在

C. 左极限存在　　D. 右极限存在

（4）当 $0 < x < +\infty$ 时，$f(x) = \dfrac{1}{x}$（　　）.

A. 有最大值与最小值　　B. 有最大值无最小值

C. 无最大值有最小值　　D. 无最大值无最小值

（5）当 $x \to 1$ 时，下列变量中为无穷大量的是（　　）.

A. $\dfrac{x-1}{x+1}$　　B. $\dfrac{x^2-1}{x-1}$　　C. $\dfrac{x+1}{x-1}$　　D. $x^{\frac{1}{x-1}}$

（6）$\lim\limits_{x \to 0} x \sin \dfrac{1}{x} =$（　　）.

A. 0　　B. 1　　C. ∞　　D. 不存在

（7）当 $x \to 0$ 时，与 $\sqrt{1+x} - \sqrt{1-x}$ 等价的无穷小量是（　　）.

A. x　　B. $2x$　　C. x^2　　D. $2x^2$

3. 填空题

（1）已知 a,b 为常数，$\lim\limits_{x \to \infty} \dfrac{ax^2+bx+2}{2x-1} = 3$，则 $a=$____，$b=$________.

（2）$f(x) = \sqrt{x^2-3x+2}$ 的连续区间是______________.

（3）$x=0$ 是 $f(x) = \dfrac{\sin x}{x}$ 的____________间断点.

（4）若 $\lim\limits_{x\to\infty}\varphi(x)=a$（$a$ 为常数），则 $\lim\limits_{x\to\infty}\mathrm{e}^{\varphi(x)}=$________.

（5）已知 $\lim\limits_{x\to 0}\dfrac{\sin ax}{3x}=2$，则常数 $a=$________.

（6）$\lim\limits_{n\to\infty}\dfrac{1+\frac{1}{2}+\frac{1}{4}+\cdots+\frac{1}{2^{n-1}}}{1+\frac{1}{3}+\frac{1}{9}+\cdots+\frac{1}{3^{n-1}}}=$________.

4. 求下列极限.

（1）$\lim\limits_{x\to\infty}\dfrac{x^2-x-1}{(x-2)^2}$；

（2）$\lim\limits_{\theta\to 0}\dfrac{1-\cos\theta}{\theta\sin\theta}$；

（3）$\lim\limits_{x\to 0}\dfrac{\ln(1+x)}{\sin 2x}$；

（4）$\lim\limits_{x\to\infty}\dfrac{x-\cos x}{x}$；

（5）$\lim\limits_{n\to\infty}\sqrt{n}(\sqrt{n+2}-\sqrt{n-3})$；

（6）$\lim\limits_{x\to 2}\left(\dfrac{1}{x-2}-\dfrac{12}{x^3-8}\right)$.

5. 求下列极限.

（1）$\lim\limits_{x\to+\infty}\mathrm{e}^{-x}\sin x$；

（2）$\lim\limits_{x\to 0}(1-2x)^{\frac{1}{2x}}$；

（3）$\lim\limits_{x\to\infty}\left(\dfrac{2x-1}{2x+1}\right)^{x+1}$；

（4）$\lim\limits_{x\to 1}\dfrac{\sqrt{x+2}-\sqrt{3}}{x-1}$.

6. 讨论下列函数的连续性.

（1）设 $f(x)=\begin{cases}\mathrm{e}^x, & x<0\\ 1, & x=0\\ \dfrac{\sin x}{x}, & x>0\end{cases}$，求 $\lim\limits_{x\to 0^+}f(x)$，$\lim\limits_{x\to 0^-}f(x)$，并判断 $f(x)$ 在 $x=0$ 是否连续.

（2）设 $f(x)=\begin{cases}\dfrac{\sin kx}{x}, & x<0\\ \dfrac{2}{5}+ax, & x\geqslant 0\end{cases}$，当 k,a 为何值时，$f(x)$ 在 $x=0$ 处连续？

第 8 章　导数与微分

学习目标

1. 理解导数的概念和几何意义，会求切线、法线方程.

2. 掌握基本初等函数的导数公式、导数的四则运算法则和复合函数的求导法，会求初等函数和分段函数的导数.

3. 会求隐函数和参数方程确定的函数的导数，会用取对数求导法计算导数.

4. 了解高阶导数的概念与 n 阶导数的求法，掌握初等函数的二阶导数的计算.

5. 了解微分的概念，了解微分的公式与运算法则，了解可导、可微与连续的关系，会求微分及其在近似计算中的简单应用.

由导数与微分构成的一元函数微分学是高等数学的重要组成部分，导数所反映的是函数相对于自变量变化快慢的程度，即函数的变化率. 而微分是指当自变量有微小增量时，函数相应的增量. 导数与微分在生产实践和工程技术中都有十分广泛的应用.

本章首先介绍导数的概念及计算方法，然后介绍微分的概念、计算方法及其在近似计算中的应用.

8.1　导数的概念

8.1.1　两个引例

【引例 1】　变速直线运动物体的瞬时速度.

设物体作变速直线运动，其运动方程为 $s=s(t)$，求物体在 t_0 时刻的瞬时速度 $v(t_0)$.

对于匀速直线运动的速度，可用公式“速度 = 路程/时间”求得，变速直线运动的速度如何求呢？下面来讨论这个问题.

如图 8.1 所示，设物体在 t_0 时刻的位置为 $s(t_0)$，在 $t_0+\Delta t$ 时刻的位置为 $s(t_0+\Delta t)$，则物体在这段时间内所经过的路程为 $\Delta s=s(t_0+\Delta t)-s(t_0)$，故物体的平均速度为

$$\overline{v}=\frac{\Delta s}{\Delta t}=\frac{s(t_0+\Delta t)-s(t_0)}{\Delta t}$$

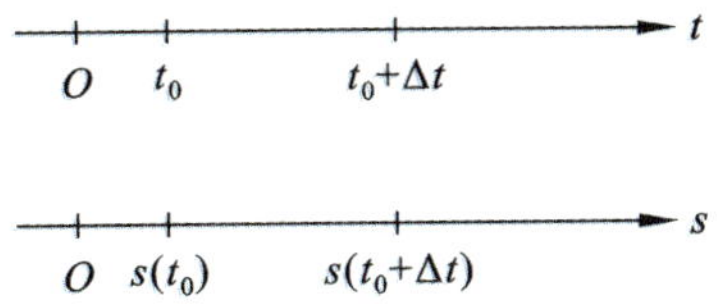

图 8.1

由于平均速度是连续变化的，故当 Δt 很小时，平均速度 $\overline{v}$ 可以作为物体在 t_0 时刻瞬时速度 $v(t_0)$ 的近似值，而且 Δt 越小，近似程度越好，所以当 $\Delta t \to 0$ 时，若 $\overline{v}$ 趋向于一定值，则平均速度的极限（就是物体在 t_0 时刻的瞬时速度）为

$$\lim_{\Delta t\to 0}\overline{v}=\lim_{\Delta t\to 0}\frac{\Delta s}{\Delta t}=\lim_{\Delta t\to 0}\frac{s(t_0+\Delta t)-s(t_0)}{\Delta t}=v(t_0)$$

【引例 2】 平面曲线的切线斜率.

已知曲线方程为 $y=f(x)$，它经过点 $M_0(x_0,f(x_0))$，取曲线 $y=f(x)$ 上的另外一点 $M(x_0+\Delta x,\ f(x_0+\Delta x))$，作割线 MM_0，如图 8.2 所示. 设割线 MM_0 的倾斜角为 $\theta\neq\frac{\pi}{2}$，从而割线的斜率为

$$\tan\theta=\frac{\Delta y}{\Delta x}=\frac{f(x_0+\Delta x)-f(x_0)}{\Delta x}.$$

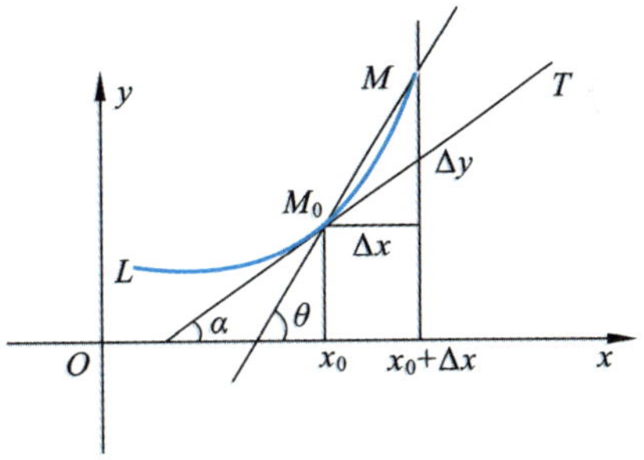

图 8.2

当 $\Delta x\to 0$ 时，动点 M 沿曲线 $y=f(x)$ 无限接近于固定点 M_0. 若割线 MM_0 的极限位置存在，则称此极限位置 TM_0 为曲线 $y=f(x)$ 在点 $M_0(x_0,f(x_0))$ 处的切线，当 $\Delta x\to 0$ 时，如果割线的斜率 $\tan\theta$ 的极限存在，那么定义此极限为曲线 $y=f(x)$ 在点 M_0 处的切线斜率，即

$$k=\tan\alpha=\lim_{\Delta x\to 0}\frac{\Delta y}{\Delta x}=\lim_{\Delta x\to 0}\frac{f(x_0+\Delta x)-f(x_0)}{\Delta x}.$$

在上述两个引例的具体问题中，尽管它们的实际意义不一样，但它们解决问题的数学方法是相同的，即所求的量均可归结为：当自变量的增量趋于零时，函数增量与自变量增量比值的极限.

这类极限问题在其他实际问题中也常会遇到，如电学中的电流强度. 热学中的比热容等. 在数学中，把此类极限叫作函数的导数.

8.1.2 导数的概念

1. $f(x)$ 在 x_0 处的导数

定义 8.1 设函数 $y=f(x)$ 在点 x_0 的某个邻域内有定义，当自变量在点 x_0 取得增量 Δx（ $\Delta x\neq 0$ 时，相应的函数 $y=f(x)$ 也有增量 $\Delta y=f(x_0+\Delta x)-f(x_0)$，如果极限

$$\lim_{\Delta x\to 0}\frac{\Delta y}{\Delta x}=\lim_{\Delta x\to 0}\frac{f(x_0+\Delta x)-f(x_0)}{\Delta x} \tag{8.1}$$

存在，就称函数 $y=f(x)$ 在点 x_0 处可导，称此极限值为函数 $y=f(x)$ 在点 x_0 处的导数. 记为 $f'(x_0), y'|_{x=x_0}, \frac{\mathrm{d}y}{\mathrm{d}x}|_{x=x_0}, \frac{\mathrm{d}f(x)}{\mathrm{d}x}|_{x=x_0}$. 即

$$f'(x_0)=\lim_{\Delta x\to 0}\frac{f(x_0+\Delta x)-f(x_0)}{\Delta x} \tag{8.2}$$

注意：导数的定义还可以用以下几种形式表达.

若令 $x=x_0+\Delta x$，则有 $\Delta x=x-x_0$，当 $\Delta x\to 0$ 时有 $x\to x_0$，因此导数可以表示为

$$f'(x_0)=\lim_{x\to x_0}\frac{f(x)-f(x_0)}{x-x_0} \tag{8.3}$$

有时为了方便，记 $\Delta x=h$，导数也可以表示为

$$f'(x_0)=\lim_{h\to 0}\frac{f(x_0+h)-f(x_0)}{h} \tag{8.4}$$

导数 $f'(x_0)$ 也称为函数 $y=f(x)$ 在点 x_0 处的变化率. 它反映了函数 $y=f(x)$ 在点 x_0 处随自变量 x 变化的快慢程度.

如果式（8.1）中的极限不存在，则称函数 $y=f(x)$ 在点 x_0 处不可导.

根据导数的定义，引例 1 中变速直线运动物体的瞬时速度，就是路程函数 $s=s(t)$ 对时间 t 的导数，即 $v(t_0)=s'(t_0)$；引例 2 中曲线在点 M_0 处的切线斜率，就是 $y=f(x)$ 在点 $x=x_0$ 处的导数，即 $k=f'(x_0)$.

例 1　求函数 $f(x)=x^2-1$ 在点 $x_0=2$ 处的导数，即 $f'(2)$.

解法一：函数在 $x_0=2$ 处的增量为

$$\Delta y=f(2+\Delta x)-f(2)=[(2+\Delta x)^2-1]-(2^2-1)=4\Delta x+(\Delta x)^2$$

于是

$$\frac{\Delta y}{\Delta x}=\frac{4\Delta x+(\Delta x)^2}{\Delta x}=4+\Delta x$$

所以

$$f'(2)=\lim_{\Delta x\to 0}\frac{\Delta y}{\Delta x}=\lim_{\Delta x\to 0}(4+\Delta x)=4$$

解法二：$f'(2)=\lim_{x\to 2}\frac{f(x)-f(2)}{x-2}=\lim_{x\to 2}\frac{(x^2-1)-(2^2-1)}{x-2}$

$$=\lim_{x\to 2}\frac{(x+2)(x-2)}{x-2}=\lim_{x\to 2}(x+2)=4$$

2. 函数在某一点的左导数与右导数

定义 8.2　对函数 $y=f(x)$，在点 x_0 处，如果极限 $\lim_{\Delta x\to 0^-}\frac{f(x_0+\Delta x)-f(x_0)}{\Delta x}$ 存在，则称此极限值为函数 $y=f(x)$ 在点 x_0 处的左导数，记为 $f'_-(x_0)$.

如果极限 $\lim_{\Delta x\to 0^+}\frac{f(x_0+\Delta x)-f(x_0)}{\Delta x}$ 存在，则称此极限值为函数 $y=f(x)$ 在点 x_0 处的右导数，记为 $f'_+(x_0)$.

左导数与右导数称为函数的单侧导数.

由极限存在的充要条件知，函数 $y=f(x)$ 在点 x_0 处可导的充分必要条件是函数 $y=f(x)$ 在点 x_0 处的左导数与右导数都存在且相等. 它是讨论分段函数的分界点处是否可导的依据.

例 2 设函数 $f(x)=\begin{cases}3x^2-2x, & x<0\\ 0, & x=0\\ \sin ax, & x>0\end{cases}$，问当 a 取何值时，$f(x)$ 在点 $x=0$ 处可导？

解 由于在 $x=0$ 的左、右两边，函数的表达式不同，所以分左、右导数讨论.

$$f'_-(0)=\lim_{x\to0^-}\frac{f(x)-f(0)}{x}=\lim_{x\to0^-}\frac{3x^2-2x-0}{x}=-2\text{，}$$

$$f'_+(0)=\lim_{x\to0^+}\frac{f(x)-f(0)}{x}=\lim_{x\to0^+}\frac{\sin ax-0}{x}=a\lim_{x\to0^+}\frac{\sin ax}{ax}=a$$

若 $f'(0)$ 存在，则 $f'_-(0)=f'_+(0)$，所以 $a=-2$.

因此，当 $a=-2$ 时，$f(x)$ 在点 $x=0$ 处可导.

3. 函数 $f(x)$ 在区间上可导与函数的导函数

（1）函数在区间上可导的定义.

如果函数 $f(x)$ 在区间 (a, b) 中的每一点处都可导，则称函数 $f(x)$ 在 (a, b) 内可导.

如果函数 $f(x)$ 在区间 (a, b) 内可导，且 $f'_+(a)$和$f'_-(b)$ 都存在，则称函数 $f(x)$ 在闭区间 $[a,b]$ 上可导.

（2）导函数的定义.

若函数 $f(x)$ 在区间 (a,b) 内可导，对于 (a,b) 的每一个 x 值，都有一个确定的导数值 $f'(x)$ 与之对应，则 $f'(x)$ 也是 x 的函数，称作 $f(x)$ 的导函数，简称导数，记作 $f'(x)$，或 y'，或 $\frac{\mathrm{d}y}{\mathrm{d}x}$，或 $\frac{\mathrm{d}f(x)}{\mathrm{d}x}$.

显然，$f(x)$ 在 x_0 处的导数 $f'(x_0)$ 等于 $f'(x)$ 在点 x_0 处的函数值，即

$$f'(x_0)=f'(x)\big|_{x=x_0}$$

因此，下面关于求导数的问题，主要研究求导函数的问题，并把求导函数简称求导数.

4. 利用定义计算导数

根据导数的定义，求函数 $y=f(x)$ 的导数的步骤如下：

（1）求出函数的增量：$\Delta y=f(x+\Delta x)-f(x)$；

（2）计算比值：$\frac{\Delta y}{\Delta x}=\frac{f(x+\Delta x)-f(x)}{\Delta x}$；

（3）计算极限：$y'=f'(x)=\lim\limits_{\Delta x\to0}\frac{\Delta y}{\Delta x}=\lim\limits_{\Delta x\to0}\frac{f(x+\Delta x)-f(x)}{\Delta x}$.

例 3 求函数 $f(x)=C$（C 为常数）的导数.

解 因为

$$\Delta y=f(x+\Delta x)-f(x)=C-C=0\text{，}$$

于是 $$\frac{\Delta y}{\Delta x}=\frac{f(x+\Delta x)-f(x)}{\Delta x}=0$$

所以 $$y'=f'(x)=\lim_{\Delta x\to 0}\frac{\Delta y}{\Delta x}=0\text{，即}(C)'=0$$

由此可见，常数的导数等于零.

例 4 设 $f(x)=x^2$，求 $f'(x), f'(2)$.

解 在 x 处给自变量一个增量 $\Delta x(\Delta x\neq 0)$，则

$$\Delta y=f(x+\Delta x)-f(x)=(x+\Delta x)^2-x^2=2x\Delta x+(\Delta x)^2,$$

$$\frac{\Delta y}{\Delta x}=\frac{f(x+\Delta x)-f(x)}{\Delta x}=2x+\Delta x$$

所以 $$f'(x)=\lim_{\Delta x\to 0}\frac{\Delta y}{\Delta x}=\lim_{\Delta x\to 0}(2x+\Delta x)=2x$$

从而 $$f'(2)=f'(x)|_{x=2}=2\times 2=4$$

利用二项式定理，可以把例 2 的函数由 x^2 的导函数推广到 x^n（n 为整数）的导函数：

$$(x^n)'=nx^{n-1}$$

进一步，还可以证明当 n 为任意实数 α 时，上式仍成立，即

$$(x^\alpha)'=\alpha x^{\alpha-1}$$

例 5 已知函数 $y=x^{10}$，$y=\frac{1}{x}$，$y=\sqrt{x}$，$y=\frac{1}{\sqrt{x}}$，求 y'.

解 由幂函数的求导公式，得

$$y'=(x^{10})'=10x^{10-1}=10x^9,$$

$$y'=(x^{-1})'=-x^{-1-1}=-\frac{1}{x^2},$$

$$y'=(\sqrt{x})'=(x^{\frac{1}{2}})=\frac{1}{2}x^{\frac{1}{2}-1}=\frac{1}{2}x^{-\frac{1}{2}}=\frac{1}{2\sqrt{x}},$$

$$y'=\left(\frac{1}{\sqrt{x}}\right)=(x^{-\frac{1}{2}})'=-\frac{1}{2}x^{-\frac{3}{2}}=-\frac{1}{2\sqrt{x^3}}$$

例 6 求函数 $y=\sin x$ 的导数.

解 因为

$$\Delta y=\sin(x+\Delta x)-\sin x=2\cos\left(x+\frac{\Delta x}{2}\right)\sin\frac{\Delta x}{2},$$

于是 $$\frac{\Delta y}{\Delta x}=\frac{2\cos\left(x+\frac{\Delta x}{2}\right)\sin\frac{\Delta x}{2}}{\Delta x}$$

所以 $$\lim_{\Delta x\to 0}\frac{\Delta y}{\Delta x}=\lim_{\Delta x\to 0}\left[\cos\left(x+\frac{\Delta x}{2}\right)\sin\frac{\Delta x}{2}\bigg/\frac{\Delta x}{2}\right]=\lim_{\Delta x\to 0}\cos\left(x+\frac{\Delta x}{2}\right)\lim_{\Delta x\to 0}\sin\frac{\Delta x}{2}\bigg/\frac{\Delta x}{2}=\cos x\ .$$

即 $$(\sin x)'=\cos x$$

同理可得 $(\cos x)'=-\sin x$.

例 7 求函数 $f(x)=\mathrm{e}^x$ 的导数.

解 $$f'(x)=\lim_{\Delta x\to 0}\frac{\Delta y}{\Delta x}=\lim_{\Delta x\to 0}\frac{f(x+\Delta x)-f(x)}{\Delta x}$$
$$=\lim_{\Delta x\to 0}\frac{\mathrm{e}^{x+\Delta x}-\mathrm{e}^x}{\Delta x}=\lim_{\Delta x\to 0}\frac{\mathrm{e}^x(\mathrm{e}^{\Delta x}-1)}{\Delta x}$$
$$=\mathrm{e}^x\lim_{\Delta x\to 0}\frac{\mathrm{e}^{\Delta x}-1}{\Delta x}=\mathrm{e}^x\lim_{\Delta x\to 0}\frac{\Delta x}{\Delta x}=\mathrm{e}^x$$

所以 $$(\mathrm{e}^x)'=\mathrm{e}^x$$

例 8 求函数 $y=\log_a x$ 的导数.

解 $$f'(x)=\lim_{\Delta x\to 0}\frac{\Delta y}{\Delta x}=\lim_{\Delta x\to 0}\frac{f(x+\Delta x)-f(x)}{\Delta x}$$
$$=\lim_{\Delta x\to 0}\frac{\log_a(x+\Delta x)-\log_a x}{\Delta x}=\lim_{\Delta x\to 0}\frac{\log_a\left(1+\frac{\Delta x}{x}\right)}{\Delta x}$$
$$=\lim_{\Delta x\to 0}\log_a\left(1+\frac{\Delta x}{x}\right)^{\frac{x}{\Delta x}\cdot\frac{1}{x}}=\lim_{\Delta x\to 0}\log_a\left[\left(1+\frac{\Delta x}{x}\right)^{\frac{x}{\Delta x}}\right]^{\frac{1}{x}}$$
$$=\frac{1}{x}\lim_{\Delta x\to 0}\log_a\left(1+\frac{\Delta x}{x}\right)^{\frac{x}{\Delta x}}=\frac{1}{x}\log_a \mathrm{e}=\frac{1}{x\ln a}$$

所以 $$(\log_a x)'=\frac{1}{x\ln a}$$

特别地，当 $a=\mathrm{e}$ 时，有 $(\ln x)'=\frac{1}{x}$.

8.1.3 函数可导与连续的关系

定理 8.1 如果函数 $y=f(x)$ 在点 x_0 可导，则该函数在点 x_0 连续.

证明 由函数 $y=f(x)$ 的点 x_0 可导，即 $\lim\limits_{\Delta x\to 0}\frac{\Delta y}{\Delta x}=f'(x_0)$，从而

$$\lim_{\Delta x\to 0}\Delta y=\lim_{\Delta x\to 0}\left(\frac{\Delta y}{\Delta x}\cdot\Delta x\right)=\lim_{\Delta x\to 0}\frac{\Delta y}{\Delta x}\cdot\lim_{\Delta x\to 0}\Delta x=f'(x_0)\cdot 0=0$$

即函数 $y=f(x)$ 在点 x_0 连续.

例 9 设函数 $f(x)=\begin{cases}2\sin x, & x\leqslant 0\\ a+bx, & x>0\end{cases}$，已知 $f(x)$ 在点 $x_0=0$ 可导，试确定 a 和 b 的值.

解 因为 $f(x)$ 在点 $x_0=0$ 处可导，所以 $f(x)$ 在点 $x_0=0$ 处连续，从而有

$$\lim_{x\to 0}f(x)=f(0)=2\sin 0=0$$

而

$$\lim_{x\to 0^-}f(x)=\lim_{x\to 0^-}2\sin x=0\ ,\quad \lim_{x\to 0^+}f(x)=\lim_{x\to 0^+}(a+bx)=a\ ,$$

由 $\lim\limits_{x\to 0^-}f(x)=\lim\limits_{x\to 0^+}f(x)$，得 $a=0$.

又由 $f(x)$ 在点 $x_0=0$ 处可导，有 $f'_-(0)=f'_+(0)$，而

$$f'_-(0)=\lim_{\Delta x\to 0^-}\frac{f(0+\Delta x)-f(0)}{\Delta x}=\lim_{\Delta x\to 0^-}\frac{2(\sin\Delta x-0)}{\Delta x}=2\ ,$$

$$f'_+(0)=\lim_{\Delta x\to 0^+}\frac{f(0+\Delta x)-f(0)}{\Delta x}=\lim_{\Delta x\to 0^+}\frac{(a+b\Delta x)-0}{\Delta x}=\lim_{\Delta x\to 0^+}\frac{b\Delta x}{\Delta x}=b$$

所以 $b=2$.

注意：定理 8.1 的逆定理不成立，即函数 $y=f(x)$ 在点 x_0 处连续，但在该点不一定可导.

例 10 讨论函数 $f(x)=|x|=\begin{cases}x, & x\geqslant 0\\ -x, & x<0\end{cases}$ 在点 $x_0=0$ 处的连续性与可导性.

解 如图 8.3 所示，因为 $\Delta y=|0+\Delta x|-|0|=|\Delta x|$，所以 $\lim\limits_{\Delta x\to 0}\Delta y=\lim\limits_{\Delta x\to 0}|\Delta x|=0$，即函数 $f(x)=|x|$ 在点 $x_0=0$ 处连续.

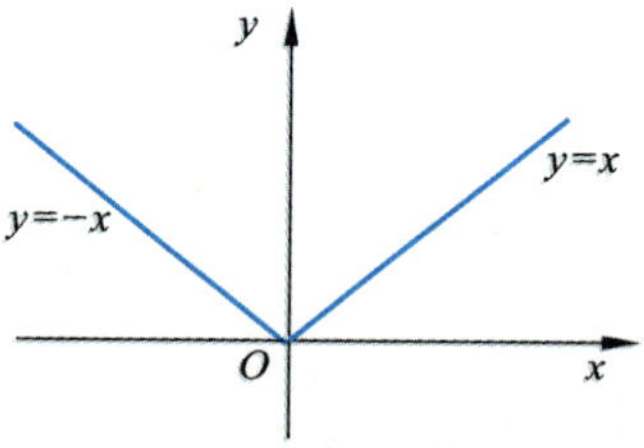

图 8.3

函数 $f(x)$ 在点 $x_0=0$ 的左、右导数分别为

$$f'_-(0)=\lim_{\Delta x\to 0^-}\frac{f(0+\Delta x)-f(0)}{\Delta x}=\lim_{\Delta x\to 0^-}\frac{-\Delta x}{\Delta x}=-1\ ,$$

$$f'_+(0)=\lim_{\Delta x\to 0^+}\frac{f(0+\Delta x)-f(0)}{\Delta x}=\lim_{\Delta x\to 0^+}\frac{\Delta x}{\Delta x}=1$$

即 $f'_-(0)\neq f'_+(0)$，所以 $y=f(x)$ 在点 $x_0=0$ 处不可导.

注意：函数可导与连续的关系可描述为“可导必连续，连续不一定可导”. 值得注意的是，“不连续一定不可导”.

8.1.4 导数的实际意义

1. 导数的几何意义

由引例 2 可知，函数 $y=f(x)$ 在 x_0 处的导数 $f'(x_0)$ 是曲线 $y=f(x)$ 在点 $M_0(x_0,f(x_0))$ 处的切线的斜率，即 $f'(x_0)=\tan\alpha=k$. 这就是导数的几何意义.

过切点 $M_0(x_0, f(x_0))$ 且垂直于切线的直线叫作曲线 $y=f(x)$ 在点 M_0 处的法线.

（1）若 $f'(x_0)$ 存在且不为零，则曲线 $y=f(x)$ 在点 $M_0(x_0, f(x_0))$ 处的切线方程为 $y-y_0=f'(x_0)(x-x_0)$，在点 $M_0(x_0, f(x_0))$ 处的法线方程为 $y-y_0=-\dfrac{1}{f'(x_0)}(x-x_0)$.

（2）若 $f'(x_0)=0$，则曲线 $y=f(x)$ 在点 $M_0(x_0, f(x_0))$ 处的切线平行于 x 轴，其方程为 $y=y_0$，此时，曲线的法线方程为 $x=x_0$.

（3）若 $f'(x_0)=\infty$，则曲线 $y=f(x)$ 在点 $M_0(x_0, f(x_0))$ 处的法线平行于 x 轴（法线斜率为0），切线平行于 y 轴，其切线方程为 $x=x_0$，法线方程为 $y=y_0$.

例 11 求曲线 $y=x^2$ 在点 $(1,1)$ 处的切线方程和法线方程.

解

$$k_{切}=f'(1)=2x|_{x=1}=2,\quad k_{法}=-\frac{1}{k_{法}}=-1$$

故所求的切线方程为

$$y-1=2(x-1),\ 即\ 2x-y-1=0$$

所求的法线方程为

$$y-1=-\frac{1}{2}(x-1),\ 即\ x+2y-3=0$$

*2. 导数的物理意义

对于不同的物理量，导数的物理意义也不同.

如变速直线运动路程函数 $s=s(t)$ 的导数，就是运动物体的瞬时速度，即 $s'(t)=v(t)$.

$Q=Q(t)$ 是通过导体某截面的电量，它是时间 t 的函数. $Q(t)$ 对时间 t 的导数就是导体中的电流强度，即 $Q'(t)=i(t)$.

需要说明的是，在不同的实际问题中，导数 $f'(x)$ 具有不同的实际意义，它完全由自变量 x 及函数 $f(x)$ 的具体含义所决定.

***例 12** 某产品生产 x 个单位的总成本（单位：元）为 $W(x)=1100+\dfrac{x^2}{1200}$，试求：

（1）生产 1000 个单位的总成本和单位平均成本；

（2）生产第 1001 个到第 1200 个单位的总成本的平均变化率；

（3）生产第 1000 个单位时总成本的变化率（即边际成本）.

解 （1）生产 1000 个单位产品的总成本是

$$W(1000)=1100+\frac{1000^2}{1200}\approx 1933.3\ （元）$$

单位平均成本是

$$\frac{W(1000)}{1000}\approx\frac{1933.3}{1000}=1.93\ （元/个）$$

（2）生产第 1001 个到第 1200 个单位的总成本的平均变化率是

$$\frac{W(1200)-W(1000)}{1200-1000}=\frac{1100+\dfrac{1200^2}{1200}-\left(1100+\dfrac{1000^2}{1200}\right)}{200}\approx 1.83\ （元/个）$$

（3）生产第 1000 个单位时总成本的变化率（即边际成本）是

$$W'(1000)=\lim_{x\to 1000}\frac{W(x)-W(1000)}{x-1000}$$

$$=\lim_{x\to 1000}\frac{1100+\dfrac{x^2}{1200}-\left(1100+\dfrac{1000^2}{1200}\right)}{x-1000}$$

$$=\lim_{x\to 1000}\frac{x^2-1000^2}{1200(x-1000)}$$

$$=\lim_{x\to 1000}\frac{x+1000}{1200}=\frac{2000}{1200}\approx 1.67\text{（元/个）}$$

习题 8.1

1. 已知质点作直线运动方程为 $s=t^2+3$，求该质点在 $t=5$ 时的瞬时速度.

2. 用函数 $f(x)$ 在 x_0 的导数 $f'(x_0)$ 表示下列极限.

（1）$\lim\limits_{\Delta x\to 0}\dfrac{f(x_0+2\Delta x)-f(x_0)}{\Delta x}$；（2）$\lim\limits_{\Delta x\to 0}\dfrac{f(x_0-\Delta x)-f(x_0)}{2\Delta x}$；

（3）$\lim\limits_{t\to 0}\dfrac{f(t+t_0)-f(t_0-t)}{t}$；（4）$\lim\limits_{x\to x_0}\dfrac{f(x_0)-f(x)}{x-x_0}$.

3. 利用公式 $(x^\alpha)'=\alpha x^{\alpha-1}$ 求下列函数的导数.

（1）$y=x^{\mathrm{e}}$；（2）$y=x^{-\frac{1}{3}}$；

（3）$y=\dfrac{\sqrt{x}}{\sqrt[3]{x}}$；（4）$y=\sqrt{\sqrt{\sqrt{x}}}$.

4. 讨论下列函数在指定点是否可导，若可导，求出在指定点处的导数.

（1）$f(x)=\begin{cases}\dfrac{1-\cos 2x}{x}, & x\neq 0\\ 0, & x=0\end{cases}$ 在 $x=0$ 处.

（2）$f(x)=\begin{cases}x+2, & 0\leqslant x<1\\ 3x-1, & x\geqslant 1\end{cases}$ 在 $x=1$ 处.

5. 求下列曲线在指定点处的切线方程和法线方程.

（1）$y=\cos x$ 在点 $\left(\dfrac{\pi}{6},\dfrac{\sqrt{3}}{2}\right)$；

（2）$y=x^3$ 在点 $(1,1)$；

*（3）过点 $(2,0)$ 且与曲线 $y=\dfrac{1}{x}$ 相切的切线方程.

6. 在曲线 $y=x^2$ 上哪一点的切线平行于直线 $y=12x-1$，哪一点的法线垂直于直线 $3x-y-1=0$.

*7. 设某产品生产 x 个单位的总收入为 $R(x)=200x-0.01x^2$，求生产第 100 个单位产品时的总收入的变化率.

8.2 函数的求导法则

上一节中，利用导数的定义已求出几个基本初等函数的导数，但并不能利用定义求所有函数的导数，因为这将导致大量的、繁杂的运算过程，有时甚至是很困难的. 因此，需要掌握一些基本的求导公式，并建立一些运算法则和寻找一些求导方法，使求导运算得以简化.

8.2.1 基本初等函数的求导公式

上一节中，利用导数的定义计算已经知道了常函数、幂函数、正余弦函数、对数函数等基本初等函数的导数，对于其他基本初等函数的导数，将结合后面将要学习的运算法则和求导方法逐步推出.

一般的初等函数的导数，我们将根据基本初等函数的导数公式，结合导数的运算法则与求导方法进行计算. 因此，为了后面的导数运算，必须熟记下面基本初等函数的导数公式：

（1）$(C)'=0$（C 为常数）；（2）$(x^\alpha)'=\alpha x^{\alpha-1}$（$\alpha$ 为任意实数）；

（3）$(a^x)'=a^x\ln a$；（4）$(\mathrm{e}^x)'=\mathrm{e}^x$；

（5）$(\log_a x)'=\dfrac{1}{x\ln a}$；（6）$(\ln x)'=\dfrac{1}{x}$；

（7）$(\sin x)'=\cos x$；（8）$(\cos x)'=-\sin x$；

（9）$(\tan x)'=\sec^2 x$；（10）$(\cot x)'=-\csc^2 x$；

（11）$(\sec x)'=\sec x\tan x$；（12）$(\csc x)'=-\csc x\cot x$；

（13）$(\arcsin x)'=\dfrac{1}{\sqrt{1-x^2}}$；（14）$(\arccos x)'=-\dfrac{1}{\sqrt{1-x^2}}$；

（15）$(\arctan x)'=\dfrac{1}{1+x^2}$；（16）$(\mathrm{arccot} x)'=-\dfrac{1}{1+x^2}$

8.2.2 导数的四则运算法则

定理 8.2 若函数 $u(x)$ 和 $v(x)$ 都在点 x 处可导，则

（1）函数 $u(x)\pm v(x)$ 在点 x 处可导，且 $(u(x)\pm v(x))'=u'(x)\pm v'(x)$；

（2）函数 $u(x)\cdot v(x)$ 在点 x 处可导，且 $(u(x)\cdot v(x))'=u'(x)\cdot v(x)+u(x)\cdot v'(x)$；

（3）对任意常数 C, 函数 $Cu(x)$ 可导，且 $(Cu(x))'=C\cdot u'(x)$；

（4）若 $v(x)\neq 0$，则 $\dfrac{u(x)}{v(x)}$ 在 x 处可导，且 $\left(\dfrac{u(x)}{v(x)}\right)'=\dfrac{u'(x)\cdot v(x)-u(x)\cdot v'(x)}{v^2(x)}$.

（特别地，$\left(\dfrac{1}{v(x)}\right)' = -\dfrac{v'(x)}{v^2(x)}$）

注意：法则（1）、（2）可推广到有限个可导函数的情形，例如，设 $u=u(x)$，$v=v(x)$，$w=w(x)$ 均可导，则有

$$(u \pm v \pm w)' = u' \pm v' \pm w',$$

$$(uvw)' = u'vw + uv'w + uvw'$$

在法则（2）中，当 $v(x)=c$（c 为常数）时，$(cu)'=cu'$.

（法则的证明省略）

例 1　解答下列各题：

（1）$y = 2^x - \log_a x - 3\sin x + \ln 5$，求 y'.

（2）$y = x^4 \ln x$，求 y'.

（3）$y = e^x(x^2+1)\cos x$，求 y'.

（4）$f(x) = \dfrac{1-x}{1+x}$，求 $f'(1)$.

（5）$y = \dfrac{5x^3 - 2x + 7}{\sqrt{x}}$，求 y'.

（6）$y = \tan x$，求 y'.

解　（1）$y' = (2^x)' - (\log_a x)' - (3\sin x)' + (\ln 5)'$

$$= 2^x \ln 2 - \frac{1}{x\ln a} - 3\cos x.$$

（2）$y' = (x^4 \ln x)'$

$$= (x^4)'\ln x + x^4(\ln x)'$$

$$= 4x^3 \ln x + x^4 \cdot \frac{1}{x}$$

$$= x^3(4\ln x + 1).$$

（3）$y' = [e^x(x^2+1)\cos x]'$

$$= (e^x)'(x^2+1)\cos x + e^x(x^2+1)'\cos x + e^x(x^2+1)(\cos x)'$$

$$= e^x(x^2+1)\cos x + e^x 2x\cos x - e^x(x^2+1)\sin x.$$

（4）$f'(x) = \left(\dfrac{1-x}{1+x}\right)'$

$$= \frac{(1-x)'(1+x) - (1-x)(1+x)'}{(1+x)^2}$$

$$= \frac{-(1+x) - (1-x)}{(1+x)^2}$$

$$= -\frac{2}{(1+x)^2}.$$

所以　$f'(1) = -\dfrac{2}{(1+1)^2} = -\dfrac{1}{2}$

（5）本题看起来可以利用商的导数运算公式计算，但是这样做太繁琐，且容易出错，对这种分母是单项幂函数的分式，可以先进行多项式的除法运算，将原式化简后再求导，求导过程会更简洁.

因为 $$y=\frac{5x^3-2x+7}{\sqrt{x}}=5x^{\frac{5}{2}}-2x^{\frac{1}{2}}+7x^{-\frac{1}{2}}$$

所以
$$\begin{aligned}y'&=(5x^{\frac{5}{2}}-2x^{\frac{1}{2}}+7x^{-\frac{1}{2}})'\\&=5\cdot\left(\frac{5}{2}x^{\frac{3}{2}}\right)-2\cdot\left(\frac{1}{2}x^{-\frac{1}{2}}\right)+7\cdot\left(-\frac{1}{2}x^{-\frac{3}{2}}\right)\\&=\frac{25}{2}x^{\frac{3}{2}}-x^{-\frac{1}{2}}-\frac{7}{2}x^{-\frac{3}{2}}\\&=\frac{25}{2}\sqrt{x^3}-\frac{1}{\sqrt{x}}-\frac{7}{2}\frac{1}{\sqrt{x^3}}\\&=\frac{1}{2\sqrt{x^3}}(25x^2-2x^2-7).\end{aligned}$$

（6）$$y'=(\tan x)'=\left(\frac{\sin x}{\cos x}\right)'=\frac{(\sin x)'\cos x-\sin x(\cos x)'}{\cos^2 x}$$
$$=\frac{\cos^2 x+\sin^2 x}{\cos^2 x}=\frac{1}{\cos^2 x}=\sec^2 x.$$

同理可证

$$(\cot x)'=-\csc^2 x,$$
$$(\sec x)'=\sec x\tan x,$$
$$(\csc x)'=-\csc x\cot x.$$

8.2.3 复合函数的求导法则

问题引入：已知 $(\sin x)'=\cos x$，是否有 $(\sin 2x)'=\cos 2x$？

答案是否. 因为 $y=\sin 2x=2\sin x\cos x$，按积的求导法则，有

$$\begin{aligned}y'&=(2\sin x\cos x)'=2[(\sin x)'\cos x+\sin x(\cos x)']\\&=2(\cos^2 x-\sin^2 x)=2\cos 2x.\end{aligned}$$

其原因是，$y=\sin x$ 是基本初等函数，而 $y=\sin 2x$ 是复合函数，复合函数适用自己的求导法则.

定理 8.3（复合函数的求导法则） 设函数 $y=f(u),\ u=\varphi(x)$，即 y 是 x 的一个复合函数 $y=f(\varphi(x))$. 若 $u=\varphi(x)$ 在点 x 处有导数 $\frac{\mathrm{d}u}{\mathrm{d}x}=\varphi'(x)$，函数 $y=f(u)$ 在对应点 u 处有导数 $\frac{\mathrm{d}y}{\mathrm{d}u}=f'(u)$，则复合函数 $y=f(\varphi(x))$ 在点 x 处可导，并且

$$\frac{\mathrm{d}y}{\mathrm{d}x}=\frac{\mathrm{d}y}{\mathrm{d}u}\cdot\frac{\mathrm{d}u}{\mathrm{d}x}=f'(u)\cdot\varphi'(x)=y'_u\cdot u'_x.$$

由定理 8.3 知，复合函数的导数等于复合函数对中间变量的导数乘以中间变量对自变量的导数.

复合函数的求导法则可推广到有限次复合的复合函数情形. 即如果 $y=f(u)$， $u=\varphi(v)$， $v=\psi(x)$，则有

$$\frac{\mathrm{d}y}{\mathrm{d}x}=\frac{\mathrm{d}y}{\mathrm{d}u}\cdot\frac{\mathrm{d}u}{\mathrm{d}v}\cdot\frac{\mathrm{d}v}{\mathrm{d}x}=f'(u)\cdot u'(v)\cdot v'(x).$$

例 2 求下列函数的导数：

（1） $y=(1-2x)^7$；（2） $y=\sin^2 x$；

（3） $y=\sqrt{\cot\frac{x}{2}}$；（4） $y=\ln\sin(\mathrm{e}^x)$.

解 （1）因为 $y=(1-2x)^7$ 可以看作由 $y=u^7$ 和 $u=1-2x$ 复合而成，而

$$y'_u=(u^7)'=7u^6，\quad u'_x=(1-2x)'=-2$$

于是有

$$y'=[(1-2x)^7]'=7u^6\cdot(-2)=-14(1-2x)^6$$

（2）因为 $y=\sin^2 x$ 可以看作由 $y=u^2$ 和 $u=\sin x$ 复合而成，而

$$y'_u=(u^2)'=2u，\quad u'_x=(\sin x)'=\cos x$$

于是有

$$y'=[(\sin x)^2]'=2u\cdot\cos x=2\sin x\cdot\cos x=\sin 2x$$

对复合函数的分解过程熟练掌握之后，就不必写出中间变量，只要按照函数复合的次序由外及里逐层求导，直接写出最后结果就可以.

（3）
$$\begin{aligned}y'&=\left(\sqrt{\cot\frac{x}{2}}\right)'=\frac{1}{2}\cdot\left(\cot\frac{x}{2}\right)^{-\frac{1}{2}}\left(\cot\frac{x}{2}\right)'\\&=\frac{1}{2\sqrt{\cot\frac{x}{2}}}\cdot\left(-\csc^2\frac{x}{2}\right)\left(\frac{x}{2}\right)'\\&=-\frac{1}{4\sqrt{\cot\frac{x}{2}}}\cdot\left(\csc^2\frac{x}{2}\right)\\&=-\frac{1}{4}\sqrt{\tan\frac{x}{2}}\left(\csc^2\frac{x}{2}\right).\end{aligned}$$

（4） $y'=(\ln\sin\mathrm{e}^x)'=\dfrac{1}{\sin\mathrm{e}^x}(\sin\mathrm{e}^x)'=\dfrac{\cos\mathrm{e}^x}{\sin\mathrm{e}^x}\cdot(\mathrm{e}^x)'=\mathrm{e}^x\cot\mathrm{e}^x$.

例 3 已知 $y=\ln(x+\sqrt{x^2+a^2})$，求 y'.

解 $y' = (\ln(x+\sqrt{x^2+a^2}))' = \dfrac{1}{x+\sqrt{x^2+a^2}}(x+\sqrt{x^2+a^2})'$

$$= \frac{1}{x+\sqrt{x^2+a^2}}\left[1+\frac{1}{2\sqrt{x^2+a^2}}(x^2+a^2)'\right]$$

$$= \frac{1}{x+\sqrt{x^2+a^2}}\left(1+\frac{x}{\sqrt{x^2+a^2}}\right)$$

$$= \frac{1}{\sqrt{x^2+a^2}}.$$

例 4 已知 $y = f(\sin x)$，求 y'.

解 $y' = f'(\sin x)\cdot(\sin x)' = f'(\sin x)\cdot\cos x$.

例 5 设 $f'(x)$存在，求 $y=\ln|f(x)|$ 的导数($f(x)\neq 0$).

解 当 $f(x)>0$时，$y=\ln f(x)$，则

$$y' = (\ln f(x))' = \frac{1}{f(x)}\cdot f'(x) = \frac{f'(x)}{f(x)}$$

当 $f(x)<0$时，$y=\ln(-f(x))$，则

$$y' = (\ln(-f(x))) = \frac{1}{-f(x)}\cdot(-f'(x)) = \frac{f'(x)}{f(x)}$$

所以 $$(\ln|f(x)|)' = \frac{f'(x)}{f(x)}$$

从而得到结论 $(\ln|x|)' = \dfrac{1}{x}(x\neq 0)$.

习题 8.2

1. 求下列函数的导数：

（1）$y = x^a - a^x + \ln x - \cos x + e^2$；

（2）$y = 2\sqrt{x} - \dfrac{1}{x} + x\sqrt{x}$；

（3）$y = (\sqrt{x}+1)\left(\dfrac{1}{\sqrt{x}}-1\right)$；

（4）$y = 2\tan x + \sec x - 2$；

（5）$y = \dfrac{1+\ln x}{1-\ln x}$；

（6）$y = \dfrac{1+x-x^2}{1-x+x^2}$；

（7）$y = \dfrac{a+bt-ct^2}{t}$；

（8）$y = \dfrac{5\sin x}{1+\cos x}$；

（9）$y = x\sin x\ln x$；

（10）$y = \dfrac{10^x-1}{10^x+1}$.

2. 求下列函数的导数（其中 a，n 为常数）：

（1）$y=(2x+3)^4$；（2）$y=\cos(4-3x)+\cos x^2$；

（3）$y=e^{-3x^2}\sin 2x$；（4）$y=\sqrt{n-x^2}$；

（5）$y=\ln\ln x$；（6）$y=2\sin^2\dfrac{1}{x^2}$；

（7）$y=\sec^2 x+\csc^2 x$；（8）$y=\ln\tan\dfrac{x}{2}-\cos x\ln\tan x$；

（9）$y=\ln(\ln^2(\ln^3 x))$；（10）$y=e^{\sin\frac{1}{x}}$；

（11）$y=\left(\arcsin\dfrac{x}{2}\right)^2$；（12）$y=\arctan(\tan^2 x)$.

3. 设函数 $y=f(x)$ 可导，求下列函数的导数：

（1）$y=f(2x+1)$；（2）$y=(xf(x^2))^2$；

（3）$y=f(\sin^2 x)+f(\cos^2 x)$，求 $y'|_{x=\frac{\pi}{4}}$；（4）$y=f(e^x)e^{f(x)}$.

8.3 隐函数及参数方程确定的函数的导数

8.3.1 隐函数的导数

前面研究的函数均为 $y=f(x)$ 的形式，其特点是因变量（函数）可由含自变量的数学式子直接表示出来，用这种方式表达的函数称为显函数. 但在实际中，很多函数是以含有 x,y 的方程 $F(x,y)=0$ 的形式来表示的，这样的函数称为隐函数. 例如：$x^2+y^2-4=0$，$e^{x-y}+xy-6=0$ 等.

隐函数如何求导呢？如果把隐函数化为显函数，问题就解决了. 但在不少情况下，隐函数很难甚至不可能化为显函数，因此有必要掌握隐函数的求导方法.

要求方程 $F(x,y)=0$ 所确定的隐函数 y 的导数 $\dfrac{dy}{dx}$，只要将方程中的 y 看成 x 的函数，把函数 $F(x,y)$ 看成 x 的复合函数，利用复合函数的求导法则，在方程两边同时对 x 求导，得到一个关于 $\dfrac{dy}{dx}$ 的方程，从中解出 $\dfrac{dy}{dx}$ 即可. 下面举例说明这种方法.

例 1 求由方程 $xy=e^{x+y}$ 所确定的隐函数 $y=y(x)$ 的导数 $\dfrac{dy}{dx}$.

解 由方程 $xy=e^{x+y}$ 两边对 x 求导，得

$$y+x\frac{dy}{dx}=e^{x+y}\left(1+\frac{dy}{dx}\right)$$

解出 $\dfrac{dy}{dx}$，得

$$\frac{dy}{dx}=\frac{e^{x+y}-y}{x-e^{x+y}}.$$

即为隐函数的导数.

例 2 求曲线 $x^2+xy+y^2=4$ 在点 $(2,-2)$ 处的切线方程和法线方程.

解 方程 $x^2+xy+y^2=4$ 两边对 x 求导，得

$$2x+y+xy'+2yy'=0$$

解出 y'，得

$$y'=-\frac{2x+y}{x+2y}$$

由导数的几何意义知，曲线在点 $(2,-2)$ 处的切线斜率 $k=y'_{\substack{x=2\\y=-2}}=1$.

所以，所求的切线方程为

$$y+2=1\cdot(x-2)\text{，即 } x-y-4=0$$

所求的法线方程为

$$y+2=-1\cdot(x-2)\text{，即 } x+y=0$$

例 3 求 $y=\arcsin x(-1\leqslant x\leqslant 1)$ 的导数.

解 因为 $y=\arcsin x$，所以 $x=\sin y$.

两边对 x 求导，得 $1=\cos y\cdot y'$，从而有 $y'=\dfrac{1}{\cos y}$.

由 $\sin y=x$，且 $-\dfrac{\pi}{2}\leqslant y\leqslant\dfrac{\pi}{2}$，可得 $\cos y=\sqrt{1-\sin^2 y}=\sqrt{1-x^2}$.

所以

$$y'=(\arcsin x)'=\frac{1}{\sqrt{1-x^2}}$$

同理可证

$$(\arccos x)'=-\frac{1}{\sqrt{1-x^2}},$$

$$(\arctan x)'=\frac{1}{1+x^2},$$

$$(\operatorname{arccot} x)'=-\frac{1}{1+x^2}.$$

8.3.2 对数求导法

形如 $y=(u(x))^{v(x)}$ 的函数，称为幂指函数.

求幂指函数的导数，要借助对数知识. 一是首先对式子两端取对数，然后按隐函数的求导法则进行求导，这种求函数导数的方法称为对数求导法；二是借助对数恒等式 $x=\mathrm{e}^{\ln x}$ 对函数进行恒等变形后，按复合函数的求导法则进行求导.

下面举例说明对数求导法.

例 4 求函数 $y=x^{\sin x}(x>0)$ 的导数.

解 解法一：对数求导法.

将函数 $y=x^{\sin x}$ 两边取对数，得

$$\ln y=\sin x\ln x$$

两边同时对 x 求导，得

$$\frac{1}{y}y'=\cos x\ln x+\frac{\sin x}{x}$$

所以
$$y'=y\left(\cos x\ln x+\frac{\sin x}{x}\right)$$

即
$$y'=x^{\sin x}\left(\cos x\ln x+\frac{\sin x}{x}\right).$$

解法二：应用对数恒等式.

$$\begin{aligned}y'&=(x^{\sin x})'=(e^{\ln x^{\sin x}})'=(e^{\sin\ln x})'=e^{\sin x\ln x}\cdot(\sin x\ln x)'\\&=e^{\sin x\ln x}\cdot\left(\cos x\ln x+\sin x\cdot\frac{1}{x}\right)=x^{\sin x}\left(\cos x\ln x+\frac{\sin x}{x}\right).\end{aligned}$$

例 5 求函数 $y=x^{\alpha}$（α 为任意实数）的导数.

解 $y'=(x^{\alpha})'=(e^{\alpha\ln x})'=e^{\alpha\ln x}\cdot\dfrac{\alpha}{x}=\alpha x^{\alpha-1}.$

例 6 求函数 $y=a^x$ 的导数.

解 $y'=(a^x)'=(e^{x\ln a})'=e^{x\ln a}(x\ln a)'=e^{x\ln a}\cdot\ln a=a^x\ln a.$

例 7 求函数 $y=x\sqrt{\dfrac{1-x}{1+x}}$ 的导数.

解 将函数两边取绝对值后，再取对数，得

$$\ln|y|=\ln|x|+\frac{1}{2}\ln|1-x|-\frac{1}{2}|1+x|$$

两边对 x 求导数，得

$$\frac{1}{y}y'=\frac{1}{x}-\frac{1}{2(1-x)}-\frac{1}{2(1+x)}$$

所以
$$y'=y\left(\frac{1}{x}-\frac{1}{1-x^2}\right)=x\sqrt{\frac{1-x}{1+x}}\left(\frac{1}{x}-\frac{1}{1-x^2}\right)$$

8.3.3 参数方程确定的函数的导数

在许多实际问题中，函数 y 与自变量 x 的函数关系不是直接由解析式 $y=f(x)$ 表示，而是用参数方程 $\begin{cases}x=\varphi(t)\\y=\psi(t)\end{cases}$ 的形式来表示（t 为参变量）. 下面给出这类函数的求导方法.

对于参数方程确定的函数的求导，可以由参数方程消去参数 t 化为 y 与 x 之间的直接函数关系后再求导，但转化的过程不一定简单，有时甚至不可行，所以我们通常不这样做，也不需要这样做.

设 $x=\varphi(t)$ 有连续反函数 $t=\varphi^{-1}(x)$，则参数方程确定的函数可以看作由 $y=\psi(t)$ 和 $t=\varphi^{-1}(x)$ 复合而成的复合函数 $y=\psi(\varphi^{-1}(x))$.如果 $x=\varphi(t), y=\psi(t)$ 都可导，且 $\varphi'(t)\neq 0$，根据复合函数的求导法则，得

$$\frac{\mathrm{d}y}{\mathrm{d}x}=\frac{\mathrm{d}y}{\mathrm{d}t}\cdot\frac{\mathrm{d}t}{\mathrm{d}x}=\psi'(t)\cdot\frac{1}{\varphi'(t)}=\frac{\psi'(t)}{\varphi'(t)}=\frac{y_t'}{x_t'}，\ 即\ \frac{\mathrm{d}y}{\mathrm{d}x}=\frac{\frac{\mathrm{d}y}{\mathrm{d}t}}{\frac{\mathrm{d}x}{\mathrm{d}t}}.$$

例 8 求由参数方程 $\begin{cases}x=2\cos^3\varphi\\y=4\sin^3\varphi\end{cases}$ 所确定的函数的导数 $\frac{\mathrm{d}y}{\mathrm{d}x}$.

解 $\frac{\mathrm{d}x}{\mathrm{d}\varphi}=(2\cos^3\varphi)'=6\cos^2\varphi(-\sin\varphi)$，

$$\frac{\mathrm{d}y}{\mathrm{d}\varphi}=(4\sin^3\varphi)'=12\sin^2\varphi\cos\varphi$$

所以 $$\frac{\mathrm{d}y}{\mathrm{d}x}=\frac{\frac{\mathrm{d}y}{\mathrm{d}\varphi}}{\frac{\mathrm{d}x}{\mathrm{d}\varphi}}=\frac{12\sin^2\varphi\cos\varphi}{-6\cos^2\varphi\sin\varphi}=-2\tan\varphi$$

例 9 已知摆线 $\begin{cases}x=a(t-\sin t)\\y=a(1-\cos t)\end{cases}$ $(a>0, 0\leqslant t\leqslant 2\pi)$，求 $\frac{\mathrm{d}y}{\mathrm{d}x}$ 及摆线在 $t=\frac{\pi}{2}$ 处的切线方程和法线方程.

解 $$\frac{\mathrm{d}y}{\mathrm{d}t}=\frac{\frac{\mathrm{d}y}{\mathrm{d}t}}{\frac{\mathrm{d}x}{\mathrm{d}t}}=\frac{[a(1-\cos t)]_t'}{[a(t-\sin t)]_t'}=\frac{a\sin t}{a(1-\cos t)}=\frac{2a\sin\frac{t}{2}\cos\frac{t}{2}}{2a\sin^2\frac{t}{2}}=\cot\frac{t}{2}.$$

当 $t=\frac{\pi}{2}$ 时，摆线上对应的点是 $\left(a\left(\frac{\pi}{2}-1\right), a\right)$. 在此点处，

切线斜率为

$$k_{切}=\left.\frac{\mathrm{d}y}{\mathrm{d}x}\right|_{t=\frac{\pi}{2}}=\cot\frac{\pi}{4}=1$$

法线斜率为

$$k_{法}=-1$$

切线方程为

$$y-a=x-a\left(\frac{\pi}{2}-1\right)，\ 即\ 2x-2y+a(4-\pi)=0$$

法线方程为

$$y-a=-\left[x-a\left(\frac{\pi}{2}-1\right)\right]，即\ 2x+2y-a\pi=0$$

习题 8.3

1. 求由下列方程所确定的隐函数 $y=f(x)$ 的导数 $\frac{\mathrm{d}y}{\mathrm{d}x}$.

（1）$x^2+y^2-xy=1$；（2）$xy^2-\mathrm{e}^{xy}+2=0$；

（3）$y=x+\ln y$；（4）$y=1+x\mathrm{e}^y$.

2. 用对数求导法求下列函数的导数.

（1）$x^y=y^x$；（2）$y=(\cos x)^{\sin x}$；

（3）$y=x^{\frac{1}{x}}$；（4）$y=\frac{\sqrt{x+2}(3-x)^4}{(x+1)^5}$.

3. 求由下列参数方程所确定的函数的导数 $\frac{\mathrm{d}y}{\mathrm{d}x}$.

（1）$\begin{cases}x=t^3\\y=4t\end{cases}$；（2）$\begin{cases}x=\ln(1+t^2)\\y=t-\arctan t\end{cases}$；

（3）$\begin{cases}x=\mathrm{e}^t\cos t\\y=\mathrm{e}^t\sin t\end{cases}$；（4）$\begin{cases}x=\sqrt{1-t^2}\\y=\sqrt{1+t^2}\end{cases}$.

4. 讨论分段函数 $f(x)=\begin{cases}2x-\mathrm{e}, & x<\mathrm{e}\\x\ln x, & x\geqslant \mathrm{e}\end{cases}$ 对 x 的导数.

5. 求曲线 $\mathrm{e}^y-xy=\mathrm{e}$ 在点 $(0,1)$ 处的切线方程和法线方程.

8.4 高阶导数

8.4.1 高阶导数的概念

前面已学习，变速直线运动的物体的速度 v 是路程函数 $s(t)$ 对时间 t 的导数，即 $v=\frac{\mathrm{d}s}{\mathrm{d}t}$ 或 $v=s'(t)$，而速度 $v=s'(t)$ 也是时间 t 的函数，速度对时间 t 的导数是物体在时刻 t 的速度的变化率（又叫瞬时加速度），即 $a=\frac{\mathrm{d}v}{\mathrm{d}t}=(s'(t))'$. 通常称 $(s'(t))'$ 为函数 $s(t)$ 的二阶导数.

一般地，有如下定义：

定义 8.3 如果函数 $y=f(x)$ 的导数 $f'(x)$ 在点 x 处可导，则称 $f'(x)$ 在点 x 处的导数为函数 $y=f(x)$ 在点 x 处的二阶导数，记为 y'', $f''(x)$, $\frac{\mathrm{d}^2y}{\mathrm{d}x^2}$ 或 $\frac{\mathrm{d}^2f}{\mathrm{d}x^2}$.

类似地，如果二阶导数 $y''=f''(x)$ 的导数仍存在，则称二阶导数的导数为函数 $y=f(x)$ 在点 x 处的三阶导数，记为 $y''',f'''(x),\dfrac{d^3y}{dx^3}$ 或 $\dfrac{d^3f}{dx^3}$.

一般地，如果 $n-1$ 阶导数的导数存在，则称 $n-1$ 阶导数的导数为函数 $y=f(x)$ 在点 x 处的 n 阶导数，记为 $y^{(n)},f^{(n)}(x),\dfrac{d^ny}{dx^n}$ 或 $\dfrac{d^nf}{dx^n}$.

函数的二阶及二阶以上的导数统称为函数的高阶导数.

函数 $f(x)$ 在点 $x=x_0$ 处的 n 阶导数值记为 $y^{(n)}\big|_{x=x_0}$ ，$f^{(n)}(x_0),\dfrac{d^ny}{dx^n}\Big|_{x=x_0}$ 或 $\dfrac{d^nf}{dx^n}\Big|_{x=x_0}$.

8.4.2 高阶导数的求法

由上述定义可知，求函数的高阶导数，只需应用求导基本公式和求导法则，反复进行求导运算即可.

例 1 设 $y=x^n$ (n 为正整数)，求 $y^{(k)}$.

解 （1）若 $k<n$，有

$$y'=(x^n)'=nx^{n-1},$$

$$y''=(x^n)''=(nx^{n-1})'=n(n-1)x^{n-2},$$

$$y'''=(x^n)'''=[n(n-1)x^{n-2}]'=n(n-1)(n-2)x^{n-3},$$

$$\vdots$$

$$y^{(k)}=(x^n)^{(k)}=n(n-1)(n-2)\cdots(n-k+1)x^{n-k}$$

（2）若 $k=n$，有

$$y^{(n)}=(x^n)^{(n)}=n(n-1)(n-2)\cdots2\cdot1=n!$$

（3）若 $k>n$，显然有 $y^{(n+1)}=(x^n)^{(n+1)}=(n!)'=0$，从而

$$(x^n)^{(n+1)}=(x^n)^{(n+2)}=\cdots=(x^n)^{(k)}=0，\text{即 } y^{(k)}=0$$

例 2 求 $y=e^{ax}$（a 为常数）的 n 阶导数.

解

$$y'=(e^{ax})'=ae^{ax},$$

$$y''=(e^{ax})''=(ae^{ax})'=a^2e^{ax},$$

$$y'''=(e^{ax})'''=(a^2e^{ax})'=a^3e^{ax},$$

$$\vdots$$

$$y^{(n)}=(e^{ax})^{(n)}=a^ne^{ax}$$

例 3 求 $y=\sin x$ 的 n 阶导数.

解

$$(\sin x)'=\cos x=\sin\left(x+\frac{\pi}{2}\right),$$

$$(\sin x)''=\left[\sin\left(x+\frac{\pi}{2}\right)\right]'=\cos\left(x+\frac{\pi}{2}\right)=\sin\left(x+2\cdot\frac{\pi}{2}\right),$$

$$(\sin x)'''=\left[\sin\left(x+2\cdot\frac{\pi}{2}\right)\right]'=\cos\left(x+2\cdot\frac{\pi}{2}\right)=\sin\left(x+3\cdot\frac{\pi}{2}\right),$$

$$\vdots$$

$$(\sin x)^{(n)}=\sin\left(x+\frac{n\pi}{2}\right).$$

（上面结论可用数学归纳法进行证明．证明略）

若规定 $f^{(0)}(x)=f(x)$，则对于非负整数 k，有

$$(\sin x)^{(4k)}=\sin x,$$
$$(\sin x)^{(4k+1)}=\cos x,$$
$$(\sin x)^{(4k+2)}=-\sin x,$$
$$(\sin x)^{(4k+3)}=-\cos x$$

用类似的方法，可得

$$(\cos x)^{(n)}=\cos\left(x+\frac{n\pi}{2}\right)$$

注意：求函数的 n 阶导数时，可从一阶导数开始，依次求出函数若干阶导数，找出一般规律，并用数学归纳法对其发现的结论加以证明．

例 4 已知 $y=\ln(1+x^2)$，求 $y''(0)$．

解
$$y'=\frac{2x}{1+x^2}$$

$$y''=\frac{2(1+x^2)-2x\cdot 2x}{(1+x^2)^2}=\frac{2(1-x^2)}{(1+x^2)^2}$$

所以 $y''(0)=2$．

例 5 求由方程 $y=\sin(x+y)$ 所确定的隐函数 $y=f(x)$ 的二阶导数 y''．

解 将方程 $y=\sin(x+y)$ 两边同时对 x 求导，得

$$y'=\cos(x+y)(1+y')$$

即
$$y'=\frac{\cos(x+y)}{1-\cos(x+y)}$$

将前面第一式（也可用第二式）两边对 x 求导，得

$$y''=-\sin(x+y)(1+y')(1+y')+\cos(x+y)y''$$

移项化简，得

$$y''(1-\cos(x+y))=-\sin(x+y)(1+y')^2$$

即
$$y''=\frac{-\sin(x+y)}{1-\cos(x+y)}\cdot(1+y')^2$$

将 y' 的表达式代入 y''，得

$$y''=\frac{\sin(x+y)}{(\cos(x+y)-1)^3}$$

例 6 设 $\mathrm{e}^y+xy=\mathrm{e}$，求 $y''|_{x=0}$.

解 方程两边对 x 求导，得

$$\mathrm{e}^y\cdot y'+y+x\cdot y'=0$$

解出 y'，得

$$y'=-\frac{y}{x+\mathrm{e}^y}$$

$\mathrm{e}^y\cdot y'+y+x\cdot y'=0$ 两端关于 x 求导，得

$$\mathrm{e}^y\cdot(y')^2+\mathrm{e}^y\cdot y''+y'+y'+x\cdot y''=0$$

解出 y''，得

$$y''=-\frac{\mathrm{e}^y\cdot(y')^2+2y'}{x+\mathrm{e}^y}.$$

将 $x=0$ 代入原方程得 $y=1$，所以 $y'|_{\substack{x=0\\y=1}}=-\mathrm{e}^{-1}$，从而

$$y''|_{x=0}=-\frac{\mathrm{e}\cdot(-\mathrm{e}^{-1})^2+2(-\mathrm{e}^{-1})}{0+\mathrm{e}}=\mathrm{e}^{-2}$$

例 7 求由参数方程 $\begin{cases}x=t-\dfrac{1}{t}\\ y=\dfrac{t^2}{2}+\ln t\end{cases}$ $(t>0)$ 所确定的函数的一阶导数 $\dfrac{\mathrm{d}y}{\mathrm{d}x}$ 及二阶导数 $\dfrac{\mathrm{d}^2y}{\mathrm{d}x^2}$.

解
$$\frac{\mathrm{d}y}{\mathrm{d}x}=\frac{y_t'}{x_t'}=\frac{\left(\dfrac{t^2}{2}+\ln t\right)_t'}{\left(t-\dfrac{1}{t}\right)_t'}=\frac{t+\dfrac{1}{t}}{1+\dfrac{1}{t^2}}=t$$

$$\frac{\mathrm{d}^2y}{\mathrm{d}x^2}=\frac{\mathrm{d}\left(\dfrac{\mathrm{d}y}{\mathrm{d}x}\right)}{\mathrm{d}x}=\frac{\mathrm{d}\left(\dfrac{\mathrm{d}y}{\mathrm{d}x}\right)}{\mathrm{d}t}\cdot\frac{\mathrm{d}t}{\mathrm{d}x}=\frac{\mathrm{d}\left(\dfrac{\mathrm{d}y}{\mathrm{d}x}\right)}{\mathrm{d}t}\cdot\frac{1}{\dfrac{\mathrm{d}x}{\mathrm{d}t}}=\frac{(y')_t'}{x_t'}=\frac{1}{1+\dfrac{1}{t^2}}=\frac{t^2}{1+t^2}$$

习题 8.4

1. 求下列函数的二阶导数.

（1）$y=e^{2x}\cos x$；　　（2）$y=(1+x^2)\arctan x$；

（3）$y=x\ln^2 x$；　　（4）$y=xe^{x^2}$.

2. 求下列由参数方程确定的函数 $y=f(x)$ 的二阶导数 $\frac{d^2y}{dx^2}$.

（1）$\begin{cases}x=\sin t\\ y=\cos^2 t\end{cases}$；　　（2）$\begin{cases}x=\frac{2}{t}\\ y=3t\end{cases}$.

3. 求下列函数的 n 阶导数.

（1）$y=e^{2x-1}$；　　（2）$y=xe^x$.

4. 设函数 $y=f(x)$ 由方程 $x^2-y^2=1$ 确定，求 y''.

5. 已知函数的 $n-2$ 阶导数 $y^{(n-2)}=\frac{x}{\ln x}$，求 y 的 n 阶导数 $y^{(n)}$.

6. 验证函数 $y=e^x\sin x$ 满足关系式 $y''-2y'+2y=0$.

8.5　函数的微分及应用

在实际问题中，常常要计算当自变量有微小改变时，函数的改变量（即函数的增量）有多大变化. 一般来说，计算函数的增量的精确值都比较麻烦，甚至很困难. 有时候，在精确度允许的情况下，往往只需要计算它的近似值就可以了，那么，如何求函数及其增量的近似值呢？这就是我们要介绍的微分问题.

8.5.1　微分的概念

1. 微分的概念

先看下面两个实例.

【实例 1】　一块正方形金属薄片受温度变化影响，其边长由 x_0 变到 $x_0+\Delta x$，如图 8.4 所示，问此薄片的面积改变了多少？

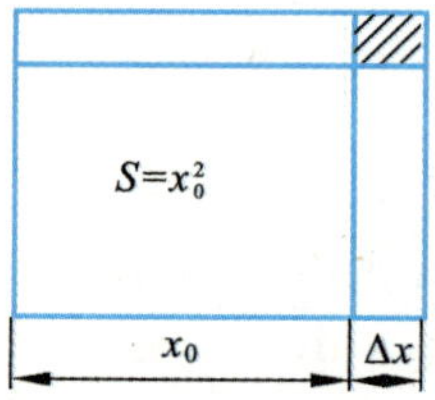

图 8.4

解 设此薄片的边长为 x，面积为 s，则 $s=x^2$. 薄片受温度变化影响，其边长由 x_0 变到 $x_0+\Delta x$ 时，面积相应的改变量（增量）为 Δs，即

$$\Delta s=(x_0+\Delta x)^2-x_0^2=2x_0\Delta x+(\Delta x)^2$$

又因为 $\lim\limits_{\Delta x\to 0}\dfrac{(\Delta x)^2}{\Delta x}=0$，于是 $(\Delta x)^2=0(\Delta x)$，所以

$$\Delta s=2x_0\Delta x+0(\Delta x)\ (\Delta x\to 0)$$

从上式看出，Δs 分成两个部分：一部分是 $2x_0\Delta x$，它是 Δx 的线性函数，即图 8.4 中两个小矩形面积之和；另一部分是 Δx 的高阶无穷小量.

所以，当 $\Delta x\to 0$ 时，$\Delta s\approx 2x_0\Delta x$.

【实例 2】 求自由落体由时刻 t 到时刻 $t+\Delta t$ 所经过路程的近似值.

解 自由落体的路程 s 与时间 t 的关系是 $s=\dfrac{1}{2}gt^2$，当时间由 t 变到 $t+\Delta t$ 时，路程 s 有相应的改变量

$$\Delta s=\frac{1}{2}g(t+\Delta t)^2-\frac{1}{2}gt^2=gt\Delta t+\frac{1}{2}g(\Delta t)^2$$

又因为

$$\lim_{\Delta t\to 0}\frac{\frac{1}{2}g(\Delta t)^2}{\Delta t}=0$$

于是 $$\frac{1}{2}g(\Delta t)^2=o(\Delta t)$$

所以 $$\Delta s=gt\Delta t+o(\Delta t)\ (\Delta t\to 0)$$

从上式看出，Δs 分为两个部分：一部分是 $gt\Delta t$，它是 Δt 的线性函数；另一部分是 Δt 的高阶无穷小量. 当 $|\Delta t|$ 很小时，高阶无穷小量部分可以忽略不计，从而有路程的改变量

$$\Delta s\approx gt\Delta t.$$

以上两实例在数量关系上表现出来的特点具有一般性，对所有可导函数都成立.

设函数 $y=f(x)$ 在点 x 处可导，则 $f'(x)=\lim\limits_{\Delta x\to 0}\dfrac{\Delta y}{\Delta x}$，由无穷小与函数极限的关系可知

$$\frac{\Delta y}{\Delta x}=f'(x)+\alpha\ （其中\ \lim_{\Delta x\to 0}\alpha=0\ ）$$

于是 $$\Delta y=f'(x)\Delta x+\alpha\Delta x$$

上式表明，当 $f'(x)\neq 0$ 时，函数增量可以分为两部分：一部分是 $f'(x)\Delta x$，它是 Δy 的主要部分，且是 Δx 的线性函数，称为 Δy 的线性主部；另一部分是 $\alpha\Delta x$，当 $|\Delta x|\to 0$ 时，它是比 Δx 高阶的无穷小，它在函数增量中起的作用很微小，可以忽略不计.

所以，当 $|\Delta x|$ 很小时，可以认为 $\Delta y\approx f'(x)\Delta x$.

定义 8.4（函数微分的定义） 设函数 $y=f(x)$ 在点 x 处可导，并取得改变量 Δx，则称 $f'(x)\Delta x$ 为函数 $f(x)$ 在点 x 处的微分，记作 $\mathrm{d}y=f'(x)\Delta x$.

函数的改变量的主要部分称函数的微分，那么自变量的改变量 Δx 也可称为自变量的微分，记作 $\mathrm{d}x$，则函数的微分为

$$\mathrm{d}y=f'(x)\mathrm{d}x$$

由 $\mathrm{d}y=f'(x)\mathrm{d}x$ 可得 $\frac{\mathrm{d}y}{\mathrm{d}x}=f'(x)$，所以，函数的导数又称为函数的微商.

从微分的定义不难看出，一元函数的可导与可微是等价的.

从微分的定义还可以知道，求函数的微分，只需求出函数的导数 $f'(x)$，然后再乘以 $\mathrm{d}x$ 即可. 微分的计算和函数的求导运算就可统一起来了.

例 1 求函数 $y=x^3$ 在 $x_0=1,\Delta x=0.03$ 处的改变量和微分.

解 $\Delta y=f(x_0+\Delta x)-f(x_0)=(x_0+\Delta x)^3-x_0^3$

$$=(1+0.03)^3-1^3=0.092\ 727$$

而 $$f'(x)=3x^2$$

即 $$\mathrm{d}y=3x^2\Delta x$$

所以 $$\mathrm{d}y\big|_{\substack{x=1\\ \Delta x=0.03}}=f'(1)\cdot\Delta x=3\times0.03=0.09$$

比较 Δy 与 $\mathrm{d}y$，可知

$$\Delta y-\mathrm{d}y=0.092\ 727-0.09=0.002\ 727$$

2. 微分的几何意义

为了对微分有个比较直观的了解，下面来研究微分的几何意义.

设可微函数 $y=f(x)$ 的图形如图 8.5 所示，在曲线上任意取一点 $M(x,y)$，过 M 作曲线的切线，则此曲线在该点的切线斜率为

$$k=f'(x)=\tan\alpha.$$

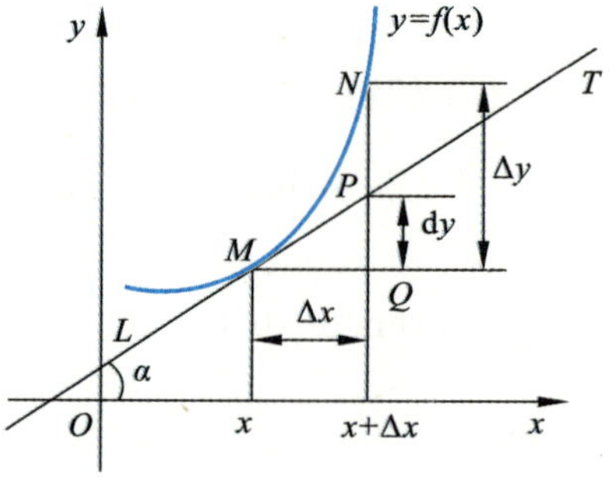

图 8.5

当自变量 x 取得增量 Δx 时，就得到曲线上另一点 $N(x+\Delta x,y+\Delta y)$，由图 8.5 可知，

$$MQ=\Delta x,\quad QN=\Delta y,\quad 且\ QP=MQ\cdot\tan\alpha=\Delta x\cdot f'(x)=\mathrm{d}y.$$

由此可见，当 Δy 是曲线 $y=f(x)$ 上的点 $M(x,y)$ 在曲线上纵坐标的增量时，函数 $y=f(x)$ 的微分 $\mathrm{d}y$ 在几何上表示曲线 $y=f(x)$ 过点 $M(x,y)$ 的切线上纵坐标的增量.

微分的几何意义是：在曲线上某一点 $M(x,y)$ 处，当自变量的增量 $|\Delta x|$ 很小时，有 $|\Delta y-\mathrm{d}y|$ 比 $|\Delta x|$ 小得多，因此在点 $M(x,y)$ 的邻近，可以用切线段来近似代替曲线段.

8.5.2 微分的运算

1. 微分基本公式表（由求导公式根据微分定义变换可得）

（1）$\mathrm{d}(C)=0$（C 为常数）；

（2）$\mathrm{d}(x^{\alpha})=\alpha x^{\alpha-1}\mathrm{d}x$（$\alpha$ 为任意实数）；

（3）$\mathrm{d}(a^x)=a^x\ln a\mathrm{d}x$；

（4）$\mathrm{d}(\mathrm{e}^x)=\mathrm{e}^x\mathrm{d}x$；

（5）$\mathrm{d}(\log_a x)=\dfrac{1}{x\ln a}\mathrm{d}x$；

（6）$\mathrm{d}(\ln x)=\dfrac{1}{x}\mathrm{d}x$；

（7）$\mathrm{d}(\sin x)=\cos x\mathrm{d}x$；

（8）$\mathrm{d}(\cos x)=-\sin x\mathrm{d}x$；

（9）$\mathrm{d}(\tan x)=\sec^2 x\mathrm{d}x$；

（10）$\mathrm{d}(\cot x)=-\csc^2 x\mathrm{d}x$；

（11）$\mathrm{d}(\sec x)=\sec x\tan x\mathrm{d}x$；

（12）$\mathrm{d}(\csc x)=-\csc x\cot x\mathrm{d}x$；

（13）$\mathrm{d}(\arcsin x)=\dfrac{1}{\sqrt{1-x^2}}\mathrm{d}x$；

（14）$\mathrm{d}(\arccos x)=-\dfrac{1}{\sqrt{1-x^2}}\mathrm{d}x$；

（15）$\mathrm{d}(\arctan x)=\dfrac{1}{1+x^2}\mathrm{d}x$；

（16）$\mathrm{d}(\mathrm{arccot}x)=-\dfrac{1}{1+x^2}\mathrm{d}x$.

2. 微分四则运算法则

定理 8.4 若函数 $u(x)$ 和 $v(x)$ 都在点 x 处可微，则

（1）$\mathrm{d}(u(x)\pm v(x))=\mathrm{d}u(x)\pm\mathrm{d}v(x)$；

（2）$\mathrm{d}(u(x)\cdot v(x))=v(x)\cdot\mathrm{d}u(x)+u(x)\cdot\mathrm{d}v(x)$；

（3）$\mathrm{d}(Cu(x))=C\cdot\mathrm{d}u(x)$（$C$ 为常数）；

（4）$\mathrm{d}\left(\dfrac{u(x)}{v(x)}\right)=\dfrac{v(x)\cdot\mathrm{d}u(x)-u(x)\cdot\mathrm{d}v(x)}{v^2(x)}\ (v(x)\neq 0)$.

（$\mathrm{d}\left(\dfrac{1}{v(x)}\right)=-\dfrac{1}{v^2(x)}\mathrm{d}v(x).$）

3. 复合函数的微分法则：一阶微分形式不变性

如果函数 $y=f(u)$ 是 u 的函数，那么函数的微分为

$$\mathrm{d}y=f'(u)\mathrm{d}u$$

若 u 是 x 的可导函数 $u=\varphi(x)$ 时，u 对 x 的微分为

$$\mathrm{d}u=\varphi'(x)\mathrm{d}x$$

所以，以 u 为中间变量的复合函数 $y=f(\varphi(x))$ 的微分为

$$\mathrm{d}y=y'\mathrm{d}x=f'(u)\cdot\varphi'(x)\mathrm{d}x=f'(u)(\varphi'(x)\mathrm{d}x)=f'(u)\mathrm{d}u$$

可见，不论 u 是自变量还是中间变量，函数 $y=f(u)$ 的微分总可以为同一形式 $\mathrm{d}y=f'(u)\mathrm{d}u$ 不变. 这一性质称为一阶微分形式不变性. 应用这一性质，求复合函数的微分十分方便.

求复合函数的微分有两种方法：一是先用复合函数的求导法则求出复合函数对自变量的导数，再乘以自变量的微分；二是应用微分形式不变性求微分.

例 2 设 $y=\ln(x^2-x+2)$，求 $\mathrm{d}y$.

解法一：根据微分的定义，有

$$y'=\frac{2x-1}{x^2-x-2},$$

所以

$$\mathrm{d}y=y'\mathrm{d}x=\frac{2x-1}{x^2-x+2}\mathrm{d}x$$

解法二：利用一阶微分形式不变性，得

$$\mathrm{d}y=\frac{1}{x^2-x+2}\mathrm{d}(x^2-x+2)=\frac{2x-1}{x^2-x+2}\mathrm{d}x$$

例 3 设 $y=\mathrm{e}^{\sin^2 x}$，求 $\mathrm{d}y$.

解法一：因为

$$\begin{aligned}y'&=(\mathrm{e}^{\sin^2 x})'=\mathrm{e}^{\sin^2 x}(\sin^2 x)'=\mathrm{e}^{\sin^2 x}2\sin x(\sin x)'\\&=\mathrm{e}^{\sin^2 x}2\sin x\cos x=\mathrm{e}^{\sin^2 x}\sin 2x\end{aligned}$$

所以

$$\mathrm{d}y=y'\mathrm{d}x=\mathrm{e}^{\sin^2 x}\sin 2x\mathrm{d}x$$

解法二：

$$\begin{aligned}\mathrm{d}y&=\mathrm{e}^{\sin^2 x}\mathrm{d}(\sin^2 x)=\mathrm{e}^{\sin^2 x}2\sin x\mathrm{d}(\sin x)\\&=\mathrm{e}^{\sin^2 x}2\sin x\cos x\mathrm{d}x=\mathrm{e}^{\sin^2 x}2\sin x\cos x\mathrm{d}x\\&=\mathrm{e}^{\sin^2 x}\sin 2x\mathrm{d}x\end{aligned}$$

显然，解法二简单且不易出错，对于复合函数求导还不熟练的人来讲，更适合用一阶微分形式不变性求复合函数的微分.

例 4 设 $y=\sqrt[3]{1+\sin^2 x}$，求 $\mathrm{d}y$.

解
$$\begin{aligned}\mathrm{d}y&=\mathrm{d}[(1+\sin^2 x)^{\frac{1}{3}}]=\frac{1}{3}(1+\sin^2 x)^{-\frac{2}{3}}\mathrm{d}(1+\sin^2 x)\\&=\frac{1}{3}(1+\sin^2 x)^{-\frac{2}{3}}\cdot 2\sin x\mathrm{d}(\sin x)\\&=\frac{1}{3}(1+\sin^2 x)^{-\frac{2}{3}}\cdot 2\sin x\cos x\mathrm{d}x\\&=\frac{1}{3}(1+\sin^2 x)^{-\frac{2}{3}}\sin 2x\mathrm{d}x.\end{aligned}$$

例 5 设 $y=y(x)$ 是由方程 $x\mathrm{e}^y-\ln y+2=0$ 所确定的隐函数，求 $\mathrm{d}y$.

解 方程两边微分，得

$$\mathrm{e}^y\mathrm{d}x+x\mathrm{e}^y\mathrm{d}y-\frac{1}{y}\mathrm{d}y=0\text{，即 } y\mathrm{e}^y\mathrm{d}x+xy\mathrm{e}^y\mathrm{d}y-\mathrm{d}y=0$$

解出 $\mathrm{d}y$，得

$$\mathrm{d}y=\frac{y\mathrm{e}^y}{1-xy\mathrm{e}^y}\mathrm{d}x$$

8.5.3 微分在近似计算中的应用

1. 近似计算 Δy

由微分的定义可知，当 $|\Delta x|$ 很小时，$\Delta y\approx \mathrm{d}y=f'(x_0)\Delta x$，

即
$$\Delta y=f(x_0+\Delta x)-f(x_0)\approx f'(x_0)\Delta x \qquad (8.5)$$

式（8.5）为求函数增量的近似方法.

2. 近似计算 $f(x_0+\Delta x)$

由 $\Delta y=f(x_0+\Delta x)-f(x_0)\approx f'(x_0)\Delta x$，得

$$f(x_0+\Delta x)\approx f(x_0)+f'(x_0)\Delta x \qquad (8.6)$$

式（8.6）为计算某点 $(x=x_0+\Delta x)$ 的函数值的近似方法.

特别地，当 $x_0=0, \Delta x=x$ 时，有

$$f(x)\approx f(0)+f'(0)\cdot x \qquad (8.7)$$

式（8.7）为计算较为复杂的函数 $f(x)$ 在 $x=0$ 附近的函数值的近似方法，常用于工程计算中.

例 6 某工厂每周生产 x 件产品所获得的利润为 y 万元，已知 $y=6\sqrt{1000x-x^2}$，当每周产品由 100 件增至 102 件时，试用微分求其利润增加的近似值.

解 由题意知，$x=100, \Delta x=\mathrm{d}x=2$.

因为

$$\mathrm{d}y=(6\sqrt{1000x-x^2})'\mathrm{d}x=\frac{6(500-x)}{\sqrt{1000x-x^2}}\mathrm{d}x$$

所以
$$\mathrm{d}y\big|_{\substack{x=100\\ \mathrm{d}x=2}}=\frac{6(500-x)}{\sqrt{1000x-x^2}}\mathrm{d}x\big|_{\substack{x=100\\ \mathrm{d}x=2}}=\frac{2400}{\sqrt{100\,000-10\,000}}\cdot 2=16\text{（万元）}.$$

例 7 利用微分求 $\sqrt{2}$ 的近似值.

解 令 $f(x)=\sqrt{x}$, 取 $x_0=1.96$, $\Delta x=0.04$，利用公式 $f(x_0+\Delta x)\approx f(x_0)+f'(x_0)\Delta x$，得

$$\sqrt{2}\approx\sqrt{1.96}+\frac{1}{2\sqrt{1.96}}\times 0.04=1.4+\frac{0.04}{2.8}\approx 1.414$$

例 8 求 $\mathrm{e}^{-0.03}$ 的近似值.

解 设 $f(x)=\mathrm{e}^x$，取 $x_0=0$，$\Delta x=\mathrm{d}x=-0.03$，则

$$f(0)=\mathrm{e}^0=1,\quad f'(0)=(\mathrm{e}^x)'\big|_{x=0}=\mathrm{e}^x\big|_{x=0}=1,$$

从而 $\mathrm{e}^{-0.03}=f(0+(-0.03))\approx f(0)+f'(0)(-0.03)=1+1\times(-0.03)=0.97$.

例 9 当$|x|$很小时，求证：$\sqrt[n]{1+x} \approx 1+\frac{1}{n}x$.

证明 令 $f(x)=\sqrt[n]{1+x}$，则

$$f'(x)=\frac{1}{n}(1+x)^{\frac{1}{n}-1}$$

取 $x_0=0$，$\Delta x=\mathrm{d}x=x$，由 $f(0)=1$，$f'(0)=\frac{1}{n}$，由公式 $f(0+\Delta x)\approx f(0)+f'(0)\Delta x$ 得

$$f(0+\Delta x)=\sqrt[n]{1+(0+\Delta x)}=\sqrt[n]{1+x}\approx 1+\frac{1}{n}x$$

按例 9 的方法，利用 $f(x)\approx f(0)+f'(0)\cdot x\,(x=\Delta x)$ 可以推出以下在工程中常用的近似计算公式.

当$|x|$（这里的 x 实质上是 Δx，$x_0=0$）很小时，

（1）$\sqrt[n]{1+x}\approx 1+\frac{1}{n}x$；　　（2）$\mathrm{e}^x\approx 1+x$；

（3）$\ln(1+x)\approx x$；　　（4）$\sin x\approx x$（x 为弧度）；

（5）$\tan x\approx x$（x 为弧度）；　　（6）$(1+x)^\alpha\approx 1+\alpha x$.

例如：

$$\mathrm{e}^{-0.02}\approx 1+(-0.02)=0.98,$$

$$\ln 0.99=\ln(1-0.01)\approx -0.01,$$

$$\sqrt[5]{0.98}=(1-0.02)^{\frac{1}{2}}\approx 1+\frac{1}{5}\times(-0.02)=0.996.$$

习题 8.5

1. 求下列函数的微分：

（1）$y=x^2+\sin^2 x-3x+4$；　　（2）$y=x\ln x-x^2$；

（2）$y=(\arccos x)^2-1$；　　（4）$y=x\arctan x$；

（5）$y=\ln\tan\frac{x}{2}$；　　（6）$y=2^{-\frac{1}{\cos x}}$；

（7）$y=(\mathrm{e}^x+\mathrm{e}^{-x})^3$；　　（8）$xy=1$.

2. 在下列各括号中填入一个函数，使各等式成立.

（1）$3x^2\mathrm{d}x=\mathrm{d}(\qquad)$；　　（2）$\frac{1}{1+x^2}\mathrm{d}x=\mathrm{d}(\qquad)$；

（3）$2\cos 2x\mathrm{d}x=\mathrm{d}(\qquad)$；　　（4）$\frac{1}{1-x}\mathrm{d}x=\mathrm{d}(\qquad)$；

（5）$\ln x\cdot\frac{1}{x}dx=d(\quad)$；　　（6）$\sqrt{a+bx}dx=d(\quad)$；

（7）$\frac{1}{x^2}dx=d(\quad)$；　　（8）$2xe^{-2x^2}dx=d(\quad)$.

3. 求下列近似值：

（1）$\ln 0.9$；　　（2）$\cos 61°$；　　（3）$\arctan 1.02$；

（4）$\sqrt[4]{1.001}$；　　（5）$e^{1.01}$；　　（6）$\sqrt[6]{63}$.

4. 一正方体的棱长 $x=10$ m，如果棱长增长 0.1 m，求此正方体体积增加的精确值和近似值.

复习题 8

1. 单项选择题

（1）设 $f'(0)=2$，则 $\lim\limits_{x\to 0}\frac{f(x)-f(-x)}{x}$ 的值为（　　）.

A. 1　　B. 2　　C. 0　　D. 4

（2）设函数 $f(x)=e^{2x-1}$，则 $f''(0)$ 的值为（　　）.

A. 0　　B. e^{-1}　　C. $4e^{-1}$　　D. e

（3）过曲线 $y=x\ln x$ 上点 M_0 的切线平行于直线 $y=2x$，则切点 M_0 的坐标是（　　）.

A. $(1,0)$　　B. $(e,0)$　　C. $(e,1)$　　D. (e,e)

（4）设 $y=\cos e^x$，则 dy 等于（　　）.

A. $-e^x\sin e^x dx$　　B. $e^x\sin e^x$　　C. $e^x\sin e^x dx$　　D. $-\sin e^x dx$

（5）函数 $y=f(x)$ 在点 x_0 处可导是它在 x_0 处连续的（　　）.

A. 充分必要条件　　B. 必要条件

C. 充分条件　　D. 以上都不对

（6）由方程 $xy=e^{x+y}$ 确定的隐函数 $x(y)$ 的导数 $\frac{dx}{dy}$ 为（　　）.

A. $\frac{x(y-1)}{y(1-x)}$　　B. $\frac{y(x-1)}{x(1-y)}$　　C. $\frac{y(1+x)}{x(y-1)}$　　D. $\frac{x(y+1)}{y(x-1)}$

（7）已知椭圆的方程为 $\begin{cases}x=a\cos t\\ y=b\sin t\end{cases}$ $(a>0,b>0)$，当 $t=\frac{\pi}{4}$ 时椭圆切线斜率为（　　）.

A. $\frac{b}{a}$　　B. $\frac{a}{b}$　　C. $-\frac{b}{a}$　　D. $-\frac{a}{b}$

（8）设 $f^{(4)}(x)=x^2+\ln x$，则 $f^{(6)}(x)=$（　　）.

A. $2-\frac{1}{x^2}$　　B. $2+\frac{1}{x^2}$　　C. $\frac{1}{x^2}$　　D. $-\frac{1}{x^2}$

（9）若 $f(x)=\begin{cases} e^{ax}, & x<0 \\ b+\sin 2x, & x\geqslant 0 \end{cases}$ 在 $x=0$ 处可导，则 a,b 的值应为（　　）.

A. $a=2,b=1$　　B. $a=1,b=2$　　C. $a=-2,b=1$　　D. $a=2,b=-1$

2. 填空题

（1）已知参数方程 $\begin{cases} x=5e^{-t} \\ y=3e^{t} \end{cases}$ 所确定的函数 $y=f(x)$，则 $\dfrac{d^2y}{dx^2}=$__________.

（2）若 $f(u)$ 可导，则函数 $y=f(\sin\sqrt{x})$ 的微分为__________.

（3）由方程 $x^2+2xy-y^2=a^2$ 确定的隐函数 $y=f(x)$，则 $dy=$__________.

（4）设 $y=x^2e^x$，则 $y^{(6)}|_{x=0}=$__________.

（5）曲线 $y=\arctan 2x$ 在点 $(0,0)$ 处的法线方程为__________.

（6）作变速直线运动物体的运动方程为 $s(t)=t^2+2t$，则其运动的速度 $v(t)=$__________，加速度 $a(t)=$__________.

3. 解答题

（1）已知 $f(x)=(1+x)^{\frac{1}{x}}$，求 $f'(1)$.

（2）已知 $\ln\sqrt{x^2+y^2}=\arctan\dfrac{y}{x}$，确定 y 是 x 的函数，求 y'.

（3）一个弹簧的运动是受摩擦力和阻力的影响的，它经常可以用指数和正弦函数的乘积来描述. 设这个弹簧上一点的运动方程为 $S(t)=2e^{-t}\sin 2\pi t$. 其中 S 的单位是 cm，t 的单位是秒（s）. 求弹簧在 t s 时的速度.

（4）有一批半径为 1 cm 的球，为减少表面粗糙度，要镀上一层铜，厚度为 0.01 cm，估计每只球需要用铜多少克？（铜的密度为 8.9 g/cm³）.

（5）某公司生产一种新型游戏程序，假设能全部售出，收入函数为 $R=36x-\dfrac{x^2}{20}$，其中 x 为公司一天的产量. 如果公司每天的产量从 250 增加到 260，请估计公司每天收入的增加量.

第 9 章　导数的应用

学习目标

1. 了解微分中值定理，特别是拉格朗日中值定理，会用洛必达法则求不定式的极限.
2. 掌握函数单调性及曲线凹凸性的判定方法.
3. 理解极值、最值的概念，会求函数的极值、最值，并会描绘函数的图像.

函数的图像具有能直观地、全面地反映函数的性质特征，因此，在一些专业课程以及日常工作与生活中常常要绘制一些函数的图像.

绘制函数的图像，通常使用“描点法”，而描点法作图，也只能是先描出部分点，再用平滑的曲线连接而成. 那么，描哪些点？哪些是必须描出的关键点、重要的点？描绘哪部分呢？描绘函数图像，并非要绘制完美无缺的函数图像，而是绘制出体现函数的主要特性的部分，以此来表示函数的整体形象与特征. 本章将利用导数及极限知识来探讨上述问题，从而了解函数的一些特性，这能帮助我们更好地绘制函数的图像.

本章首先来研究在微积分学的理论中占重要地位的微分中值定理.

9.1　微分中值定理

微分中值定理主要包括拉格朗日中值定理、罗尔中值定理、柯西中值定理.

9.1.1　拉格朗日中值定理

先从几何直观上观察下面的一个事实.

如图 9.1 所示，设函数 $y=f(x)$ 在闭区间 $[a,b]$ 上的图像是一条连续的曲线 AB，连结 A，B 两点作弦 AB，当弦 AB 平行移动时，在曲线上至少能找到一点 $P(\xi,f(\xi))$，使得过点 P 的切线 PT 与弦 AB 平行. 这就是微分学理论中重要的拉格朗日中值定理.

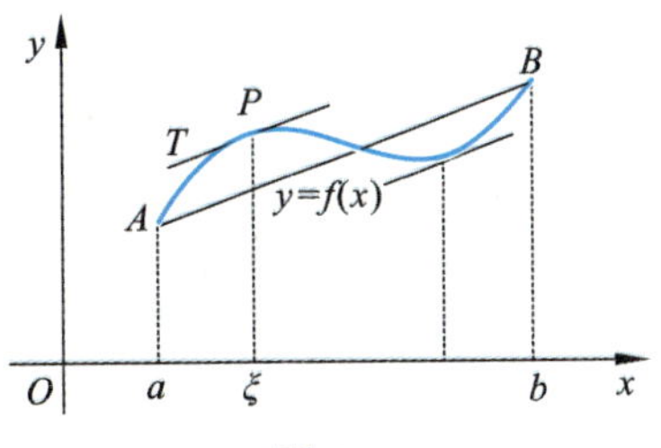

图 9.1

定理 9.1（拉格朗日中值定理）　若函数 $f(x)$ 满足

（1）在闭区间 $[a,b]$ 上连续；

（2）在开区间 (a,b) 内可导，

则至少存在一点 $\xi\in(a,b)$，使得

$$f'(\xi)=\frac{f(b)-f(a)}{b-a} \tag{9.1}$$

或

$$f(b)-f(a)=f'(\xi)(b-a) \tag{9.2}$$

由于弦 AB 的斜率是 $k_{AB}=\dfrac{f(b)-f(a)}{b-a}$，结论（9.1）反映了拉格朗日中值定理的几何意义，即曲线 $y=f(x)$ 在 $x=\xi$ 处的切线斜率 $f'(\xi)$ 与弦线 AB 的斜率相等，即切线与弦线 AB 平行. 结论（9.2）表达了在区间 $[a,b]$ 上，函数的增量与这个区间内某点处的导数之间的关系.

由拉格朗日中值定理，容易得到两个推论.

推论 9.1 函数 $y=f(x)$ 在 (a,b) 内可导，且恒有 $f'(x)=0$，则 $f(x)$ 在区间 (a,b) 内是一个常数.

证明 任取 $x_1,x_2\in(a,b)$，假设 $x_1<x_2$，因为 $y=f(x)$ 在 (a,b) 内可导，所以，$y=f(x)$ 在 $[x_1,x_2]$ 上满足拉格朗日中值定理的条件，则有

$$f(x_2)-f(x_1)=f'(\xi)(x_2-x_1),\ \xi\in(x_1,x_2)$$

由假设知 $f'(\xi)=0$，可得 $f(x_1)=f(x_2)$. 这就是说，在开区间 (a,b) 内任意两点的函数值都相等，所以 $f(x)$ 在区间 (a,b) 内是一个常数.

由推论 9.1 可以得到如下推论 9.2.

推论 9.2 函数 $f(x)$ 与 $g(x)$ 在开区间 (a,b) 内的导数处处相等，即 $f'(x)=g'(x)$，则函数 $f(x)$ 与 $g(x)$ 在开区间 (a,b) 内只相差一个常数，即 $f(x)-g(x)=C$.

证明 设 $F(x)=f(x)-g(x)$，由题设知，在 (a,b) 必有 $F'(x)\equiv 0$. 根据推论 9.1，在 (a,b) 内必有 $F(x)\equiv C$，所以，在 (a,b) 内有 $f(x)=g(x)+C$.

例 1 证明 $\arcsin x+\arccos x=\dfrac{\pi}{2}(-1\leqslant x\leqslant 1)$.

证明 设 $f(x)=\arcsin x+\arccos x$，$x\in[-1,1]$.

因为 $$f'(x)=\frac{1}{\sqrt{1-x^2}}+\left(-\frac{1}{\sqrt{1-x^2}}\right)=0$$

所以 $$f(x)=C$$

又 $f(0)=\dfrac{\pi}{2}$，故

$$\arcsin x+\arccos x=\frac{\pi}{2}$$

例 2 证明不等式 $|\sin a-\sin b|\leqslant|a-b|$.

证明 令 $f(x)=\sin x$，则在区间 $[a,b]$ 上 $f(x)=\sin x$ 满足拉格朗日中值定理的条件，有 $\sin b-\sin a=\cos\xi\cdot(b-a)$（$a<\xi<b$）成立，所以

$$|\sin a-\sin b|=|\cos\xi|\cdot|a-b|\leqslant|a-b|$$

注意：当 $a=0$ 时，此结论变为 $|\sin b|\leqslant|b|$，它表示在单位圆内正弦线的长度不大于其在单位圆上对应的弧的长度.

例 3 证明当 $x>0$ 时，$\dfrac{x}{x+1}<\ln(1+x)<x$.

证明 设 $f(x)=\ln(1+x)$，显然 $f(x)$ 在 $[0, x]$ 上满足拉格朗日中值定理的条件，有

$$f(x)-f(0)=f'(\xi)(x-0),\ 0<\xi<x.$$

又 $f(0)=0$，$f'(\xi)=\dfrac{1}{1+\xi}$，所以

$$\ln(1+x)=\frac{x}{1+\xi}\ (0<\xi<x)$$

而
$$\frac{x}{1+x}<\frac{x}{1+\xi}=\frac{x}{1+0}(0<\xi<x)，即 \frac{x}{1+x}<\frac{x}{1+\xi}<x$$

故
$$\frac{x}{x+1}<\ln(1+x)<x$$

9.1.2 罗尔中值定理

如图 9.2 所示，在拉格朗日中值定理的几何示意图中，若弦线 AB 平行于 x 轴，可得到拉格朗日中值定理的特殊情形，这就是罗尔中值定理.

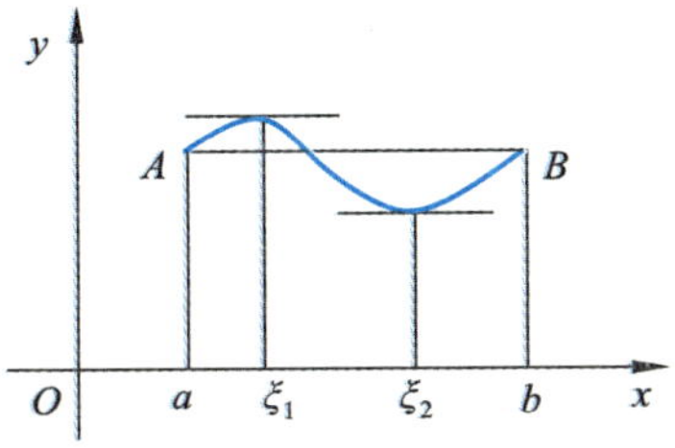

图 9.2

定理 9.2（罗尔中值定理） 若函数 $f(x)$ 满足

（1）在闭区间 $[a,b]$ 上连续；

（2）在开区间 (a,b) 内可导；

（3）$f(a)=f(b)$，

则至少存在一点 $\xi\in(a,b)$，使得 $f'(\xi)=0$.

罗尔中值定理的几何意义是：满足在闭区间 $[a,b]$ 上连续，在开区间 (a,b) 内可导，且 $f(a)=f(b)$ 三个条件的曲线弧上至少有一点，过该点的切线平行于 x 轴.

有必要指出，罗尔中值定理中的三个条件缺一不可，缺少任何一个条件，结论都不一定成立. 同时需要指出的是，罗尔中值定理中的条件是充分条件，不是必要条件，即定理的逆命题不成立.

例如，$f(x)=(x-1)^2$ 在 $[0,3]$ 上并不满足罗尔中值定理的第三个条件，即 $f(0)\neq f(3)$，但仍存在 $\xi=1\in(0,3)$，使 $f'(1)=0$.

例 4　设函数 $f(x)=x(x-1)(x-2)(x-3)$，不求导数，说明方程 $f'(x)=0$ 有几个实根，并指出它们所在的区间.

解　因为 $f(x)$ 在 $(-\infty,+\infty)$ 上连续可导，并且有 $f(0)=f(1)=f(2)=f(3)=0$，所以，$f(x)$ 在三个区间 $[0,1],[1,2],[2,3]$ 上满足罗尔中值定理的条件，由罗尔中值定理知，至少存在 $\xi_1\in(0,1)$，$\xi_2\in(1,2)$，$\xi_3\in(2,3)$，使 $f'(\xi_1)=f'(\xi_2)=f'(\xi_3)=0$，即方程 $f'(x)=0$ 至少有三个实根.

而一元三次方程 $f'(x)=0$ 最多有三个实根，故在区间 $(0,1),(1,2),(2,3)$ 内各有一个实根.

*9.1.3　柯西中值定理

定理 9.3（柯西中值定理）　若函数 $f(x)$, $g(x)$ 满足

（1）在闭区间 $[a,b]$ 上连续；

（2）在开区间 (a,b) 内可导；

（3）在开区间 (a,b) 内 $g'(x)\neq 0$，

则至少存在一点 $\xi\in(a,b)$，使得

$$\frac{f'(\xi)}{g'(\xi)}=\frac{f(b)-f(a)}{g(b)-g(a)}.$$

在柯西中值定理中，若取 $g(x)=x$，则得到拉格朗日中值定理. 因此，柯西中值定理可以看成是拉格朗日中值定理的推广.

习题 9.1

1. 下列函数在指定区间上是否满足拉格朗日中值定理的条件？如果满足，找出使定理结论成立的 ξ 的值.

（1）$f(x)=x^3,[1,2]$；　　　　（2）$f(x)=\sqrt[3]{x^2},[-1,2]$.

2. 证明：$\arctan x+\operatorname{arccot} x=\dfrac{\pi}{2},\ x\in(-\infty,+\infty)$.

3. 不用求函数 $f(x)=(x-2)(x-3)(x-5)$ 的导数，说明方程 $f'(x)=0$ 有几个实根，并指出它们所在的区间.

9.2　洛必达法则

在运用极限的运算法则求函数的极限时，会遇到分子、分母同时趋于零（或 ∞）的情形. 这时分式的极限可能存在也可能不存在（例如 $\lim\limits_{x\to 0}\dfrac{\sin 2x}{x}=2$，$\lim\limits_{x\to 0}\dfrac{1-\cos x}{x^3}$ 不存在）. 这些极限被称为不定式（或不定型），分别记为 $\dfrac{0}{0}$ 或 $\dfrac{\infty}{\infty}$.

例如，$\lim\limits_{x\to 0}\dfrac{1-\cos x}{\sin x}$ 属 $\dfrac{0}{0}$ 型的不定式，$\lim\limits_{x\to\infty}\dfrac{e^x}{x^n}(n\in\mathbf{N}^+)$ 属 $\dfrac{\infty}{\infty}$ 型的不定式. 利用柯西中值定理

可以导出一种非常有效的求不定式极限的方法——洛必达法则，它主要用于求$\frac{0}{0}$和$\frac{\infty}{\infty}$型不定式的极限.

9.2.1 $\frac{0}{0}$型和$\frac{\infty}{\infty}$型不定式的极限

定理 9.4（洛必达法则） 设函数$f(x),g(x)$满足

（1）在点x_0的某个去心δ邻域内$f(x),g(x)$都可导，且$g'(x)\neq 0$；

（2）$\lim\limits_{x\to x_0} f(x)=\lim\limits_{x\to x_0} g(x)=0$或$\lim\limits_{x\to x_0} f(x)=\lim\limits_{x\to x_0} g(x)=\infty$；

（3）$\lim\limits_{x\to x_0}\frac{f'(x)}{g'(x)}=A$（或$\infty$），

则
$$\lim_{x\to x_0}\frac{f(x)}{g(x)}=\lim_{x\to x_0}\frac{f'(x)}{g'(x)}=A\text{（或}\infty\text{）}$$

注：洛必达法则中，把$x\to x_0$改成$x\to\infty$仍然成立.

洛必达法则的实质是通过对分子分母分别求导，使其原来的极限脱离$\frac{0}{0}$或$\frac{\infty}{\infty}$状态，进而求出该极限.

例 1 求极限$\lim\limits_{x\to 0}\frac{1-\cos x}{x^2}$.

解 $\lim\limits_{x\to 0}\frac{1-\cos x}{x^2}\overset{\frac{0}{0}}{=}\lim\limits_{x\to 0}\frac{(1-\cos x)'}{(x^2)'}=\lim\limits_{x\to 0}\frac{\sin x}{2x}=\frac{1}{2}$.

例 2 求$\lim\limits_{x\to 1}\frac{x^3-3x+2}{x^3-x^2-x+1}$.

解
$$\lim_{x\to 1}\frac{x^3-3x+2}{x^3-x^2-x+1}\overset{\frac{0}{0}}{=}\lim_{x\to 1}\frac{3x^2-3}{3x^2-2x-1}$$
$$\overset{\frac{0}{0}}{=}\lim_{x\to 1}\frac{6x}{6x-2}=\frac{3}{2}.$$

例 3 求极限$\lim\limits_{x\to 0}\frac{e^x-\sin x-1}{1-\sqrt{1-x^2}}$.

解法一：直接应用洛必达法则，有

$$\lim_{x\to 0}\frac{e^x-\sin x-1}{1-\sqrt{1-x^2}}\overset{\frac{0}{0}}{=}\lim_{x\to 0}\frac{e^x-\cos x}{\frac{x}{\sqrt{1-x^2}}}=\lim_{x\to 0}\frac{\sqrt{1-x^2}(e^x-\cos x)}{x}$$
$$=\lim_{x\to 0}\sqrt{1-x^2}\cdot\lim_{x\to 0}\frac{e^x-\cos x}{x}=\lim_{x\to 0}\frac{e^x-\cos x}{x}$$
$$\overset{\frac{0}{0}}{=}\lim_{x\to 0}\frac{e^x+\sin x}{1}=1.$$

解法二：分母有理化，得

$$\lim_{x\to 0}\frac{e^x-\sin x-1}{1-\sqrt{1-x^2}}=\lim_{x\to 0}\frac{(e^x-\sin x-1)(1+\sqrt{1-x^2})}{x^2}$$

$$=\lim_{x\to 0}\frac{e^x-\sin x-1}{x^2}\cdot\lim_{x\to 0}(1+\sqrt{1-x^2})$$

$$=2\lim_{x\to 0}\frac{e^x-\sin x-1}{x^2}\overset{\frac{0}{0}}{=}2\lim_{x\to 0}\frac{e^x-\cos x}{2x}\overset{\frac{0}{0}}{=}2\lim_{x\to 0}\frac{e^x+\sin x}{2}=1.$$

解法三：利用等价无穷代换，因为$1-\sqrt{1-x^2}\sim\frac{x^2}{2}(x\to 0)$，得

$$\lim_{x\to 0}\frac{e^x-\sin x-1}{1-\sqrt{1-x^2}}=\lim_{x\to 0}\frac{e^x-\sin x-1}{\frac{x^2}{2}}\overset{\frac{0}{0}}{=}\lim_{x\to 0}\frac{e^x-\cos x}{x}$$

$$\overset{\frac{0}{0}}{=}\lim_{x\to 0}\frac{e^x+\sin x}{1}=1.$$

注意：利用洛必达法则求极限时，若有极限非零因子，该因子可以单独求极限，不必参与洛必达法则运算，这样可以使运算简化，有时也可以配合使用其他求极限的方法，使运算简化.

例 4 求 $\lim\limits_{x\to+\infty}\frac{(\ln x)^2}{x^\alpha}(\alpha>0)$.

解 $$\lim_{x\to+\infty}\frac{(\ln x)^2}{x^\alpha}\overset{\frac{\infty}{\infty}}{=}\lim_{x\to+\infty}\frac{2\ln x\cdot\frac{1}{x}}{\alpha x^{\alpha-1}}=\lim_{x\to+\infty}\frac{2\ln x}{\alpha x^\alpha}$$

$$\overset{\frac{\infty}{\infty}}{=}\lim_{x\to+\infty}\frac{2\cdot\frac{1}{x}}{\alpha^2x^{\alpha-1}}=\lim_{x\to+\infty}\frac{2}{\alpha^2x^\alpha}=0.$$

例 5 求 $\lim\limits_{x\to+\infty}\frac{x^n}{e^x}$（$n$ 为正整数）.

解 这是$\frac{\infty}{\infty}$型不定式，反复应用（有限次）洛必达法则，得

$$\lim_{x\to+\infty}\frac{x^n}{e^x}\overset{\frac{\infty}{\infty}}{=}\lim_{x\to+\infty}\frac{nx^{n-1}}{e^x}\overset{\frac{\infty}{\infty}}{=}\lim_{x\to+\infty}\frac{n(n-1)x^{n-2}}{e^x}\overset{\frac{\infty}{\infty}}{=}\cdots\overset{\frac{\infty}{\infty}}{=}\lim_{x\to+\infty}\frac{n!}{e^x}=0.$$

在使用洛必达法则时应注意以下几点：

（1）洛必达法则只适用于$\frac{0}{0}$型或$\frac{\infty}{\infty}$型不定式的极限.

（2）如果$\lim\frac{f'(x)}{g'(x)}$仍是$\frac{0}{0}$型或$\frac{\infty}{\infty}$型不定式，则可继续使用（有限次）洛必达法则.

（3）如果$\lim\frac{f'(x)}{g'(x)}$不存在且不是∞，并不表明$\lim\frac{f(x)}{g(x)}$不存在，只说明洛必达法则失效，这时应改用其他方法求解.

例如，极限 $\lim\limits_{x\to\infty}\dfrac{x+\sin x}{x+\cos x}$ 是 $\dfrac{\infty}{\infty}$ 型，应用洛必达法则，得

$$\lim_{x\to\infty}\frac{x+\sin x}{x+\cos x}\overset{\frac{\infty}{\infty}}{=}\lim_{x\to\infty}\frac{1+\cos x}{1-\sin x}=?$$

上式的分子、分母的极限都不存在，但不能就此认为这个极限不存在. 事实上，可用下面方法求得该极限.

由无穷小的性质，得 $\lim\limits_{x\to\infty}\dfrac{1}{x}\sin x=0$， $\lim\limits_{x\to\infty}\dfrac{1}{x}\cos x=0$，所以

$$\lim_{x\to\infty}\frac{x+\sin x}{x+\cos x}=\lim_{x\to\infty}\frac{1+\dfrac{1}{x}\sin x}{1+\dfrac{1}{x}\cos x}=1.$$

9.2.2 可化为 $\dfrac{0}{0}$ 型或 $\dfrac{\infty}{\infty}$ 型不定式的极限

对于其他类型的不定式，常见的求解方法是将函数变形化为 $\dfrac{0}{0}$ 型或 $\dfrac{\infty}{\infty}$ 型不定式的极限，再用洛必达法则求解.

1. $0\cdot\infty$ 型不定式

可运用"乘以一个数⇔除以这个数的倒数"进行转化.

例 6 求极限 $\lim\limits_{x\to 0^+}x\ln x$.

解 $$\lim_{x\to 0^+}x\ln x\overset{0\cdot\infty}{=}\lim_{x\to 0^+}\frac{\ln x}{\dfrac{1}{x}}\overset{\frac{\infty}{\infty}}{=}\lim_{x\to 0^+}\frac{\dfrac{1}{x}}{-\dfrac{1}{x^2}}=\lim_{x\to 0^+}(-x)=0.$$

注意：此题中，若将极限转化为如下 $\dfrac{0}{0}$ 型，则会增加解题的难度，要注意根据简单要求转化.

$$\lim_{x\to 0^+}x\ln x\overset{0\cdot\infty}{=}\lim_{x\to 0^+}\frac{x}{\dfrac{1}{\ln x}}\overset{\frac{0}{0}}{=}\lim_{x\to 0^+}\frac{1}{-\dfrac{1}{\ln^2 x}\cdot\dfrac{1}{x}}=-\lim_{x\to 0^+}(x\ln^2 x)$$（比原题还困难些）

2. $\infty-\infty$ 型不定式

通过"通分"后变形整理转化.

例 7 求极限 $\lim\limits_{x\to 1}\left(\dfrac{2}{x^2-1}-\dfrac{1}{x-1}\right)$.

解 $$\lim_{x\to 1}\left(\frac{2}{x^2-1}-\frac{1}{x-1}\right)\overset{\infty-\infty}{=}\lim_{x\to 1}\frac{2-(x+1)}{x^2-1}=\lim_{x\to 1}\frac{1-x}{x^2-1}\overset{\frac{0}{0}}{=}\lim_{x\to 1}\frac{-1}{2x}=-\frac{1}{2}.$$

3. 1^∞ 型、0^0 型、∞^0 型不定式

可采用取对数的方法或者利用对数恒等式 $e^{\ln N}=N$ 转化.

例 8 求极限 $\lim\limits_{x\to 1} x^{\frac{1}{1-x}}$.（$1^{\infty}$ 型）

解法一：因为

$$x^{\frac{1}{1-x}} = e^{\ln x^{\frac{1}{1-x}}} = e^{\frac{1}{1-x}\cdot\ln x} = e^{\frac{\ln x}{1-x}}$$

所以

$$\lim_{x\to 1} x^{\frac{1}{1-x}} = \lim_{x\to 1} e^{\frac{\ln x}{1-x}} = e^{\lim\limits_{x\to 1}\frac{\ln x}{1-x}} = e^{\lim\limits_{x\to 1}\left(-\frac{1}{x}\right)} = e^{-1}$$

解法二：令 $y = x^{\frac{1}{1-x}}$，有 $\ln y = \dfrac{\ln x}{1-x}$，则

$$\lim_{x\to 1}\ln y = \lim_{x\to 1}\frac{\ln x}{1-x} \overset{\frac{0}{0}}{=} \lim_{x\to 1}\left(-\frac{1}{x}\right) = -1$$

而
$$\lim_{x\to 1}\ln y = \ln(\lim_{x\to 1} y) = -1$$

所以

$$\lim_{x\to 1} y = e^{-1}\text{，即 }\lim_{x\to 1} x^{\frac{1}{1-x}} = e^{-1}$$

例 9 求极限 $\lim\limits_{x\to 0^+}(\sin x)^{2x}$.（$0^0$ 型）

解 因为

$$(\sin x)^{2x} = e^{\ln(\sin x)^{2x}} = e^{2x\ln(\sin x)}$$

$$\lim_{x\to 0^+}(\sin x)^{2x} = \lim_{x\to 0^+} e^{2x\ln(\sin x)} = e^{\lim\limits_{x\to 0^+}\frac{2\ln(\sin x)}{\frac{1}{x}}} = e^{2\lim\limits_{x\to 0^+}\frac{\frac{\cos x}{\sin x}}{-\frac{1}{x^2}}}$$
$$= e^{-2\lim\limits_{x\to 0^+}\frac{x^2\cos x}{\sin x}} = e^{-2\lim\limits_{x\to 0^+}\frac{2x\cos x + x^2\sin x}{\cos x}} = e^0 = 1$$

例 10 求极限 $\lim\limits_{x\to\frac{\pi}{2}}(\tan x)^{2x-\pi}$.（$\infty^0$ 型）

解 由于

$$(\tan x)^{2x-\pi} = e^{\ln(\tan x)^{2x-\pi}} = e^{(2x-\pi)\ln(\tan x)}$$

所以

$$\lim_{x\to\frac{\pi}{2}}(\tan x)^{2x-\pi} = \lim_{x\to\frac{\pi}{2}} e^{(2x-\pi)\ln(\tan x)} = e^{\lim\limits_{x\to\frac{\pi}{2}}[(2x-\pi)\ln(\tan x)]}$$

其中

$$\lim_{x\to\frac{\pi}{2}}[(2x-\pi)\ln(\tan x)]=\lim_{x\to\frac{\pi}{2}}\frac{\ln(\tan x)}{\frac{1}{2x-\pi}}\overset{\frac{\infty}{\infty}}{=}\lim_{x\to\frac{\pi}{2}}\frac{\frac{1}{\tan x}\cdot\sec^2 x}{-\frac{1}{(2x-\pi)^2}\cdot 2}$$

$$=-\lim_{x\to\frac{\pi}{2}}\frac{(2x-\pi)^2}{-\sin 2x}\overset{\frac{0}{0}}{=}\lim_{x\to\frac{\pi}{2}}\frac{4(2x-\pi)}{-2\cos 2x}=0$$

所以

$$\lim_{x\to\frac{\pi}{2}}(\tan x)^{2x-\pi}=\mathrm{e}^0=1$$

借助洛必达法则，还可以判断两个无穷小量是否等价. 例如，当 $x\to 0$ 时，有 $\arcsin x\sim x$，$\arctan x\sim x$，$\ln(1+x)\sim x$，$(\mathrm{e}^x-1)\sim x$，$(1-\cos x)\sim\frac{x^2}{2}$ 等.

习题 9.2

1. 求下列极限.

（1）$\lim\limits_{x\to 1}\frac{x^3-2x+1}{4x^3-4}$；（2）$\lim\limits_{x\to 0}\frac{\mathrm{e}^x-\mathrm{e}^{-x}}{x^2}$；

（3）$\lim\limits_{x\to+\infty}\frac{\ln x}{x}$；（4）$\lim\limits_{x\to+\infty}\frac{\mathrm{e}^x}{x^n}$；

（5）$\lim\limits_{x\to 1}\left(\frac{x}{x-1}-\frac{1}{\ln x}\right)$；（6）$\lim\limits_{x\to 0}\left(\frac{1}{x}-\frac{1}{\mathrm{e}^x-1}\right)$；

（7）$\lim\limits_{x\to+\infty}x\left(\frac{\pi}{2}-\arctan x\right)$；（8）$\lim\limits_{x\to 0^+}x^{\sin x}$；

（9）$\lim\limits_{x\to+\infty}x(\mathrm{e}^{\frac{1}{x}}-1)$；（10）$\lim\limits_{x\to 0^+}\left(\frac{1}{x}\right)^{\tan x}$.

2. 下列极限可否用洛必达法则去求，为什么？并用常规方法求出它们的极限.

（1）$\lim\limits_{x\to+\infty}\frac{\mathrm{e}^x-\mathrm{e}^{-x}}{\mathrm{e}^x+\mathrm{e}^{-x}}$；（2）$\lim\limits_{x\to\infty}\frac{x+\sin x}{x}$.

9.3 函数的单调性、极值与最值

本节介绍导数在判断函数的单调性、求函数的极值与最值方面的应用.

9.3.1 函数的单调性

单调性是函数的一个重要特性，根据单调函数的定义，用初等数学的方法研究它有一定的难度，但用导数的方法来研究它，就简单易行.

如图 9.3 所示，如果函数 $f(x)$ 在某区间上单调增加，且所给曲线每一点都存在非铅直的切线（导数存在），则曲线上各点处的切线的斜率大于零，即 $f'(x)>0$. 类似地，如果函数 $f(x)$ 在某区间上单调减少，且在该区间上都可导，则应有 $f'(x)<0$. 反过来，由拉格朗日中值定理可以证明，当可导函数在某区间上满足 $f'(x)>0$ 时，函数在该区间上单调增加；满足 $f'(x)<0$ 时，函数在该区间上单调减少. 于是，得到一个函数单调性的判定定理.

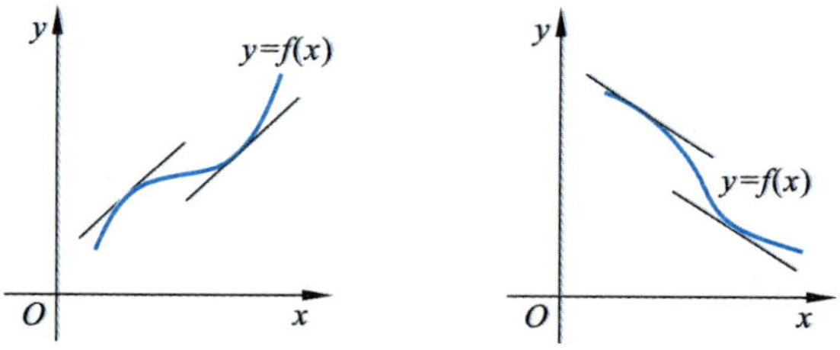

图 9.3

定理 9.5（函数单调性判定定理） 设函数 $f(x)$ 在 $[a,b]$ 上连续，在 (a,b) 内可导，则有

（1）如果在 (a,b) 内 $f'(x)>0$，那么，函数 $f(x)$ 在 $[a,b]$ 上单调增加；

（2）如果在 (a,b) 内 $f'(x)<0$，那么，函数 $f(x)$ 在 $[a,b]$ 上单调减少.

***证明**（1）在 (a,b) 内任意两点 x_1,x_2，不妨设 $x_1<x_2$，由定理的条件知，函数 $f(x)$ 在区间 $[x_1,x_2]$ 上满足拉格朗日中值定理的条件，则至少存在一点 $\xi\in(x_1,x_2)$，使得

$$f(x_2)-f(x_1)=f'(\xi)(x_2-x_1)$$

在上式中，由于 $x_2-x_1>0$，且在 (a,b) 内 $f'(x)>0$，必有 $f'(\xi)>0$，则 $f(x_2)-f(x_1)>0$，即 $f(x_2)>f(x_1)$，所以函数 $f(x)$ 在 $[a,b]$ 上单调增加.

类似地，可以证明（2）.

注意：① 定理中的区间换成其他区间，该结论也成立.

② 函数单调性是函数在一个区间上的性质，如果在某区间内的有限个点处 $f'(x)$ 为零或不存在，在其余点处均为正（或负）时，那么函数 $f(x)$ 在该区间上仍旧是单调增加（或单调减少）.

例 1 求函数 $f(x)=2x^3-9x^2+12x-3$ 的单调区间.

解 函数的定义域为 $(-\infty,+\infty)$，有

$$f'(x)=6x^2-18x+12=6(x-1)(x-2)$$

令 $f'(x)=0$，得驻点（导数为零的点）$x=1$ 和 $x=2$，且函数无不可导点.

以这两个驻点为分点，把定义域分成三个子区间，列表讨论如下：

x	$(-\infty, 1)$	1	$(1, 2)$	2	$(2,+\infty)$
$f'(x)$	+	0	−	0	+
$f(x)$	↗		↘		↗

从上表中可以看出，函数 $f(x)$ 在区间 $(-\infty,1)$ 与 $(2,+\infty)$ 上单调增加，函数 $f(x)$ 在区间 $(1,2)$ 上单调减少.

由例 1 可以归纳出确定函数单调区间的一般步骤：

（1）指出函数定义域，求出 $f'(x)$；

（2）求出 $f'(x)=0$ 的点（这样的点称为驻点）或 $f'(x)$ 不存在的点；

（3）以驻点和不可导点为分点，把定义域分为若干个区间，列表讨论 $f'(x)$ 在各个区内的符号；

（4）根据定理，结合表内 $f'(x)$ 的符号，确定函数的单调区间.

例 2 讨论函数 $f(x)=\dfrac{\ln x}{x}$ 的单调性.

解 函数的定义域为 $(0,+\infty)$，有 $f'(x)=\dfrac{1-\ln x}{x^2}$，令 $f'(x)=0$，得 $x=\mathrm{e}$ 且定义域内无不可导点.

当 $x\in(0,\mathrm{e})$ 时，由于 $\ln x<\ln\mathrm{e}=1$，这时，$f'(x)=\dfrac{1-\ln x}{x^2}>0$，所以函数 $f(x)$ 在 $(0,\mathrm{e})$ 内单调增加.

当 $x\in(\mathrm{e},+\infty)$ 时，由于 $\ln x>\ln\mathrm{e}=1$，这时，$f'(x)=\dfrac{1-\ln x}{x^2}<0$，所以函数 $f(x)$ 在 $(0,\mathrm{e})$ 内单调减少.

例 3 讨论函数 $f(x)=\begin{cases}x^2+2, & x\leqslant 0\\ \dfrac{1}{x+1}, & x>0\end{cases}$ 的单调性.

解 该函数是分段函数，其定义域为 $(-\infty,+\infty)$，在其分段点 $x=0$ 处，有

$$\lim_{x\to 0^-}f(x)=\lim_{x\to 0^-}(x^2+2)=2\text{，}\quad \lim_{x\to 0^+}f(x)=\lim_{x\to 0^+}\frac{3}{x+1}=3\text{，}$$

因此 $x=0$ 是函数的跳跃间断点.

当 $x<0$ 时，$f'(x)=2x<0$，这时，$f(x)$ 为单调减少；

当 $x>0$ 时，$f'(x)=\dfrac{-3}{(x+1)^2}<0$，这时，$f(x)$ 为单调减少.

所以，函数在 $(-\infty,0)$ 和 $(0,+\infty)$ 内均为单调减少.

***例 4** 试证：当 $x\neq 1$ 时，$\mathrm{e}^x>\mathrm{e}x$.

证明 令 $F(x)=\mathrm{e}^x-\mathrm{e}x$，函数 $F(x)$ 在定义域 $(-\infty,+\infty)$ 内连续.

而 $F'(x)=\mathrm{e}^x-\mathrm{e}$，令 $F'(x)=\mathrm{e}^x-\mathrm{e}=0$，得 $x=1$，且 $F(1)=0$.

当 $x<1$ 时，$F'(x)=\mathrm{e}^x-\mathrm{e}<0$，所以函数 $F(x)$ 在 $(-\infty,1]$ 上是单调减函数，即 $F(x)>F(1)=0$，故 $\mathrm{e}^x>\mathrm{e}x$.

当 $x>1$ 时，$F'(x)=\mathrm{e}^x-\mathrm{e}>0$，所以函数 $F(x)$ 在 $[1,+\infty)$ 上是单调增函数，即 $F(x)>F(1)=0$，故 $\mathrm{e}^x>\mathrm{e}x$.

综上所述，对于任意的 $x\neq 1$，都有 $\mathrm{e}^x>\mathrm{e}x$ 成立.

9.3.2 函数的极值

1. 函数极值的概念

极值的定义：设函数 $y=f(x)$ 在 x_0 的某邻域 $U(x_0,\delta)$ 内有定义，则

（1）如果当 $x\in U(x_0,\delta)$ 时，恒有 $f(x_0)\leqslant f(x)$，称 x_0 是 $f(x)$ 的极小值点，称 $f(x_0)$ 为 $f(x)$ 的极小值.

（2）如果当 $x\in U(x_0,\delta)$ 时，恒有 $f(x_0)\geqslant f(x)$，称 x_0 是 $f(x)$ 的极大值点，称 $f(x_0)$ 为 $f(x)$ 的极大值.

极值是函数的一个局部性概念，是函数在某一邻域内的最大值或最小值，而不是在整个应考虑的区域内的最大值或最小值. 如图 9.4 中的函数 $y=f(x)$，x_1,x_3 是它的极大值点，x_2,x_4 是它的极小值点，从图 9.4 中还可以看出，极小值 $f(x_4)$ 大于极大值 $f(x_1)$. 这就是说，极小值并不一定比极大值小.

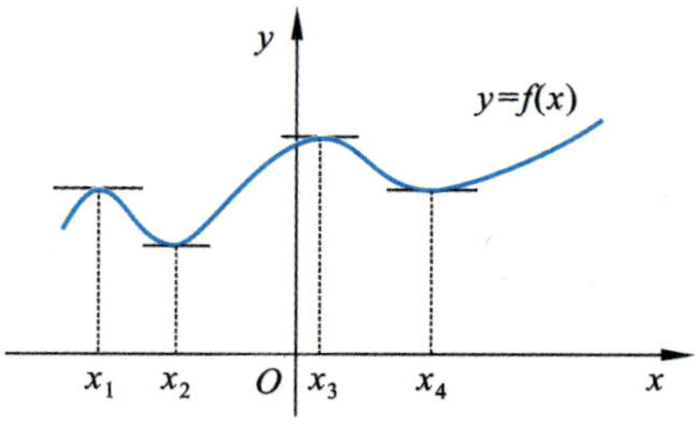

图 9.4

2. 求函数的极值

定理 9.6（极值点的必要条件） 设函数 $y=f(x)$ 在 x_0 处可导，且 x_0 为 $f(x)$ 的极值点，则 $f'(x_0)=0$.

从图 9.4 可以看出，在可导函数的极值点的两边，函数的单调性互不相同，导函数必异号，如果导函数连续，则有 $f'(x)=0$. 但反过来，驻点不一定是极值点. 例如 $y=x^3$，其导数 $y'=3x^2$，令 $y'=0$，得 $x=0$ 是其驻点，但不是极值点.

图 9.5 所示的四种情形中，前两种情形中的 x_0 是极值点，后两种情形中的 x_0 不是.

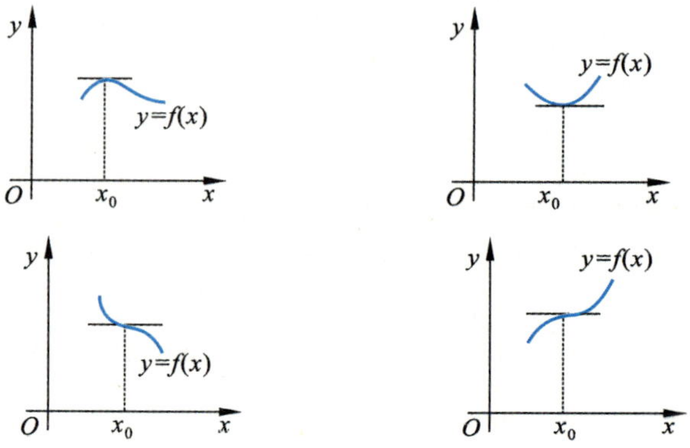

图 9.5

同时，要指出的是，有些函数的不可导点，也可能是极值点．例如 $y=2|x|$ 和 $y=\sqrt[3]{x^2}$ 在 $x=0$ 处均不可导，但 $x=0$ 是其极小值点．其图像如图 9.6 所示．

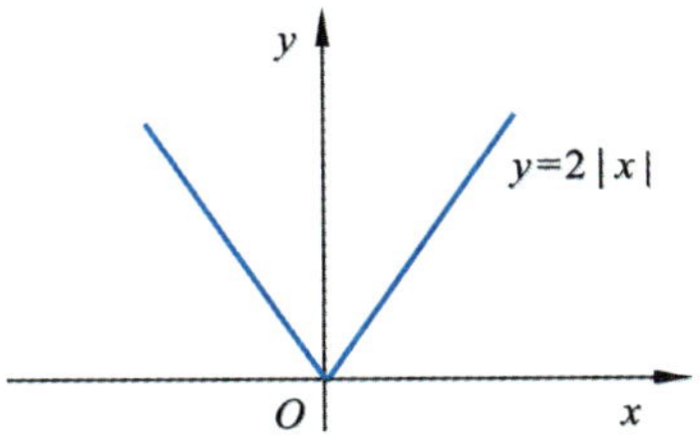

（a）

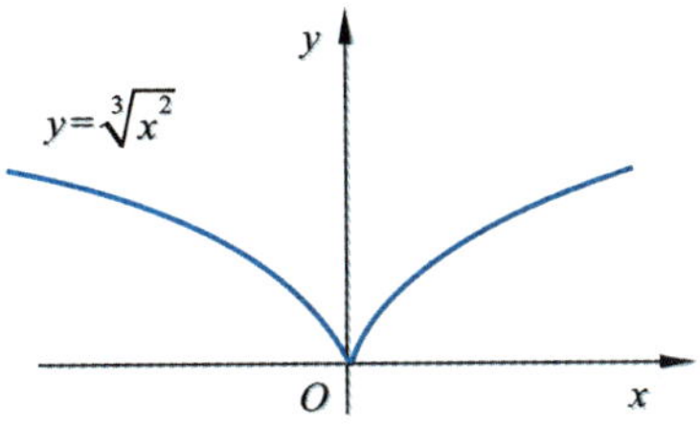

（b）

图 9.6

由此可得到函数的可能极值点为驻点或不可导点．

如何确定它们的极值点呢？可通过以下定理．

定理 9.7（极值的第一充分条件） 设函数 $y=f(x)$ 在 x_0 的某邻域内连续，在 x_0 的去心邻域内可导（允许 $f'(x_0)$ 不存在）．

（1）如果当 $x<x_0$ 时，$f'(x_0)>0$，当 $x>x_0$ 时，$f'(x_0)<0$，则 x_0 是 $f(x)$ 的极大值点；

（2）如果当 $x<x_0$ 时，$f'(x_0)<0$，当 $x>x_0$ 时，$f'(x_0)>0$，则 x_0 是 $f(x)$ 的极小值点；

（3）在 x_0 两侧 $f'(x)$ 的符号相同，则 x_0 不是 $f(x)$ 的极值点．

由定理 9.7，可得出求函数极值的一般步骤：

（1）确定函数 $f(x)$ 的定义域，求出 $f'(x)$；

（2）求出可能的极值点：使 $f'(x)=0$ 的点和不可导点；

（3）依据定理 9.7 列表讨论，判断和确定极值点，并求出极值．

例 5 求函数 $y=\frac{3}{8}x^{\frac{8}{3}}-\frac{3}{2}x^{\frac{2}{3}}$ 的极值与极值点．

解 函数的定义域为 $(-\infty,+\infty)$，有

$$y'=x^{\frac{5}{3}}-x^{-\frac{1}{3}}=x^{-\frac{1}{3}}(x^2-1)=\frac{(x+1)(x-1)}{\sqrt[3]{x}}$$

令 $y'=0$，得驻点 $x_1=-1,\ x_2=1$，且当 $x=0$ 时，函数不可导．

列表讨论如下：

x	$(-\infty,-1)$	-1	$(-1,0)$	0	$(0,1)$	1	$(1,+\infty)$
y'	$-$	0	$+$	不存在	$-$	0	$+$
y	↘	极小值 $-\frac{9}{8}$	↗	极大值 0	↘	极小值 $-\frac{9}{8}$	↗

故 $x=-1$ 和 $x=1$ 是函数的极小值点，极小值均为 $-\frac{9}{8}$；$x=0$ 是函数的极大值点，极大值为 0．

定理 9.8（极值的第二充分条件） 函数 $y=f(x)$ 在点 x_0 处具有二阶导数，且 $f'(x)=0$，则

（1）当 $f''(x_0)<0$ 时，x_0 是 $f(x)$ 的极大值点；

（2）当 $f''(x_0)>0$ 时，x_0 是 $f(x)$ 的极小值点；

（3）当 $f''(x_0)=0$ 时，不能判断 x_0 是否为 $f(x)$ 的极大值点.

定理 9.8 表明，在函数 $f(x)$ 的驻点 x_0 处，如果二阶导数 $f''(x)\neq 0$，该驻点一定是极值点，可根据 $f''(x_0)$ 的符号判定是极小值还是极大值. 但 $f''(x)=0$ 时，该判别方法失效，应改用极值的第一充分条件重新判断.

例 6　求函数 $y=x^4-\dfrac{8}{3}x^3-6x^2$ 的极值.

解　函数的定义域为 $(-\infty,+\infty)$，有

$$y'=4x^3-8x^2-12x=4x(x+1)(x-3)$$

令 $y'=0$，得驻点 $x_1=-1$，$x_2=0$，$x_3=3$，函数无不可导点.

又
$$y''=12x^2-16x-12$$

因为 $y''|_{x=-1}=16>0$，所以 $y|_{x=-1}=-\dfrac{7}{3}$ 为函数的一个极小值；

因为 $y''|_{x=0}=-12<0$，所以 $y|_{x=0}=0$ 为函数的一个极大值；

因为 $y''|_{x=3}=48>0$，所以 $y|_{x=3}=-45$ 为函数的一个极小值.

9.3.3　函数的最值

在生产和实际应用中，经常会遇到如何才能使“用料最省”“产量最高”“质量最好”“耗时最少”等最优化问题，这类问题在数学上就是最大值、最小值问题.

在闭区间 $[a,b]$ 上连续的函数 $f(x)$，在闭区间 $[a,b]$ 上一定能取得最大值和最小值. 而最大值点、最小值点必定是 $f(x)$ 在 (a,b) 内的驻点，不可导点或区间端点.

根据最值的概念，可得出最值的求法：

（1）求出 $f(x)$ 在 (a,b) 内的所有驻点或不可导点，并计算各点的函数值（不必判断这些点是否取得极值，是极大值还是极小值）;

（2）求出端点的函数值 $f(a)$ 和 $f(b)$；

（3）比较前面求出的函数值，其中最大的是 $f(x)$ 在 $[a,b]$ 上的最大值，其中最小的是 $f(x)$ 在 $[a,b]$ 上的最小值.

函数 $f(x)$ 在 $[a,b]$ 上的最大值和最小值分别记为 $\max\limits_{a\leqslant x\leqslant b} f(x)$ 和 $\min\limits_{a\leqslant x\leqslant b} f(x)$.

上述再次强调了最值（最大值、最小值）是函数 $f(x)$ 在 $[a,b]$ 上的整体概念，而极值（极大值、极小值）是函数 $f(x)$ 在某邻域内的局部概念.

例 7　求 $f(x)=2x^3+3x^2-12x+14$ 在 $[-3, 4]$ 的最大值和最小值.

解　$f'(x)=6x^2+6x-12=6(x-2)(x+1)$，令 $f'(x)=0$，得 $x_1=-2, x_2=1$.

由于 $f(-3)=23,\ f(-2)=34,\ f(1)=7,\ f(4)=142$，所以

当 $x=4$ 时，$f(x)$ 取得最大值为 $f(4)=142$;

当 $x=1$ 时，$f(x)$ 取得最小值为 $f(1)=7$.

显然，若 $f(x)$ 在 $[a,b]$ 上连续且单调增加，则 $f(a)$ 是最小值，$f(b)$ 是最大值；若 $f(x)$ 在 $[a,b]$ 上连续且单调减少，则 $f(a)$ 是最大值，$f(b)$ 是最小值.

例 8 求函数 $f(x)=\arctan x$ 在 $[0,1]$ 上的最大值与最小值.

解 因 $f'(x)=\dfrac{1}{1+x^2}>0(x\in(-\infty,+\infty))$，所以函数 $f(x)$ 在 $[0,1]$ 上单调增加，故 $f(x)$ 的最小值为 $f(0)=0$，最大值为 $f(1)=\dfrac{\pi}{4}$.

需要指出的是，在实际问题中求最大（小）值，首先应建立函数关系（数学模型或目标函数），如果目标函数可导，且驻点唯一，且实际意义表明目标函数的最大（小）值存在，且在定义区间上达到，那么驻点处的函数值就是目标函数的最大（小）值.

***例 9** 某种商品的销售量 Q 是单价 P（万元/件）的函数 $Q=5-\dfrac{P}{4}$，而总成本函数是 $C=2Q+3$（万元），如果销售每件商品要纳税 x（万元/件），求

（1）使销售利润最大时的单价；

（2）x 为可值时，利税最大.

解 （1）建立目标函数：利润函数 $L(P)=PQ-C-Qx$，即

$$L(P)=P\left(5-\frac{P}{4}\right)-2\left(5-\frac{P}{4}\right)-3-\left(5-\frac{P}{4}\right)x=\left(5-\frac{P}{4}\right)(P-2-x)$$

则
$$L'(P)=-\frac{P}{2}+\frac{11}{2}+\frac{x}{4}$$

令 $L'(P)=0$，得唯一驻点 $P=11+\dfrac{x}{2}$.

因为

$$L''\left(11+\frac{x}{2}\right)=-\frac{1}{2}<0$$

故 $P=11+\dfrac{x}{2}$ 是使利润极大的单价，也是使利润最大的单价.

（2）利税最大就是利润最大时所缴纳的最多的税金. 建立目标函数：

当 $P=11+\dfrac{x}{2}$ 时，所缴纳的税金为

$$y(x)=xQ=x\left(5-\frac{P}{4}\right)=x\left(5-\frac{11+\frac{x}{2}}{4}\right)=x\left(\frac{9}{4}-\frac{x}{8}\right)$$

则
$$y'(x)=\frac{9}{4}-\frac{x}{4}$$

令 $y'(x)=0$，得唯一驻点 $x=9$，且 $y''(9)=-\dfrac{1}{4}<0$，故 $x=9$ 是使所缴纳税金为极大的点，也是使所缴纳税金为最大的点.

例 10 欲用铁皮制作一个体积为 v 的圆柱形有盖铁桶，如何设计底面半径和高才能使用料最省？

解　用料最省就是使铁桶表面积最小.

建立目标函数：

设铁桶底面半径为 r，高为 h，表面积为 S，则

$$S = 2\pi r^2 + 2\pi rh$$

因为 $v = \pi r^2 h$，故 $h = \frac{v}{\pi r^2}$，将其代入上式，得目标函数为

$$S = 2\pi r^2 + \frac{2v}{r} \quad (0 < r < v)$$

这样，问题就转化为求目标函数 $S = 2\pi r^2 + \frac{2v}{r}$ 在 $(0,v)$ 内的最小值.

由 $S' = 4\pi r - \frac{2v}{r^2}$，令 $S' = 0$，得唯一驻点 $r = \sqrt[3]{\frac{v}{2\pi}}$.

由问题的实际意义知，S 在 $(0,v)$ 内必有最小值，故最小值必在唯一驻点处 $r = \sqrt[3]{\frac{v}{2\pi}}$ 处取得. 将 $r = \sqrt[3]{\frac{v}{2\pi}}$ 代入 $h = \frac{v}{\pi r^2}$ 中，得

$$h = \frac{vr}{\pi r^3} = 2\sqrt[3]{\frac{v}{2\pi}} = 2r$$

即当高 h 是底面半径 r 的两倍且 $r = \sqrt[3]{\frac{v}{2\pi}}$ 时，用料最省.

习题 9.3

1. 求下列函数的单调区间.

（1）$y = \ln(1+x^2)$；　　（2）$y = x + \frac{4}{x}$；

（3）$y = \frac{\sqrt{x}}{x+100}$；　　（4）$y = \frac{x^2}{1+x}$；

（5）$y = x - \ln(1+x)$；　　（6）$y = x^2 \ln x$.

2. 证明下列不等式.

（1）$x \geqslant \ln(1+x)\ (x > -1)$；　　（2）$\arctan x + \frac{1}{x} > \frac{\pi}{2}\ (x > 0)$.

3. 求下列函数的极值.

（1）$y = (x-1)\sqrt[3]{x^2}$；　　（2）$y = \sqrt{2x - x^2}$；

（3）$y = \frac{2}{3}x - \sqrt[3]{x}$；　　（4）$y = C(x^2+1)^2$（$C$ 为非零常数）；

（5）$y=x+\sqrt{1-x}$；　　　　　　（6）$y=x^2\mathrm{e}^{-x}$.

4. 要造一个长方体无盖蓄水池，其容积为 500 m^3. 底面为正方形，设底面与四壁的单位造价相同；问底面边长和高各为多少，才能使所用材料最省？

5. 将边长为 a 的正三角形铁皮剪去三个全等的四边形（见图 9.7），然后将其沿虚线折起，做成一个无盖正三棱柱盒子. 问当图中的 x 为何值时，盒子的容积最大？并求出这个最大的容积.

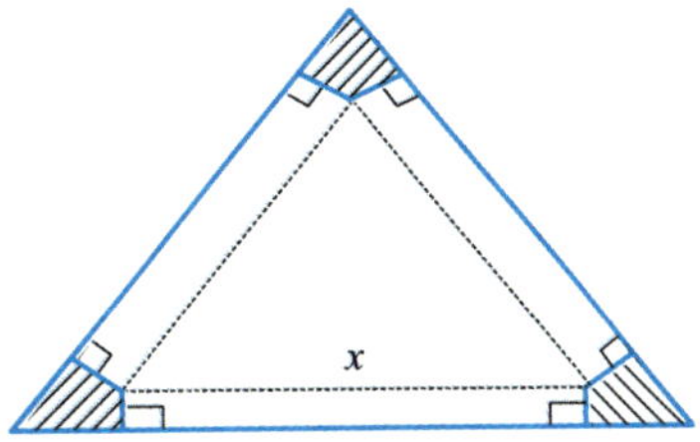

图 9.7

6. 一房地产公司有 50 套公寓要出租，当月租金定为 2000 元时，公寓会全部租出去. 当月租金每提高 100 元时，就会多一套公寓租不出去，而租出去的公寓每套要花费 200 元的维修费用. 试问当月租金定为多少时，获得的收入最大？最大收入是多少？

9.4 函数图像的描绘

中学数学中，主要依靠描点作图画出一些简单函数的图形，一般地，这样的作图比较粗糙，且无法正确全面地反映函数的性态. 作图前，需要对函数的各种性态进行分析讨论，才能描绘出正确反映函数性态的重要部分的图像. 前面利用导数知识对函数的单调性和极值、最值进行了讨论，而函数的凹性和渐近线也是函数图像的重要性态，本节将首先利用二阶导数来讨论曲线的凹凸性与渐近线，再结合前面所学知识研究函数图像的描绘.

9.4.1 曲线的凹凸性与拐点

1. 曲线的凹凸性与拐点的定义

定义 9.1 设函数 $y=f(x)$ 在区间 (a,b) 内可导，若对于任意的 $x_0\in(a,b)$，曲线过点 $(x_0,f(x_0))$ 的切线总是位于曲线弧的上（下）方，则称曲线 $y=f(x)$ 在 (a,b) 内是凸（凹）的. 如图 9.8 所示，左图为凸（也称为下凹），右图为凹（也称为上凹）. 曲线上“凹”与“凸”的分界点称为拐点.

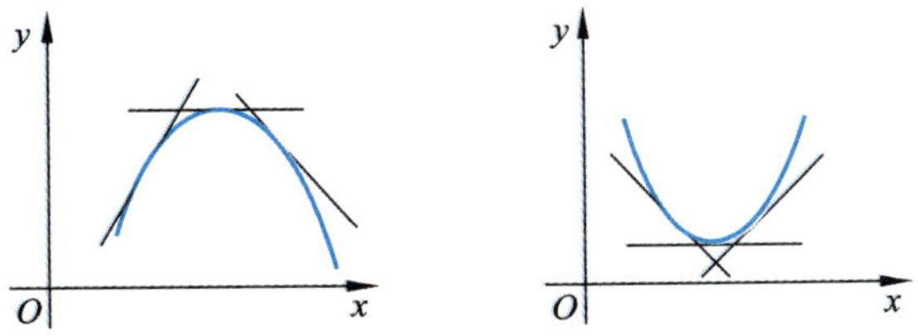

图 9.8

2. 曲线的凹凸性与拐点的判定

定理 9.8（曲线凹凸性判定定理） 设函数 $y=f(x)$ 在区间 (a,b) 内二阶可导.

（1）若在 (a,b) 内，$f''(x)>0$，则曲线 $y=f(x)$ 在 (a,b) 内是凹的.

（2）若在 (a,b) 内，$f''(x)<0$，则曲线 $y=f(x)$ 在 (a,b) 内是凸的.

由定理 9.8 不难得到，在曲线的拐点处有 $y''(x)=0$ 或 $y''(x)$ 不存在.

（上面定理可由讨论凹弧、凸弧上各点切线斜率的单调性来证明，证明略.）

注意：① 上述定义、定理中的区间改为闭区间、半开半闭区间以及无穷区间，结论也成立.

② 拐点是曲线上的点，拐点的坐标必须写成 $(x_0, f(x_0))$.

讨论曲线的凹凸性与拐点的一般步骤：

（1）确定函数的定义域，求出 $f''(x)$；

（2）求出可能拐点的横坐标，即 $f''(x)=0$ 或 $f''(x)$ 不存在的点的横坐标；

（3）讨论这些点的两侧 $f''(x)$ 的符号（可列表讨论），确定曲线的凹凸性与拐点.

例 1　判定曲线的凹凸性，并求曲线的拐点.

（1）$y=\sqrt[3]{x}$；　　　　　（2）$y=x^3$.

解　（1）函数的定义域为 $(-\infty,+\infty)$，有

$$y'=\frac{1}{3}x^{-\frac{2}{3}},\quad y''=-\frac{2}{9}\cdot x^{-\frac{5}{3}}=-\frac{2}{9}\frac{1}{x\sqrt[3]{x^2}}\neq 0$$

当 $x=0$ 时，y'' 不存在；当 $x<0$ 时，$y''>0$；当 $x>0$ 时，$y''<0$.

所以，曲线在 $(-\infty,0)$ 上是凹的，在 $(0,+\infty)$ 上是凸的，（0, 0）是曲线的拐点.

（2）函数的定义域为 $(-\infty,+\infty)$，有 $y'=3x^2$，$y''=6x$. 令 $y''=0$，得 $x=0$.

当 $x<0$ 时，$y''>0$；当 $x>0$ 时，$y''<0$.

所以，曲线在 $(-\infty,0)$ 上是凹的，在 $(0,+\infty)$ 上是凸的，（0, 0）是曲线的拐点.

例 2　讨论标准正态密度函数 $p(x)=\frac{1}{\sqrt{2\pi}}e^{-\frac{x^2}{2}}$ 的单调性、极值、凹凸区间和拐点.

解　标准正态密度函数 $p(x)=\frac{1}{\sqrt{2\pi}}e^{-\frac{x^2}{2}}$ 的定义域为 $(-\infty,+\infty)$，有

$$y'=-\frac{xe^{-\frac{x^2}{2}}}{\sqrt{2\pi}},\quad y''=\frac{e^{-\frac{x^2}{2}}}{\sqrt{2\pi}}(x^2-1)$$

令 $y'=0$，得驻点 $x=0$. 令 $y''=0$，得 $x=\pm 1$.

以这些点为分界点，将定义域分为若干区间，列表讨论如下：

x	$(-\infty,-1)$	-1	$(-1,0)$	0	$(0,1)$	1	$(1,+\infty)$
y'	+	+	+	0	−	−	−
y''	+凹	0	−凸	−	−凸	0	+凹
y	↗	拐点	↗	极大值	↘	拐点	↘

从上表可以看出，函数的单调增区间为 $(-\infty,0)$，单调减区间为 $(0,+\infty)$；函数的唯一的极大值 $f(0)=\frac{1}{\sqrt{2\pi}}$，无极小值；函数的凹区间为 $(-\infty,-1)$，$(1,+\infty)$，凸区间为 $(-1,1)$；函数的拐点为 $\left(-1,\frac{1}{\sqrt{2\pi}}e^{-\frac{1}{2}}\right)$ 和 $\left(1,\frac{1}{\sqrt{2\pi}}e^{-\frac{1}{2}}\right)$.

例 3 已知曲线 $y = ax^3 + bx^2 + x + 2$ 有一个拐点$(-1, 3)$，求 a，b 的值.

解 由拐点$(-1, 3)$在曲线上，得

$$a - b = -2$$

而

$$y' = 3a^2 + 2bx + 1, \quad y'' = 6ax + 2b$$

由 $y''|_{x=-1} = 0$，得

$$-6a + 2b = 0$$

联立方程组 $\begin{cases} a - b = -2 \\ -6a + 2b = 0 \end{cases}$，解得 $a = 1, b = 3$.

9.4.2 曲线的渐近线

定义 9.2 如果曲线 $y = f(x)$ 上的一动点 P 沿着曲线趋于无穷远时，动点 P 与某直线 L 的距离趋于零，则称直线 L 为曲线 $y = f(x)$ 的渐近线.

1. 水平渐近线

定义 9.3 如果曲线 $y = f(x)$ 的定义域是无限区间且 $\lim\limits_{x \to -\infty} f(x) = b$ 或 $\lim\limits_{x \to +\infty} f(x) = b$，则称直线 $y = b$ 为曲线 $y = f(x)$ 的一条水平渐近线.

例如，当 $x \to \infty$ 时，有 $e^{-x^2} \to 0$，所以 $y = 0$ 是 $y = e^{-x^2}$ 的一条水平渐近线（见图 9.9）.

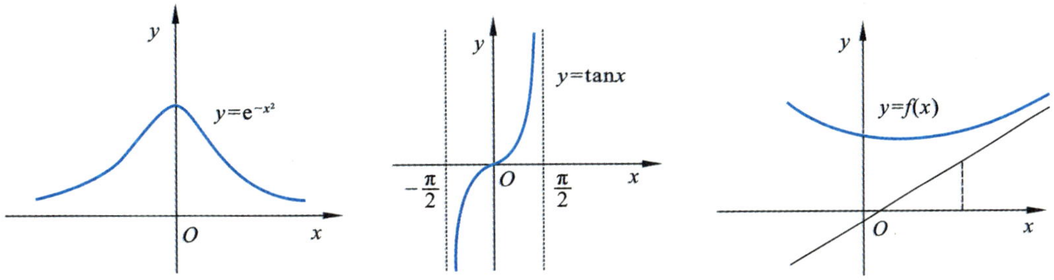

图 9.9

2. 铅直渐近线

定义 9.4 如果曲线 $y = f(x)$ 在 $x = c$ 处间断，且 $\lim\limits_{x \to c^-} f(x) = \infty$ 或 $\lim\limits_{x \to c^+} f(x) = \infty$，则称直线 $x = c$ 为曲线 $y = f(x)$ 的一条铅直渐近线.

例如，当 $x \to \dfrac{\pi}{2}$ 时，有 $\tan x \to +\infty$，所以 $x = \dfrac{\pi}{2}$ 是 $y = \tan x$ 的一条铅直渐近线，同理 $x = -\dfrac{\pi}{2}$ 是 $y = \tan x$ 的一条铅直渐近线（见图 9.9）.

又如，$y = \dfrac{x^3}{(x+3)(x-1)}$，显然函数在 $x = 1, x = -3$ 处间断，且 $\lim\limits_{x \to 1} f(x) = \infty$，$\lim\limits_{x \to -3} f(x) = \infty$，所以直线 $x = 1$ 和 $x = -3$ 是曲线 $y = \dfrac{x^3}{(x+3)(x-1)}$ 的两条铅直渐近线.

注意：铅直渐近线只可能在间断点处产生，若无间断点，则无铅直渐近线.

*3. 斜渐近线

定义 9.5 曲线 $y=f(x)$，如果存在 $y=kx+b(k\neq 0)$，使得 $\lim\limits_{x\to\pm\infty}[f(x)-(kx+b)]=0$ 成立，则直线 $y=kx+b$ 为曲线 $y=f(x)$ 的一条斜渐近线（见图 9.9）.

*斜渐近线的求法：$k=\lim\limits_{x\to\infty}\dfrac{f(x)}{x}$，$b=\lim\limits_{x\to\infty}[f(x)-kx]$. 若 k,b 中有一个不存在，则曲线无斜渐近线.

（对于简单曲线，我们一般只关注其是否有水平渐近线和铅直渐近线.）

例 4 求曲线 $y=\dfrac{x^3}{x^2+2x-3}$ 的渐近线.

解 因为 $\lim\limits_{x\to\infty}\dfrac{x^3}{x^2+2x-3}=\infty$，所以曲线无水平渐近线.

又因为 $y=\dfrac{x^3}{x^2+2x-3}=\dfrac{x^3}{(x-1)(x+3)}$，所以函数在 $x=1,x=-3$ 处间断.

$\lim\limits_{x\to 1}\dfrac{x^3}{x^2+2x-3}=\infty$，所以 $x=1$ 是曲线的一条铅直渐近线；

$\lim\limits_{x\to -3}\dfrac{x^3}{x^2+2x-3}=\infty$，所以 $x=-3$ 是曲线的一条铅直渐近线.

*因为

$$k=\lim_{x\to\infty}\frac{f(x)}{x}=\lim_{x\to\infty}\frac{x^2}{x^2+2x-3}=1$$

$$b=\lim_{x\to\infty}(f(x)-kx)=\lim_{x\to\infty}\left(\frac{x^3}{x^2+2x-3}-x\right)=\lim_{x\to\infty}\frac{-2x^2+3x}{x^2+2x-3}=-2$$

所以，曲线有斜渐近线

$$y=x-2$$

例 5 求下列函数的渐近线.

（1）$y=\mathrm{e}^{-(x-1)^2}$；　　（2）$y=\dfrac{\mathrm{e}^x}{1+x}$.

解 （1）函数 $y=\mathrm{e}^{-(x-1)^2}$ 的定义域为 $(-\infty,+\infty)$，无间断点，且 $\lim\limits_{x\to\infty}\mathrm{e}^{-(x-1)^2}=0$，所以 $y=0$ 是曲线 $y=\mathrm{e}^{-(x-1)^2}$ 的水平渐近线，曲线无铅直渐近线.

（2）函数在 $x=-1$ 处间断，且

$$\lim_{x\to-\infty}\frac{\mathrm{e}^x}{1+x}\overset{\frac{\infty}{\infty}}{=}\lim_{x\to-\infty}\mathrm{e}^x=0,\quad \lim_{x\to-1}\frac{\mathrm{e}^x}{1+x}=\infty$$

所以直线 $y=0$ 是曲线 $y=\dfrac{\mathrm{e}^x}{1+x}$ 的一条水平渐近线，$x=-1$ 是曲线 $y=\dfrac{\mathrm{e}^x}{1+x}$ 的一条铅直渐近线.

9.4.3 函数图形描绘的步骤

在前面讨论函数的单调性、极值、凹凸性和拐点，以及利用渐近线的基础上，对函数的性态有了比较深刻的了解，下面就能比较准确地描绘出函数的图像了.

归纳出函数 $y=f(x)$ 的作图步骤如下：

（1）确定函数的定义域和值域；

（2）确定曲线关于坐标轴的对称性；

（3）求出曲线和坐标轴的交点；

（4）确定函数的单调区间并求出极值；

（5）确定函数的凹凸区间和拐点；

（6）求出曲线的渐近线；

（7）列表讨论并描绘函数的图像.

例 6 描绘函数 $f(x)=\dfrac{4(x+1)}{x^2}-2$ 的图形.

解 （1）函数的定义域为 $(-\infty,0)\cup(0,+\infty)$.

（2）函数具有奇偶性，因此图像无对称性.

（3）令 $y=0$，即 $\dfrac{4(x+1)}{x^2}-2=0$，得 $x^2-2x-2=0$，解得 $x=1\pm\sqrt{3}$，表明曲线与 x 轴交于 $x=1+\sqrt{3}\approx2.73$ 和 $x=1-\sqrt{3}\approx-0.73$.

（4）$f'(x)=-\dfrac{4(x+2)}{x^3}$，令 $f'(x)=0$，得 $x=-2$.

（5）$f''(x)=\dfrac{8(x+3)}{x^4}$，令 $f''(x)=0$，得 $x=-3$.

（6）因为 $\lim\limits_{x\to\pm\infty}\left[\dfrac{4(x+1)}{x^2}-2\right]=-2$，所以 $y=-2$ 是曲线的水平渐近线. 又因为 $x=0$ 是函数的间断点，且 $\lim\limits_{x\to0}\left[\dfrac{4(x+1)}{x^2}-2\right]=\infty$，所以 $x=0$ 是曲线的铅直渐近线.

（7）列表讨论如下：

x	$(-\infty,-3)$	-3	$(-3,-2)$	-2	$(-2,0)$	0	$(0,+\infty)$
y'	$-$	$-$	$-$	0	$+$	无	$-$
y''	$-$	0	$+$	$+$	$+$	无	$+$
y	↘	$-2\dfrac{8}{9}$	↘	极小值 -3	↗		↘
拐点		$\left(-3,-2\dfrac{8}{9}\right)$					

作出函数的图像（见图 9.10）.

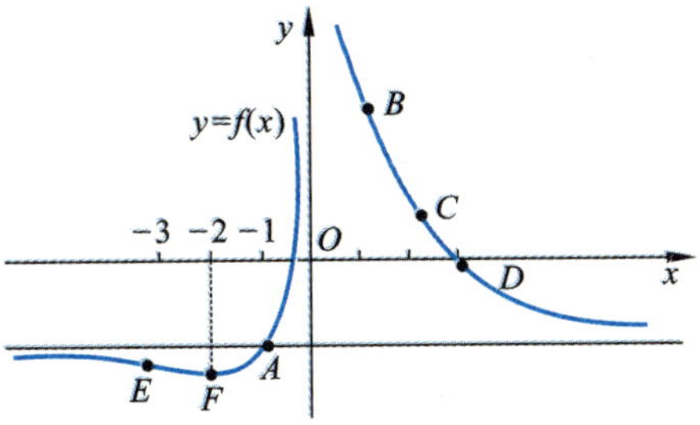

图 9.10

习题 9.4

1. 根据函数 $f(x)$ 的图像（见图 9.11），回答下列问题.

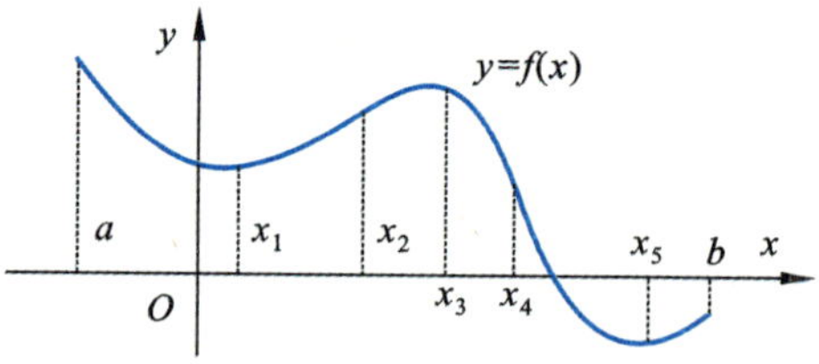

图 9.11

（1） $f'(x)$ 在哪些地方改变了符号?

（2） $f'(x)$ 在哪些地方取得极大值和极小值?

（3）作出 $f'(x)$ 的图像（示意图）.

2. 讨论下列曲线的凹凸性，并求出其拐点.

（1） $y=x\ln x$；（2） $y=\frac{2}{3}x-\sqrt[3]{x}$；

（3） $y=x^3-5x^2+3x-5$；（4） $y=x+x^{\frac{5}{3}}$；

（5） $y=2x^2-x^3$；（6） $y=\ln(1+x^2)$.

3. 已知曲线 $y=ax^3+bx^2$ 的一个拐点是（1, 3），求 a,b 的值.

4. 求下列曲线的渐近线.

（1） $y=\frac{1}{x^2-4x-5}$；（2） $y=\mathrm{e}^{-\frac{1}{x}}$.

5. 对下列函数作全面讨论，并画出函数的图像.

（1） $y=(x+1)(x-2)^2$；（2） $y=\frac{x}{(1-x^2)^2}$；

（3） $y=\frac{x}{1+x^2}$；（4） $y=x-\ln(1+x)$.

*9.5 导数在工程技术中的应用

导数在许多领域都有广泛的应用，这里仅就导数在工程技术中的应用作简要介绍.

在工程技术中，经常会遇到道路转弯、桥梁或隧道的拱形、齿轮轮廓线形状，这就要求我们研究曲线弯曲的程度. 为此，我们先给出弧微分的概念.

9.5.1 弧微分

如图 9.12 所示，在连续光滑的曲线 $y=f(x)$ 上取定点 $M_0(x_0,y_0)$ 作为度量曲线弧的起点，

$M(x,y)$ 为曲线弧上任意一点，规定依 x 增大方向作为曲线弧的下方向，用 s 表示曲线弧 M_0M 的长度，即 $s=s(x)=M_0M$.

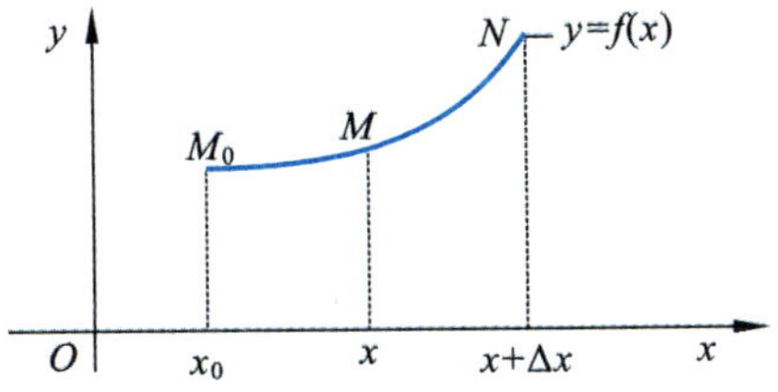

图 9.12

当自变量从点 x 取得增量 Δx ，而 $x+\Delta x$ 对应于弧长的增量为

$$\Delta s=\overset{\frown}{M_0N}-\overset{\frown}{M_0M}=\overset{\frown}{MN}$$

当 $\Delta x>0$ 时， $\Delta s>0$ ；当 $\Delta x<0$ 时， $\Delta s<0$.

于是

$$\frac{\Delta s}{\Delta x}=\frac{\overset{\frown}{MN}}{\Delta x}=\frac{\overset{\frown}{MN}}{|MN|}\cdot\frac{|MN|}{\Delta x}=\frac{\overset{\frown}{MN}}{|MN|}\cdot\frac{\sqrt{(\Delta x)^2+(\Delta y)^2}}{\Delta x}=\frac{\overset{\frown}{MN}}{|MN|}\sqrt{1+\left(\frac{\Delta y}{\Delta x}\right)^2}$$

其中，$|MN|$ 为弦 $\overline{MN}$ 的长度.

设 $y=f(x)$ 具有一阶连续导数，当 $\Delta x\to 0$ 时，N 沿着曲线弧趋于 M，有

$$\lim_{\Delta x\to 0}\frac{\left|\overset{\frown}{MN}\right|}{|MN|}=1$$

所以

$$\frac{\mathrm{d}s}{\mathrm{d}x}=\lim_{\Delta x\to 0}\frac{\Delta s}{\Delta x}=\lim_{\Delta x\to 0}\frac{\left|\overset{\frown}{MN}\right|}{|MN|}\cdot\lim_{\Delta x\to 0}\sqrt{1+\left(\frac{\Delta y}{\Delta x}\right)^2}=\sqrt{1+(y')^2}$$

从而有

$$\mathrm{d}s=\sqrt{1+(y')^2}\,\mathrm{d}x \tag{9.3}$$

或者

$$(\mathrm{d}s)^2=(\mathrm{d}x)^2+(\mathrm{d}y)^2 \tag{9.4}$$

式（9.3）或者式（9.4）被称为弧长 s 的微分，简称弧微分.

例 1 求曲线 $y=\ln(1-x^2)$ 的弧微分.

解 函数 $y=\ln(1-x^2)$ 的定义域为$(-1,1)$. 当 $x\in(-1,1)$ 时，有

$$y'=\frac{-2x}{1-x^2}，\quad (y')^2=\frac{4x^2}{(1-x^2)^2}$$

故所求的弧微分为

$$\mathrm{d}s=\sqrt{1+(y')^2}\,\mathrm{d}x=\sqrt{1+\frac{4x^2}{(1-x^2)^2}}\,\mathrm{d}x=\frac{1+x^2}{1-x^2}\mathrm{d}x$$

9.5.2 曲　率

曲率是用来形容曲线弯曲程度的量. 曲线的弯曲程度受曲线上的切线转角的大小及曲线弧长的影响.

在田径场上进行比赛时，跑在内道的选手比跑在外道的选手的弯曲程度要大，但这时跑在外道的选手追过的距离要长，这说明在切线转角一致的情况下，弧长较长的弯曲程度要小（见图 9.13）.

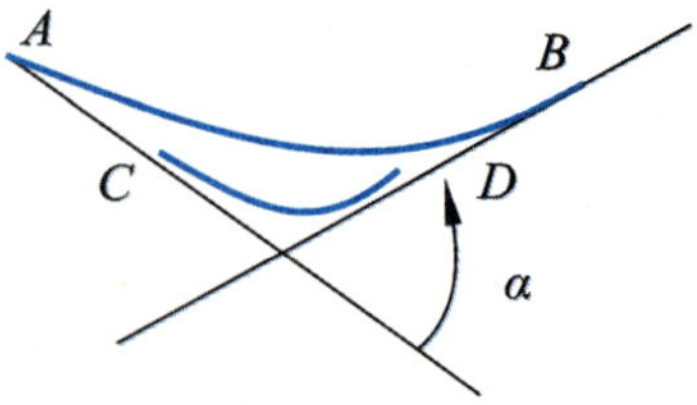

图 9.13

那么，相同长度的弧在其切线转角大小发生变化时，又是怎样影响弧的弯曲程度呢？我们都有这样的经验，将一根竹片弯曲（手的两端的切线的夹角就形成了切线的转角）时，折弯的角度越大，竹片就越容易折断. 这是因为，它的弯曲的程度越来越大从而形成对竹片的破坏力越来越大（见图 9.14）的缘故.

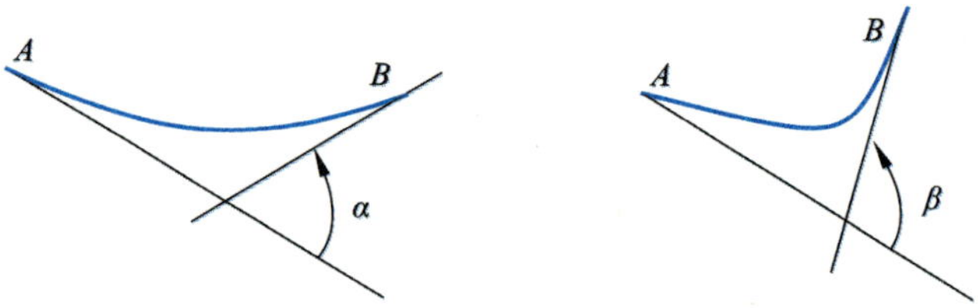

图 9.14

综上所述，在弧有连续转动的切线时，我们有这样的认识：

（1）切线的转角相同，曲线弧较长的，弧的弯曲程度较小；

（2）相同弧长的曲线，切线转角大的，弧的弯曲程度就大.

定义 9.6 曲线弧 MN 的长为 Δs，曲线弧的转角为 $\Delta\alpha$，则称 $\left|\dfrac{\Delta s}{\Delta\alpha}\right|$ 为曲线弧 MN 的平均曲率.

平均曲率表示曲线弧 MN 的平均弯曲程度.

如图 9.15 所示，当 MN 上的点 N 沿曲线弧越来越接近于点 M 时，曲线弧 MN 的平均曲率越来越接近于点 M 处的曲率.

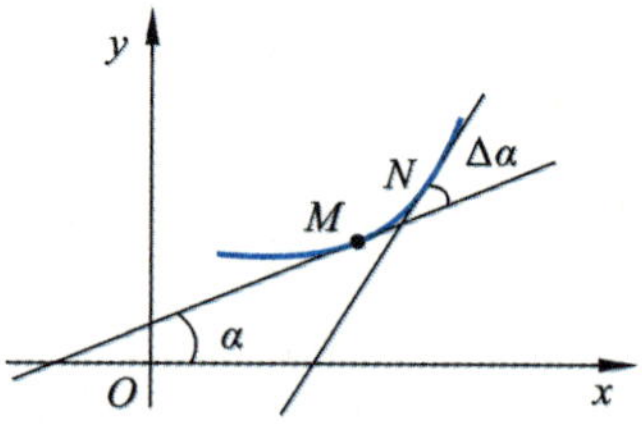

图 9.15

用 k 表示曲线弧在点 M 处的曲率，则有下面的定义.

定义 9.7（曲率的定义） 称 $k=\lim\limits_{\Delta x\to 0}\left|\dfrac{\Delta\alpha}{\Delta s}\right|=\dfrac{\mathrm{d}\alpha}{\mathrm{d}s}$ 为曲线在点 M 处的曲率.

设函数 $y=f(x)$ 有二阶导数，如图 9.15 所示，曲线 $y=f(x)$ 在点 $M(x,f(x))$ 处切线的倾角 α 满足 $y'=\tan\alpha$，则有 $\alpha=\arctan y'$，从而有

$$\mathrm{d}\alpha=\frac{1}{1+(y')^2}\cdot y''\mathrm{d}x$$

又因为

$$\mathrm{d}s=\sqrt{1+(y')^2}\,\mathrm{d}x$$

故曲线 $y=f(x)$ 在点 $M(x,f(x))$ 处的曲率为

$$k=\frac{\mathrm{d}\alpha}{\mathrm{d}s}=\frac{|y''|}{[1+(y')^2]^{\frac{3}{2}}}$$

例 2 求圆周 $(x-a)^2+(y-b)^2=R^2$ 上任意一点处的曲率.

解 设 $M(x,y)$ 为圆周上任意一点，由弧长、半径、圆心角间的关系知 $\Delta s=R\cdot\Delta\alpha$，则有

$$k=\lim_{\Delta x\to 0}\left|\frac{\Delta\alpha}{\Delta s}\right|=\lim_{\Delta x\to 0}\frac{1}{R}=\frac{1}{R}$$

即圆周上各点处的曲率相同，都等于该圆半径的倒数.

例 3 求曲线 $y=\sqrt{x}$ 在点 $\left(\frac{1}{4},\frac{1}{2}\right)$ 处的曲率.

解 因为

$$y'=\frac{1}{2}x^{-\frac{1}{2}}=\frac{1}{2\sqrt{x}}\,,\quad y'|_{x=\frac{1}{4}}=1\,,$$

$$y''=\left(\frac{1}{2}x^{-\frac{1}{2}}\right)'=-\frac{1}{4}\cdot\frac{1}{\sqrt{x^3}}\quad ,\quad y''|_{x=\frac{1}{4}}=-2$$

所以所求曲率为

$$k=\frac{\mathrm{d}\alpha}{\mathrm{d}s}=\left.\frac{|y''|}{[1+(y')^2]^{\frac{3}{2}}}\right|_{x=\frac{1}{4}}=\frac{2}{2^{\frac{3}{2}}}=\frac{\sqrt{2}}{2}$$

特别地，当曲线为一条直线时，不妨设直线方程为 $y=ax+b$，则有 $y'=a$，$y''=0$，从而有 $k=\frac{\mathrm{d}\alpha}{\mathrm{d}s}=\frac{|y''|}{[1+(y')^2]^{\frac{3}{2}}}=0$. 因此，有如下结论：直线上任意一点处的曲率都等于零.

9.5.3 曲率圆

神舟飞船发射后需要变轨，在变轨的节点处就涉及下面的曲率圆问题.

定义 9.8（曲率半径的定义） 如果函数 $y=f(x)$ 在任意点 $M(x,f(x))$ 的曲率 $k\neq 0$，则称曲率 k 的倒数为曲线在点 M 处的曲率半径，记为 R，即

$$R=\frac{1}{k}=\frac{[1+(y')^2]^{\frac{3}{2}}}{|y''|}$$

定义 9.9（曲率圆的概念） 设曲线 L（$y=f(x)$ 的图像）上点 M 处的曲率 $k\neq0$，在点 M 处曲线的法线上凹的一侧取一点 D，使得 $DM=\frac{1}{k}=R$，则以 D 为圆心、R 为半径的圆叫作曲线在点 M 处的曲率圆（也叫密切圆），曲率圆的圆心 D 叫作曲线在点 M 处的曲率中心（见图 9.16）.

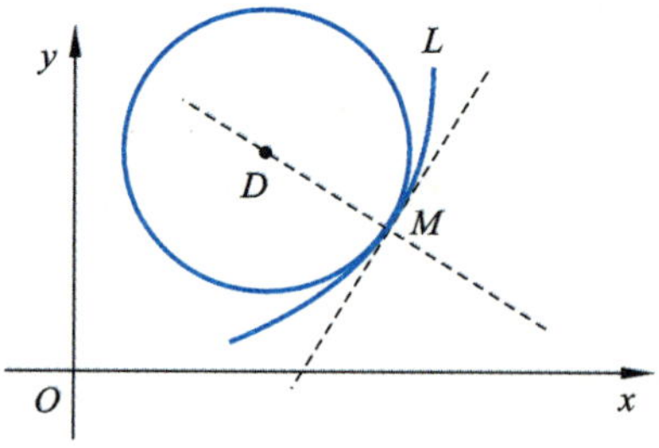

图 9.16

曲率圆与曲线 L 在点 M 处有相同的切线和凹向以及相同的曲率，因而在点 M 附近，曲率圆弧与曲线弧的密切程度非常好，所以曲率圆又叫密切圆. 在许多实际问题中，常常用曲率圆在点 M 附近的一段圆弧来近似代替曲线弧，使问题更加简化.

前面提到的飞船变轨，变轨时的交会点 M 的选择很重要，因为它涉及两条曲线在交会处应有相同的曲率与凹向.

根据以上分析，我们对曲率圆有如下认识：

（1）它与曲线 $y=f(x)$ 在点 M 处相切.

（2）在点 M 处，曲率圆与曲线 $y=f(x)$ 有相同的曲率.

（3）在点 M 处，曲率圆与曲线 $y=f(x)$ 的凹向相同.

例 4 汽车连同载重共 5 t，在抛物线拱桥上行驶，速度为 21.6 km/h，桥的跨度 10 m，拱高 0.25 m，求汽车越过桥顶时对桥的压力.

解 如图 9.17 所示，建立直角坐标系. 设拱桥的抛物线方程为 $y=ax^2$，将抛物线上的点 A（5，0.25）代入方程，得 $a=0,01$，因此抛物线的方程为 $y=0.01x^2$.

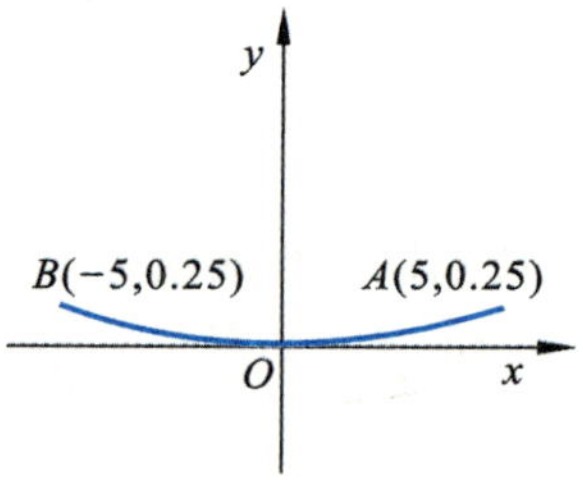

图 9.17

因为 $y'=0.02x$，$y'|_{x=0}=0$，$y''=0.02$，$y''|_{x=0}=0.02$，所以

$$\text{曲率半径 } R=\frac{[1+(y')^2]^{\frac{3}{2}}}{|y''|}=\frac{1}{0.02}=50$$

$$\text{离心力 } F=\frac{mv^2}{R}=\frac{5\times10^3\times\left(\frac{21.6\times10^3}{3600}\right)^2}{50}=3600\ (\text{N})$$

故汽车越过桥顶时对桥的压力为

$$5\times10^3\times9.8-3600=45\ 400\ (\text{N})$$

习题 9.5

1. 求下列曲线的弧微分.

（1）$y=x^2+x$；（2）$y=\cos x$；

（3）$y=\ln(\sec x)$；（4）$\begin{cases}x=at^2\\y=bt^3\end{cases}$.

2. 求下列曲线在给定处的曲率和曲率半径.

（1）$y=x^3$ 在点 $(1,1)$ 处；（2）$y=\sin x$ 在点 $\left(\frac{\pi}{2},1\right)$ 处；

（3）$y=4x+x^2$ 在点 $(-2,-4)$ 处；（4）$4x^2+y^2=4$ 在点 $(0,2)$ 处.

复习题 9

1. 单项选择题

（1）下列函数在给定区间上满足罗尔定理条件的是（　　）.

A. $f(x)=x\sqrt{3-x}$，$[0,3]$　　B. $f(x)=xe^{-x}$，$[0,1]$

C. $f(x)=\begin{cases}\sin x, & x<5\\x+2, & x\geqslant 5\end{cases}$，$[0,5]$　　D. $f(x)=|\cos x|$，$[0,1]$

（2）下列函数在 $[1,e]$ 上满足拉格朗日中值定理条件的是（　　）.

A. $\ln(\ln x)$　　B. $\ln x$　　C. $\dfrac{1}{\ln x}$　　D. $\ln(2-x)$

（3）下列极限问题中能够使用洛必达法则的是（　　）.

A. $\lim\limits_{x\to 0}\dfrac{x^2\sin\frac{1}{x}}{\sin x}$　　B. $\lim\limits_{x\to\infty}\dfrac{x+\sin x}{x-\sin x}$

C. $\lim\limits_{x\to 0}\dfrac{x-\sin x}{x\sin x}$　　D. $\lim\limits_{x\to 1}\dfrac{x+\ln x}{x-1}$

（4）函数 $y=2x+\cos x$ 的单调增加区间是（　　）.

A. $(0,+\infty)$　　B. $(-\infty,0)$

C. $(-\infty,+\infty)$　　D. $(-1,1)$

（5）$f'(x_0)=0$，$f''(x_0)>0$ 是函数 $y=f(x)$ 在点 x_0 处取得极值的（　　）.

A. 必要条件　　B. 充分条件

C. 充要条件　　D. 无关条件

（6）设函数 $f(x)=(x-1)^{\frac{2}{3}}$，则 $x=1$ 是 $f(x)$ 的（　　）.

A. 间断点　　B. 可导点　　C. 驻点　　D. 极值点

（7）函数 $f(x)=x-\ln(1+x^2)$ 在定义域内（　　）.

A. 无极值　　B. 极大值为 $1-\ln 2$

C. 极小值为 $1-\ln 2$　　D. $f(x)$ 为单调减函数

（8）下列曲线在其定义域内为凹的是（　　）.

A. $y=\mathrm{e}^{-x}$　　B. $y=\ln(1+x^2)$

C. $y=\arctan x$　　D. $y=\sin(x^2+2)$

（9）曲线 $y=(x-2)^{\frac{5}{3}}$ 的拐点是（　　）.

A.（0，2）　　B.（2，0）　　C.（1，0）　　D.（2，1）

（10）函数 $y=ax^2+b$ 在 $(0,+\infty)$ 内单调增加，则 a,b 应满足（　　）.

A. $a<0,b=0$　　B. $a>0,b$ 为任意实数

C. $a<0,b\neq 0$　　D. 无法说清 a与b 的规律

（11）设函数 $f(x)$ 在 $[0,1]$ 上 $f''(x)>0$，则 $f'(1)$，$f'(0)$，$f(1)-f(0)$，$f(0)-f(1)$ 的大小顺序是（　　）.

A. $f'(1)>f'(0)>f(1)-f(0)$　　B. $f'(1)>f(1)-f(0)>f'(0)$

C. $f(1)-f(0)>f'(1)>f'(0)$　　D. $f'(1)>f(0)-f(1)>f'(0)$

（12）若连续函数在闭区间上有唯一的极大值和极小值，则（　　）.

A. 极大值一定是最大值，极小值一定是最小值

B. 极大值一定是最大值，或极小值一定是最小值

C. 极大值不一定是最大值，极小值不一定是最小值

D. 极大值不一定是最大值，或极小值一定是最小值

2. 填空题

（1）函数 $y=\sqrt[3]{x}$ 在[0, 2]上满足拉格朗日中值定理的 $\xi=$________.

（2）$\lim\limits_{x\to+\infty}\dfrac{x^2}{x+\mathrm{e}^x}=$________.

（3）$y=x-\dfrac{3}{2}x^{\frac{2}{3}}$ 的单调递增区间为________，单调递减区间________.

（4）$f(x)=3-x-\dfrac{4}{(x+2)^2}$ 在区间[-1, 2]上的最大值为________，最小值为________.

（5）曲线 $y=x^3-3x^2$ 的拐点的坐标是________.

（6）曲线 $y=x^2\mathrm{e}^{-x^2}$ 的渐近线方程为________.

3. 求下列函数的极限.

（1）$\lim\limits_{x\to 0}\dfrac{\tan x-x}{x-\sin x}$；　　（2）$\lim\limits_{x\to\infty}\dfrac{\ln(1+3x^2)}{\ln(3+x^2)}$；

（3）$\lim\limits_{x\to 0}\dfrac{\mathrm{e}^x-1}{x^2-x}$；　　（4）$\lim\limits_{x\to+\infty}x\left(\dfrac{\pi}{2}-\arctan x\right)$；

（5）$\lim\limits_{x\to 0}\left[\dfrac{1}{x}-\dfrac{1}{\ln(1+x)}\right]$；（6）$\lim\limits_{x\to 0}\dfrac{e^{x}-e^{\sin x}}{x-\sin x}$.

4. 解答题

（1）求函数 $y=(x+1)^{\frac{2}{3}}(x-5)^{2}$ 的单调区间和极值.

（2）求函数 $y=1-2\sqrt[3]{(1+x)^{2}}$ 在区间$[-2, 2]$上的最大值和最小值.

（3）求函数 $y=\ln(x^{2}+1)$ 的凹凸区间和拐点.

（4）已知矩形的周长为 24，将它绕一条边旋转而成几何体，问矩形的长、宽各为多少时，几何体的体积最大？

第 10 章　不定积分

学习目标

1. 理解原函数和不定积分的概念.
2. 掌握不定积分的性质和基本积分公式.
3. 掌握换元积分法和分部积分法.

前面已经研究了如何求函数的导数和微分，在自然科学和实际问题中常常需要讨论与它们相反的问题，即已知一个函数的导数或微分，如何求原来的函数，由此引出不定积分的概念. 本章将学习不定积分的性质和几种基本积分法.

10.1　不定积分的概念与性质

在许多实际问题中，往往需要根据一个函数的导数来求原来这个函数的问题. 例如，已知边际成本函数来求总成本函数，已知曲线在点 (x,y) 处切线的斜率求该曲线的方程等. 这就是求原函数的问题.

10.1.1　原函数

定义 10.1　设 $f(x)$ 是定义在区间 I 上的已知函数，如果存在函数 $F(x)$，对于该区间内的任意的 x，都有

$$F'(x)=f(x) \text{ 或 } \mathrm{d}F(x)=f(x)\mathrm{d}x$$

则称 $F(x)$ 是 $f(x)$ 在区间 I 上的一个**原函数**.

例如，在 $(-\infty,+\infty)$ 上，因为 $(x^2)'=2x$，所以 x^2 是 $2x$ 的一个原函数，又 $(x^2+1)'=2x$，$(x^2-\sqrt{3})'=2x, (x^2+C)'=2x$（其中 C 为任意常数），所以 $x^2+1, x^2-\sqrt{3}, x^2+C$ 都是 $2x$ 的原函数.

事实上，若 $F(x)$ 是 $f(x)$ 的一个原函数，$G(x)$ 也是 $f(x)$ 的任意一个原函数，则

$$F'(x)=f(x),\ \ G'(x)=f(x)$$

从而

$$(G(x)-F(x))' = G'(x)-F'(x) = f(x)-f(x) = 0$$

由拉格朗日微分中值定理的推论知，$G(x)-F(x)=C$（C 是任意常数），即

$$G(x) = F(x)+C$$

这说明，“某个特定的原函数 $F(x)$+ 任意函数 C” 可以表示 $f(x)$ 的全体原函数.

例如，因为 $(\sin x)'=\cos x$，所以 $\sin x+C$ 是 $\cos x$ 的全体原函数.

通常 $F(x)+C$（C 为任意常数）叫作函数 $f(x)$ 的原函数族.

是否所有的函数都有原函数呢？一般地，有如下结论：

如果函数 $f(x)$ 在区间 I 上连续，那么 $f(x)$ 在区间 I 上存在原函数.

10.1.2 不定积分的概念

定义 10.2 函数 $f(x)$ 的全部原函数 $F(x)+C$，称为 $f(x)$ 的**不定积分**，记为 $\int f(x)\mathrm{d}x$，即

$$\int f(x)\mathrm{d}x = F(x)+C$$

其中 $\int$ 称为**积分号**，$f(x)$ 称为**被积函数**，$f(x)\mathrm{d}x$ 称为**被积表达式**，x 称为**积分变量**，C 称为**积分常数**.

由定义 10.2 可知，要求函数的不定积分，只需要求出它的一个原函数，再加上任意常数即可.

例如，因为 $(\sin x)'=\cos x$，所以 $\int \cos x\mathrm{d}x = \sin x + c$.

求 $f(x)$ 的原函数的过程叫作求 $f(x)$ 的不定积分.

10.1.3 基本积分公式

由不定积分的定义和导数的基本公式，可直接得到积分的基本公式：

（1）$\int k\mathrm{d}x = kx+C$（k 为常数）.（特例：$\int 0\,\mathrm{d}x = C, \int \mathrm{d}x = x+C.$）

（2）$\int x^{\alpha}\mathrm{d}x = \frac{1}{\alpha+1}x^{\alpha+1}+C$.

（3）$\int \frac{1}{x}\mathrm{d}x = \ln|x|+C$.

（4）$\int a^x\mathrm{d}x = \frac{1}{\ln a}a^x + C(a>0, a\neq 1)$.

（5）$\int \mathrm{e}^x\mathrm{d}x = \mathrm{e}^x + C$.

（6）$\int \sin x\mathrm{d}x = -\cos x + C$.

（7）$\int \cos x\mathrm{d}x = \sin x + C$.

（8）$\int \sec^2 x\mathrm{d}x = \tan x + C$.

（9）$\int \csc^2 x\mathrm{d}x = -\cot x + C$.

（10）$\int \sec x \tan x \mathrm{d}x = \sec x + C$.

（11）$\int \csc x \cot x \mathrm{d}x = -\csc x + C$.

（12）$\int \frac{1}{\sqrt{1-x^2}}\mathrm{d}x = \arcsin x + C$.

（13）$\int \frac{1}{1+x^2}\mathrm{d}x = \arctan x + C$.

说明：对于公式（3），当 $x>0$ 时，$(\ln|x|)'=(\ln x)'=\frac{1}{x}$；当 $x<0$ 时，$(\ln|x|)'=(\ln(-x))'=\frac{1}{-x}\cdot(-1)=\frac{1}{x}$，故当 $x\neq 0$ 时，$\int \frac{1}{x}\mathrm{d}x=\ln|x|+C$.

以上基本积分公式是计算不定积分的基础，必须熟记. 利用基本积分公式和不定积分的性质，可以直接计算一些较为简单的不定积分，这种方法一般称为直接积分法.

例 1 求下列不定积分.

（1）$\int \frac{\mathrm{d}x}{x^3}$；（2）$\int x^2\sqrt{x}\mathrm{d}x$.

解（1）$\int \frac{\mathrm{d}x}{x^3}=\int x^{-3}\mathrm{d}x=\frac{1}{-3+1}x^{-3+1}+C=-\frac{1}{2x^2}+C$.

（2）$\int x^2\sqrt{x}\mathrm{d}x=\int x^{\frac{5}{2}}\mathrm{d}x=\frac{1}{\frac{5}{2}+1}x^{\frac{5}{2}+1}+C=\frac{2}{7}x^{\frac{7}{2}}+C$.

10.1.4 不定积分的性质

性质 1 不定积分与微分或求导数是互逆运算.

（1）$\left(\int f(x)\mathrm{d}x\right)'=f(x)$ 或 $\mathrm{d}\left(\int f(x)\mathrm{d}x\right)=f(x)\mathrm{d}x$.

（2）$\int f'(x)\mathrm{d}x=f(x)+C$ 或 $\int \mathrm{d}f(x)=f(x)+C$.

性质 2 不为 0 的常数因子可以移到各分号之前，即

$$\int kf(x)\mathrm{d}x=k\int f(x)\mathrm{d}x(k\neq 0).$$

性质 3 两个函数的代数和的不定积分等于它们的不定积分的代数和，即

$$\int (f(x)\pm g(x))\mathrm{d}x=\int f(x)\mathrm{d}x\pm\int g(x)\mathrm{d}x$$

这一结论可以推广到有限个函数的代数和的情形.

例 2 求 $\int\left(\frac{2}{x}-\frac{1}{\sqrt{1-x^2}}+\csc^2 x\right)\mathrm{d}x$.

解 由不定积分的性质和基本公式得

$$\begin{aligned}\int\left(\frac{2}{x}-\frac{1}{\sqrt{1-x^2}}+\csc^2 x\right)\mathrm{d}x &= 2\int\frac{1}{x}\mathrm{d}x-\int\frac{1}{\sqrt{1-x^2}}\mathrm{d}x+\int\csc^2 x\mathrm{d}x\\ &=2(\ln|x|+C_1)-(\arcsin x+C_2)+(-\cot x+C_3)\\ &=2\ln|x|-\arcsin x-\cot x+2C_1-C_2+C_3.\end{aligned}$$

其中，C_1,C_2 和 C_3 均为任意常数，则它们的代数和仍为任意常数.

令 $C=2C_1-C_2+C_3$，故

$$\int\left(\frac{2}{x}-\frac{1}{\sqrt{1-x^2}}+\csc^2 x\right)\mathrm{d}x=2\ln|x|-\arcsin x-\cot x+C.$$

约定在求不定积分时，若有多个不定积分，不必每完成一个积分都加积分常数 C，只需在完成所有积分时统一加上一个积分常数 C 即可.

注意：求不定积分时，除了应用性质（2）、（3）外，经常还需要对被积函数作适当的代数变形，将其化成基本积分公式的形式，进而求出积分.

例 3 求下列不定积分.

（1）$\int\frac{x^2-1}{x^2+1}\mathrm{d}x$；　　（2）$\int\sin^2\frac{x}{2}\mathrm{d}x$.

解 （1）$\int\frac{x^2-1}{x^2+1}\mathrm{d}x=\int\frac{(x^2+1)-2}{x^2+1}\mathrm{d}x=\int\left(1-\frac{2}{x^2+1}\right)\mathrm{d}x$

$$=\int\mathrm{d}x-2\int\frac{1}{x^2+1}\mathrm{d}x=x-2\arctan x+C.$$

（2）$\int\sin^2\frac{x}{2}\mathrm{d}x=\int\frac{1-\cos x}{2}\mathrm{d}x=\frac{1}{2}\int\mathrm{d}x-\frac{1}{2}\int\cos x\mathrm{d}x$

$$=\frac{1}{2}x-\frac{1}{2}\sin x+C.$$

例 4 求 $\int\sin 2x(\csc x+2\sec x)\mathrm{d}x$.

解 $\int\sin 2x(\csc x+2\sec x)\mathrm{d}x=\int 2\sin x\cos x\left(\frac{1}{\sin x}+\frac{2}{\cos x}\right)\mathrm{d}x$

$$=2\int\cos x\mathrm{d}x+4\int\sin x\mathrm{d}x$$

$$=2\sin x-4\cos x+C$$

10.1.5 不定积分的几何意义——积分曲线族

通常把函数 $f(x)$ 的一个原函数 $y=F(x)$ 的图形叫作 $f(x)$ 的一条**积分曲线**. 那么，$f(x)$ 的所有积分曲线构成的曲线族 $y=F(x)+C$ 称为 $f(x)$ 的**积分曲线族**（见图 10.1）.

从几何意义看，函数 $f(x)$ 的不定积分 $\int f(x)\mathrm{d}x$ 表示 $f(x)$ 的积分曲线族.

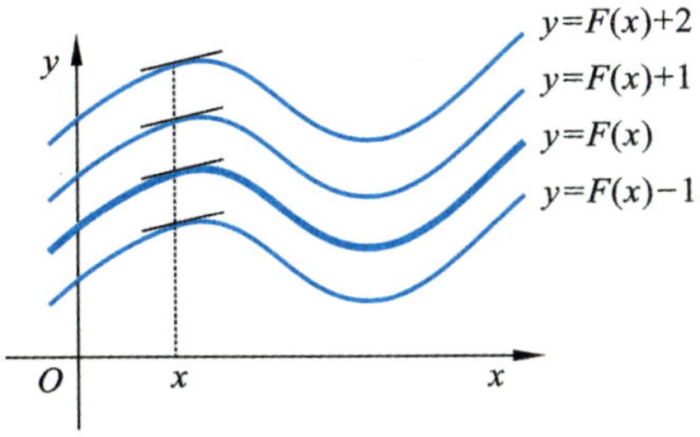

图 10.1

从图 10.1 可以看出，积分曲线族具有以下两个显著特点：

（1）对应同一个横坐标 x 的点，所有的切线互相平行；

（2）积分曲线族中，所有的曲线都可以由其中任意一条曲线沿着 y 轴的方向上下平移得到.

例 5 求经过点 $(1,3)$ 且其切线斜率为 $2x$ 的曲线方程.

解 设所求曲线方程为 $y=F(x)$，由题意知 $F'(x)=2x$，而

$$\int 2x\mathrm{d}x = x^2 + C$$

即 $2x$ 的积分曲线族为

$$y = x^2 + C$$

将 $x=1, y=3$ 代入，得 $C=2$.

故所求的曲线方程为

$$y = x^2 + 2$$

习题 10.1

1. 验证函数 $F(x)=x(\ln x-1)$ 是 $f(x)=\ln x$ 的一个原函数.

2. 填空题：

（1）设 $f(x)$ 的导函数为 $2x+3\sin x$，则 $f(x)=$____________.

（2）设 $f(x)$ 的原函数为 $2x+3\sin x$，则 $f(x)=$____________.

（3）设 $f(x)$ 是 e^{2x} 的原函数，则 $\int f'''(x)\mathrm{d}x=$____________.

（4）设 $\int f(x)\mathrm{d}x = x\sin x + C$，则 $f'(x)=$____________.

（5）$\int \mathrm{d}\left(\dfrac{\sin x}{1+x^2}\right)=$____________.

（6）$\left[\int \mathrm{d}\left(\dfrac{\sin x}{1+x^2}\right)\right]'=$____________.

3. 求下列不定积分.

（1）$\int (1-2x)\,\mathrm{d}x$；

（2）$\int x(1-x)^2\,\mathrm{d}x$；

（3）$\int a^x \mathrm{e}^x \mathrm{d}x$；

（4）$\int \dfrac{x-1}{\sqrt{x}}\mathrm{d}x$；

（5）$\int \left(\dfrac{1-x}{x}\right)^2 \mathrm{d}x$；

（6）$\int \dfrac{x^2+7x+12}{x+3}\mathrm{d}x$；

（7）$\int \dfrac{1}{x^2(1+x^2)}\mathrm{d}x$；

（8）$\int (2^x+3^x)^2 \mathrm{d}x$；

（9）$\int 2\cos^2 \dfrac{x}{2}\mathrm{d}x$；

（10）$\int \cot^2 x\mathrm{d}x$；

（11）$\int\frac{\cos 2x}{\cos^2 x\sin^2 x}\mathrm{d}x$；（12）$\int\frac{\cos 2x}{\sin x-\cos x}\mathrm{d}x$.

4. 已知某曲线 $y=f(x)$ 经过点 $\left(\frac{\pi}{2},2\right)$，且在曲线上任意一点 (x,y) 的切线斜率为 $\cos x$，求该曲线方程.

10.2 换元积分法

利用直接积分法只能计算一些简单的不定积分，因此必须进一步研究不定积分的求法. 把复合函数的求导法则反过来用于求函数的不定积分，即利用变量代换的方法来求函数的不定积分，这种方法叫**换元积分法**.

10.2.1 第一换元积分法

第一换元积分法是将微分公式与换元思想相结合的一种方法. 其基本思想是：通过换元，将所求积分转化为基本积分公式的情形来求积分.

定理 10.1 设函数 $F(u)$ 是 $f(u)$ 的一个原函数，即 $\int f(u)\mathrm{d}u=F(u)+C,u=\varphi(x)$ 具有连续导数，则有

$$\int f(\varphi(x))\varphi'(x)\mathrm{d}x=F(\varphi(x))+C.$$

证明从略.

把上述定理 10.1 改写成如下便于应用的形式：

$$\begin{aligned}\int f(\varphi(x))\varphi'(x)\mathrm{d}x&=\int f(\varphi(x))\mathrm{d}\varphi(x)\\&\overset{\text{换元}}{\underset{\varphi(x)=u}{=}}\int f(u)\mathrm{d}u=F(u)+C\\&\overset{\text{回代}}{\underset{u=\varphi(x)}{=}}F(\varphi(x))+C\end{aligned}$$

这种求不定积分的方法通常叫作**第一换元积分法**，又称**凑微分法**.

例 1 求 $\int\sin^2 x\cos x\mathrm{d}x$.

解 因为

$$\sin^2 x\cos x\mathrm{d}x=\sin^2 x(\sin x)'\mathrm{d}x=\sin^2 x\mathrm{d}\sin x$$

令 $u=\sin x$，则 $\sin^2 x\cos x\mathrm{d}x=u^2\mathrm{d}u$，于是

$$\int\sin^2 x\cos x\mathrm{d}x=\int u^2\mathrm{d}u=\frac{1}{3}u^3+C$$

再将 $u=\sin x$ 回代，得

$$\int\sin^2 x\cos x\mathrm{d}x=\frac{1}{3}\sin^3 x+C.$$

例 2　求 $\int(5x-3)^{10}\mathrm{d}x$.

解　因为 $\mathrm{d}x=\frac{1}{5}\mathrm{d}(5x-3)$，令 $5x-3=u$，则

$$\int(5x-3)^{10}\mathrm{d}x=\frac{1}{5}\int(5x-3)^{10}\mathrm{d}(5x-3)=\frac{1}{5}\int u^{10}\mathrm{d}u=\frac{1}{55}u^{11}+C$$

将 $u=5x-3$ 回代，得

$$\int(5x-3)^{10}\mathrm{d}x=\frac{1}{55}(5x-3)^{11}+C.$$

例 3　求 $\int\mathrm{e}^{1-3x}\mathrm{d}x$.

解　因为 $\mathrm{d}x=-\frac{1}{3}\mathrm{d}(1-3x)$，令 $1-3x=u$，则

$$\begin{aligned}\int\mathrm{e}^{1-3x}\mathrm{d}x&=-\frac{1}{3}\int\mathrm{e}^{1-3x}\mathrm{d}(1-3x)=-\frac{1}{3}\int\mathrm{e}^{u}\mathrm{d}u\\&=-\frac{1}{3}\mathrm{e}^{u}+C=-\frac{1}{3}\mathrm{e}^{1-3x}+C.\end{aligned}$$

一般情况下，在解题熟练之后，可以省略“令 $\varphi(x)=u$”这一步，直接写出结果.

例 4　求 $\int\frac{\ln x}{x}\mathrm{d}x$.

解　这里 $x>0$，利用 $\frac{1}{x}\mathrm{d}x=\mathrm{d}(\ln x)$，所以

$$\int\frac{\ln x}{x}\mathrm{d}x=\int\ln x\mathrm{d}(\ln x)=\frac{1}{2}\ln^{2}x+C.$$

从上述几例可知，运用凑微分法求不定积分，必须熟悉基本积分公式. 另外，下面的微分公式也是今后求不定积分经常用到的.

（1）$\mathrm{d}x=\frac{1}{a}\mathrm{d}(ax+b)$（$a,b$ 均为常数，且 $a\neq0$）；

（2）$x^{\alpha}\mathrm{d}x=\frac{1}{\alpha+1}\mathrm{d}x^{\alpha+1}(\alpha\neq-1)$；

（3）$\frac{1}{x}\mathrm{d}x=\mathrm{d}\ln|x|$；

（4）$\mathrm{e}^{x}\mathrm{d}x=\mathrm{d}\mathrm{e}^{x}$；

（5）$\sin x\mathrm{d}x=-\mathrm{d}\cos x$；

（6）$\cos x\mathrm{d}x=\mathrm{d}\sin x$；

（7）$\sec^{2}x\mathrm{d}x=\mathrm{d}\tan x$；

（8）$\csc^{2}x\mathrm{d}x=-\mathrm{d}\cot x$；

（9）$\frac{1}{\sqrt{1-x^{2}}}\mathrm{d}x=\mathrm{d}\arcsin x$；

（10）$\frac{1}{1+x^{2}}\mathrm{d}x=\mathrm{d}\arctan x$；

（11）$\frac{\mathrm{d}x}{\sqrt{x}}=2\mathrm{d}\sqrt{x}$；

（12）$\frac{x}{\sqrt{1+x^{2}}}\mathrm{d}x=\mathrm{d}\sqrt{1+x^{2}}$；

（13）$\frac{1}{x^{2}}\mathrm{d}x=\mathrm{d}\left(-\frac{1}{x}\right)$；

（14）$\left(1+\frac{1}{x^{2}}\right)\mathrm{d}x=\mathrm{d}\left(x-\frac{1}{x}\right)$.

例 5　求 $\int\frac{1}{a^{2}-x^{2}}\mathrm{d}x$.

解 $\int\frac{1}{a^2-x^2}dx=\frac{1}{2a}\int\left(\frac{1}{a+x}+\frac{1}{a-x}\right)dx$

$$=\frac{1}{2a}\int\frac{1}{a+x}dx+\frac{1}{2a}\int\frac{1}{a-x}dx$$

$$=\frac{1}{2a}\left[\int\frac{1}{a+x}d(a+x)-\int\frac{1}{a-x}d(a-x)\right]$$

$$=\frac{1}{2a}[\ln|a+x|-\ln|a-x|]+C$$

$$=\frac{1}{2a}\ln\left|\frac{a+x}{a-x}\right|+C.$$

类似地，可以得到

$$\int\frac{1}{x^2-a^2}dx=\frac{1}{2a}\ln\left|\frac{x-a}{x+a}\right|+C.$$

例 6 求 $\int\frac{1}{a^2+x^2}dx$.

解 $\int\frac{1}{a^2+x^2}dx=\frac{1}{a^2}\int\frac{1}{1+\left(\frac{x}{a}\right)^2}dx=\frac{1}{a}\int\frac{1}{1+\left(\frac{x}{a}\right)^2}d\left(\frac{x}{a}\right)$

$$=\frac{1}{a}\arctan\frac{x}{a}+C.$$

类似地，可以得到

$$\int\frac{1}{\sqrt{a^2-x^2}}dx=\arcsin\frac{x}{a}+C$$

例 7 求 $\int x\sqrt{1-x^2}dx$.

解 $\int x\sqrt{1-x^2}dx=-\frac{1}{2}\int\sqrt{1-x^2}d(1-x^2)=-\frac{1}{2}\int(1-x^2)^{\frac{1}{2}}d(1-x^2)$

$$=-\frac{1}{2}\cdot\frac{1}{\frac{1}{2}+1}(1-x^2)^{\frac{1}{2}+1}+C=-\frac{1}{3}(1-x^2)^{\frac{3}{2}}+C.$$

例 8 求 $\int\tan x dx$.

解 $\int\tan x dx=\int\frac{\sin x}{\cos x}dx=-\int\frac{1}{\cos x}d\cos x=-\ln|\cos x|+C.$

同理可得 $\int\cot x dx=\ln|\sin x|+C$.

例 9 求 $\int\sec x dx$.

解 $\int\sec x dx=\int\frac{1}{\cos x}dx=\int\frac{\cos x}{\cos^2 x}dx=\int\frac{1}{1-\sin^2 x}d\sin x$（利用例 5 的结果）

$$=\frac{1}{2}\ln\left|\frac{1+\sin x}{1-\sin x}\right|+C=\frac{1}{2}\ln\frac{(1+\sin x)^2}{\cos^2 x}+C$$

$$= \ln\sqrt{\frac{(1+\sin x)^2}{\cos^2 x}} + C = \ln\left|\frac{1+\sin x}{\cos x}\right| + C$$
$$= \ln|\sec x + \tan x| + C.$$

同理可得 $\int \csc x \mathrm{d}x = \ln|\csc x - \cot x| + C$.

例 10 求 $\int \sin x \cos x \mathrm{d}x$.

解法一：$\int \sin x \cos x \mathrm{d}x = \int \sin x \mathrm{d}\sin x = \frac{1}{2}\sin^2 x + C$.

解法二：$\int \sin x \cos x \mathrm{d}x = -\int \cos x \mathrm{d}\cos x = -\frac{1}{2}\cos^2 x + C$.

解法三：$\int \sin x \cos x \mathrm{d}x = \frac{1}{2}\int \sin 2x \mathrm{d}x = \frac{1}{4}\int \sin 2x \mathrm{d}2x = -\frac{1}{4}\cos 2x + C$.

求同一积分，可以有几种不同的解法，其结果在形式上可能不同，但实际上最多只是积分常数有区别.

10.2.2 第二换元积分法

定理 10.2 设函数 $f(x)$ 连续，函数 $x=\varphi(t)$ 有连续导数，并且存在反函数 $t=\varphi^{-1}(x)$，如果 $\int f(\varphi(t))\varphi'(t)\mathrm{d}t = F(t)+C$，则

$$\int f(x)\mathrm{d}x = \int f(\varphi(t))\mathrm{d}(\varphi(t)) = \int f(\varphi(t))\varphi'(t)\mathrm{d}t$$
$$= F(t)+C = F(\varphi^{-1}(x))+C.$$

这种求不定积分的方法通常叫作**第二换元积分法**.

不难看出，第二换元积分法是把第一换元积分法反过来使用，只是不同情况下同一公式的两种不同的使用方式. 二者的区别在于：第一换元积分法是将被积函数中的某函数 $\varphi(x)$ 看成积分变量 $u=\varphi(x)$，此时 u 是积分变量 x 的函数，而第二换元积分法是引入新的变量 t，使 $x=\varphi(t)$，此时原积分变量 x 是新变量 t 的函数.

第二换元积分法主要用于求某些含根式的不定积分，通过变量替换去掉根式.

1. 代数换元积分法

例 11 求 $\int \frac{x\sqrt{x}}{1+x}\mathrm{d}x$.

解 令 $\sqrt{x}=t$，则 $x=t^2, \mathrm{d}x=2t\mathrm{d}t$，于是

$$\int \frac{x\sqrt{x}}{1+x}\mathrm{d}x = 2\int \frac{t^4}{1+t^2}\mathrm{d}t$$
$$= 2\int\left(t^2-1+\frac{1}{1+t^2}\right)\mathrm{d}t$$
$$= 2\left(\frac{t^3}{3}-t+\arctan x\right)+C$$
$$= 2\left(\frac{x\sqrt{x}}{3}-\sqrt{x}+\arctan\sqrt{x}\right)+C$$

例 12 求 $\int \frac{1}{\sqrt{e^x-1}}dx$.

解 令 $\sqrt{e^x-1}=t$，则 $x=\ln(1+t^2), dx=\frac{2t}{1+t^2}dt$，于是

$$\int \frac{1}{\sqrt{e^x-1}}dx=\int \frac{1}{t}\cdot\frac{2t}{1+t^2}dt=2\int \frac{1}{1+t^2}dt$$
$$=2\arctan t+C=2\arctan\sqrt{e^x-1}+C$$

注：被积函数为 $f(\sqrt[n_1]{x},\sqrt[n_2]{x})$，令 $t=\sqrt[n]{x}$，其中 n 为 n_1, n_2 的最小公倍数.

2. 三角换元积分法

被积函数含有二次根式 $\sqrt{a^2-x^2}$，$\sqrt{a^2+x^2}$ 及 $\sqrt{x^2-a^2}$，常利用三角函数中的恒等式：$\sin^2 x+\cos^2 x=1$，$1+\tan^2 x=\sec^2 x$，采用三角变换的方式，去掉被积函数式中的根号，这种换元方法叫**三角换元积分法**. 具体变换方式如下：

（1）$\sqrt{a^2-x^2}$（令 $x=a\sin t\left(-\frac{\pi}{2}\leqslant t\leqslant\frac{\pi}{2}\right)$）；

（2）$\sqrt{a^2+x^2}$（令 $x=a\tan t\left(-\frac{\pi}{2}<t<\frac{\pi}{2}\right)$）；

（3）$\sqrt{x^2-a^2}$（令 $x=a\sec^2 t\left(0<t<\frac{\pi}{2}\right)$）.

例 13 求 $\int\sqrt{a^2-x^2}dx\ (a>0)$.

解 设 $x=a\sin t\left(-\frac{\pi}{2}\leqslant t\leqslant\frac{\pi}{2}\right)$，则 $\sqrt{a^2-x^2}=a\sqrt{1-\sin^2 t}=a\cos t$，$dx=a\cos t dt$，于是

$$\int\sqrt{a^2-x^2}dx=\int a\cos t\cdot a\cos t dt=a^2\int\cos^2 t dt$$
$$=a^2\int\frac{1+\cos 2t}{2}dt=\frac{a^2}{2}\left(t+\frac{1}{2}\sin 2t\right)+C$$
$$=\frac{a^2}{2}t+\frac{a^2}{2}\sin t\cos t+C$$

因为 $x=a\sin t$，则 $t=\arcsin\frac{x}{a}$，于是

$$\cos t=\sqrt{1-\sin^2 t}=\sqrt{1-\left(\frac{x}{a}\right)^2}=\frac{1}{a}\sqrt{a^2-x^2}$$

故所求不定积分为

$$\int\sqrt{a^2-x^2}dx=\frac{a^2}{2}\arcsin\frac{x}{a}+\frac{1}{2}x\sqrt{a^2-x^2}+C.$$

注：对于例 13，当得到 $\frac{a^2}{2}t+\frac{a^2}{2}\sin t\cos t+C$ 时，为了用变量 x 替换 t，也可以根据 $\sin t=\frac{x}{a}$，作辅助三角形（见图 10.2）.

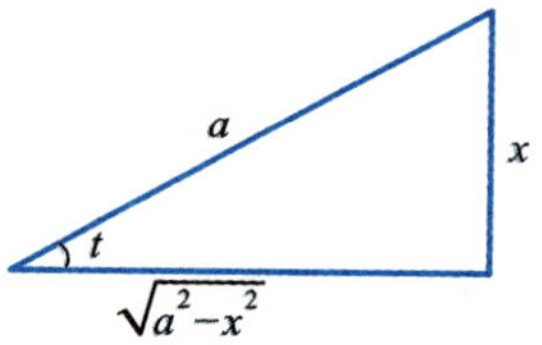

图 10.2

于是 $\cos t=\dfrac{\sqrt{a^2-x^2}}{a}$，所以

$$\int\sqrt{a^2-x^2}\mathrm{d}x=\frac{a^2}{2}\arcsin\frac{x}{a}+\frac{1}{2}x\sqrt{a^2-x^2}+C.$$

***例 14** 求 $\displaystyle\int\frac{1}{x^2\sqrt{a^2+x^2}}\mathrm{d}x(a>0)$.

解 令 $x=a\tan t\left(-\dfrac{\pi}{2}<t<\dfrac{\pi}{2}\right)$，则 $\mathrm{d}x=a\sec^2 t\mathrm{d}t$，于是

$$\begin{aligned}\int\frac{1}{x^2\sqrt{a^2+x^2}}\mathrm{d}x&=\int\frac{1}{(a\tan t)^2\sqrt{a^2+(a\tan t)^2}}\cdot a\sec^2 t\mathrm{d}t\\&=\int\frac{a\sec^2 t}{a^2\tan^2 t\cdot a\sec t}\mathrm{d}t=\frac{1}{a^2}\int\frac{\sec t}{\tan^2 t}\mathrm{d}t\\&=\frac{1}{a^2}\int\frac{\cos t}{\sin^2 t}\mathrm{d}t=\frac{1}{a^2}\int\frac{\mathrm{d}(\sin t)}{\sin^2 t}\\&=-\frac{1}{a^2\sin t}+C.\end{aligned}$$

由 $x=a\tan t$，得 $\sin t=\dfrac{x}{\sqrt{a^2+x^2}}$，代入上式得

$$\int\frac{1}{x^2\sqrt{a^2+x^2}}\mathrm{d}x=-\frac{\sqrt{a^2+x^2}}{a^2x}+C.$$

***例 15** 求 $\displaystyle\int\frac{1}{x\sqrt{x^2-a^2}}\mathrm{d}x(a>0)$.

解 令 $x=a\sec t\left(0<t<\dfrac{\pi}{2}\right)$，则 $\mathrm{d}x=a\sec t\tan t\mathrm{d}t$，于是

$$\begin{aligned}\int\frac{1}{x\sqrt{x^2-a^2}}\mathrm{d}x&=\int\frac{a\sec t\cdot\tan t}{a\sec t\sqrt{a^2\sec^2 t-a^2}}\mathrm{d}t\\&=\int\frac{a\sec t\cdot\tan t}{a\sec t\cdot a\tan t}\mathrm{d}t=\frac{1}{a}\int\mathrm{d}t=\frac{1}{a}t+C.\end{aligned}$$

由 $x=a\sec t$，得 $t=\arccos\dfrac{a}{x}$，代入上式得

$$\int\frac{1}{x\sqrt{x^2-a^2}}\mathrm{d}x=\frac{1}{a}\arccos\frac{a}{x}+C.$$

在上面的换元积分例题中，有些积分的结果在今后的运算中经常会遇到，可以直接作为公式使用. 为了便于读者查找和记忆，现列举如下：

（1）$\int \tan x \mathrm{d}x = -\ln|\cos x| + C$；（2）$\int \cot x \mathrm{d}x = \ln|\sin x| + C$；

（3）$\int \sec x \mathrm{d}x = \ln|\sec x + \tan x| + C$；（4）$\int \csc x \mathrm{d}x = \ln|\csc x - \cot x| + C$；

（5）$\int \frac{1}{a^2+x^2}\mathrm{d}x = \frac{1}{a}\arctan\frac{x}{a} + C$；（6）$\int \frac{1}{x^2-a^2}\mathrm{d}x = \frac{1}{2a}\ln\left|\frac{x-a}{x+a}\right| + C$；

（7）$\int \frac{1}{a^2-x^2}\mathrm{d}x = \frac{1}{2a}\ln\left|\frac{a+x}{a-x}\right| + C$；（8）$\int \frac{1}{\sqrt{a^2-x^2}}\mathrm{d}x = \arcsin\frac{x}{a} + C$；

（9）$\int \frac{1}{\sqrt{x^2 \pm a^2}}\mathrm{d}x = \ln\left|x + \sqrt{x^2 \pm a^2}\right| + C$；

（10）$\int \sqrt{a^2-x^2}\mathrm{d}x = \frac{a^2}{2}\arcsin\frac{x}{a} + \frac{1}{2}x\sqrt{a^2-x^2} + C$.

习题 10.2

1. 用第一换元法求下列不定积分.

（1）$\int (3x+2)^{20}\mathrm{d}x$；（2）$\int (3-2x)^{15}\mathrm{d}x$；

（3）$\int \frac{1}{\sqrt[3]{1-2x}}\mathrm{d}x$；（4）$\int \frac{\mathrm{e}^{2x}-1}{\mathrm{e}^x}\mathrm{d}x$；

（5）$\int \frac{\mathrm{e}^x}{\mathrm{e}^x+2}\mathrm{d}x$；（6）$\int \frac{2x+3}{x^2+3x+5}\mathrm{d}x$；

（7）$\int \frac{1}{4x^2+4x+5}\mathrm{d}x$；（8）$\int \frac{1}{4x^2-1}\mathrm{d}x$；

（9）$\int \frac{1}{16+9x^2}\mathrm{d}x$；（10）$\int \tan\frac{x}{2}\mathrm{d}x$；

（11）$\int \frac{1}{\sqrt{x}}\sin\sqrt{x}\mathrm{d}x$；（12）$\int \frac{1}{x^2}\cos\frac{1}{x}\mathrm{d}x$；

（13）$\int \frac{\ln^2 x}{x}\mathrm{d}x$；（14）$\int \frac{\arctan x}{1+x^2}\mathrm{d}x$.

2. 用第二换元法求下列不定积分.

（1）$\int \frac{\mathrm{d}x}{1+\sqrt{3-x}}$；（2）$\int \frac{\mathrm{d}x}{\sqrt{x}+\sqrt[3]{x}}$；

（3）$\int \frac{\sqrt{x-1}}{x}\mathrm{d}x$；（4）$\int x\sqrt{x+1}\mathrm{d}x$；

（5）$\int \sqrt[3]{x-1}\mathrm{d}x$；（6）$\int \frac{x^2}{\sqrt{4-x^2}}\mathrm{d}x$.

10.3 分部积分法

10.3.1 分部积分法

利用直接积分法和换元积分法可以求出许多函数的不定积分，但对有些不定积分，利用这两种方法却很难解决，如$\int \ln x\mathrm{d}x, \int x\sin x\mathrm{d}x$等. 为此，下面将研究另一种求不定积分的方法——**分部积分法**.

定理 10.3 设函数 $u=u(x), v=v(x)$ 具有连续导数，则有

$$\int u(x)\mathrm{d}v(x)=u(x)v(x)-\int v(x)\mathrm{d}u(x).$$

上述公式称为分部积分公式. 利用该公式可以把比较难求的$\int u\mathrm{d}v$转化为比较易求的$\int v\mathrm{d}u$来计算，达到化难为易的目的.

运用分部积分公式求积分的关键在于，如何适当地选取u和$\mathrm{d}v$. 一般情况下，u和$\mathrm{d}v$的选取原则是：v容易求得（可用凑微分法求出），且求$\int v\mathrm{d}u$比求$\int u\mathrm{d}v$容易.

例 1 求$\int x\cos x\mathrm{d}x$.

解 令$u=x$, 则$\mathrm{d}v=\cos x\mathrm{d}x$，$v=\sin x$，于是

$$\int x\cos x\mathrm{d}x=x\sin x-\int \sin x\mathrm{d}x=x\sin x+\cos x+C$$

注：若取$u=\cos x$，则$\mathrm{d}v=x\mathrm{d}x$，$v=\frac{1}{2}x^2$，

$$\int x\cos x\mathrm{d}x=\frac{x^2}{2}\cos x-\int\frac{x^2}{2}\cdot(-\sin x)\mathrm{d}x=\frac{x^2}{2}\cos x+\frac{1}{2}\int x^2\sin x\mathrm{d}x$$

这样转换后，比原式更难求积分. 所以，应用分部积分法求积分时，要恰当选择u,v，以确保公式右边的积分容易求得.

例 2 求$\int x\mathrm{e}^x\mathrm{d}x$.

解 令$u=x$, 则$\mathrm{d}v=\mathrm{e}^x\mathrm{d}x$, $v=\mathrm{e}^x$, 于是

$$\int x\mathrm{e}^x\mathrm{d}x=x\mathrm{e}^x-\int \mathrm{e}^x\mathrm{d}x=x\mathrm{e}^x-\mathrm{e}^x+C.$$

对分部积分法熟悉后，选取$u, \mathrm{d}v$时，可默记在心里不必写出（一般在积分式中凑出$\mathrm{d}v$，剩下的就是u了）.

例 3 求$\int x^2\mathrm{e}^x\mathrm{d}x$.

解
$$\begin{aligned}\int x^2\mathrm{e}^x\mathrm{d}x&=\int x^2\mathrm{d}(\mathrm{e}^x)=x^2\mathrm{e}^x-2\int x\mathrm{e}^x\mathrm{d}x\\&=x^2\mathrm{e}^x-2\int x\mathrm{d}(\mathrm{e}^x)=x^2\mathrm{e}^x-2(x\mathrm{e}^x-\int \mathrm{e}^x\mathrm{d}x)\\&=x^2\mathrm{e}^x-2x\mathrm{e}^x+2\mathrm{e}^x+C=\mathrm{e}^x(x^2-2x+2)+C\end{aligned}$$

例 3 表明，有时要多次应用分部积分法才能求得结果.

例 4 求$\int x^2\ln x\mathrm{d}x$.

解 $\int x^2 \ln x\mathrm{d}x = \int \ln x\mathrm{d}\left(\frac{1}{3}x^3\right) = \frac{1}{3}x^3 \ln x - \int \frac{1}{3}x^3 \cdot \frac{1}{x}\mathrm{d}x$

$$= \frac{1}{3}x^3 \ln x - \frac{1}{3}\int x^2\mathrm{d}x = \frac{1}{3}x^3 \ln x - \frac{1}{9}x^3 + C.$$

例 5 求 $\int x^3 \arctan x\mathrm{d}x$.

解 $\int x^3 \arctan x\mathrm{d}x = \int \arctan x\mathrm{d}\left(\frac{1}{4}x^4\right)$

$$= \frac{1}{4}x^4 \arctan x - \frac{1}{4}\int \frac{x^4}{1+x^2}\mathrm{d}x$$

$$= \frac{1}{4}x^4 \arctan x - \frac{1}{4}\int \left(x^2 - 1 + \frac{1}{1+x^2}\right)\mathrm{d}x$$

$$= \frac{1}{4}x^4 \arctan x - \frac{1}{4}\left(\frac{x^3}{3} - x + \arctan x\right) + C$$

$$= \frac{1}{12}x^3 + \frac{1}{4}x + \frac{1}{4}x^4 \arctan x - \frac{1}{4}\arctan x + C.$$

例 6 求 $\int \mathrm{e}^x \sin x\mathrm{d}x$.

解法一（两次分部积分都选择 $u = \mathrm{e}^x$）:

$$\int \mathrm{e}^x \sin x\mathrm{d}x = \int \mathrm{e}^x\mathrm{d}(-\cos x)$$

$$= -\mathrm{e}^x \cos x + \int \mathrm{e}^x \cos x\mathrm{d}x$$

$$= -\mathrm{e}^x \cos x + \int \mathrm{e}^x\mathrm{d}(\sin x)$$

$$= -\mathrm{e}^x \cos x + \mathrm{e}^x \sin x - \int \mathrm{e}^x \sin x\mathrm{d}x$$

移项整理，得

$$2\int \mathrm{e}^x \sin x\mathrm{d}x = \mathrm{e}^x \sin x - \mathrm{e}^x \cos x + C_1$$

令 $C = \frac{1}{2}C_1$，则

$$\int \mathrm{e}^x \sin x\mathrm{d}x = \frac{1}{2}\mathrm{e}^x(\sin x - \cos x) + C.$$

注意：① 移项后等式右端已不含积分项，必须加上任意常数 C_1.

② 两次选取 u 和 $\mathrm{d}v$ 要保持一致.

解法二（两次分部积分都选择 u 为三角函数）:

$$\int \mathrm{e}^x \sin x = \int \sin x\mathrm{d}(\mathrm{e}^x)$$

$$= \mathrm{e}^x \sin x - \int \mathrm{e}^x \cos x\mathrm{d}x$$

$$= \mathrm{e}^x \sin x - \int \cos x\mathrm{d}(\mathrm{e}^x)$$

$$= \mathrm{e}^x \sin x - (\mathrm{e}^x \cos x + \int \mathrm{e}^x \sin x\mathrm{d}x)$$

$$= \mathrm{e}^x \sin x - \mathrm{e}^x \cos x - \int \mathrm{e}^x \sin x\mathrm{d}x$$

移项整理，得

$$2\int e^{x}\sin x\mathrm{d}x = e^{x}\sin x - e^{x}\cos x + C_1$$

令 $C=\frac{1}{2}C_1$，则

$$\int e^{x}\sin x\mathrm{d}x = \frac{1}{2}e^{x}(\sin x - \cos x) + C.$$

为了便于读者掌握分部积分法，下面列出应用分部积分法的常见形式及 $u,\mathrm{d}v$ 的选取方法：

（1）$\int x^m \ln x\mathrm{d}x, \int x^m \arcsin x\mathrm{d}x, \int x^m \arctan x\mathrm{d}x$（$m$ 为整数且 $m\neq -1$），应用分部积分法计算，一般选取 $\mathrm{d}v = x^m\mathrm{d}x$，而被积表达式的其余部分为 u.

（2）$\int x^n \sin ax\mathrm{d}x, \int x^n \cos ax\mathrm{d}x, \int x^n e^{-x}\mathrm{d}x$（$n$ 为正整数），应用分部积分法计算，一般选取 $u=x^n$，而被积表达式的其余部分为 $\mathrm{d}v$.

（3）$\int e^{bx}\sin ax\mathrm{d}x, \int e^{bx}\cos ax\mathrm{d}x$，应用分部积分法计算，选取 $u=e^{bx}$ 或 $u=\sin ax$ 均可以，但在解题过程中不能改变 u 的选取方式.

10.3.2 综合运用例题解析

前面已经学习了求不定积分的三种最基本的方法. 记住方法本身固然重要，但更重要的是能够灵活地运用它们求解不同类型的题目. 同时，某些不定积分的求解需将几种方法结合在一起应用，才能奏效.

例 7 求 $\int \arctan\sqrt{x}\mathrm{d}x$.

解 先用换元法. 设 $t=\sqrt{x}$，则 $x=t^2, \mathrm{d}x = 2t\mathrm{d}t$，所以

$$\begin{aligned}\int \arctan\sqrt{x}\mathrm{d}x &= 2\int t\arctan t\mathrm{d}t \text{（再分部积分）}\\ &= 2\int \arctan t\mathrm{d}\left(\frac{1}{2}t^2\right)\\ &= 2\left(\frac{1}{2}t^2\arctan t - \frac{1}{2}\int t^2\cdot\frac{1}{1+t^2}\mathrm{d}t\right)\\ &= t^2\arctan t - \int\left(1-\frac{1}{1+t^2}\right)\mathrm{d}t\\ &= t^2\arctan t - t + \arctan t + C\\ &= x\arctan\sqrt{x} - \sqrt{x} + \arctan\sqrt{x} + C.\end{aligned}$$

例 8 求 $\int \frac{1}{1+\tan x}\mathrm{d}x$.

解 令 $\tan x = t$，则 $\mathrm{d}x = \frac{\mathrm{d}t}{1+t^2}$，所以

$$\int\frac{1}{1+\tan x}\mathrm{d}x = \int\frac{1}{1+t}\cdot\frac{1}{1+t^2}\mathrm{d}t$$

$$
\begin{aligned}
&=\frac{1}{2}\int\left(\frac{1}{1+t}+\frac{1-t}{1+t^2}\right)\mathrm{d}t\\
&=\frac{1}{2}\int\frac{1}{1+t}\mathrm{d}t+\frac{1}{2}\int\frac{1}{1+t^2}\mathrm{d}t-\frac{1}{2}\int\frac{t}{1+t^2}\mathrm{d}t\\
&=\frac{1}{2}\int\frac{1}{1+t}\mathrm{d}(1+t)+\frac{1}{2}\int\frac{1}{1+t^2}\mathrm{d}t-\frac{1}{4}\int\frac{1}{1+t^2}\mathrm{d}(1+t^2)\\
&=\frac{1}{2}\ln|1+t|+\frac{1}{2}\arctan t-\frac{1}{2}\ln(1+t^2)+C\\
&=\frac{1}{2}\ln|1+\tan x|+\frac{1}{2}x-\frac{1}{2}\ln(1+\tan^2 x)+C.
\end{aligned}
$$

例 9 求 $\int\frac{3x+1}{x^2-2x+5}\mathrm{d}x$.

解 因为 $\mathrm{d}(x^2-2x+5)=2(x-1)\mathrm{d}x$，所以

$$
\begin{aligned}
\int\frac{3x+1}{x^2-2x+5}\mathrm{d}x&=\int\frac{3(x-1)}{x^2-2x+5}\mathrm{d}x+\int\frac{4}{x^2-2x+5}\mathrm{d}x\\
&=\frac{3}{2}\int\frac{1}{x^2-2x+5}\mathrm{d}(x^2-2x+5)+2\int\frac{1}{\left(\frac{x-1}{2}\right)^2+1}\mathrm{d}\left(\frac{x-1}{2}\right)\\
&=\frac{3}{2}\ln(x^2-2x+5)+2\arctan\frac{x-1}{2}+C.
\end{aligned}
$$

对于不定积分的学习，除了必须理解不定积分的有关概念，并掌握求不定积分的基本技巧，还需要注意以下几个问题：

（1）任意初等函数的导数仍然是初等函数，反之则未必. 例如，$\frac{\mathrm{e}^x}{x},\sin x^2,\ln\sin x$ 都是初等函数，然而它们的原函数却不再是初等函数. 因此在初等函数的范围内，求上述函数的原函数问题是无解的.

（2）求初等函数的导数有一定的法则可循，只要正确地运用导数的各种运算法则，就能求出任意初等函数的导数. 但是，求原函数的问题要比求导数复杂得多. 只有少量的函数，才能够通过各种技巧求出它们的原函数和不定积分.

习题 10.3

1. 用分部积分法求下列积分.

（1）$\int x\cos x\mathrm{d}x$；（2）$\int x\mathrm{e}^x\mathrm{d}x$；（3）$\int \arcsin x\mathrm{d}x$；

（4）$\int x^2\sin x\mathrm{d}x$；（5）$\int x^2\ln x\mathrm{d}x$；（6）$\int \mathrm{e}^x\cos x\mathrm{d}x$.

2. 选用适当的方法求下列不定积分.

（1）$\int \cos\sqrt{x}\mathrm{d}x$；　（2）$\int e^{\sqrt{x}}\mathrm{d}x$；　（3）$\int \frac{1}{\sqrt{x}}e^{\sqrt{x}}\mathrm{d}x$；

（4）$\int \frac{1}{\sqrt{x}(1+x)}\mathrm{d}x$；　*（5）$\int \frac{xe^x}{\sqrt{e^x-1}}\mathrm{d}x$；　*（6）$\int \sin(\ln x)\mathrm{d}x$.

复习题 10

1. 判断题

（1）如果 $f'(x)=g'(x)$，则 $f(x)=g(x)$.　（　　）

（2）$y=\ln ax(a>0)$ 与 $y=\ln x$ 不是同一函数的原函数.　（　　）

（3）$\left(\int f(x)\mathrm{d}x\right)'=f(x)+C$.　（　　）

（4）$\int f(x)g(x)\mathrm{d}x=\int f(x)\mathrm{d}x\cdot\int g(x)\mathrm{d}x$.　（　　）

（5）$\frac{\mathrm{d}}{\mathrm{d}x}\int\frac{1}{1+x^2}\mathrm{d}x=\arctan x$.　（　　）

（6）$\int (F(x_0))\mathrm{d}x=F(x_0)+C$.　（　　）

（7）$\int e^{\varphi(x)}\varphi'(x)\mathrm{d}x=e^{\varphi(x)}+C$.　（　　）

*（8）设 $f(x)$ 是可积的奇函数，则 $\int f(x)\mathrm{d}x$ 必为偶函数.　（　　）

2. 选择题

（1）函数 $f(x)$ 的（　　）原函数，称为 $f(x)$ 的不定积分.

A. 任意一个　　B. 所有的

C. 某一个　　D. 唯一的一个

（2）下列正确的是（　　）.

A. $\int \arctan x\mathrm{d}x=\frac{1}{1+x^2}+C$　　B. $\int \sin(-x)\mathrm{d}x=\cos(-x)+C$

C. $\int \ln x\mathrm{d}x=\frac{1}{x}+C$　　D. $\int \cos(x-1)\mathrm{d}x=-\sin(x-1)+C$

（3）在下列各式中，与 $\int \sin 2x\mathrm{d}x$ 相等的是（　　）.

A. $\sin^2 x+C$　　B. $\frac{1}{2}\sin 2x+C$　　C. $-\frac{1}{2}\cos 2x+C$　　D. $-\cos^2 x+C$

（4）已知 $f'(x)=2x$ 且 $f(1)=2$，则 $f(x)=$（　　）.

A. x^2+1　　B. x^2+2　　C. $x+1$　　D. $\frac{1}{2}x^2+2$

（5）若 $f(x)$ 的一个原函数为 $\ln x$，则 $f(x)=$（　　）.

A. $x\ln x$　　B. $\cos x$　　C. $\frac{1}{x}$　　D. $-\frac{1}{x^2}$

（6）如果 $\int f(x)\mathrm{d}x = x^2 + \mathrm{e}^x + C$，则 $f(x) =$（　　）.

A. $x^2+\mathrm{e}^x$　　B. $2x+\mathrm{e}^x$　　C. $2x\mathrm{e}^x$　　D. $\frac{1}{3}x^3+\mathrm{e}^x$

（7）若函数 $f(x)$ 在 $[a,b]$ 上满足（　　），则其原函数一定存在.

A. 有界　　B. 连续

C. 极限存在　　D. 有有限个间断点

（8）若 $\int f(x)\mathrm{d}x = F(x)+C$，则 $\int \sin x f(\cos x)\mathrm{d}x =$（　　）.

A. $F(\sin x)+C$　　B. $-F(\sin x)+C$

C. $F(\cos x)+C$　　D. $-F(\cos x)+C$

3. 填空题

（1）$\int \sin^2 x\cos x\mathrm{d}x =$____________.

（2）设 $f(x)=\ln x^2$ 在 $(-\infty,+\infty)$，上连续，$\mathrm{d}\int \ln x^2\mathrm{d}x =$____________.

（3）已知 e^{-x} 是 $f(x)$ 的一个原函数，则 $\int xf(x)\mathrm{d}x =$____________.

*（4）$\int xf'(x^2)\mathrm{d}x =$____________.

4. 求下列积分

（1）$\int \frac{\mathrm{d}x}{2-8x^2}$；　　（2）$\int \frac{x}{\sqrt{x-1}}\mathrm{d}x$；

（3）$\int \frac{x+1}{x^2+1}\mathrm{d}x$；　　（4）$\int \frac{\mathrm{d}x}{x\ln x}$；

*（5）$\int \frac{1+\sin x}{1+\cos x}\mathrm{d}x$；　　（*6）$\int x\sin^2 x\mathrm{d}x$.

5. 解答题

（1）设作直线运动的某一物体的速度为 $v(t)=\frac{1}{3}t^{\frac{3}{2}}-t+2$，试求该物体的位移 s 与时间 t 的函数关系式.

*（2）已知 $\int f'(x^3)\mathrm{d}x = x^3+C$，求 $f(x)$.

第 11 章　定积分及其应用

学习目标

1. 理解定积分的概念，掌握定积分的基本性质，理解定积分的几何意义.
2. 掌握变上限定积分的导数计算方法.
3. 掌握用牛顿-莱布尼兹公式计算定积分.
4. 掌握定积分的换元积分法和分部积分法.
5. 了解无穷区间和无界函数的反常积分.
6. 会用微元法计算平面图形的面积、旋转体的体积，了解定积分在物理学等其它方面的应用.

定积分和不定积分是积分学中密切相关的两个基本概念，定积分在自然科学和实际问题中有着广泛的应用. 本章将从实例出发，介绍定积分的概念、性质和微积分学基本定理，并讨论定积分在几何、物理上的一些简单应用.

11.1　定积分的概念与性质

11.1.1　实例分析

【实例 1】　曲边梯形的面积.

初等数学中已经学会计算多边形和圆的面积，至于任意曲边所围成的平面图形的面积，只有依赖于曲边梯形并利用极限的方法才能得到比较圆满地解决.

所谓曲边梯形，就是在直角坐标系中，由直线 $x=a,x=b,y=0$（x 轴）及曲线 $y=f(x)$ 所围成的图形，如图 11.1 中的（a）（b）（c）都是曲边梯形.

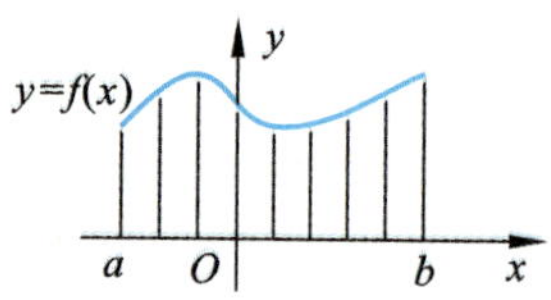

（a）

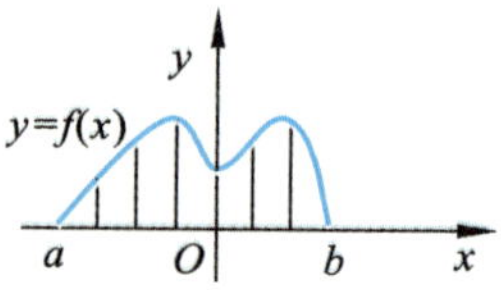

（b）

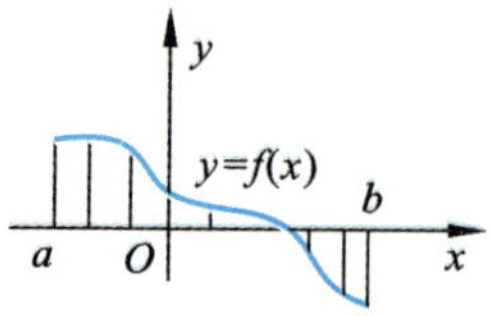

（c）

图 11.1

现在求 $f(x) \geqslant 0$ 时，在连续区间 $[a,b]$ 上围成的曲边梯形的面积 A [如图 11.2（a）所示，类同于图 11.1 中的（a）(b）]，用以往的知识没有办法解决. 为了求得它的面积，可按以下步骤来计算：

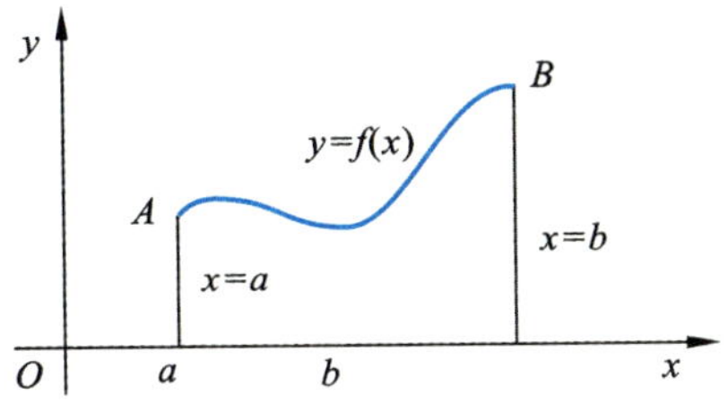

（a）

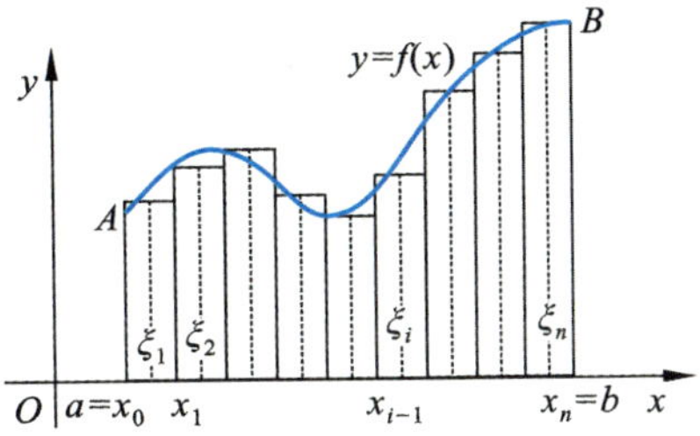

（b）

图 11.2

（1）分割——将曲边梯形分割成小曲边梯形.

在区间 $[a,b]$ 内任意插入 $n-1$ 个分点：$a = x_0 < x_1 < x_2 < \cdots < x_{n-1} < x_n = b$，把区间 $[a,b]$ 分成 n 个小区间：$[x_0, x_1], [x_1, x_2], \cdots, [x_{i-1}, x_i], \cdots, [x_{n-1}, x_n]$，第 i 个小区间的长度为 $\Delta x_i = x_i - x_{i-1}$ $(i = 1,2,3,\cdots,n)$，过每个分点作垂直于 x 轴的直线段，它们把曲边梯形分成 n 个小曲边梯形 [如图 11.2（b）]，第 i 小曲边梯形的面积记为 $\Delta A_i (i = 1,2,3,\cdots,n)$.

（2）取近似——用小矩形面积近似代替小曲边梯形面积.

在小区间 $[x_{i-1}, x_i]$ 上任取一点 $\xi_i (i = 1,2,3,\cdots,n)$，作以 $[x_{i-1}, x_i]$ 为底、$f(\xi_i)$ 为高的小矩形 [如图 11.2（b）]，用小矩形的面积近似代替小曲边梯形的面积，则

$$\Delta A_i \approx f(\xi_i)\Delta x_i (i = 1,2,3,\cdots,n)$$

（3）求和——求 n 个小矩形面积之和.

n 个小矩形面积之和近似等于曲边梯形面积 A，即

$$\begin{aligned} A &= \Delta A_1 + \Delta A_2 + \cdots + \Delta A_n \\ &\approx f(\xi_1)\Delta x_1 + f(\xi_2)\Delta x_2 + \cdots + f(\xi_n)\Delta x_n \\ &= \sum_{i=1}^{n} f(\xi_i)\Delta x_i \end{aligned}$$

（4）取极限.

令 $\lambda = \max\limits_{1 \leqslant i \leqslant n}\{\Delta x_i\}$，当分点 n 无限增多且 $\lambda \to 0$ 时，和式 $\sum\limits_{i=1}^{n} f(\xi_i)\Delta x_i$ 的极限就是曲边梯形的面积 A，即

$$A = \lim_{\lambda \to 0} \sum_{i=1}^{n} f(\xi_i)\Delta x_i .$$

【实例 2】 变速直线运动的路程.

设一物体作变速直线运动，其速度 v 是时间 t 的连续函数 $v = v(t)$，求物体在时刻 $t = T_1$ 到 $t = T_2$ 间所经过的路程 S.

匀速运动的路程公式是 $S = vt$，物体的速度 v 是随时间的变化而连续变化的，不能直接用此公式计算路程，而要采用以下方法计算：

（1）分割——把整个运动时间分成 n 个时间段.

在时间间隔 $[T_1,T_2]$ 内任意插入 $n-1$ 个分点：$T_1 = t_0 < t_1 < t_2 < \cdots < t_{n-1} < t_n = T_2$，把 $[T_1,T_2]$ 分成 n 个小区间：$[t_0,t_1],[t_1,t_2],\cdots,[t_{i-1},t_i],\cdots,[t_{n-1},t_n]$，第 i 个小区间的长度为 $\Delta t_i = t_i - t_{i-1}(i=1,2,3,\cdots,n)$，第 i 个时间段内的路程记为 $\Delta S_i(i=1,2,3,\cdots,n)$.

（2）取近似——在每个小区间上以匀速直线运动的路程近似代替变速直线运动的路程.

在小区间 $[t_{i-1},t_i]$ 上任取一点 $\xi_i(i=1,2,3,\cdots,n)$，用速度 $v(\xi_i)$ 近似代替物体在时间 $[t_{i-1},t_i]$ 上各个时刻的速度，则有

$$\Delta S_i \approx f(\xi_i)\Delta t_i(i=1,2,3,\cdots,n)$$

（3）求和——求 n 个小时间段路程之和.

将这些近似值求和，得到总路程的近似值，即

$$\begin{aligned} S &= \Delta S_1 + \Delta S_2 + \cdots + \Delta S_n \\ &\approx v(\xi_1)\Delta t_1 + v(\xi_2)\Delta t_2 + \cdots + v(\xi_n)\Delta t_n \\ &= \sum_{i=1}^{n} v(\xi_i)\Delta t_i \end{aligned}$$

（4）取极限.

令 $\lambda = \max\limits_{1\leqslant i\leqslant n}\{\Delta t_i\}$，当分点 n 无限增多且 $\lambda \to 0$ 时，和式 $\sum\limits_{i=1}^{n} v(\xi_i)\Delta t_i$ 的极限就是所求的路程 S，即

$$S = \lim_{\lambda\to 0}\sum_{i=1}^{n} v(\xi_i)\Delta t_i .$$

从以上两个实例可以看出，虽然二者的实际意义不同，但解决问题的方法却是相同的，即采用“分割——取近似——求和——取极限”的方法，最后都归结为同一种结构的和式极限问题. 类似这样的实际问题还有很多，我们抛开实际问题的具体意义，抓住它们在数量关系上的共同的本质特征，从数学的结构加以研究，就引出了定积分的概念.

11.1.2　定积分的概念

定义 11.1　设函数 $f(x)$ 在区间 $[a,b]$ 上有定义，任取 $n-1$ 个分点：$a = x_0 < x_1 < x_2 < \cdots < x_{n-1} < x_n = b$，把区间 $[a,b]$ 分成 n 个小区间 $[x_{i-1},x_i]$，小区间的长度为 $\Delta x_i = x_i - x_{i-1}\ (i=1,2,3,\cdots,n)$，在每个小区间 $[x_{i-1},x_i]$ 上任取一点 $\xi_i(i=1,2,3,\cdots,n)$，作和式 $\sum\limits_{i=1}^{n} f(\xi_i)\Delta x_i$，记 $\lambda = \max\limits_{1\leqslant i\leqslant n}\{\Delta x_i\}$，如果不论如何分割区间 $[a,b]$，也不论点 ξ_i 的取法如何，当 $\lambda \to 0$ 时，极限 $\lim\limits_{\lambda\to 0}\sum\limits_{i=1}^{n} f(\xi_i)\Delta x_i$ 存在，则称函数 $f(x)$ 在区间 $[a,b]$ 上可积，并称此极限值为函数 $f(x)$ 在区间 $[a,b]$ 上的**定积分**. 记作 $\int_a^b f(x)\mathrm{d}x$. 即

$$\int_a^b f(x)\mathrm{d}x = \lim_{\lambda \to 0}\sum_{i=1}^{n} f(\xi_i)\Delta x_i .$$

其中，符号 $\int$ 称为**积分号**，$f(x)$ 称为**被积函数**，$f(x)\mathrm{d}x$ 称为**被积表达式**，x 称为**积分变量**，a,b 称为**积分下限和积分上限**，区间 $[a,b]$ 称为**积分区间**.

根据定积分的定义，前面所讨论的两个实例可分别叙述为：

曲边梯形的面积 A 是曲线 $y=f(x)$ 在区间 $[a,b]$ 上的定积分，即

$$A=\int_a^b f(x)\mathrm{d}x \quad (f(x)\geqslant 0)$$

变速直线运动的物体所走过的路程 S 等于速度函数 $v=v(t)$ 在时间间隔 $[T_1,T_2]$ 上的定积分，即

$$S=\int_{T_1}^{T_2} v(t)\mathrm{d}t$$

关于定积分定义的几点说明：

（1）关于定积分的存在性，有以下结论：

在闭区间 $[a,b]$ 上连续或只有有限个第一类间断点的函数 $f(x)$ 在区间 $[a,b]$ 上是可积的. 因此，“初等函数在它的定义域中的任何闭区间上是可积的”.

（2）定积分是一个确定的常数，它由被积函数 $f(x)$ 和积分区间 $[a,b]$ 确定，而与区间的分法、ξ_i 的取法及积分变量所使用的字母无关，即有 $\int_a^b f(x)\mathrm{d}x=\int_a^b f(t)\mathrm{d}t=\int_a^b f(u)\mathrm{d}u$.

（3）在定积分中，有 $a<b$，为了今后计算的方便，规定：

$$\int_a^b f(x)\mathrm{d}x=-\int_b^a f(x)\mathrm{d}x$$

根据以上规定，不难得到

$$\int_a^a f(x)\mathrm{d}x=0 .$$

11.1.3 定积分的几何意义

由定积分的定义 11.1 和实例 1，不难得到定积分的几何意义.

设 $f(x)$ 是区间 $[a,b]$ 上的连续函数，由曲线 $y=f(x)$ 及直线 $x=a$, $x=b$, $y=0$ 所围成的曲边梯形的面积为 A.

（1）当 $f(x)\geqslant 0$ 时，$\int_a^b f(x)\mathrm{d}x = A$.［见图 11.3（a）］

（2）当 $f(x)\leqslant 0$ 时，$\int_a^b f(x)\mathrm{d}x = -A$.［见图 11.3（b）］

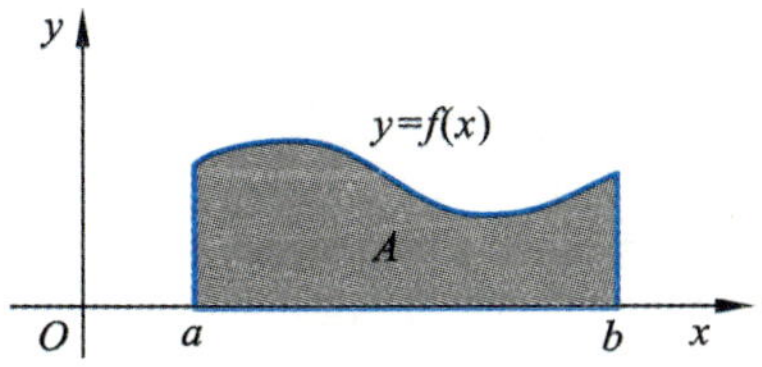

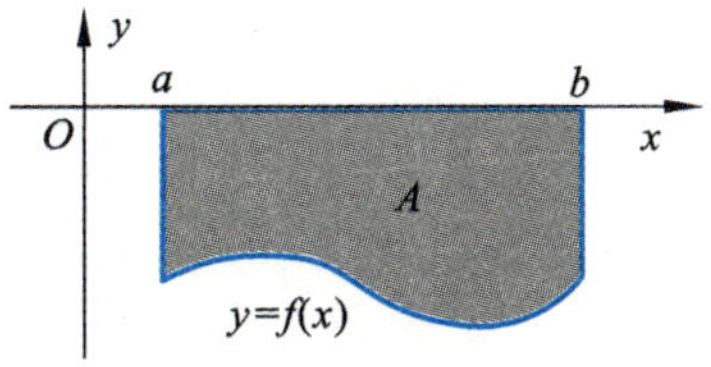

图 11.3

（3）如果 $f(x)$ 在 $[a,b]$ 上有时取正值，有时取负值，则 $\int_a^b f(x)\mathrm{d}x$ 在几何上表示介于曲线 $f(x)$，直线 $x=a$, $x=b$ 及 x 轴之间各部分曲边梯形面积的代数和. 并且，位于 x 轴上方部分的面积取正号，位于 x 轴下方的面积取负号（见图 11.4），即

$$\int_a^b f(x)\mathrm{d}x = A_1 - A_2 + A_3 .$$

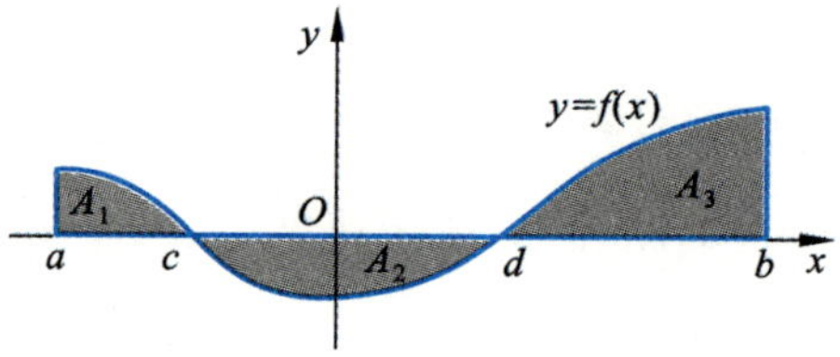

图 11.4

例 1 利用定积分的几何意义，计算定积分 $\int_{-1}^{1}\sqrt{1-x^2}\,\mathrm{d}x$.

解 令 $y=f(x)$, $x\in[-1,1]$，显然 $y=\sqrt{1-x^2}\geqslant 0$，所以，由 $y=\sqrt{1-x^2}$ 和直线 $x=-1$，$x=1$，$y=0$ 所围成的曲边梯形是单位圆位于 x 轴上方的半圆（见图 11.5）.

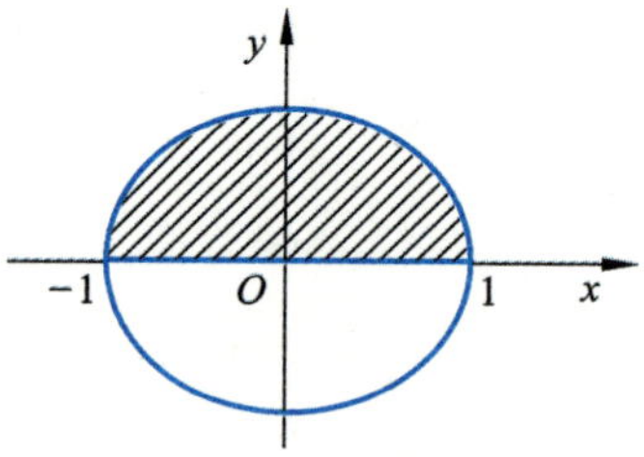

图 11.5

由于单位圆的面积为 $\pi\cdot 1^2=\pi$，所以半圆的面积为 $\dfrac{\pi}{2}$.

由定积分的几何意义知

$$\int_{-1}^{1}\sqrt{1-x^2}\,\mathrm{d}x=\frac{\pi}{2}$$

例 2 利用定积分的几何意义，证明：$\int_a^b \mathrm{d}x = b-a$.

证明 根据定积分的几何意义知，$\int_a^b \mathrm{d}x = b-a$ 是由 $f(x)=1$ 和直线 $x=a$, $x=b$, $y=0$ 所围成的矩形的面积（见图 11.6）.

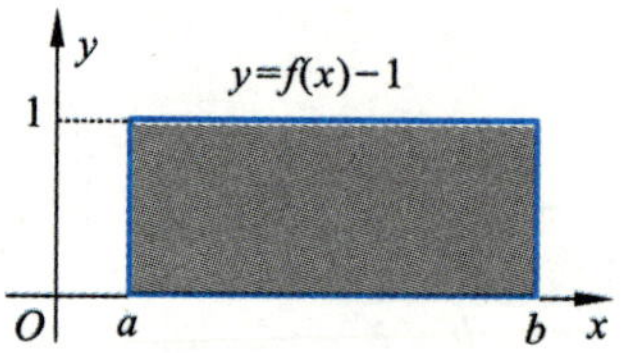

图 11.6

而矩形的面积为 $A=1\cdot(b-a)=b-a$，所以

$$\int_a^b \mathrm{d}x=b-a.$$

此结论可以看作定积分的一个性质.

11.1.4　定积分的性质

以下性质均要求被积函数在相应的积分区间上是可积的.

性质 1　被积函数的常数因子可提到积分号的外面，即

$$\int_a^b kf(x)\mathrm{d}x=k\int_a^b f(x)\mathrm{d}x \text{（}k\text{ 为常数，}k\neq 0\text{）}$$

证明　$$\int_a^b kf(x)\mathrm{d}x=\lim_{\lambda\to 0}\sum_{i=1}^{n}kf(\xi_i)\Delta x_i$$

$$=k\lim_{\lambda\to 0}\sum_{i=1}^{n}f(\xi_i)\Delta x_i=k\int_a^b f(x)\mathrm{d}x$$

性质 2　两个函数代数和的定积分等于各函数定积分的代数和，即

$$\int_a^b (f(x)\pm g(x))\mathrm{d}x=\int_a^b f(x)\mathrm{d}x\pm\int_a^b g(x)\mathrm{d}x$$

证明　$$\int_a^b (f(x)\pm g(x))\mathrm{d}x=\lim_{\lambda\to 0}\sum_{i=1}^{n}(f(\xi_i)\pm g(\xi_i))\Delta x_i$$

$$=\lim_{\lambda\to 0}\sum_{i=1}^{n}f(\xi_i)\Delta x_i\pm\lim_{\lambda\to 0}\sum_{i=1}^{n}g(\xi_i)\Delta x_i$$

$$=\int_a^b f(x)\mathrm{d}x\pm\int_a^b g(x)\mathrm{d}x.$$

这一结论可以推广到任意有限多个函数代数和的情形.

性质 3（积分区间的可加性）　对任意的点 c（即不论 a,b,c 的大小关系如何），有

$$\int_a^b f(x)\mathrm{d}x=\int_a^c f(x)\mathrm{d}x+\int_c^b f(x)\mathrm{d}x$$

此性质可根据定积分的几何意义，应用曲边梯形的面积的关系自行验证.

性质 4（积分的保序性）　如果在区间 $[a,b]$ 上，恒有 $f(x)\leqslant g(x)$，则

$$\int_a^b f(x)\mathrm{d}x\leqslant\int_a^b g(x)\mathrm{d}x.$$

此性质可根据定积分的几何意义，应用两个积分所对应的曲边梯形的面积的关系证明结论的正确性.

例 3　比较下列各对积分值的大小：

（1）$\int_0^1 x\mathrm{d}x$ 与 $\int_0^1 x^2\mathrm{d}x$；　　（2）$\int_1^2 \mathrm{e}^x\mathrm{d}x$ 与 $\int_1^2 \ln x\mathrm{d}x$.

解　（1）当 $x\in[0,1]$ 时，$x^2\leqslant x\cdot 1=x$，则

$$\int_0^1 x\mathrm{d}x\geqslant\int_0^1 x^2\mathrm{d}x$$

（2）当 $x\in[1,\ 2]$时，$e^x\geqslant e>1$，$0\leqslant \ln x<1$，有 $e^x>\ln x$，则

$$\int_1^2 e^x dx>\int_1^2 \ln x dx$$

性质 5（积分估值定理） 设函数 $f(x)$ 在区间 $[a,b]$ 上有最大值 M 和最小值 m，则

$$m(b-a)\leqslant\int_a^b f(x)dx\leqslant M(b-a)$$

积分估值定理的几何意义：曲线 $y=f(x)$ 在 $[a,b]$ 上的曲边梯形的面积介于以区间 $[a,b]$ 的长度为底，分别以 m 和 M 为高的矩形面积之间［见图 11.7（a）］.

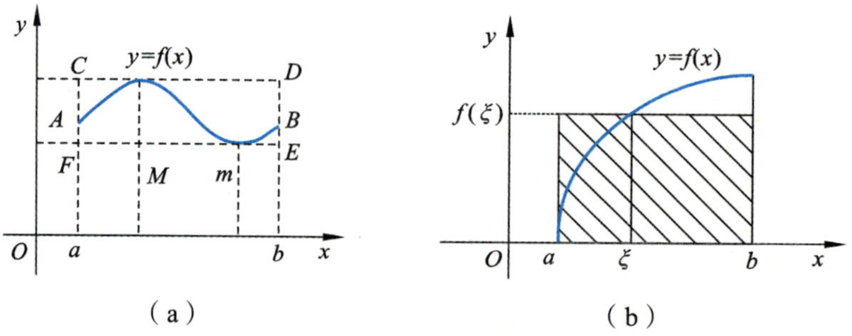

图 11.7

性质 6（积分中值定理） 如果 $f(x)$在区间$[a,b]$上连续，则在积分区间 $[a,b]$ 上至少存在一点 ξ，使得

$$\int_a^b f(x)dx=f(\xi)(b-a)\ ,\ \xi\in(a,b)$$

积分中值定理的几何意义：曲线 $y=f(x)$ 在 $[a,b]$ 上的曲边梯形的面积等于以区间 $[a,b]$ 的长度为底，而以 (a,b) 某一点 ξ 的函数值 $f(\xi)$ 为高的矩形面积［见图 11.7（b）］.

因此，把 $f(\xi)=\dfrac{1}{b-a}\int_a^b f(x)dx$ 称为连续函数 $f(x)$ 在 $[a,b]$ 上的平均高度，或称为连续函数在 $[a,b]$ 上的平均值.

性质 7（对称区间上奇偶函数的积分性质） 设 $f(x)$ 在对称区间 $[-a,a]$ 上连续，则有

（1）如果 $f(x)$ 为奇函数，则 $\int_{-a}^a f(x)dx=0$；

（2）如果 $f(x)$ 为偶函数，则 $\int_{-a}^a f(x)dx=2\int_0^a f(x)dx$.

此结论将在“定积分的计算”一节中给出证明.

例 4 估计定积分 $\int_{-1}^1 e^{-x^2}dx$ 的值.

解 $f'(x)=-2xe^{-x^2}$，令 $f'(x)=0$，得驻点 $x=0$.

比较 $f(0)=e^0=1$，$f(-1)=e^{-1}$，$f(1)=e^{-1}$，则 $f(x)$ 的最小值 $m=e^{-1}$，最大值 $M=1$.

故
$$\frac{2}{e}\leqslant\int_{-1}^1 e^{-x^2}dx\leqslant 2$$

习题 11.1

1. 用定积分表示由曲线 $y=x^2-2x+3$ 与直线 $x=1, x=4$ 及 x 轴所围成的曲边梯形的面积.

2. 利用定积分的几何意义，作图证明：

（1）$\int_0^1 2x\mathrm{d}x=1$；　　（2）$\int_0^r \sqrt{r^2-x^2}\mathrm{d}x=\frac{1}{4}\pi r^2$.

3. 不计算定积分，比较下列各组定积分值的大小.

（1）$\int_0^1 x\mathrm{d}x, \int_0^1 x^3\mathrm{d}x$；　　（2）$\int_0^1 \mathrm{e}^x\mathrm{d}x, \int_0^1 \mathrm{e}^{-x^2}\mathrm{d}x$；

（3）$\int_3^4 \ln x\mathrm{d}x, \int_3^4 \ln^2 x\mathrm{d}x$；　　（4）$\int_0^{\frac{\pi}{4}} \cos x\mathrm{d}x, \int_0^{\frac{\pi}{4}} \sin x\mathrm{d}x$.

4. 利用定积分估值性质，估计下列积分值所在的范围.

（1）$\int_0^1 \mathrm{e}^x\mathrm{d}x$；　　（2）$\int_0^2 x(x-2)\mathrm{d}x$；

（3）$\int_1^2 \frac{x}{x^2+1}\mathrm{d}x$；　　（4）$\int_0^2 \frac{5-x}{9-x^2}\mathrm{d}x$.

11.2 微积分基本公式

定积分作为一种特殊和式的极限，直接根据定义计算定积分是有困难的，有时甚至无法计算. 本节将介绍定积分计算的有力工具——牛顿-莱布尼兹公式.

11.2.1 变上限定积分

定义 11.2 设函数 $f(x)$ 在区间 $[a,b]$ 上连续，对于任意的 $x\in[a,b]$，$f(x)$ 在 $[a,x]$ 上也连续，所以函数 $f(x)$ 在区间 $[a,x]$ 上**可积**. 显然对于 $[a,b]$ 上的每一个 x 的取值，都有唯一对应的定积分 $\int_a^x f(t)\mathrm{d}t$ 和 x 相对应，因此 $\int_a^x f(t)\mathrm{d}t$ 是定义在 $[a,b]$ 上的函数，记为

$$\phi(x)=\int_a^x f(t)\mathrm{d}t,\ x\in[a,b].$$

$\phi(x)$ 称为**变上限定积分**，有时也称变上限积分函数.

变上限积分函数的几何意义：如果 $f(x)>0$，对任意的 $x\in[a,b]$，$\phi(x)$ 都对应唯一一个曲边梯形的面积，如图 11.8 所示的阴影部分，因此，变上限积分函数有时又称面积函数.

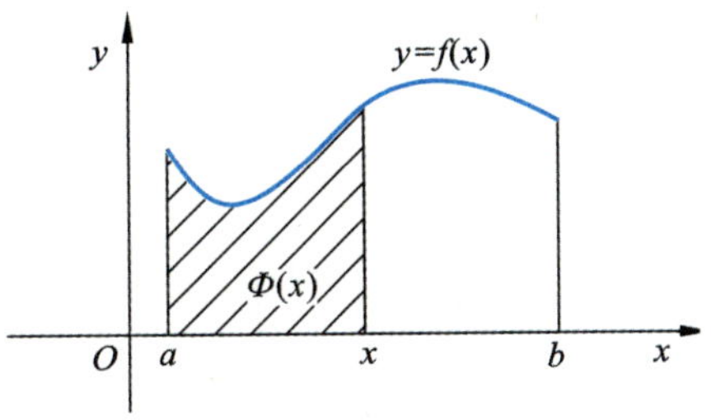

图 11.8

变上限积分函数 $\phi(x)$ 具有如下重要性质：

定理 11.1 如果函数 $f(x)$ 在区间 $[a,b]$ 上连续，那么变上限积分函数 $\phi(x)=\int_a^x f(t)\mathrm{d}t$ 在区间 $[a,b]$ 上可导，并且它的导数是

$$\phi'(x)=\left(\int_a^x f(t)\mathrm{d}t\right)'=f(x)$$

或

$$\frac{\mathrm{d}\phi(x)}{\mathrm{d}x}=\frac{\mathrm{d}}{\mathrm{d}x}\int_a^x f(t)\mathrm{d}t=f(x)\quad (a\leqslant x\leqslant b)$$

***证明** 给定函数 $\phi(x)$ 的自变量 x 的改变量 Δx，函数 $\phi(x)$ 有相应的改变量 $\Delta\phi$，则

$$\Delta\phi=\phi(x+\Delta x)-\phi(x)=\int_a^{x+\Delta x} f(t)\mathrm{d}t-\int_a^x f(t)\mathrm{d}t=\int_x^{x+\Delta x} f(t)\mathrm{d}t$$

由定积分中值定理知，存在 $\xi\in(x,x+\Delta x)$ 或 $(x+\Delta x,x)$，使 $\int_x^{x+\Delta x} f(t)\mathrm{d}t=f(\xi)\Delta x$ 成立. 注意到，当 $\Delta x\to 0$ 时，有 $\xi\to x$，所以

$$\begin{aligned}\phi'(x)&=\lim_{\Delta x\to 0}\frac{\Delta\phi}{\Delta x}=\lim_{\Delta x\to 0}\frac{f(\xi)\Delta x}{\Delta x}=\lim_{\Delta x\to 0}f(\xi)\\&=\lim_{\xi\to 0}f(\xi)=f(x)\text{（}f(x)\text{ 在 }[a,b]\text{ 上连续）}.\end{aligned}$$

定理 11.1 说明，如果函数 $f(x)$ 在区间 $[a,b]$ 上连续，变上限积分函数 $\phi(x)=\int_a^x f(t)\mathrm{d}t$ 就是 $f(x)$ 在区间 $[a,b]$ 上的一个原函数.

定理 11.2（原函数存在定理） 如果函数 $f(x)$ 在区间 $[a,b]$ 上连续，则它的原函数一定存在，且其中的一个原函数为

$$\phi(x)=\int_a^x f(t)\mathrm{d}t.$$

注意：定理 11.2 一方面肯定了闭区间 $[a,b]$ 上连续函数 $f(x)$ 一定存在原函数，解决了第 10 章不定积分留下的原函数的存在问题；另一方面初步揭示了定积分与原函数之间的联系，为下一步研究微积分基本公式奠定了基础.

例 1 计算 $\frac{\mathrm{d}}{\mathrm{d}x}\int_0^x \mathrm{e}^{-t}\sin t\mathrm{d}t$.

解 $\frac{\mathrm{d}}{\mathrm{d}x}\int_0^x \mathrm{e}^{-t}\sin t\mathrm{d}t=\left(\int_0^x \mathrm{e}^{-t}\sin t\mathrm{d}t\right)'=\mathrm{e}^{-x}\sin x$.

例 2 计算 $\frac{\mathrm{d}}{\mathrm{d}x}\int_0^{x^2}(t^2+1)\mathrm{d}t$.

解 令 $u=x^2$，则 $\int_0^{x^2}(t^2+1)\mathrm{d}t$ 可以看作是由 $\int_0^u(t^2+1)\mathrm{d}t$ 和 $u=x^2$ 复合而成的复合函数. 根据复合函数的求导法则，有

$$\begin{aligned}\frac{\mathrm{d}}{\mathrm{d}x}\int_0^{x^2}(t^2+1)\mathrm{d}t&=\frac{\mathrm{d}}{\mathrm{d}u}\int_0^u(t^2+1)\mathrm{d}t\cdot\frac{\mathrm{d}u}{\mathrm{d}x}=(u^2+1)\cdot 2x\\&=2x(x^4+1)=2(x^5+x).\end{aligned}$$

一般地，

$$\frac{\mathrm{d}}{\mathrm{d}x}\int_a^{\varphi(x)}\mathrm{d}(t)\mathrm{d}t=\left(\frac{\mathrm{d}}{\mathrm{d}\varphi}\int_a^{\varphi(x)}f(t)\mathrm{d}t\right)\cdot\frac{\mathrm{d}\varphi}{\mathrm{d}x}=f(\varphi(x))\varphi'(x).$$

上面结论可作为公式使用.

例 3 已知 $\phi(x)=\int_x^{x^2}\mathrm{e}^t\mathrm{d}t$，求 $\phi'(x)$.

解 $\phi(x)=\int_x^{x^2}\mathrm{e}^t\mathrm{d}t=\int_x^0\mathrm{e}^t\mathrm{d}t+\int_0^{x^2}\mathrm{e}^t\mathrm{d}t=\int_0^{x^2}\mathrm{e}^t\mathrm{d}t-\int_0^x\mathrm{e}^t\mathrm{d}t=2x\mathrm{e}^{x^2}-\mathrm{e}^x$.

一般地，还有以下求导公式：

$$\begin{aligned}\frac{\mathrm{d}}{\mathrm{d}x}\int_{\psi(x)}^{\varphi(x)}f(t)\mathrm{d}t&=\frac{\mathrm{d}}{\mathrm{d}x}\left(\int_a^{\varphi(x)}f(t)\mathrm{d}t-\int_a^{\psi(x)}f(t)\mathrm{d}t\right)\\&=f(\varphi(x))\cdot\varphi'(x)-f(\psi(x))\cdot\psi'(x).\end{aligned}$$

***例 4** 求 $\lim\limits_{x\to0}\frac{1}{x^2}\int_0^x\ln(1+t)\mathrm{d}t$.

解
$$\begin{aligned}\lim_{x\to0}\frac{1}{x^2}\int_0^x\ln(1+t)\mathrm{d}t&\overset{\frac{0}{0}}{=}\lim_{x\to0}\frac{\left(\int_0^x\ln(1+t)\mathrm{d}t\right)'}{(x^2)'}=\lim_{x\to0}\frac{\ln(1+x)}{2x}\\&\overset{\frac{0}{0}}{=}\lim_{x\to0}\frac{\frac{1}{1+x}}{2}=\frac{1}{2}.\end{aligned}$$

11.2.2 微积分基本公式

定理 11.3（牛顿-莱布尼兹公式） 如果函数 $f(x)$ 在区间 $[a,b]$ 上连续，且 $F(x)$ 是 $f(x)$ 在区间 $[a,b]$ 上的任意一个原函数，那么

$$\int_a^b f(x)\mathrm{d}x=F(b)-F(a).$$

证明 由变上限积分函数的性质知，$\phi(x)=\int_a^x f(t)\mathrm{d}t$ 也是 $f(x)$ 在区间 $[a,b]$ 上的一个原函数，则

$$\int_a^x f(t)\mathrm{d}t=F(x)+C$$

在上式中，令 $x=a$，有 $\int_a^a f(t)\mathrm{d}t=F(a)+C$，则 $C=-F(a)$，于是有

$$\int_a^x f(t)\mathrm{d}t=F(x)-F(a)$$

在上式中，令 $x=b$，有 $\int_a^b f(t)\mathrm{d}t=F(b)-F(a)$，所以

$$\int_a^b f(t)\mathrm{d}t=F(b)-F(a).$$

为了方便起见，通常把$F(b)-F(a)$简记为$F(x)|_a^b$或$[F(x)]_a^b$，所以公式可改写为

$$\int_a^b f(t)\mathrm{d}t = F(x)|_a^b = F(b)-F(a).$$

上述公式称为牛顿-莱布尼兹公式，又称为微积分基本公式.

微积分基本公式揭示了定积分与被积函数的原函数之间的内在联系，它把求定积分的问题转化为求原函数的问题. 确切地说，要求出连续函数$f(x)$在区间$[a,b]$上的定积分，只要求出$f(x)$在区间$[a,b]$上的一个原函数$F(x)$，然后计算$F(b)-F(a)$就可以了.

例 5 计算下列定积分.

（1）$\int_0^1 x^2\mathrm{d}x$；（2）$\int_1^2\left(x+\frac{1}{x}\right)^2\mathrm{d}x$；

（3）$\int_{-1}^1\frac{\mathrm{e}^x}{1+\mathrm{e}^x}\mathrm{d}x$；（4）$\int_{-1}^3|2-x|\mathrm{d}x$；

（5）$\int_0^2 f(x)\mathrm{d}x$，其中$f(x)=\begin{cases}x^2-1, & x\leqslant 1\\ \sqrt{x}, & x>1\end{cases}$.

解 （1）因为$\int x^2\mathrm{d}x=\frac{1}{3}x^3+C$，所以

$$\int_0^1 x^2\mathrm{d}x=\frac{1}{3}x^3|_0^1=\frac{1}{3}\times 1^3-\frac{1}{3}\times 0^3=\frac{1}{3}.$$

（2）
$$\begin{aligned}\int_1^2\left(x+\frac{1}{x}\right)^2\mathrm{d}x&=\int_1^2\left(x^2+2+\frac{1}{x^2}\right)\mathrm{d}x=\left(\frac{1}{3}x^3+2x-\frac{1}{x}\right)\Bigg|_1^2\\&=\left(\frac{2^3}{3}+2\times 2-\frac{1}{2}\right)-\left(\frac{1^3}{3}+2\times 1-1\right)\\&=\frac{7}{3}+2+\frac{1}{2}=\frac{29}{6}.\end{aligned}$$

（3）
$$\begin{aligned}\int_{-1}^1\frac{\mathrm{e}^x}{1+\mathrm{e}^x}\mathrm{d}x&=\int_{-1}^1\frac{\mathrm{d}(1+\mathrm{e}^x)}{1+\mathrm{e}^x}=\ln(1+\mathrm{e}^x)|_{-1}^1\\&=\ln(1+\mathrm{e})-\ln(1+\mathrm{e}^{-1})\\&=\ln\frac{1+\mathrm{e}}{1+\frac{1}{\mathrm{e}}}=\ln\mathrm{e}=1.\end{aligned}$$

（4）
$$\begin{aligned}\int_{-1}^3|2-x|\mathrm{d}x&=\int_{-1}^2(2-x)\mathrm{d}x+\int_2^3(x-2)\mathrm{d}x\\&=\left(2x-\frac{1}{2}x^2\right)\Bigg|_{-1}^2+\left(\frac{1}{2}x^2-2x\right)\Bigg|_2^3\\&=\left[\left(2\times 2-\frac{1}{2}\times 2^2\right)-\left(-2-\frac{1}{2}\times 1\right)\right]+\left[\left(\frac{1}{2}\times 3^2-2\times 3\right)-\left(\frac{1}{2}\times 2^2-2\times 2\right)\right]\\&=\left(2+\frac{5}{2}\right)+\left(-\frac{3}{2}+2\right)=5.\end{aligned}$$

(5) $\int_0^2 f(x)\mathrm{d}x = \int_0^1 f(x)\mathrm{d}x + \int_1^2 f(x)\mathrm{d}x$

$$= \int_0^1 (x^2-1)\mathrm{d}x + \int_1^2 \sqrt{x}\mathrm{d}x$$

$$= \left(\frac{1}{3}x^3 - x\right)\Bigg|_0^1 + \left(\frac{2}{3}x\sqrt{x}\right)\Bigg|_1^2$$

$$= \left[\left(\frac{1}{3}-1\right)-0\right] + \left(\frac{2}{3}\times 2\sqrt{2} - \frac{2}{3}\right) = \frac{4}{3}(\sqrt{2}-1).$$

***例 6** 求极限 $\lim\limits_{n\to\infty}\dfrac{1+2^3+3^3+\cdots+n^3}{n^4}$.

解 根据定积分的定义，得

$$\lim_{n\to\infty}\frac{1+2^3+3^3+\cdots+n^3}{n^4} = \lim_{n\to\infty}\sum_{i=1}^{n}\frac{1}{n}\left(\frac{i}{n}\right)^3 = \int_0^1 x^3\mathrm{d}x = \frac{1}{4}x^4 \Big|_0^1 = \frac{1}{4}.$$

习题 11.2

1. 求下列函数的导数.

(1) $F(x) = \int_0^x \sqrt{t^2+1}\mathrm{d}t$；　　(2) $F(x) = \int_a^{x^2} \dfrac{\sin t}{t}\mathrm{d}t$；

(3) $F(x) = \int_x^1 t^2 \mathrm{e}^{-t}\mathrm{d}t$；　　(4) $F(x) = \int_{-x}^{x^2} \cos^2 t\mathrm{d}t$.

2. 求下列函数的极限.

(1) $\lim\limits_{x\to 0}\dfrac{\int_0^x \cos^2 t\mathrm{d}t}{x}$；　　(2) $\lim\limits_{x\to 1}\dfrac{\int_1^x t(t-1)\mathrm{d}t}{(x-1)^2}$；

(3) $\lim\limits_{x\to 0}\dfrac{\int_0^x \arctan t\mathrm{d}t}{x^2}$；　　(4) $\lim\limits_{x\to 0}\dfrac{\int_0^x (\sqrt{1+t}-\sqrt{1-t})\mathrm{d}t}{x^2}$.

3. 求函数 $F(x) = \int_{-1}^x t(t-2)\mathrm{d}t$ 在区间 $[-1,3]$ 上的最大值和最小值.

4. 求由曲线 $y=-x^2+2x$ 与直线 $x=0, x=2$ 及 x 轴所围成的曲边梯形的面积.

5. 求下列定积分的值.

(1) $\int_1^2 (x^2+x-1)\mathrm{d}x$；　　(2) $\int_0^1 (2^x+x^2)\mathrm{d}x$；

(3) $\int_0^2 \dfrac{x}{1+x^2}\mathrm{d}x$；　　(4) $\int_1^2 \dfrac{1}{\sqrt{x}}\mathrm{d}x$；

(5) $\int_0^{\pi} |\cos x|\mathrm{d}x$；　　(6) $\int_0^2 \mathrm{e}^{\frac{x}{2}}\mathrm{d}x$.

11.3　定积分的计算

由微积分学基本定理知，定积分的计算最终归结为求出被积函数 $f(x)$ 的原函数 $F(x)$，再由公式 $\int_a^b f(x)\mathrm{d}x = F(b)-F(a)$ 求出．将上一章介绍的换元积分法和分部积分法结合定积分的性质稍作改动，就形成了定积分的积分法，而且会更简洁、方便．

11.3.1　定积分的换元积分法

定理 11.4　设函数 $f(x)$ 在区间 $[a,b]$ 上连续，且满足下列条件：

（1）$x=\varphi(t)$ 且 $a=\varphi(\alpha),\ b=\varphi(\beta)$；

（2）$\varphi(t)$ 在区间 $[\alpha,\beta]$ 上单调且有连续的导数 $\varphi'(t)$；

（3）当 t 从 α 变到 β 时，$\varphi(t)$ 从 a 变到 b 时.

则有

$$\int_a^b f(x)\mathrm{d}x = \int_\alpha^\beta f(\varphi(t))\varphi'(t)\mathrm{d}t .$$

该公式称为定积分的换元积分公式.

应用公式计算定积分时，应注意以下两点：

（1）从左到右应用公式，相当于不定积分的第二换元法．用 $x=\varphi(t)$ 把原积分变量 x 换成新的积分变量 t 后，积分限也必须由原来的积分限 a和b 换成相应的换成新变量 t 的积分限 α 和 β，而不必代回原来的变量 x，这与不定积分的第二换元法是完全不同的．简称“换元必换限”．

（2）从右到左应用公式，相当于不定积分的第一换元法（即凑微分法）.一般不用设出新的积分变量，这时原积分的上、下限不需改变，只要求出被积函数的一个原函数，就可以直接应用牛顿-莱布尼兹公式求出定积分的值.

例 1　求 $\int_0^3 \frac{x}{\sqrt{1+x}}\mathrm{d}x$.

解　令 $\sqrt{1+x}=t$，则 $x=t^2-1$，$\mathrm{d}x=2t\mathrm{d}t$，当 $x=0$ 时，$t=1$；当 $x=3$ 时，$t=2$．于是

$$\int_0^3 \frac{x}{\sqrt{1+x}}\mathrm{d}x = \int_1^2 \frac{t^2-1}{t}\cdot 2t\mathrm{d}t = 2\int_1^2 (t^2-1)\mathrm{d}t = 2\left(\frac{1}{3}t^3-t\right)\Bigg|_1^2$$

$$=2\left[\left(\frac{2^3}{3}-2\right)-\left(\frac{1}{3}-1\right)\right]=\frac{8}{3}$$

例 2　求 $\int_0^{\frac{\pi}{2}} \cos^3 x\sin x\mathrm{d}x$.

解法一：设 $t=\cos x$，则 $\mathrm{d}t=-\sin x\mathrm{d}x$．当 $x=0$ 时，$t=1$；当 $x=\frac{\pi}{2}$ 时，$t=0$．于是

$$\int_0^{\frac{\pi}{2}} \cos^3 x\sin x\mathrm{d}x = \int_1^0 t^3\cdot(-\mathrm{d}t) = \int_0^1 t^3\mathrm{d}t = \left(\frac{1}{4}t^4\right)\Bigg|_0^1 = \frac{1}{4}.$$

解法二：$\int_0^{\frac{\pi}{2}}\cos^3 x\sin x\mathrm{d}x=-\int_0^{\frac{\pi}{2}}\cos^3 x\mathrm{d}\cos x=\left(-\frac{1}{4}\cos^4 x\right)\Big|_0^{\frac{\pi}{2}}=\frac{1}{4}$.

注：解法一采用变量替换（换元）法，即换元必换限；解法二采用凑微分法（积分变量没变），即不换限.

例 3 求 $\int_0^{\ln 2}\sqrt{\mathrm{e}^x-1}\mathrm{d}x$.

解 令 $\sqrt{e^x-1}=t$，则 $x=\ln(1+t^2)$，$\mathrm{d}x=\frac{2t}{1+t^2}\mathrm{d}t$. 当 $x=0$ 时，$t=0$；当 $x=\ln 2$ 时，$t=1$. 于是

$$\int_0^{\ln 2}\sqrt{\mathrm{e}^x-1}\mathrm{d}x=2\int_0^1\frac{t^2}{1+t^2}\mathrm{d}t=2\int_0^1\left(1-\frac{1}{1+t^2}\right)\mathrm{d}t$$
$$=2(t-\arctan t)\big|_0^1=2-\frac{\pi}{2}.$$

例 4 求下列定积分.

（1）$\int_0^2\sqrt{4-x^2}\mathrm{d}x$；（2）$\int_0^{\sqrt{3}}\frac{x}{\sqrt{1+x^2}}\mathrm{d}x$；

（3）$\int_1^2\frac{\sqrt{x^2-1}}{x}\mathrm{d}x$.

三角代换的规律：

（1）被积函数中含有 $\sqrt{a^2-x^2}\,(a>0)$，可设 $x=a\sin t\left(-\frac{\pi}{2}\leqslant t\leqslant\frac{\pi}{2}\right)$；

（2）被积函数中含有 $\sqrt{a^2+x^2}\,(a>0)$，可设 $x=a\tan t\left(-\frac{\pi}{2}<x<\frac{\pi}{2}\right)$；

（3）被积函数中含有 $\sqrt{x^2-a^2}\,(a>0)$，可设 $x=a\sec t\left(0<x<\frac{\pi}{2}\right)$.

解 （1）令 $x=2\sin t\left(-\frac{\pi}{2}\leqslant t\leqslant\frac{\pi}{2}\right)$，$\mathrm{d}x=2\cos t\mathrm{d}t$. 当 $x=2$ 时，$t=\frac{\pi}{2}$；当 $x=0$ 时，$t=0$. 于是

$$\int_0^2\sqrt{4-x^2}\mathrm{d}x=\int_0^{\frac{\pi}{2}}4\cos^2 t\mathrm{d}t=\int_0^{\frac{\pi}{2}}4\cdot\frac{1+\cos 2t}{2}\mathrm{d}t$$
$$=2\int_0^{\frac{\pi}{2}}(1+\cos 2t)\mathrm{d}t=2\left(t+\frac{1}{2}\sin 2t\right)\Big|_0^{\frac{\pi}{2}}=\pi.$$

（2）令 $x=\tan t\left(-\frac{\pi}{2}<t<\frac{\pi}{2}\right)$，$\mathrm{d}x=\sec^2 t\mathrm{d}t$. 当 $x=\sqrt{3}$ 时，$t=\frac{\pi}{3}$；当 $x=0$ 时，$t=0$. 于是

$$\int_0^{\sqrt{3}}\frac{x}{\sqrt{1+x^2}}\mathrm{d}x=\int_0^{\frac{\pi}{3}}\sec t\tan t\mathrm{d}t=\sec t\,\big|_0^{\frac{\pi}{3}}=1.$$

（3）令 $x=\sec t\left(0<t<\frac{\pi}{2}\right)$，$\mathrm{d}x=\sec t\tan t\mathrm{d}t$. 当 $x=2$ 时，$t=\frac{\pi}{3}$；当 $x=1$ 时，$t=0$. 于是

$$\int_1^2 \frac{\sqrt{x^2-1}}{x}\mathrm{d}x = \int_0^{\frac{\pi}{3}} \tan^2 t\mathrm{d}t = \int_0^{\frac{\pi}{3}} (\sec^2 t - 1)\mathrm{d}t$$

$$= (\tan t - t)\Big|_0^{\frac{\pi}{3}} = \sqrt{3} - \frac{\pi}{3}.$$

例 5 设 $f(x)$ 为 $[-a,a]$ 上的连续函数，证明对称区间上奇偶函数的积分定理：

（1）若 $f(x)$ 为奇函数，则 $\int_{-a}^{a} f(x)\mathrm{d}x = 0$.

（2）若 $f(x)$ 为偶函数，则 $\int_{-a}^{a} f(x)\mathrm{d}x = 2\int_0^a f(x)\mathrm{d}x$.

证明 因为

$$\int_{-a}^{a} f(x)\mathrm{d}x = \int_{-a}^{0} f(x)\mathrm{d}x + \int_0^a f(x)\mathrm{d}x$$

对积分 $\int_{-a}^{0} f(x)\mathrm{d}x$ 应用换元积分，作如下变换：

令 $x=-t$，则 $\mathrm{d}x=-\mathrm{d}t$．当 $x=0$ 时，$t=0$；当 $x=-a$ 时，$t=a$．于是

$$\int_{-a}^{0} f(x)\mathrm{d}x = -\int_a^0 f(-t)\mathrm{d}t = \int_0^a f(-t)\mathrm{d}t = \int_0^a f(-x)\mathrm{d}x$$

所以

$$\int_{-a}^{a} f(x)\mathrm{d}x = \int_0^a f(-x)\mathrm{d}x + \int_0^a f(x)\mathrm{d}x$$

（1）若 $f(x)$ 为奇函数，则 $f(-x)=-f(x)$，所以

$$\int_{-a}^{a} f(x)\mathrm{d}x = \int_0^a f(-x)\mathrm{d}x + \int_0^a f(x)\mathrm{d}x$$
$$= -\int_0^a f(x)\mathrm{d}x + \int_0^a f(x)\mathrm{d}x = 0.$$

（2）若 $f(x)$ 为偶函数，则 $f(-x)=f(x)$，所以

$$\int_{-a}^{a} f(x)\mathrm{d}x = \int_0^a f(-x)\mathrm{d}x + \int_0^a f(x)\mathrm{d}x$$
$$= \int_0^a f(x)\mathrm{d}x + \int_0^a f(x)\mathrm{d}x = 2\int_0^a f(x)\mathrm{d}x.$$

例如：$\int_{-2}^{2} \cos^3 x \sin x\mathrm{d}x = 0$, $\int_{-1}^{1} |x|\mathrm{d}x = 2\int_0^1 x\mathrm{d}x = 1$.

11.3.2 定积分的分部积分法

定理 11.5 设函数 $u=u(x)$ 和 $v=v(x)$ 在区间 $[a, b]$ 上有连续的导数，则有

$$\int_a^b u(x)dv(x) = [u(x)v(x)]_a^b - \int_a^b v(x)du(x).$$

上述公式称为定积分的分部积分公式. 公式中，选取 $u(x)$ 的方式、方法与不定积分的分部积分法相同.

例 6 求 $\int_1^2 x\ln x\mathrm{d}x$.

解 $\int_1^2 x\ln x\mathrm{d}x=\int_1^2 \ln x d\left(\frac{1}{2}x^2\right)=\left(\frac{1}{2}x^2\ln x\right)\Big|_1^2-\int_1^2\frac{1}{2}x^2\cdot\frac{1}{x}\mathrm{d}x$

$$=2\ln 2-\frac{1}{2}\int_1^2 x\mathrm{d}x=2\ln 2-\left(\frac{1}{4}x^2\right)\Big|_1^2=2\ln 2-\frac{3}{4}.$$

例 7 求 $\int_0^1 x^2\mathrm{e}^x\mathrm{d}x$.

解 $\int_0^1 x^2\mathrm{e}^x\mathrm{d}x=\int_0^1 x^2\mathrm{d}(\mathrm{e}^x)=(x^2\mathrm{e}^x)\big|_0^1-2\int_0^1 x\mathrm{e}^x\mathrm{d}x$

$$=\mathrm{e}-2\int_0^1 xd(\mathrm{e}^x)=\mathrm{e}-2\left[(x\mathrm{e}^x)\big|_0^1-\int_0^1\mathrm{e}^x\mathrm{d}x\right]$$

$$=\mathrm{e}-2\mathrm{e}+2(\mathrm{e}^x)\big|_0^1=\mathrm{e}-2.$$

分部积分的规律：

（1）当被积函数为幂函数与指数函数（或三角函数）的乘积时，选择幂函数为 u，其余部分凑成 $\mathrm{d}v$；

（2）当被积函数为幂函数与对数函数（或反三角函数）的乘积时，选择对数函数（或反三角函数）u，其余部分（幂函数）凑成 $\mathrm{d}v$.

注意：定积分的分部积分公式也可多次使用.

例 8 求 $\int_0^{\frac{\pi}{2}}\mathrm{e}^x\cos x\mathrm{d}x$.

解 $\int_0^{\frac{\pi}{2}}\mathrm{e}^x\cos x\mathrm{d}x=\int_0^{\frac{\pi}{2}}\cos x\mathrm{d}(\mathrm{e}^x)$

$$=(\mathrm{e}^x\cos x)\big|_0^{\frac{\pi}{2}}+\int_0^{\frac{\pi}{2}}\mathrm{e}^x\sin x\mathrm{d}x$$

$$=-1+\int_0^{\frac{\pi}{2}}\sin x\mathrm{d}(\mathrm{e}^x)$$

$$=-1+(\mathrm{e}^x\sin x)\big|_0^{\frac{\pi}{2}}-\int_0^{\frac{\pi}{2}}\mathrm{e}^x\cos x\mathrm{d}x$$

$$=-1+\mathrm{e}^{\frac{\pi}{2}}-\int_0^{\frac{\pi}{2}}\mathrm{e}^x\cos x\mathrm{d}x.$$

所以

$$\int_0^{\frac{\pi}{2}}\mathrm{e}^x\cos x\mathrm{d}x=\frac{1}{2}(\mathrm{e}^{\frac{\pi}{2}}-1).$$

分部积分的规律：当被积函数为指数函数与正弦函数（或余弦函数）的乘积时，要用两次分部积分公式，且任何一种函数均能用来凑微分，但两次凑微分时要用同一种类型的函数.

例 9 求 $\int_0^1\mathrm{e}^{\sqrt{x}}\mathrm{d}x$.

解 令 $\sqrt{x}=t$，则 $x=t^2$， $\mathrm{d}x=2t\mathrm{d}t$. 当 $x=0$ 时， $t=0$；当 $x=1$ 时， $t=1$. 于是

$$\begin{aligned}\int_0^1 e^{\sqrt{x}}dx &= 2\int_0^1 te^t dt = 2\int_0^1 t d(e^t) \\ &= 2(te^t)\big|_0^1 - 2\int_0^1 e^t dt \\ &= 2e - (2e^t)\big|_0^1 = 2e - (2e-2) = 2.\end{aligned}$$

此题是先用换元积分法再用分部积分法.

习题 11.3

1. 求下列定积分的值.

(1) $\int_1^e \frac{1+\ln x}{x}dx$；　(2) $\int_0^1 x\sqrt{1-x^2}dx$；

(3) $\int_1^2 \frac{1}{x^2}e^{\frac{1}{x}}dx$；　(4) $\int_0^3 \frac{dx}{1+\sqrt{x+1}}$；

(5) $\int_1^{64} \frac{dx}{\sqrt{x}+\sqrt[3]{x}}$；　(6) $\int_1^{10} \frac{\sqrt{x-1}}{x}dx$；

(7) $\int_0^2 x^2e^{2x}dx$；　(8) $\int_0^1 \arctan x dx$；

(9) $\int_0^{e-1} \ln(x+1)$；　(10) $\int_0^{\frac{\pi}{2}} e^{2x}\cos x dx$.

2. 求下列定积分.

(1) $\int_{-1}^1 (x^2+3x+\sin x\cos^2 x)dx$；　(2) $\int_{-1}^1 \frac{x^3\sin^2 x}{x^4+2x^2+1}dx$；

(3) $\int_{-1}^1 \frac{x+1}{1+x^2}dx$；　(4) $\int_{-1}^1 \frac{3+\sin x}{\sqrt{4-x^2}}$.

11.4　反常积分

前面讨论的定积分是以积分区间为有限区间 $[a,b]$、被积函数有界为前提的，称为常积分. 但一些实际问题中，往往要遇到计算无穷区间上的积分或计算被积函数为无界函数的积分，前者叫无穷区间上的积分，后者叫无界函数的积分. 本节将讨论这两种积分，它们是定积分的推广，常被称为反常积分，或称广义积分.

11.4.1　无穷区间上的反常积分——无穷积分

定义 11.3　设函数 $f(x)$ 在区间 $[a,+\infty)$ 上连续，取 $b>a$，若极限 $\lim\limits_{b\to+\infty}\int_a^b f(x)dx$ 存在，则称此极限为函数 $f(x)$ 在 $[a,+\infty)$ 上的**反常积分**，记作 $\int_a^{+\infty} f(x)dx$，即

$$\int_a^{+\infty} f(x)\mathrm{d}x = \lim_{b\to+\infty}\int_a^b f(x)\mathrm{d}x .$$

此时也称反常积分 $\int_a^{+\infty} f(x)\mathrm{d}x$ **收敛**；如果上述极限不存在，就称 $\int_a^{+\infty} f(x)\mathrm{d}x$ **发散**.

类似地，函数 $f(x)$ 在 $(-\infty,b]$ 上的反常积分定义为

$$\int_{-\infty}^b f(x)\mathrm{d}x = \lim_{a\to-\infty}\int_a^b f(x)\mathrm{d}x ;$$

函数 $f(x)$ 在 $(-\infty,+\infty)$ 上的反常积分定义为 $\int_{-\infty}^{+\infty} f(x)\mathrm{d}x = \int_{-\infty}^{a} f(x)\mathrm{d}x + \int_a^{+\infty} f(x)\mathrm{d}x$.

其中，a 为任意实数. 当且仅当上式右端两个积分同时收敛时，称反常积分 $\int_{-\infty}^{+\infty} f(x)\mathrm{d}x$ 收敛，否则称其发散.

例 1　求反常积分 $\int_1^{+\infty}\dfrac{1}{x^2(1+x^2)}\mathrm{d}x$.

解

$$\begin{aligned}\int_1^{+\infty}\frac{1}{x^2(1+x^2)}\mathrm{d}x &= \lim_{a\to+\infty}\int_1^a\frac{1}{x^2(1+x^2)}\mathrm{d}x\\ &= \lim_{a\to+\infty}\int_1^a\left(\frac{1}{x^2}-\frac{1}{1+x^2}\right)\mathrm{d}x\\ &= \lim_{a\to+\infty}\left(-\frac{1}{x}-\arctan x\right)\Big|_1^a\\ &= \lim_{a\to+\infty}\left(-\frac{1}{a}-\arctan a+1+\frac{\pi}{4}\right)\\ &=0-\frac{\pi}{2}+1+\frac{\pi}{4}=1-\frac{\pi}{4}\end{aligned}$$

例 2　求反常积分 $\int_{-\infty}^0 \mathrm{e}^{-x}\mathrm{d}x$.

解

$$\begin{aligned}\int_{-\infty}^0 \mathrm{e}^{-x}\mathrm{d}x &= \lim_{b\to-\infty}\int_b^0 \mathrm{e}^{-x}\mathrm{d}x = \lim_{b\to-\infty}(-\mathrm{e}^{-x})\Big|_b^0\\ &= \lim_{b\to-\infty}(-1+\mathrm{e}^{-b}) = +\infty.\end{aligned}$$

所以，反常积分 $\int_{-\infty}^0 \mathrm{e}^{-x}\mathrm{d}x$ 发散.

例 3　求反常积分 $\int_{-\infty}^{+\infty}\dfrac{1}{1+x^2}\mathrm{d}x$.

解

$$\begin{aligned}\int_{-\infty}^{+\infty}\frac{1}{1+x^2}\mathrm{d}x &= \int_{-\infty}^{0}\frac{1}{1+x^2}\mathrm{d}x+\int_0^{+\infty}\frac{1}{1+x^2}\mathrm{d}x\\ &= \lim_{a\to-\infty}\int_a^0\frac{1}{1+x^2}\mathrm{d}x+\lim_{b\to+\infty}\int_0^b\frac{1}{1+x^2}\mathrm{d}x\\ &= \lim_{a\to-\infty}\arctan x\Big|_a^0+\lim_{b\to+\infty}\arctan x\Big|_0^b\\ &=-\left(-\frac{\pi}{2}\right)+\frac{\pi}{2}=\pi.\end{aligned}$$

例 4　求曲线 $y=\dfrac{1}{x^2}$ 与直线 $x=1, y=0$ 所围成的图形的面积.

解 如图 11.9 所示，阴影部分的面积可以看作是函数 $y=\frac{1}{x^2}$ 在 $[1,+\infty)$ 上的定积分，故所求图形的面积为

$$A=\int_1^{+\infty}\frac{1}{x^2}\mathrm{d}x=\lim_{b\to+\infty}\int_1^b\frac{1}{x^2}\mathrm{d}x=\lim_{b\to+\infty}\left(-\frac{1}{x}\right)\Bigg|_1^b$$

$$=\lim_{b\to+\infty}\left(1-\frac{1}{b}\right)=1.$$

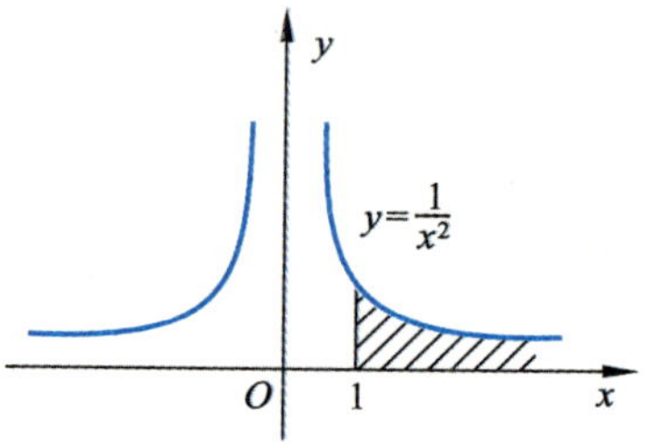

图 11.9

11.4.2 无界函数的反常积分——瑕积分

定义 11.4 设函数 $f(x)$ 在 $[a,b]$ 上连续，且 $\lim\limits_{x\to a^+}f(x)=\infty$，对于任意的 $A>a$，如果极限 $\lim\limits_{A\to a^+}\int_A^b f(x)\mathrm{d}x$ 存在，那么称此极限值为函数 $f(x)$ 在区间 $[a,b]$ 上的反常积分（又称**瑕积分**，$x=a$ 称为**瑕点**），记作 $\int_a^b f(x)\mathrm{d}x$，即

$$\int_a^b f(x)\mathrm{d}x=\lim_{A\to a^+}\int_A^b f(x)\mathrm{d}x.$$

此时又称反常积分 $\int_a^b f(x)\mathrm{d}x$ 收敛，否则称反常积分 $\int_a^b f(x)\mathrm{d}x$ 发散.

类似地，可得到如下定义：

设函数 $f(x)$ 在 $[a,b]$ 上连续，且 $\lim\limits_{x\to b^-}f(x)=\infty$，对于任意的 $B<b$，如果极限 $\lim\limits_{B\to b^-}\int_a^B f(x)\mathrm{d}x$ 存在，那么称此极限值为函数 $f(x)$ 在区间 $[a,b]$ 上的反常积分（又称瑕积分，$x=b$ 称为瑕点），记作 $\int_a^b f(x)\mathrm{d}x$，即

$$\int_a^b f(x)\mathrm{d}x=\lim_{B\to b^-}\int_a^B f(x)\mathrm{d}x.$$

同样，类似可得，函数 $f(x)$ 在区间 $[a,b]$ 上除点 $c(a<c<b)$ 外连续，且 $\lim\limits_{x\to c}f(x)=\infty$（$x=c$ 为瑕点）的情况：

$$\int_a^b f(x)\mathrm{d}x=\int_a^c f(x)\mathrm{d}x+\int_c^b f(x)\mathrm{d}x.$$

反常积分 $\int_a^b f(x)\mathrm{d}x$（$x=c$ 为瑕点）收敛的充分必要条件是：反常积分 $\int_a^c f(x)\mathrm{d}x$ 和 $\int_c^b f(x)\mathrm{d}x$ 都收敛，否则称反常积分 $\int_a^b f(x)\mathrm{d}x$ 发散.

注意：（1）反常积分和常义积分（定积分）具有类似的性质，但不能直接应用牛顿-莱布尼兹公式.

（2）求反常积分就是先求出一个常义积分，再求这个常义积分的极限. 定积分中的换元积分法和分部积分法可以推广到反常积分；求极限时可以使用求极限的一切方法，包括洛必达法则等.

（3）瑕积分和常义积分的符号一样，要注意区别.

例 5 计算反常积分 $\int_0^1 \frac{1}{\sqrt{1-x^2}}dx$.

解 因为 $\lim\limits_{x\to 1^-}\frac{1}{\sqrt{1-x^2}}=\infty$，则 $x=1$ 是瑕点，于是

$$\int_0^1 \frac{1}{\sqrt{1-x^2}}dx=\lim_{B\to 1^-}\int_0^B \frac{1}{\sqrt{1-x^2}}dx=\lim_{B\to 1^-}\arcsin x\big|_0^B$$
$$=\lim_{B\to 1^-}\arcsin B=\frac{\pi}{2}$$

例 6 求反常积分 $\int_0^1 \frac{1}{x}dx$.

解 函数 $f(x)=\frac{1}{x}$ 在 $(0,1]$ 上连续， $\lim\limits_{x\to 0^+}\frac{1}{x}=+\infty$ ，则 $x=0$ 是瑕点，于是

$$\int_0^1 \frac{1}{x}dx=\lim_{A\to 0^+}\int_A^1 \frac{1}{x}dx=\lim_{A\to 0^+}\ln x\big|_A^1=\lim_{A\to 0^+}(-\ln A)$$
$$=-\lim_{A\to 0^+}(\ln A)=-\infty.$$

故 $\int_0^1 \frac{1}{x}dx$ 发散.

例 7 计算 $\int_{-1}^1 \frac{1}{x^2}dx$.

解 因为 $\lim\limits_{x\to 0}\frac{1}{x^2}=\infty$，所以 $\int_{-1}^1 \frac{1}{x^2}dx$ 是反常积分. 而

$$\int_{-1}^1 \frac{1}{x^2}dx=\int_{-1}^0 \frac{1}{x^2}dx+\int_0^1 \frac{1}{x^2}dx$$

且

$$\int_{-1}^0 \frac{1}{x^2}dx=\lim_{B\to 0^-}\int_{-1}^B \frac{1}{x^2}dx=\lim_{B\to 0^-}\left(-\frac{1}{x}\right)\Bigg|_{-1}^B$$
$$=\lim_{B\to 0^-}\left[-\left(1+\frac{1}{B}\right)\right]=+\infty$$

即 $\int_{-1}^0 \frac{1}{x^2}dx$ 发散，故 $\int_{-1}^1 \frac{1}{x^2}dx$ 发散.

如果没有考虑到被积函数 $y=\frac{1}{x^2}$ 在 $x=0$ 有无穷间断的情况，仍按通常定积分来计算，就会得出错误的结果：

$$\int_{-1}^1 \frac{1}{x^2}dx=\left(-\frac{1}{x}\right)\Bigg|_{-1}^1=-2.$$

例 8 求积分 $\int_0^1 \ln x\mathrm{d}x$.

解 因为 $\lim\limits_{x\to 0^+}\ln x=-\infty$ ，所以 $\int_0^1 \ln x\mathrm{d}x$ 是反常积分.

故

$$\int_0^1 \ln x\mathrm{d}x=\lim_{A\to 0^+}\int_A^1 \ln x\mathrm{d}x=\lim_{A\to 0^+}\left(x\ln x\big|_A^1-\int_A^1 x\cdot\frac{1}{x}\mathrm{d}x\right)$$
$$=\lim_{A\to 0^+}[A\ln A-(1-A)]=-1.$$

注：$\lim\limits_{A\to 0^+}A\ln A=\lim\limits_{A\to 0^+}\dfrac{\ln A}{\dfrac{1}{A}}\overset{\frac{\infty}{\infty}}{=}\lim\limits_{A\to 0^+}\dfrac{\dfrac{1}{A}}{-\dfrac{1}{A^2}}=-\lim\limits_{A\to 0^+}A=0.$

***例 9** 讨论反常积分 $\int_a^b \frac{1}{(x-a)^q}\mathrm{d}x$ 的敛散性.

解 当 $q=1$ 时，

$$\int_a^b \frac{\mathrm{d}x}{(x-a)^q}=\int_a^b \frac{\mathrm{d}x}{x-a}=\lim_{A\to a^+}\int_A^b \frac{\mathrm{d}x}{x-a}=\lim_{A\to a^+}\ln(x-a)\big|_A^b$$
$$=\ln(b-a)-\lim_{A\to a^+}(A-a)=+\infty\ （发散）.$$

当 $q\neq 1$ 时，

$$\int_a^b \frac{\mathrm{d}x}{(x-a)^q}=\lim_{A\to a^+}\int_A^b \frac{\mathrm{d}x}{(x-a)^q}=\lim_{A\to a^+}\left[\frac{1}{1-q}(x-a)^{1-q}\right]_A^b$$
$$=\frac{(b-a)^{1-q}}{1-q}-\lim_{A\to a^+}\frac{(A-b)^{1-q}}{1-q}=\begin{cases}\dfrac{(b-a)^{1-q}}{1-q}, & q<1\ (\text{收敛})\\ +\infty\ , & q>1\ (\text{发散})\end{cases}$$

即当 $q<1$ 时，$\int_a^b \frac{\mathrm{d}x}{(x-a)^q}$ 收敛，其值为 $\frac{(b-a)^{1-q}}{1-q}$ ；当 $q\geqslant 1$ 时，该反常积分发散.

此反常积分的结论可作为公式直接运用.

习题 11.4

1. 求下列反常积分.

（1）$\int_{-\infty}^0 \mathrm{e}^x\mathrm{d}x$ ；（2）$\int_1^{+\infty}\frac{1}{x^2}\mathrm{d}x$ ；

（3）$\int_{-\infty}^{+\infty}\frac{1}{1+x^2}\mathrm{d}x$ ；（4）$\int_{\mathrm{e}}^{+\infty}\frac{\ln x}{x}\mathrm{d}x$.

2. 判断下列瑕积分的敛散性，如果收敛，计算积分值.

（1）$\int_0^1 \frac{1}{\sqrt{x}} dx$；（2）$\int_0^1 \frac{1}{\sqrt{1-x^2}} dx$；

（3）$\int_1^2 \frac{1}{x\ln x} dx$；（4）$\int_{\frac{\pi}{4}}^{\frac{\pi}{2}} \frac{1}{\cos^2 x} dx$.

3. Γ函数对所有的 $x>0$ 由下式定义：$\Gamma(x)=\int_0^{+\infty} t^{x-1}e^{-t}dt$，求 $\Gamma(1)$ 和 $\Gamma(2)$.

11.5 定积分的应用

由于定积分的概念和理论是在解决实际问题的过程中产生和发展起来的，因而它的应用非常广泛.

下面首先介绍运用定积分解决实际问题的常用方法——微元法，然后讨论定积分在几何（或物理）上的一些简单应用. 通过这部分内容的学习，不仅要掌握一些具体应用的计算公式，而且还要学会用定积分解决实际问题的思想方法.

11.5.1 定积分的微元法

为了说明定积分的微元法，下面先回顾求曲边梯形面积 A 的方法和步骤：

（1）将区间$[a, b]$分成 n 个小区间，相应得到 n 个小曲边梯形，小曲边梯形的面积记为 $\Delta A_i (i=1,2,3,\cdots,n)$；

（2）计算 ΔA_i 的近似值，即 $\Delta A_i = f(\xi_i)\Delta x_i$（其中 $\Delta x_i = x_i - x_{i-1}, \xi_i \in [x_{i-1}, x_i]$）；

（3）求和，得 A 的近似值，即 $A \approx \sum_{i=1}^{n} f(\xi_i)\Delta x_i$；

（4）对和取极限，得 $A = \lim_{\lambda \to 0} \sum_{i=1}^{n} f(\xi_i)\Delta x_i = \int_a^b f(x)dx.$

下面对上述四个步骤进行具体分析：

第（1）步指明了所求量（面积 A）具有的特性：A 在区间$[a, b]$上具有可分割性和可加性.

第（2）步是关键，这一步确定的 $\Delta A_i = f(\xi_i)\Delta x_i$ 是被积表达式 $f(x)dx$ 的雏形. 这可以从以下过程来理解：由于分割的任意性，在实际应用中，为了简便，对 $\Delta A_i = f(\xi_i)\Delta x_i$ 省略下标，得 $\Delta A = f(\xi)\Delta x$，用 $[x, x+dx]$ 表示 $[a,b]$ 内的任一小区间，并取小区间的左端点 x 为 ξ，则 ΔA 的近似值就是以 dx 为底、$f(x)$ 为高的小矩形的面积（如图 11.10 中的阴影部分），即 $\Delta A \approx f(x)dx$.

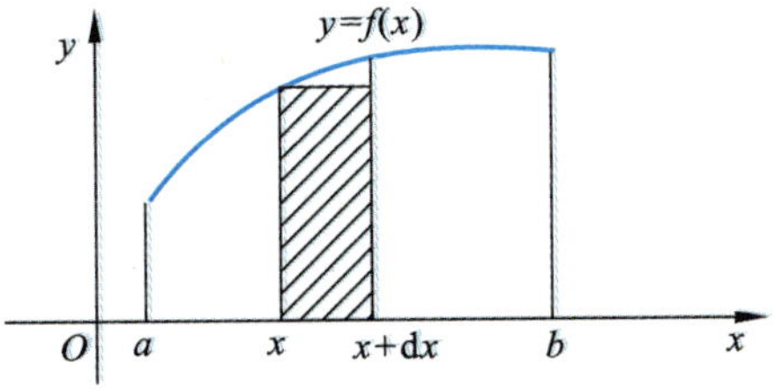

图 11.10

通常称 $f(x)\mathrm{d}x$ 为面积元素，记为 $\mathrm{d}A=f(x)\mathrm{d}x$.

将（3）（4）两步合并，即将这些面积元素在 $[a,b]$ “无限累加”，就得到面积 $A=\int_a^b f(x)\mathrm{d}x$.

一般地，用定积分解决实际问题时，通常按以下步骤进行：

（1）确定积分变量 x ，并求出相应的积分区间 $[a,b]$；

（2）在区间 $[a,b]$ 上任取一个小区间 $[x,x+\mathrm{d}x]$ ，并在小区间上找出所求量 F 的微元 $\mathrm{d}F=f(x)\mathrm{d}x$；

（3）写出所求量 F 的积分表达式 $F=\int_a^b f(x)\mathrm{d}x$ ，然后计算它的值.

利用定积分按上述步骤解决实际问题的方法叫作**定积分的微元法**.

11.5.2　平面图形的面积

1. 直角坐标系下平面图形的面积的计算

（1）由曲线 $y=f(x)\quad (f(x)\geqslant 0)$ 及直线 $x=a,\ x=b(a<b)$ 和 x 轴所围成的平面图形（曲边梯形）的面积（见图 11.10）.

面积微元：$\mathrm{d}A=f(x)\mathrm{d}x.$

面积：$A=\int_a^b f(x)\mathrm{d}x.$

（2）由上、下两条曲线 $y=f(x),\ y=g(x)$，$(f(x)\geqslant g(x))$ 及直线 $x=a,x=b$ 所围成的平面图形的面积 A（见图 11.11）.

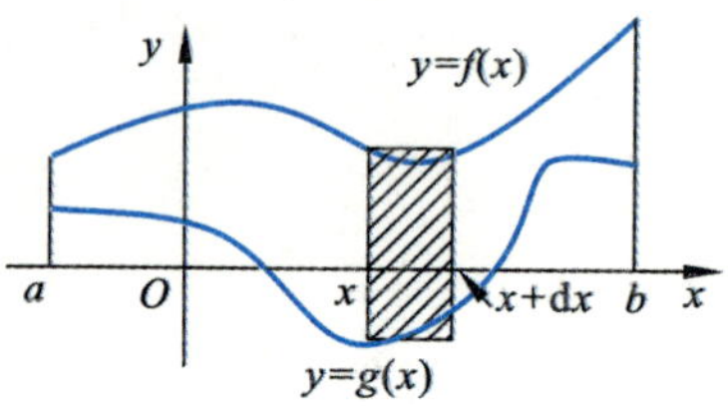

图 11.11

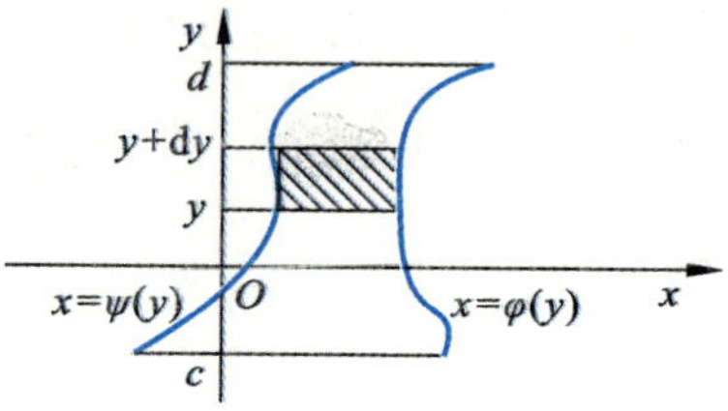

图 11.12

面积微元：$\mathrm{d}A=(f(x)-g(x))\mathrm{d}x$.

面积：$A=\int_a^b (f(x)-g(x))\mathrm{d}x$.

（3）由左、右两条曲线 $x=\psi(y),\ x=\varphi(y)\ (\varphi(y)\geqslant\psi(y))$ 及直线 $y=c,\ y=d\ (c<d)$ 所围成的平面图形的面积 A（见图 11.12）.

面积微元：$\mathrm{d}A=(\varphi(y)-\psi(y))\mathrm{d}y$.

面积：$A=\int_c^d (\varphi(y)-\psi(y))\mathrm{d}y$.

例 1　求由曲线 $y=x^2$ 与 $y=2x-x^2$ 所围成的平面图形的面积.

解　先解方程组 $\begin{cases} y=x^2 \\ y=2x-x^2 \end{cases}$ ，得两条曲线的交点为 $O(0,0),A(1,1)$.

再画出所围成的图形（见图 11.13）.

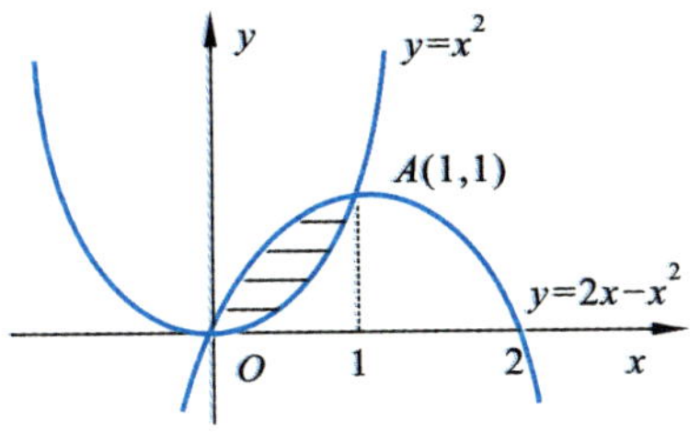

图 11.13

取 x 为积分变量，根据图形确定积分区间（积分变量 x 的取值范围）为 $[0,1]$，由公式得

$$\text{面积 } A=\int_0^1[(2x-x^2)-x^2]\mathrm{d}x=2\int_0^1(x-x^2)\mathrm{d}x=2\left(\frac{1}{2}x^2-\frac{1}{3}x^3\right)\Bigg|_0^1=\frac{1}{3}.$$

例 2　求曲线 $y^2=2x$ 与 $y=x-4$ 所围成的平面图形的面积.

解　先解方程组 $\begin{cases}y^2=2x\\y=x-4\end{cases}$，得两条曲线的交点为 $A(2,-2),B(8,4)$.

再画出所围成的图形（见图 11.14）.

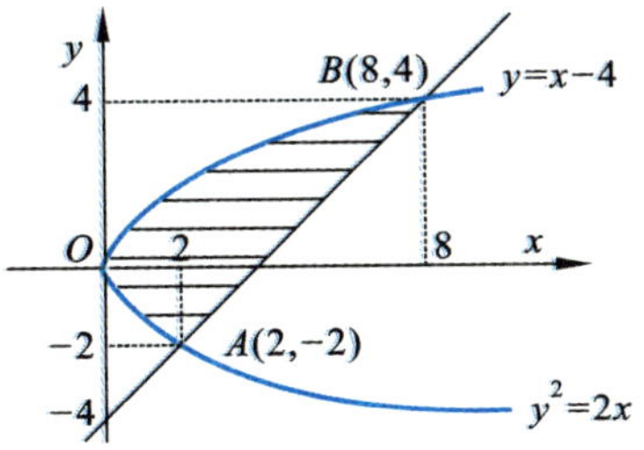

图 11.14

取 y 为积分变量，结合图形可知 $y\in[-2,4]$，由公式得

$$\text{面积 } A=\int_{-2}^4\left[(y+4)-\frac{1}{2}y^2\right]\mathrm{d}y=\left(\frac{1}{2}y^2+4y-\frac{1}{6}y^3\right)\Bigg|_{-2}^4=18.$$

注意：本题若取 x 为积分变量，由于图形在 $[0,2],[2,8]$ 两个区间上构成的情况不同，所以需要分成两部分来计算，其结果应为

$$\begin{aligned}\text{面积 } A&=2\int_0^2\sqrt{2x}\mathrm{d}x+\int_2^8[\sqrt{2x}-(x-4)]\mathrm{d}x\\&=\frac{4\sqrt{2}}{3}x^{\frac{3}{2}}\Big|_0^2+\left[\frac{2\sqrt{2}}{3}x^{\frac{3}{2}}-\frac{1}{2}x^2+4x\right]_2^8=18.\end{aligned}$$

从例 2 可以看出，取 y 为积分变量比取 x 为积分变量的计算过程更简便. 可见，选取适当积分变量，可使计算简便.

例 3　求曲线 $y=\sin x$ 与 $y=\cos x$ 在 $[0,\pi]$ 上所围成平面图形的面积.

解　先解方程组 $\begin{cases}y=\sin x\\y=\cos x\end{cases}$ $(x\in[0,\pi])$，得两条曲线的交点 $\left(\dfrac{\pi}{4},\dfrac{\sqrt{2}}{2}\right)$.

再画出所围成的图形（见图 11.15）.

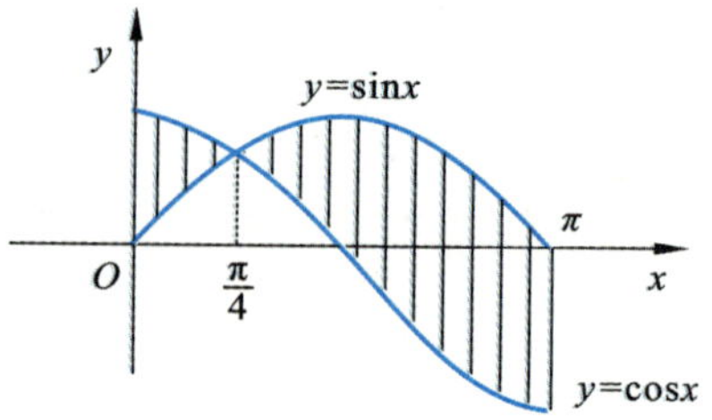

图 11.15

取 x 为积分变量，结合图形可知 $x\in[0,\pi]=\left[0,\frac{\pi}{4}\right)\cup\left[\frac{\pi}{4},\pi\right]$，由公式得

$$面积\ A=\int_0^{\frac{\pi}{4}}(\cos x-\sin x)\mathrm{d}x+\int_{\frac{\pi}{4}}^{\pi}(\sin x-\cos x)\mathrm{d}x$$

$$=(\sin x+\cos x)\big|_0^{\pi/4}+(-\cos x-\sin x)\big|_{\pi/4}^{\pi}=2\sqrt{2}\,.$$

*2. 极坐标下图形面积的计算

设曲边扇形由极坐标方程 $\rho=\rho(\theta)$ 与射线 $\theta=\alpha$，$\theta=\beta(\alpha<\beta)$ 所围成（见图 11.16）. 下面用微元法求它的面积 A.

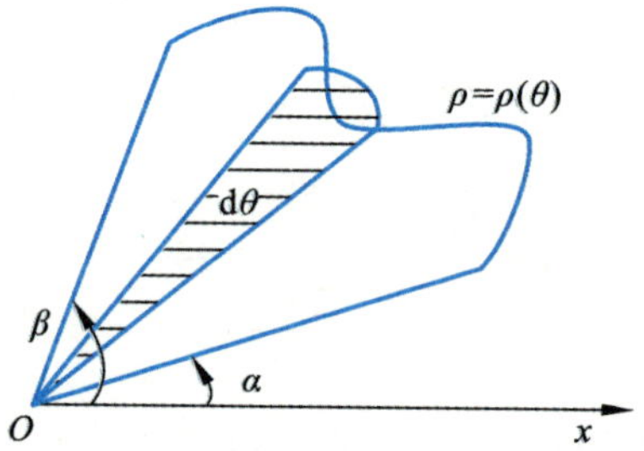

图 11.16

取极角 θ 为积分变量，它的变化区间是$[\alpha,\beta]$，相应的小曲边扇形的面积近似等于半径为 $\rho(\theta)$、中心角为 $\mathrm{d}\theta$ 的圆扇形的面积，从而得面积微元为 $\mathrm{d}A=\frac{1}{2}(\rho(\theta))^2\mathrm{d}\theta$. 于是，所求曲边扇形的面积为

$$A=\int_\alpha^\beta\frac{1}{2}(\rho(\theta))^2\mathrm{d}\theta$$

例 4 计算心形线 $\rho=a(1+\cos\theta)$ $(a>0)$ 所围图形的面积（见图 11.17）.

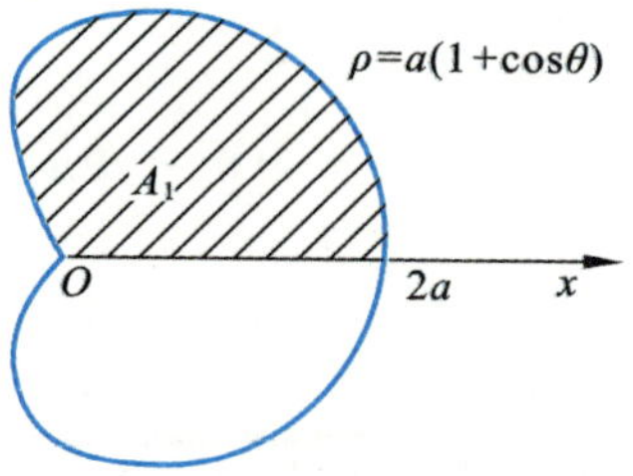

图 11.17

解　此图形关于极轴对称，因此所求图形的面积 A 是极轴上方部分图形面积 A_1 的两倍. 对于极轴上方部分图形，取 θ 为积分变量，$\theta\in[0,\pi]$，由上述公式得

$$\begin{aligned}A=2A_1&=2\times\frac{1}{2}\int_0^{\pi}a^2(1+\cos\theta)^2\mathrm{d}\theta\\&=a^2\int_0^{\pi}(1+2\cos\theta+\cos^2\theta)\mathrm{d}\theta\\&=a^2\int_0^{\pi}\left(\frac{3}{2}+2\cos\theta+\frac{1}{2}\cos2\theta\right)\mathrm{d}\theta\\&=a^2\left[\frac{3}{2}\theta+2\sin\theta+\frac{1}{4}\sin2\theta\right]_0^{\pi}=\frac{3}{2}\pi a^2.\end{aligned}$$

11.5.3　定积分求体积

1. 旋转体的体积

旋转体是一个平面图形绕这个平面内的一条直线旋转而成的立体. 这条直线叫作旋转轴.

设旋转体是由连续曲线 $y=f(x)(f(x)\geqslant0)$ 和直线 $x=a,x=b$ 及 x 轴所围成的曲边梯形绕 x 轴旋转一周而成（见图 11.18）.

取 x 为积分变量，它的变化区间为 $[a,b]$，在 $[a,b]$ 上任取一小区间 $[x,x+\mathrm{d}x]$，相应薄片的体积近似于以 $f(x)$ 为底面圆半径、$\mathrm{d}x$ 为高的小圆柱体的体积，从而得到体积微元为 $\mathrm{d}v=\pi(f(x))^2\mathrm{d}x$. 于是，所求旋转体体积为

$$V_x=\pi\int_a^b(f(x))^2\mathrm{d}x.$$

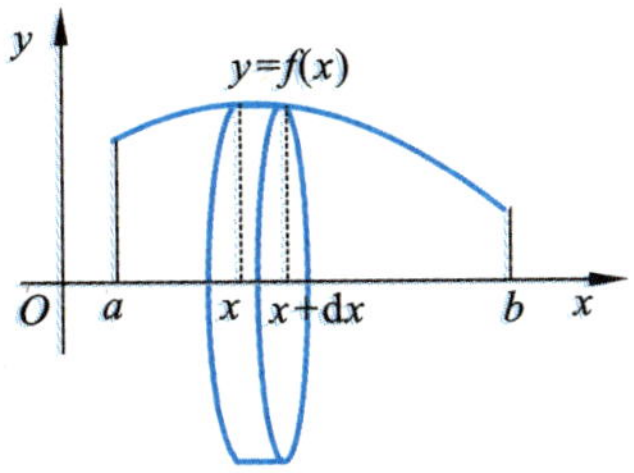

图 11.18

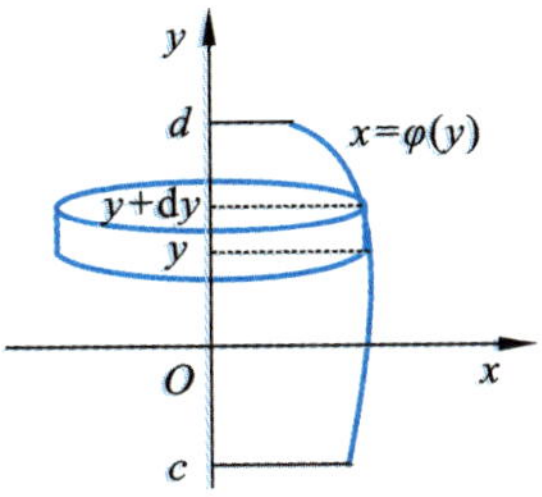

图 11.19

类似地，由曲线 $x=\varphi(y)$ 和直线 $y=c,y=d$ 及 y 轴所围成的曲边梯形绕 y 轴旋转一周而成的旋转体（见图 11.19）的体积为

$$V_y=\pi\int_c^d(\varphi(y))^2\mathrm{d}y$$

例 5　求由椭圆 $\dfrac{x^2}{a^2}+\dfrac{y^2}{b^2}=1$ 绕 x 轴和 y 轴旋转而成的椭球体的体积.

解　绕 x 轴旋转的椭球体如图 11.20 所示，它可看作上半椭圆 $y=\dfrac{b}{a}\sqrt{a^2-x^2}$ 与 x 轴围成的平面图形绕 x 轴旋转而成的.

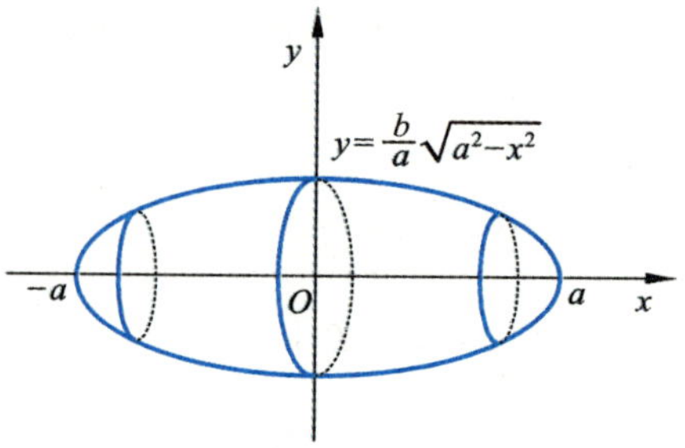

图 11.20

选取 x 为积分变量，$x\in[-a,a]$，由上述公式，所求椭球体的体积为

$$V_x=\pi\int_{-a}^{a}\left(\frac{b}{a}\sqrt{a^2-x^2}\right)^2\mathrm{d}x$$
$$=\frac{2\pi b^2}{a^2}\int_0^a(a^2-x^2)\mathrm{d}x$$
$$=\frac{2\pi b^2}{a^2}\left(a^2x-\frac{1}{3}x^3\right)\Big|_0^a$$
$$=\frac{4}{3}\pi ab^2.$$

绕 y 轴旋转的椭球体如图 11.21 所示，它可看作右半椭圆 $x=\frac{a}{b}\sqrt{b^2-y^2}$ 与 y 轴围成的平面图形绕 y 轴旋转而成的.

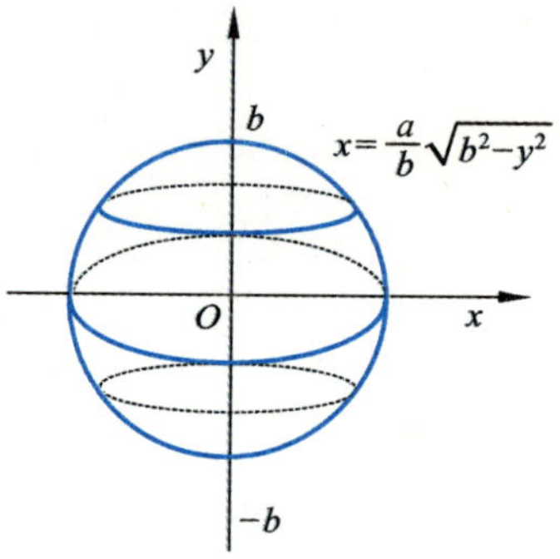

图 11.21

选取 y 为积分变量，$y\in[-b,b]$，由上述公式，所求椭球体的体积为

$$V_y=\pi\int_{-b}^{b}\left(\frac{a}{b}\sqrt{b^2-y^2}\right)^2\mathrm{d}y$$
$$=\frac{2\pi a^2}{b^2}\int_0^b(b^2-y^2)\mathrm{d}y$$
$$=\frac{2\pi a^2}{b^2}\left(b^2y-\frac{1}{3}y^3\right)\Big|_0^b$$
$$=\frac{4}{3}\pi a^2b.$$

当 $a=b=r$ 时，上述结果为 $V=\frac{4}{3}\pi r^3$，这就是大家所熟悉的球体的体积公式.

*2. 平行截面面积为已知的立体体积

设物体被垂直于某直线的平面所截的面积可求，则该物体可用定积分求其体积.

不妨设直线为 x 轴，且在 x 处的截面面积 $A(x)$ 是 x 的已知连续函数，求该物体介于 $x=a$ 和 $x=b(a<b)$ 之间的体积（见图 11.22）.

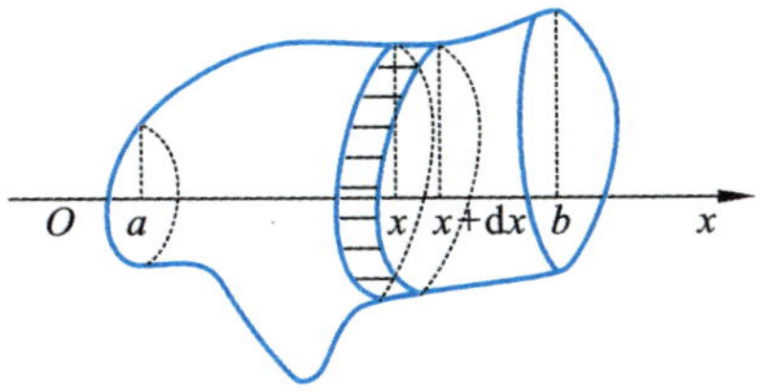

图 11.22

取 x 为积分变量，它的变化区间为 $[a,b]$，在微小的区间 $[x,x+\Delta x]$ 上 $A(x)$ 近似不变，即把 $[x,x+\Delta x]$ 上的立体薄片近似看作 $A(x)$ 为底、$\mathrm{d}x$ 为高的柱片，从而得到物体体积微元为 $\mathrm{d}V=A(x)\mathrm{d}x$. 于是，物体的体积为 $V=\int_a^b A(x)\mathrm{d}x$.

例 6 一平面经过底面半径为 R 的圆柱体的底圆中心，并与底面相交所成的角为 α，计算这平面截圆柱体所得立体的体积（见图 11.23）.

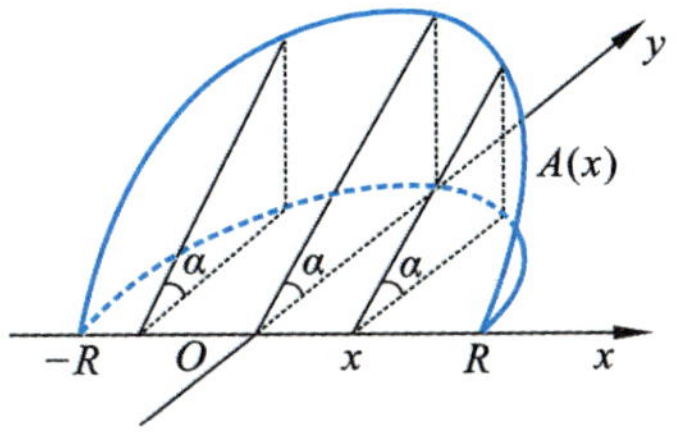

图 11.23

解 取这平面与圆柱体的底面交线为 x 轴，圆柱底面为 xOy 面，建立图 11.23 所示的直角坐标系，则底面圆的方程为 $x^2+y^2=R^2$，立体中过点 x 且垂直于 x 轴的截面是一个直角三角形. 它的直角边分别为 y 和 $y\tan\alpha$，即 $\sqrt{R^2-x^2}$ 和 $\sqrt{R^2-x^2}\tan\alpha$，因而截面面积为

$$A(x)=\frac{1}{2}(R^2-x^2)\tan\alpha$$

故所求立体体积为

$$\begin{aligned}V&=\int_{-R}^{R}\frac{1}{2}(R^2-x^2)\tan\alpha\mathrm{d}x\\&=\frac{1}{2}\tan\alpha\left(R^2x-\frac{1}{3}x^3\right)\Bigg|_{-R}^{R}\\&=\frac{2}{3}R^3\tan\alpha.\end{aligned}$$

*11.5.4 定积分的物理学上的应用举例

1. 变力做功

由物理学知识，物体在常力 F 的作用下，沿力的方向作直线运动，当物体发生了位移 S 时，力 F 对物体做的功是 $W=FS$.

但在实际问题中，物体在位移过程中所受到的力常常是变化的，这就需要考虑变力做功的问题.

由于所求的功是一个整体量，且对于区间具有可加性，所以可以用微元法来求这个量.

设物体在变力 $F=F(x)$ 的作用下，沿 x 轴由点 a 移动到点 b，如图 11.24 所示，且变力方向与 x 轴方向一致. 取 x 为积分变量，$x\in[a,b]$，在区间 $[a,b]$ 上任取小区间 $[x,x+\Delta x]$，该区间上各点处的力可以用点 x 处的力 $F(x)$ 近似代替.

从而功的微元为 $\mathrm{d}W=F(x)\mathrm{d}x$，因此，从 a 到 b 这一段位移上变力 $F(x)$ 所做的功为

$$W=\int_a^b F(x)\mathrm{d}x .$$

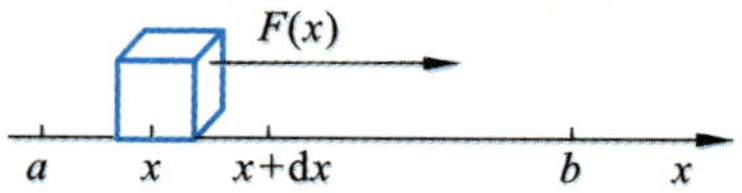

图 11.24

例 7 弹簧在拉伸过程中，所需要的力与弹簧的伸长量成正比，即 $F=kx$（k 为比例系数）. 已知弹簧拉长 0.01 m 时，需力 10N，要使弹簧伸长 0.05 m，计算外力所做的功.

解 由题设，$x=0.01$ m 时，$F=10$ N，代入 $F=kx$，得 $k=1000$ N/m，从而变力为 $F=1000x$. 由上述公式知，所求的功为

$$W=\int_0^{0.05}1000x\mathrm{d}x500x^2\Big|_0^{0.05}=1.25\ (\mathrm{J}) .$$

2. 液体的压力

由物理学知识，在液面下深度为 h 处的压强为 $P=\rho gh$，其中 ρ 是液体的密度，g 是重力加速度. 如果有一面积为 A 的薄板水平地置于深度为 h 处，那么薄板一侧所受的液体压力为 $F=PA$. 但在实际问题中，往往要计算薄板竖直放置在液体中时，其一侧所受到的压力. 由于压强 P 随液体的深度而变化，所以薄板一侧所受的液体压力就不能用上述方法计算，但可以用定积分的微元法来加以解决.

设薄板形状是曲边梯形，为了计算方便，建立图 11.25 所示的直角坐标系，曲边方程为 $y=f(x)$. 取液体深度 x 为积分变量，$x\in[a,b]$，在 $[a,b]$ 上取一小区 $[x,x+\mathrm{d}x]$，该区间上小曲边平板所受的压力可近似地看作长为 y、宽为 $\mathrm{d}x$ 的小矩形水平地放在距液体表面深度为 x 的位置上时，一侧所受的压力，从而所求的压力微元为 $\mathrm{d}F=\rho ghf(x)\mathrm{d}x$，于是，整个平板一侧所受的压力为

$$F=\int_a^b \rho ghf(x)\mathrm{d}x$$

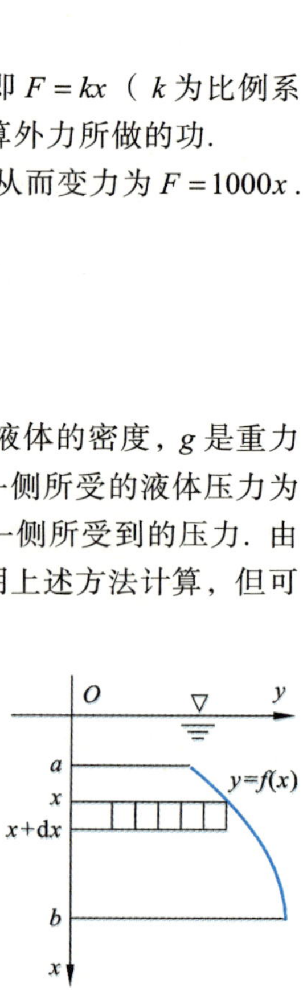

图 11.25

例 8　修建一道梯形闸门，它的两条底边各长 6 m 和 4 m，高为 6 m，较长的底边与水面平齐，计算闸门一侧所受水的压力.

解　根据题设条件，建立图 11.26 所示的直角坐标系，AB 的方程为 $y=-\frac{1}{6}x+3$. 取 x 为积分变量，$x\in[0,6]$，在 $x\in[0,6]$ 上任取一小区间 $[x,x+\mathrm{d}x]$，从而压力微元为

$$\mathrm{d}F=2\rho gxy\mathrm{d}x=2\times 9.8\times 10^3 x\left(-\frac{1}{6}x+3\right)\mathrm{d}x$$

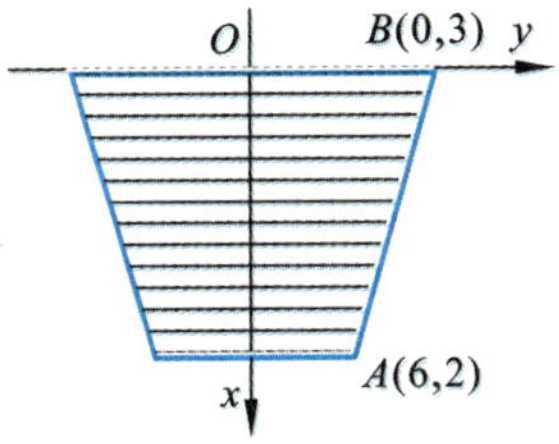

图 11.26

（其中，水的密度为 1000 kg/m³.）
于是，所求的压力为

$$\begin{aligned}F&=\int_0^6 9.8\times 10^3\left(-\frac{1}{3}x^2+6x\right)\mathrm{d}x\\&=9.8\times 10^3\left(-\frac{1}{9}x^3+3x^2\right)\Big|_0^6\\&=8.23\times 10^5\ (\mathrm{N}).\end{aligned}$$

习题 11.5

1. 求下列曲线围成的平面图形的面积.

（1）$y=x^2, y=\sqrt{x}$；　　（2）$y=\frac{1}{x}, y=x, y=2$；

（3）$y=\sin x, y=\cos x, x=0, x=\frac{\pi}{2}$；　　（4）$y=4-x^2, y=0$；

（5）$y^2=4+x,\ x+2y=4$；　　（6）$y=x^2, y=(x-2)^2, y=0$.

2. 求由直线 $y=0$ 与曲线 $x=\sqrt{y}$ 及它在点（1, 1）处的法线所围成图形的面积.

3. 求下列平面图形分别绕 x 轴、y 轴旋转而成的立体的体积.

（1）$y+2x=1, x=0$ 及 $y=0$；

（2）$y=\sqrt{2x}, x=1, x=2$ 及 $y=0$.

*4. 求曲线 $r=2a\cos\theta$ 所围成图形的面积.

*5. 有一弹簧，用 10 N 的力可以把它拉长 0.005 m，求把弹簧拉长 0.03 m 时外力所做的功.

*6. 有一圆柱形贮水桶，高 2 m，底面圆半径为 0.8 m，桶内装 1 m 深的水，试问要将桶内的水全部吸出要做多少功?

*7. 有一水库闸门，形状为直角梯形，上底为 6 m，下底为 2 m，高为 10 m，求当水面与上底相齐时闸门一侧所受的压力.

复习题 11

1. 填空题

（1）曲线 $y=\cos x$ 与直线 $x=0, x=\pi, y=0$ 所围成平面图形的面积等于________.

（2）设 $f(x)$ 为连续函数，则 $\int_2^3 f(x)\mathrm{d}x+\int_3^1 f(u)\mathrm{d}u+\int_1^2 f(t)\mathrm{d}t=$________.

（3）若 $\int_0^1(2x+k)\mathrm{d}x=2$，则 $k=$________.

（4）设可导函数满足条件 $f(0)=1, f(2)=3,\ f'(2)=5$，则 $\int_0^1 xf''(2x)\mathrm{d}x=$________.

2. 单项选择题

（1）$\dfrac{\mathrm{d}}{\mathrm{d}x}\int_a^x \dfrac{\sin t}{t}\mathrm{d}t=$（　　）.

A. $\dfrac{\sin x}{x}$　　B. $\dfrac{\cos x}{x}$　　C. $\dfrac{\sin a}{a}$　　D. $\dfrac{\sin t}{t}$

（2）$\left(\int_a^b f(t)\mathrm{d}t\right)'=$（　　）.

A. 0　　B. $f(b)-f(a)$

C. $f(a)$　　D. $-f(x)$

（3）设 $f(x)$ 在 $[a,b]$ 上连续，$F(x)=\int_a^x f(t)\mathrm{d}t$，则（　　）.

A. $F(x)$ 是 $f(x)$ 在 $[a,b]$ 上的一个原函数

B. $F(x)$ 不是 $f(x)$ 在 $[a,b]$ 上的一个原函数

C. $F(x)$ 是 $f(x)$ 在 $[a,b]$ 上唯一的原函数

D. $F(x)$ 不是 $f(x)$ 在 $[a,b]$ 上唯一的原函数

（4）设 $f(x)$ 为连续函数，则 $\int_0^1 f(x)\mathrm{d}x=$（　　）.

A. $\int_0^{\frac{\pi}{2}}\cos x f(\sin x)\mathrm{d}x$　　B. $-\int_0^{\frac{\pi}{2}}\sin x f(\cos x)\mathrm{d}x$

C. $\int_0^{\frac{\pi}{2}}\cos x f(\cos x)\mathrm{d}x$　　D. $\int_0^{\frac{\pi}{2}}\sin x f(\sin x)\mathrm{d}x$

（5）设 $f(x)$ 在 $[a,b]$ 上连续，则下列各式中不成立的是（　　）.

A. $\int_a^b f(x)\mathrm{d}x=\int_a^b f(t)\mathrm{d}t$　　B. $\int_a^b f(x)\mathrm{d}x=-\int_b^a f(t)\mathrm{d}t$

C. $\int_a^a f(x)\mathrm{d}x=0$　　D. 若 $\int_a^b f(x)\mathrm{d}x=0$，则 $f(x)=0$

3. 求下列极限.

（1）$\lim\limits_{x\to 0}\dfrac{\int_0^x \sin t\mathrm{d}t}{x^2}$；　　（2）$\lim\limits_{x\to 0}\dfrac{\int_0^{x^2}\arctan\sqrt{t}\mathrm{d}t}{x^2}$；

（3）$\lim\limits_{x\to\frac{\pi}{2}}\dfrac{\int_{\frac{\pi}{2}}^{x}\sin^2 t\mathrm{d}t}{x-\frac{\pi}{2}}$；

（4）$\lim\limits_{x\to+\infty}\dfrac{\int_0^{x^2}\sqrt{1+t^4}\mathrm{d}t}{x^6}$.

4. 求下列定积分.

（1）$\int_1^2\left(x+\dfrac{1}{x}\right)\mathrm{d}x$；

（2）$\int_0^{\frac{\pi}{4}}(\sin x+\cos x)\mathrm{d}x$；

（3）$\int_0^{\frac{\pi}{2}}\left|\dfrac{1}{2}-\sin x\right|\mathrm{d}x$；

（4）$\int_0^{\frac{\pi}{2}}\sin x\cos^2 x\mathrm{d}x$；

（5）$\int_0^{\ln 2}\dfrac{\mathrm{e}^x}{1+\mathrm{e}^{2x}}\mathrm{d}x$；

（6）$\int_1^{\mathrm{e}^2}\dfrac{\mathrm{d}x}{x\sqrt{1+\ln x}}$；

（7）$\int_1^{\sqrt{3}}\dfrac{\mathrm{d}x}{\sqrt{4-x^2}}$；

（8）$\int_0^3\dfrac{x}{1+\sqrt{1+x}}\mathrm{d}x$.

5. 试求函数 $f(x)=\int_0^x \mathrm{e}^{-t}\cos t\mathrm{d}t$ 在区间 $[0,\pi]$ 的最大值点.

6. 设 $S_1(t)$ 是曲线 $x=\sqrt{y}$ 与直线 $x=0$ 及 $y=t(0<t<1)$ 所围图形的面积，$S_2(t)$ 是曲线 $x=\sqrt{y}$ 与直线 $x=1$ 及 $y=t(0<t<1)$ 所围图形的面积. 试求 t 为何值时，$S_1(t)+S_2(t)$ 最小？最小值是多少？

*7. 求抛物线 $y=-x^2+4x-3$ 及它在点 $(0,-3)$ 和点 $(3, 0)$ 处的切线所围成的图形面积，以及此平面图形绕 y 轴旋转所得旋转体的体积.

*8. 一根粗细均匀的绳子的长为 50 m，已知每米长的绳子质量是 0.5 kg，若拉着绳子的一端将其拉到高 120 m 的地方放好，试求所做的功.

附　录

附录 1　初等数学部分

一、初等代数

1. 因式分解

（1）$a^2-b^2=(a+b)(a-b)$；

（2）$a^3\pm b^3=(a\pm b)(a^2\mp ab+b^2)$；

（3）$a^n-b^n=(a-b)(a^{n-1}+a^{n-2}b+a^{n-3}b^2+\cdots+ab^{n-2}+b^{n-1})$.

2. 指数运算

（1）$a^m\cdot a^n=a^{m+n}$；　（2）$\dfrac{a^n}{a^n}=a^{m-n}$；　（3）$(ab)^n=a^n\cdot b^n$；

（4）$a^{\frac{n}{n}}=\sqrt[n]{a^m}$（$m,n$ 为正整数）;　（5）$a^{-m}=\dfrac{1}{a^m}$；　（6）$a^0=1(a\neq 0)$.

3. 对数运算及其性质

设 $a>0,a\neq 1;b>0,b\neq 1$，则

（1）$\log_a(xy)=\log_e x+\log_s y$；　（2）$\log_a\left(\dfrac{x}{y}\right)=\log_a x-\log_a y$；

（3）$\log_a x^b=b\log_a x$；　（4）$\log_a x=\dfrac{\log_b x}{\log_k a}$；

（5）$\lg b\approx 0.43429\ln b,\ln b\approx 2.30258\lg b$；

（6）性质：$a^{\log_a b}=b,\ \log_a a^x=x,\log_a 1=0,\ \log_a a=1.$

4. 排列、组合与二项式公式

（1）排列 $\mathrm{P}_n^m=n(n-1)(n-2)\cdots(n-m+1)=\dfrac{n!}{(n-m)!}$.

式中，P_n^m 为从 n 个元素中取 m 个的排列.

（2）全排列 $\mathrm{P}_n^n=n\cdot(n-1)\cdot(n-2)\cdot\cdots\cdot 2\cdot 1=n!$.

（3）组合 $\mathrm{C}_n^m=\dfrac{\mathrm{P}_n^m}{\mathrm{P}_m^m}=\dfrac{n(n-1)(n-2)\cdots(n-m+1)}{m!}=\dfrac{n!}{m!(n-m)!}=\mathrm{C}_n^{n-m}$.

（4）$\mathrm{C}_{n+1}^m=\mathrm{C}_n^m+\mathrm{C}_n^{m-1}$.

（5）二项式公式：$(a+b)^n=\sum_{k=0}^{n}C_n^k a^{n-k}b^k=a^n+\cdots+\frac{n(n-1)\cdots(n-k+1)}{k!}a^{n-k}b^k+\cdots+b^n$

5. 数列

（1）等差数列.

通项 $a_n=a_1+(n-1)d$，前 n 项和 $S_n=\frac{n(a_1+a_n)}{2}=na_1+\frac{n(n-1)}{2}d$

（2）等比数列.

通项 $a_n=a_1q^{n-1}$（公比为 q），前 n 项和 $S_n=\frac{a_1-a_nq}{1-q}=\frac{a_1(1-q^n)}{1-q}(q\neq 1)$

无穷递缩等比数列的和 $S_n=\frac{a_1}{1-q}(|q|<1)$.

（3）某些数列的前 n 项和.

$1+2+3+\cdots+n=\frac{n(n+1)}{2}$

$1^2+2^2+3^2+\cdots+n^2=\frac{1}{6}n(n+1)(2n+1)$

二、平面几何

1. 圆（R 是半径，α 是以弧度为单位的圆心角）.

（1）周长 $S=2\pi R$；

（2）面积 $A=\pi R^2$；

（3）弧长 $l=aR$；

（4）扇形面积 $A=\frac{1}{2}lR=\frac{1}{2}aR^2$.

2. 正圆锥(R,r 为底面半径，h 为高，l 为斜高).

（1）体积 $V=\frac{1}{3}\pi r^2h$；

（2）侧面积 $S=\pi r\sqrt{r^2+h^2}$；

（3）锥台面积 $V=\frac{\pi h}{3}(R^2+Rr+r^2)$；

（4）锥台侧面积 $S=\pi l(R+r)$.

3. 球（R 是半径）.

（1）体积 $V=\frac{4}{3}\pi R^3$；

（2）表面积 $S=4\pi R^2$.

三、三角函数

1. 特殊角的三角函数值.

α	0	$\frac{\pi}{6}$	$\frac{\pi}{4}$	$\frac{\pi}{3}$	$\frac{\pi}{2}$	$\frac{2\pi}{3}$	$\frac{3\pi}{4}$	$\frac{5\pi}{6}$	π	$\frac{3\pi}{2}$	2π
$\sin\alpha$	0	$\frac{1}{2}$	$\frac{\sqrt{2}}{2}$	$\frac{\sqrt{3}}{2}$	1	$\frac{\sqrt{3}}{2}$	$\frac{\sqrt{2}}{2}$	$\frac{1}{2}$	0	-1	0
$\cos\alpha$	1	$\frac{\sqrt{3}}{2}$	$\frac{\sqrt{2}}{2}$	$\frac{1}{2}$	0	$-\frac{1}{2}$	$-\frac{\sqrt{2}}{2}$	$-\frac{\sqrt{3}}{2}$	-1	0	1
$\tan\alpha$	0	$\frac{\sqrt{3}}{3}$	1	$\sqrt{3}$	—	$-\sqrt{3}$	-1	$-\frac{\sqrt{3}}{3}$	0	—	0

2. 三角函数的诱导公式.

角	$\alpha+2k\pi(k\in\mathbf{Z})$	$-\alpha$	$\pi+\alpha$	$\pi-\alpha$
正弦	$\sin\alpha$	$-\sin\alpha$	$-\sin\alpha$	$\sin\alpha$
余弦	$\cos\alpha$	$\cos\alpha$	$-\cos\alpha$	$-\cos\alpha$
正切	$\tan\alpha$	$-\tan\alpha$	$\tan\alpha$	$-\tan\alpha$
口诀	函数名不变，符号看象限			

3. 三角公式.

（1）基本关系式.

$$\tan\alpha=\frac{\sin\alpha}{\cos\alpha},\qquad \cot\alpha=\frac{\cos a}{\sin a},$$
$$\sin^2\alpha+\cos^2\alpha=1,\quad \tan\alpha\cdot\cot\alpha=1,$$
$$\sin\alpha\cdot\csc\alpha=1,\qquad \cos\alpha\cdot\sec a=1,$$
$$\sec^2\alpha-\tan^2\alpha=1,\quad \csc^2\alpha-\cot^2\alpha=1$$

（2）加法与减法公式.

$$\sin(\alpha\pm\beta)=\sin\alpha\cos\beta\pm\cos\alpha\sin\beta,$$
$$\cos(\alpha\pm\beta)=\cos\alpha\cos\beta\mp\sin\alpha\sin\beta,$$
$$\tan(\alpha\pm\beta)=\frac{\tan\alpha\pm\tan\beta}{1\mp\tan\alpha\tan\beta},$$
$$\cot(\alpha\pm\beta)=\frac{\cot\alpha\cot\beta\mp1}{\cot\beta\pm\cot\alpha}$$

（3）和差化积公式.

$$\sin\alpha+\sin\beta=2\sin\frac{\alpha+\beta}{2}\cos\frac{\alpha-\beta}{2},$$
$$\sin\alpha-\sin\beta=2\cos\frac{\alpha+\beta}{2}\sin\frac{\alpha-\beta}{2},$$
$$\cos\alpha+\cos\beta=2\cos\frac{\alpha+\beta}{2}\cos\frac{\alpha-\beta}{2},$$
$$\cos\alpha-\cos\beta=-2\sin\frac{\alpha+\beta}{2}\sin\frac{\alpha-\beta}{2}$$

（4）积化和差公式.

$$\sin\alpha\sin\beta=-\frac{1}{2}(\cos(\alpha+\beta)-\cos(\alpha-\beta)),$$
$$\cos\alpha\cos\beta=\frac{1}{2}(\cos(\alpha+\beta)+\cos(\alpha-\beta)),$$
$$\sin\alpha\cos\beta=\frac{1}{2}(\sin(\alpha+\beta)+\sin(\alpha-\beta)),$$
$$\cos\alpha\sin\beta=\frac{1}{2}(\sin(\alpha+\beta)-\sin(\alpha-\beta))$$

4. 三角形的边角关系.

（1）正弦定理：$\dfrac{a}{\sin A}=\dfrac{b}{\sin B}=\dfrac{c}{\sin C}=2R$.

（2）余弦定理：

$$a^2=b^2+c^2-2bc\cos A,$$
$$b^2=a^2+c^2-2ac\cos B,$$
$$c^2=a^2+b^2-2ab\cos C$$

（3）正切定理：$\dfrac{a+b}{a-b}=\dfrac{\tan\frac{1}{2}(A+B)}{\tan\frac{1}{2}(A-B)}$.

5. 反三角函数的性质和基本关系.

（1）$\arcsin(-x)=-\arcsin x(|x|\leqslant 1)$, $\arccos(-x)=\pi-\arccos x(|x|\leqslant 1)$

$\arctan(-x)=-\arctan x(x\in\mathbf{R})$, $\operatorname{arccot}(-x)=\pi-\operatorname{arccot} x(x\in\mathbf{R})$

（2）$\sin(\arcsin x)=x(|x|\leqslant 1)$, $\cos(\arccos x)=x(|x|\leqslant 1)$

$\tan(\arctan x)=x(x\in\mathbf{R})$, $\cot(\operatorname{arccot} x)=x(x\in\mathbf{R})$

（3）$\arcsin x+\arccos x=\dfrac{\pi}{2}(|x|\leqslant 1)$, $\arctan x+\operatorname{arccot} x=\dfrac{\pi}{2}(x\in\mathbf{R})$

四、平面解析几何

1．已知平面两点坐标为$(x_1,y_1),(x_2,y_2)$.

距离公式$d=\sqrt{(x_2-x_1)^2+(y_2-y_1)^2}$，线斜率$k=\dfrac{y_2-y_1}{x_2-x_1}(x_1\neq x_2)$，

定比为$\lambda(\lambda\neq -1)$的分点坐标中，$x=\dfrac{x_1+\lambda x_2}{1+\lambda},y\ \dfrac{y_1+\lambda y_2}{1+\lambda}$.

2. 同一点的极坐标(ρ,φ)和直角坐标(x,y)之间的关系.

$$\begin{cases}x=\rho\cos\varphi\\ y=\rho\sin\varphi\end{cases},\begin{cases}\rho=\sqrt{x^2+y^2}\\ \tan\varphi=\dfrac{y}{x}(x\neq 0)\end{cases}$$

3. 直线

（1）一般式：$Ax+By+C=0$（A与B不同时为零）.

（2）斜截式：$y=kx+b$.

（3）点斜式：$y-y_1=k(x-x_1)$.

（4）两点式：$\dfrac{y-y_1}{x-x_1}=\dfrac{y_2-y_1}{x_2-x_1}$.

（5）截距式：$\dfrac{x}{a}+\dfrac{y}{b}=1$.

4. 二次曲线

（1）圆的标准方程：$(x-a)^2+(y-b)^2=R^2$，圆心为(a,b)，半径为R.

圆的一般方程：$x^2+y^2+Dx+Ey+F=0,\ D^2+E^2-4F>0$.

（2）椭圆的标准方程：$\dfrac{x^2}{a^2}+\dfrac{y^2}{b^2}=1(a>0,b>0)$（当 $a>b$ 时，焦点在 x 轴上；当 $a<b$ 时，焦点在 y 轴上）.

（3）双曲线的标准方程：$\dfrac{x^2}{a^2}-\dfrac{y^2}{b^2}=1$，焦点在 x 轴上；$\dfrac{y^2}{a^2}-\dfrac{x^2}{b^2}=1$，焦点在 y 轴上.

（4）抛物线的标准方程：$y^2=2px$，焦点在 x 轴上；$x^2=2py$，焦点在 y 轴上.

五、常用常数表

$\pi=3.141\ 592\ 65$　　　$\mathrm{e}=2.718\ 281\ 83$

$M=\lg \mathrm{e}=0.434\ 294\ 48$　　　$\ln 10=2.302\ 585\ 09$

$\sqrt{2}=1.414\ 213\ 56$　　　$\sqrt{3}=1.732\ 050\ 81$

$\ln\pi=1.1447\ 298\ 9$　　　$\lg\pi=0.497\ 149\ 871$

$1^\circ=\dfrac{\pi}{180}=0.017\ 453\ 293$　　　$1'=0.000\ 290\ 888$

$1\ \mathrm{rad}=\dfrac{180^\circ}{\pi}=57^\circ17'44.806''=57.295\ 779\ 5^\circ$

附录 2　高等数学部分

一、含有 $ax+b$ 的积分

1. $\displaystyle\int\frac{x}{ax+b}\mathrm{d}x=\frac{1}{a^2}(ax+b-b\ln|ax+b|)+C$

2. $\displaystyle\int\frac{x^2}{ax+b}\mathrm{d}x=\frac{1}{a^3}\left[\frac{1}{2}(ax+b)^2-2b(ax+b)+b^2\ln|ax+b|\right]+C$

3. $\displaystyle\int\frac{1}{x(ax+b)}\mathrm{d}x=-\frac{1}{b}\ln\left|\frac{ax+b}{x}\right|+C$

4. $\displaystyle\int\frac{x}{(ax+b)^2}\mathrm{d}x=\frac{1}{a^2}\left(\ln|ax+b|+\frac{b}{ax+b}\right)+C$

5. $\displaystyle\int\frac{1}{x(ax+b)^2}\mathrm{d}x=\frac{1}{b(ax+b)}-\frac{1}{b^2}\ln\left|\frac{ax+b}{x}\right|+C$

二、含有 $\sqrt{ax+b}$ 的积分

1. $\displaystyle\int\sqrt{ax+b}\,\mathrm{d}x=\frac{2}{3a}\sqrt{(ax+b)^3}+C$

2. $\displaystyle\int x\sqrt{ax+b}\,\mathrm{d}x=\frac{2}{15a^2}(3ax-2b)\sqrt{(ax+b)^3}+C$

3. $\displaystyle\int x^2\sqrt{ax+b}\,\mathrm{d}x=\frac{2}{105a^3}{}^{2}(15a^2x^2-12abx+8b)\sqrt{(ax+b)^3}+C$

4. $\displaystyle\int\frac{x}{\sqrt{ax+b}}\mathrm{d}x=\frac{2}{3a^2}(ax-2b)\sqrt{ax+b}+C$

5. $\int \frac{1}{x\sqrt{ax+b}}dx = \begin{cases} \frac{1}{\sqrt{b}}\ln\left|\frac{\sqrt{ax+b}-\sqrt{b}}{\sqrt{ax+b}+\sqrt{b}}\right| + C, b>0 \\ \frac{2}{\sqrt{-b}}\arctan\sqrt{\frac{ax+b}{-b}} + C, b<0 \end{cases}$

6. $\int \frac{\sqrt{ax+b}}{x}dx = 2\sqrt{ax+b} + b\int \frac{1}{x\sqrt{ax+b}}dx$

三、含有 $x^2 \pm a^2$ 的积分

1. $\int \frac{1}{x^2+a^2}dx = \frac{1}{a}\arctan\frac{x}{a} + C$

2. $\int \frac{1}{(x^2+a^2)^n}dx = \frac{x}{2(n-1)a^2(x^2+a^2)^{n-1}} + \frac{2n-3}{2(n-1)a^2}\int \frac{1}{(x^2+a^2)^{n-1}}dx$

3. $\int \frac{1}{x^2-a^2}dx = \frac{1}{2a}\ln\left|\frac{x-a}{x+a}\right| + C$

四、含有 $ax^2+b(a>0)$ 的积分

1. $\int \frac{1}{ax^2+b}dx = \begin{cases} \frac{1}{\sqrt{ab}}\arctan\sqrt{\frac{a}{b}}x + c, & b>0 \\ \frac{1}{2\sqrt{-ab}}\ln\left|\frac{\sqrt{a}x-\sqrt{-b}}{\sqrt{a}x+\sqrt{-b}}\right| + c, & b<0 \end{cases}$

2. $\int \frac{x}{ax^2+b}dx = \frac{1}{2a}\ln\left|ax^2+b\right| + C$

3. $\int \frac{1}{x(ax^2+b)}dx = \frac{1}{2b}\ln\frac{x^2}{\left|ax^2+b\right|} + C$

4. $\int \frac{1}{x^2(ax^2+b)}dx = -\frac{1}{bx} - \frac{a}{b}\int \frac{dx}{ax^2+b}$

5. $\int \frac{1}{(ax^2+b)^2}dx = \frac{x}{2b(ax^2+b)} + \frac{1}{2b}\int \frac{dx}{ax^2+b}$

五、含有 $ax^2+bx+c(a>0)$ 的积分

1. $\int \frac{1}{ax^2+bx+c}dx = \begin{cases} \frac{2}{\sqrt{4ac-b^2}}\arctan\frac{2ax+b}{\sqrt{4ac-b^2}} + C, & b^2<4ac \\ \frac{1}{\sqrt{b^2-4ac}}\ln\left|\frac{2ax+b-\sqrt{b^2-4ac}}{2ax+b+\sqrt{b^2-4ac}}\right| + C, & b^2>4ac \end{cases}$

2. $\int \frac{x}{ax^2+bx+c}dx = \frac{1}{2a}\ln\left|ax^2+bx+c\right| - \frac{b}{2a}\int \frac{1}{ax^2+bx+c}dx$

六、含有 $\sqrt{x^2+a^2}(a>0)$ 的积分

1. $\int \frac{1}{\sqrt{x^2+a^2}}dx = \operatorname{arsh}\frac{x}{a} + C_1 = \ln(x+\sqrt{x^2+a^2}) + C$

2. $\int \frac{1}{\sqrt{(x^2+a^2)^3}}dx = \frac{x}{a^2\sqrt{x^2+a^2}} + C$

3. $\int \frac{x}{\sqrt{x^2+a^2}}\mathrm{d}x=\sqrt{x^2+a^2}+C$

4. $\int \frac{x}{\sqrt{(x^2+a^2)^3}}\mathrm{d}x=-\frac{1}{\sqrt{x^2+a^2}}+C$

5. $\int \frac{x^2}{\sqrt{x^2+a^2}}\mathrm{d}x=\frac{x\sqrt{x^2+a^2}}{2}-\frac{a^2}{2}\ln(x+\sqrt{x^2+a^2})+C$

6. $\int \frac{1}{x\sqrt{x^2+a^2}}\mathrm{d}x=\frac{1}{a}\ln\frac{\sqrt{x^2+a^2}-a}{|x|}+C$

7. $\int \frac{1}{x^2\sqrt{x^2+a^2}}\mathrm{d}x=-\frac{\sqrt{x^2+a^2}}{a^2x}+C$

8. $\int \sqrt{x^2+a^2}\mathrm{d}x=\frac{x\sqrt{x^2+a^2}}{2}+\frac{a^2}{2}\ln(x+\sqrt{x^2+a^2})+C$

9. $\int \sqrt{(x^2+a^2)^3}\mathrm{d}x=\frac{x(2x^2+5a^2)\sqrt{x^2+a^2}}{8}+\frac{3a^4}{8}\ln(x+\sqrt{x^2+a^2})+C$

10. $\int x\sqrt{x^2+a^2}\mathrm{d}x=\frac{1}{3}\sqrt{(x^2+a^2)^3}+C$

11. $\int \frac{\sqrt{x^2+a^2}}{x}\mathrm{d}x=\sqrt{x^2+a^2}+a\ln\frac{\sqrt{x^2+a^2}-a}{|x|}+C$

七、含有 $\sqrt{x^2-a^2}\,(a>0)$ 的积分

1. $\int \frac{1}{\sqrt{x^2-a^2}}\mathrm{d}x=\frac{x}{|x|}\operatorname{arch}\frac{|x|}{a}+C_1=\ln(x+\sqrt{x^2-a^2})+C$

2. $\int \frac{1}{\sqrt{(x^2-a^2)^3}}\mathrm{d}x=-\frac{x}{a^2\sqrt{x^2-a^2}}+C$

3. $\int \frac{x}{\sqrt{x^2-a^2}}\mathrm{d}x=\sqrt{x^2-a^2}+C$

4. $\int \frac{x}{\sqrt{(x^2-a^2)^3}}\mathrm{d}x=-\frac{1}{\sqrt{x^2-a^2}}+C$

5. $\int \frac{1}{x\sqrt{x^2-a^2}}\mathrm{d}x=\frac{1}{a}\arccos\frac{a}{|x|}+C$

6. $\int \frac{1}{x^2\sqrt{x^2-a^2}}\mathrm{d}x=\frac{\sqrt{x^2-a^2}}{a^2x}+C$

7. $\int \sqrt{x^2-a^2}\mathrm{d}x=\frac{x\sqrt{x^2-a^2}}{2}-\frac{a^2}{2}\ln\left|x+\sqrt{x^2-a^2}\right|+C$

8. $\int \sqrt{\left(x^2-a^2\right)^3}\mathrm{d}x=\frac{x\left(2x^2-5a^2\right)\sqrt{x^2-a^2}}{8}+\frac{3a^4}{8}\ln\left|x+\sqrt{x^2-a^2}\right|+C$

9. $\int x\sqrt{x^2-a^2}\mathrm{d}x=\frac{1}{3}\sqrt{(x^2-a^2)^3}+C$

10. $\int\frac{\sqrt{x^2-a^2}}{x}\mathrm{d}x=\sqrt{x^2-a^2}-a\arccos\frac{a}{|x|}+C$

八、含有 $\sqrt{a^2-x^2}\,(a>0)$ 的积分

1. $\int\frac{1}{\sqrt{a^2-x^2}}\mathrm{d}x=\arcsin\frac{x}{a}+C$

2. $\int\frac{1}{\sqrt{(a^2-x^2)^3}}\mathrm{d}x=\frac{x}{a^2\sqrt{a^2-x^2}}+C$

3. $\int\frac{x}{\sqrt{a^2-x^2}}\mathrm{d}x=-\sqrt{a^2-x^2}+C$

4. $\int\frac{x}{\sqrt{(a^2-x^2)^3}}\mathrm{d}x=\frac{1}{\sqrt{a^2-x^2}}+C$

5. $\int\frac{1}{x\sqrt{a^2-x^2}}\mathrm{d}x=\frac{1}{a}\ln\frac{a-\sqrt{a^2-x^2}}{|x|}+C$

6. $\int\sqrt{a^2-x^2}\,\mathrm{d}x=\frac{x\sqrt{a^2-x^2}}{2}+\frac{a^2}{2}\arcsin\frac{x}{a}+C$

7. $\int\sqrt{(a^2-x^2)^3}\,\mathrm{d}x=\frac{x(5a^2-2x^2)\sqrt{a^2-x^2}}{8}+\frac{3a^4}{8}\arcsin\frac{x}{a}+C$

8. $\int x\sqrt{a^2-x^2}\,\mathrm{d}x=-\frac{1}{3}\sqrt{(a^2-x^2)^3}+C$

9. $\int\frac{\sqrt{a^2-x^2}}{x}\mathrm{d}x=\sqrt{a^2-x^2}+a\ln\frac{a-\sqrt{a^2-x^2}}{|x|}+C$

九、含有 $\sqrt{\pm ax^2+bx+c}\,(a>0)$ 的积分

1. $\int\frac{1}{\sqrt{ax^2+bx+c}}\mathrm{d}x=\frac{1}{\sqrt{a}}\ln\left|2ax+b+2\sqrt{a}\sqrt{ax^2+bx+c}\right|+C$

2. $\int\sqrt{ax^2+bx+c}\,\mathrm{d}x=\frac{2ax+b}{4a}\sqrt{ax^2+bx+c}+\frac{4ac-b^2}{8\sqrt{a^3}}\ln\left|2ax+b+2\sqrt{a}\sqrt{ax^2+bx+c}\right|+C$

3. $\int\frac{x}{\sqrt{ax^2+bx+c}}\mathrm{d}x=\frac{1}{a}\sqrt{ax^2+bx+c}-\frac{b}{2\sqrt{a^3}}\ln\left|2ax+b+2\sqrt{a}\sqrt{ax^2+bx+c}\right|+C$

十、含有 $\sqrt{\pm\frac{x-a}{x-b}}$ 或 $\sqrt{(x-a)(b-x)}$ 的积分

1. $\int\sqrt{\frac{x-a}{x-b}}\mathrm{d}x=(x-b)\sqrt{\frac{x-a}{x-b}}+(b-a)\ln\left(\sqrt{|x-a|}+\sqrt{|x-b|}\right)+C$

2. $\int\sqrt{\frac{x-a}{b-x}}\mathrm{d}x=(x-b)\sqrt{\frac{x-a}{b-x}}+(b-a)\arcsin\sqrt{\frac{x-a}{b-a}}+C$

3. $\int\frac{\mathrm{d}x}{\sqrt{(x-a)(b-x)}}=2\arcsin\sqrt{\frac{x-a}{b-a}}+C\,(a<b)$

4. $\int\sqrt{(x-a)(b-x)}\,\mathrm{d}x=\frac{2x-a-b}{4}\sqrt{(x-a)(b-x)}+\frac{(b-a)^2}{4}\arcsin\sqrt{\frac{x-a}{b-a}}+C\,(a<b)$

十一、含有三角函数的积分

1. $\int \sin x \mathrm{d}x = -\cos x + C$

2. $\int \cos x \mathrm{d}x = \sin x + C$

3. $\int \tan x \mathrm{d}x = -\ln|\cos x| + C$

4. $\int \cot x \mathrm{d}x = \ln|\sin x| + C$

5. $\int \sec x \mathrm{d}x = \ln\left|\tan\left(\frac{\pi}{4}+\frac{x}{2}\right)\right| + C = \ln|\sec x + \tan x| + C$

6. $\int \csc x \mathrm{d}x = \ln\left|\tan\frac{x}{2}\right| + C = \ln|\csc x - \cot x| + C$

7. $\int \sec^2 x \mathrm{d}x = \tan x + C$

8. $\int \csc^2 x \mathrm{d}x = -\cot x + C$

9. $\int \sec x \tan x \mathrm{d}x = \sec x + C$

10. $\int \csc x \cot x \mathrm{d}x = -\csc x + C$

11. $\int \sin^2 x \mathrm{d}x = \frac{x}{2} - \frac{1}{4}\sin 2x + C$

12. $\int \cos^2 x \mathrm{d}x = \frac{x}{2} + \frac{1}{4}\sin 2x + C$

13. $\int \sin^n x \mathrm{d}x = -\frac{1}{n}\sin^{n-1} x \cos x + \frac{n-1}{n}\int \sin^{n-2} x \mathrm{d}x$

14. $\int \cos^n x \mathrm{d}x = \frac{1}{n}\cos^{n-1} x \sin x + \frac{n-1}{n}\int \cos^{n-2} x \mathrm{d}x$

15. $\int \frac{1}{\sin^n x}\mathrm{d}x = -\frac{1}{n-1}\cdot\frac{\cos x}{\sin^{n-1} x} + \frac{n-2}{n-1}\int \frac{1}{\sin^{n-2} x}\mathrm{d}x$

16. $\int \frac{1}{\cos^2 x}\mathrm{d}x = \frac{1}{n-1}\cdot\frac{\sin x}{\cos^{n-1} x} + \frac{n-2}{n-1}\int \frac{1}{\cos^{n-2} x}\mathrm{d}x$

17. $\int \cos^m x \sin^n x \mathrm{d}x = \frac{1}{m+n}\cos^{m-1} x \sin^{n+1} x + \frac{m-1}{m+n}\int \cos^{m-2} x \sin^n x \mathrm{d}x$

$$= -\frac{1}{m+n}\cos^{m+1} x \sin^{n-1} x + \frac{n-1}{m+n}\int \cos^m x \sin^{n-2} x \mathrm{d}x$$

18. $\int \frac{1}{a+b\sin x}\mathrm{d}x = \begin{cases} \frac{2}{\sqrt{a^2-b^2}}\arctan\frac{a\tan\frac{x}{2}+b}{\sqrt{a^2-b^2}} + C, & a^2 > b^2 \\ \frac{1}{\sqrt{b^2-a^2}}\ln\left|\frac{a\tan\frac{x}{2}+b-\sqrt{b^2-a^2}}{a\tan\frac{x}{2}+b+\sqrt{b^2-a^2}}\right| + C, & a^2 < b^2 \end{cases}$

19. $\int \frac{1}{a+b\cos x}\mathrm{d}x = \begin{cases} \frac{2}{a+b}\sqrt{\frac{a+b}{a-b}}\arctan\left(\sqrt{\frac{a-b}{a+b}}\tan\frac{x}{2}\right)+C, & a^2>b^2 \\ \frac{1}{a+b}\sqrt{\frac{a+b}{b-a}}\ln\left|\frac{\tan\frac{x}{2}+\sqrt{\frac{a+b}{b-a}}}{\tan\frac{x}{2}-\sqrt{\frac{a+b}{b-a}}}\right|+C, & a^2<b^2 \end{cases}$

20. $\int x\sin ax\mathrm{d}x = \frac{1}{a^2}\sin ax - \frac{1}{a}x\cos ax + C$

21. $\int x^2\sin ax\mathrm{d}x = -\frac{1}{a}x^2\cos ax + \frac{2}{a^2}x\sin ax + \frac{2}{a^3}\cos ax + C$

22. $\int x\cos ax\mathrm{d}x = \frac{1}{a^2}\cos ax + \frac{1}{a}x\sin ax + C$

23. $\int x^2\cos ax\mathrm{d}x = \frac{1}{a}x^2\sin ax + \frac{2}{a^2}x\cos ax - \frac{2}{a^3}\sin ax + C$

十二、含有反三角函数的积分（其中 $a>0$）

1. $\int \arcsin\frac{x}{a}\mathrm{d}x = x\arcsin\frac{x}{a} + \sqrt{a^2-x^2} + C$

2. $\int x\arcsin\frac{x}{a}\mathrm{d}x = \left(\frac{x^2}{2}-\frac{a^2}{4}\right)\arcsin\frac{x}{a} + \frac{x}{4}\sqrt{a^2-x^2} + C$

3. $\int \arccos\frac{x}{a}\mathrm{d}x = x\arccos\frac{x}{a} - \sqrt{a^2-x^2} + C$

4. $\int x\arccos\frac{x}{a}\mathrm{d}x = \left(\frac{x^2}{2}-\frac{a^2}{4}\right)\arccos\frac{x}{a} - \frac{x}{4}\sqrt{a^2-x^2} + C$

5. $\int \arctan\frac{x}{a}\mathrm{d}x = x\arctan\frac{x}{a} - \frac{a}{2}\ln(a^2+x^2) + C$

6. $\int x\arctan\frac{x}{a}\mathrm{d}x = \frac{1}{2}(a^2+x^2)\arctan\frac{x}{a} - \frac{a}{2}x + C$

十三、含有指数函数的积分

1. $\int a^x\mathrm{d}x = \frac{1}{\ln a}a^x + C$

2. $\int x\mathrm{e}^{ax}\mathrm{d}x = \frac{1}{a^2}(ax-1)\mathrm{e}^{ax} + C$

3. $\int x^n\mathrm{e}^{ax}\mathrm{d}x = \frac{1}{a}x^n\mathrm{e}^{ax} - \frac{n}{a}\int x^{n-1}\mathrm{e}^{ax}\mathrm{d}x$

4. $\int xa^x\mathrm{d}x = \frac{x}{\ln a}a^x - \frac{1}{(\ln a)^2}a^x + C$

5. $\int \mathrm{e}^{ax}\sin^n bx\mathrm{d}x = \frac{1}{a^2+b^2n^{n^2}}\mathrm{e}^{ax}\sin^{n-1}bx(a\sin hx - n\cos bx) + \frac{n(n-1)b^2}{a^2+b^2n^2}\int \mathrm{e}^{ax}\sin^{n-2}bx\mathrm{d}x$

6. $\int \mathrm{e}^{ax}\cos bx\mathrm{d}x = \frac{1}{a^2+b^2n^2}\mathrm{e}^{ax}\cos^{n-1}bx(a\cos hx + b\sin hx) + \frac{n(n-1)b^2}{a^2+b^2n^2}\int \mathrm{e}^{ar}\cos^{n-2}bx\mathrm{d}x$

十四、含有对数函数的积分

1. $\int \ln x dx = x\ln x - x + C$

2. $\int \frac{dx}{x\ln x} = \ln|\ln x| + C$

3. $\int x^n \ln x dx = \frac{1}{n+1}x^{n+1}\left(\ln x - \frac{1}{n+1}\right) + C$

4. $\int (\ln x)^n dx = x(\ln x)^n - n\int (\ln x)^{n-1} dx$

5. $\int x^m (\ln x)^n dx = \frac{1}{m+1}x^{m+1}(\ln x)^n - \frac{n}{m+1}\int x^m (\ln x)^{n-1} dx$

十五、定积分

1. $\int_{-\pi}^{\pi} \cos nx dx = \int_{-\pi}^{\pi} \sin nx dx = 0$

2. $\int_{-\pi}^{\pi} \cos mx \sin nx dx = 0$

3. $\int_{-\pi}^{\pi} \cos mx \cos nx dx = \begin{cases} 0, & m \neq n \\ \pi, & m = n \end{cases}$

4. $\int_{-\pi}^{\pi} \sin mx \sin nx dx = \begin{cases} 0, & m \neq n \\ \pi, & m = n \end{cases}$

5. $\int_{0}^{\pi} \sin mx \sin nx dx = \int_{0}^{\pi} \cos mx \cos nx dx = \begin{cases} 0, & m \neq n \\ \frac{\pi}{2}, & m = n \end{cases}$

6. $I_n = \int_0^{\frac{\pi}{2}} \sin^n x dx = \int_0^{\frac{\pi}{2}} \cos^n x dx, I_n = \frac{n-1}{n} I_{n-2}$，设 Z_1 表示全体奇数集合，Z_2 表示全体偶数集合，则

$$\begin{cases} I_n = \dfrac{(n-1)\cdot(n-3)\cdot\cdots\cdot 4\cdot 2}{n\cdot(n-2)\cdot\cdots\cdot 3\cdot 1}(n>1, n\in Z_1),\ I_1 = 1 \\ I_n = \dfrac{(n-1)\cdot(n-3)\cdot\cdots\cdot 3\cdot 1}{n\cdot(n-2)\cdot\cdots\cdot 4\cdot 2}\cdot\dfrac{\pi}{2}(n\in Z_2), \quad I_0 = \dfrac{\pi}{2} \end{cases}$$